Ken Wilber · Halbzeit der Evolution

Ken Wilber

Halbzeit der Evolution

Der Mensch auf dem Weg
vom animalischen zum kosmischen Bewußtsein

Eine interdisziplinäre Darstellung der Entwicklung
des menschlichen Geistes

1. Auflage 1984
Einzig berechtigte Übersetzung
aus dem Amerikanischen von Erwin Schuhmacher.
Titel der Originalausgabe: «Up From Eden».
Copyright © 1981 by Ken Wilber.
Gesamtdeutsche Rechte beim Scherz Verlag, Bern, München, Wien.
Schutzumschlag von Gerhard Noltkämper.

Inhalt

Vorwort

«Die Menschheit befindet sich auf halbem Wege zwischen den Göttern und den Tieren», schrieb einst Plotin. Dieses Buch zeichnet den Ablauf der Geschichte und Vorgeschichte nach, der die Menschheit in diese problematische Situation geführt hat. Dabei werden wir an dem Punkt beginnen, an dem Menschen oder menschenähnliche Geschöpfe vor einigen Millionen Jahren auf der Erde in Erscheinung traten – in jenen unvordenklichen Zeiten, die in Sagen und Geschichten als der verlorene Garten Eden und das vorgeschichtliche Paradies bezeichnet werden. Wir werden die Geschichte schrittweise bis zur Gegenwart verfolgen und uns dann bemühen, einen Blick auf das Morgen zu werfen, und den Versuch wagen, ein Bild unserer zukünftigen Evolution zu zeichnen. Denn wenn die Menschheit sich aus dem Tier entwickelt hat, wird sie wahrscheinlich bei den Göttern enden. Die Entfernung zwischen Mensch und Göttern ist nicht so viel größer als die zwischen Tier und Mensch. Die eine Spanne haben wir bereits überwunden, und es besteht kein Grund anzunehmen, daß wir nicht schließlich auch die andere überwinden werden. Sri Aurobindo und Teilhard de Chardin haben es bereits ausgesprochen: Die Zukunft der Menschheit heißt kosmisches Bewußtsein. Diese Zukunft wollen wir im gesamten Kontext der menschlichen Geschichte studieren.

Auch wenn der Mensch sich bereits auf dem Weg vom Tier zu den Göttern befindet, verbleibt er in der Zwischenzeit in einem recht tragischen Zustand. In der Schwebe zwischen beiden Extremen ist er den stärksten Konflikten ausgesetzt. Nicht mehr Tier, aber auch noch nicht Gott – oder schlimmer, halb Tier, halb Gott: So steht es um die Seele des Menschen. Anders ausgedrückt: Der Mensch ist eine im tiefsten Wesen tragische Erscheinung mit einer vielversprechenden

Zukunft – wenn er es schafft, den Übergang zu erleben. Es ist deshalb eine tragische Perspektive, aus der ich Wachstum und Evolution der Menschheit beschrieben habe. Wir neigen ohnehin dazu, unserem Aufstieg von den Affen allzuviel Bedeutung beizumessen und uns vorzustellen, jeder neue evolutionäre Schritt sei ein wunderbarer Sprung nach vorn, der uns neue Möglichkeiten, neue Intelligenz und neue Fertigkeiten beschert. Das mag in gewissem Sinne durchaus wahr sein. Wahr ist aber auch, daß jeder neue evolutionäre Schritt uns neue Verantwortung, neue Ängste, neue Sorgen und neue Schuld beschert. Die Tiere sind sterblich, aber sie kennen diese Tatsache nicht oder begreifen sie nicht ganz. Die Götter sind unsterblich, und sie wissen das. Der armselige Mensch jedoch, schon nicht mehr Tier und noch nicht Gott, wurde zu einer unglücklichen Mischung: Er ist sterblich, und er weiß es. Und je weiter er sich entwickelte, desto deutlicher wurde er sich seiner selbst und der Welt bewußt. In dem Maße wie seine Erkenntnisfähigkeit und sein Verstand wuchsen, wurde er sich auch seines Schicksals bewußt, seines sterblichen, vom Tode gezeichneten Schicksals.

Kurz gesagt: Für jedes Wachstum unseres Bewußtseins haben wir einen Preis zu zahlen. Meines Erachtens läßt sich die evolutionäre Geschichte der Menschheit nur aus dieser Perspektive in den richtigen Zusammenhang stellen. Die meisten Berichte über die Evolution des Menschen weichen nach der einen oder anderen Seite von dieser Gleichung ab. Entweder sie betonen zu stark den Wachstumsaspekt und sehen in der Evolution nichts weiter als eine Aufeinanderfolge von Fortschritten und Sprüngen nach vorn, wobei sie die Tatsache übersehen, daß die Evolution nicht ein Film aus der heilen Welt mit dem unvermeidlichen Happy-End, sondern ein schmerzhafter Wachstumsprozeß ist. Oder aber sie neigen in die andere Richtung: Angesichts der Agonie und Verzweiflung der Menschheit empfinden sie eine nostalgische Sehnsucht nach dem verlorenen Garten Eden und seiner Unschuld, nach der Zeit vor der Selbstbewußtheit, in der der Mensch friedlich mit den Tieren zusammenlebte. Aus dieser Sicht erscheint jeder Schritt aus dem Garten Eden als ein Verbrechen. Die Nostalgiker zeigen uns mit überzeugenden Beweisen, daß Krieg, Hunger, Ausbeutung, Sklaverei, Unterdrückung, Schuld und Armut – daß *alles* das eine Folge des Aufsteigens der Zivilisation und Kultur und der fortschreitenden Evolution des Menschen sei. Der Urmensch litt – im großen und ganzen – unter keinem dieser Probleme. Wenn also der moderne zivilisierte Mensch ein Produkt der Evolution ist, dann, bitte schön, möchten wir weniger davon haben.

Ich möchte behaupten, daß im Grunde beide Ansichten richtig sind. Jeder Schritt innerhalb des evolutionären Prozesses *war wirklich* ein Fortschritt, eine Wachstumserfahrung; sie wurde jedoch zu einem sehr hohen Preis erkauft. Jeder Schritt lud uns neue Verantwortung auf, der die Menschheit sich nicht immer gewachsen zeigte – mit all den tragischen Ergebnissen, die auf den folgenden Seiten aufgezeichnet sind.

Ich habe mich dazu entschlossen, die Geschichte des schmerzhaften Wachstums der Menschheit in mehrere «Ären» aufzugliedern, weil das für mein Vorhaben als die passendste Methode erscheint. Dabei halte ich mich nicht an die von der Geschichtswissenschaft praktizierte starre Einteilung nach Zeitaltern. Dennoch besteht für mich eine strukturell entwicklungsmäßige Anschauung vom individuellen Bewußtsein, so daß die von mir dargestellten «Ären» auf der *durchschnittlichen* Bewußtseinsstruktur beruhen, die in jeder Periode dominierte.

Um der ziemlich komplexen Darstellung eine klare Linie zu geben, habe ich außerdem die Zahl der zitierten Quellen auf ein Minimum begrenzt. Für jedes Hauptgebiet (Mythologie, Anthropologie, Psychologie und so weiter) habe ich nur ein oder zwei Autoritäten ausgewählt und sie unter Ausschluß aller anderen zitiert. Für die Mythologie fiel meine Wahl auf Joseph Campbell. Sobald ich zur Unterstützung meiner Darstellung ein Zitat aus diesem Gebiet brauchte, habe ich zunächst versucht, es bei Campbell zu finden, obwohl ich ohne weiteres aus Dutzenden anderer Quellen hätte zitieren können. Für den Bereich der existentiellen Anthropologie habe ich Ernest Becker und Norman O. Brown ausgewählt; zum Thema «Ären» zitiere ich Jean Gebser. In gleicher Weise entschied ich mich für L. L. Whyte für das Gebiet der biologischen Evolution und wählte Erich Neumann als Autorität für die psychische Evolution. Diese Begrenzung der zitierten Quellen soll den Leser in die Lage versetzen, in jedem der folgenden Kapitel nur vier oder fünf Stimmen zu vernehmen und nicht einen Mischmasch von Zitaten aus zahllosen Quellen. (Die meisten anderen Quellen werden in alphabetischer Reihenfolge in der Bibliographie aufgeführt.)

Dieses Buch wird nicht als endgültige, auf genaue und massive Dokumentation gestützte soziologische These präsentiert. Es ist vielmehr ein wohlüberlegt vereinfachter und allgemeinverständlich formulierter Bericht, eine Einführung und zugleich Erläuterung des umfassenden «großen Entwurfs» der historischen Entwicklung und Evolution des Bewußtseins, aber auch eine Vorbereitung auf künftige präzise Studien. Aus dem gleichen Grund wird der Leser sehr wenig anthropologische und archäologische Angaben finden. Denn die Daten, aus denen ich meine Schlüsse gezogen habe, findet man bereits in den jeweiligen Lehrbüchern, weshalb ich keinen Anlaß hatte, diese konventionellen Beobachtungen hier zu wiederholen. Außerdem befasse ich mich hier vor allem mit der *Bedeutung* dieser Fakten für die umfassende Evolution des Bewußtseins.

Zentraler theoretischer Ausgangspunkt dieses Buches sind nicht einfach die *Philosophia perennis*, die «Ewige Philosophie», und nicht nur die Entwicklungslogik, sondern eine auf beiden Wissenschaften beruhende soziologische Theorie. Die Ewige Philosophie und die Entwicklungslogik werden in den einleitenden Kapiteln dargestellt. Die komplexere soziologische Theorie aber wird erst nach und nach eingeführt und kommt dann in der zweiten Hälfte voll zur Geltung. Wer den ersten Teil vom soziologischen Standpunkt aus weniger ergiebig finden sollte, wird im zweiten mehr Substanz antreffen.

Dieses Buch erzählt die Geschichte der Seele, die sich auf halbem Weg zwischen dem Tier und den Göttern befindet, der Seele, die sich aus dem tierischen Zustand befreit und sich auf den Weg zum Himmel gemacht hat, der Seele, die in einer evolutionär aufsteigenden Kurve in Richtung Unsterblichkeit klettert – die diese Tatsache aber erst in jüngster Zeit entdeckt hat.

Ken Wilber

Wer nicht von dreitausend Jahren
Sich weiß Rechenschaft zu geben,
Bleib im Dunkeln unerfahren,
Mag von Tag zu Tage leben.

Goethe
West-Östlicher Divan

Der Mensch mag entschuldigt sein für seinen Stolz, zum
Gipfel der organischen Stufenleiter aufgestiegen zu sein,
wenn auch nicht durch eigene Anstrengungen. Die Tatsache, daß er auf diese Weise aufgestiegen ist, statt daß
man ihn von Anbeginn an diesen Platz gestellt hat, vermag
ihn vielleicht auf ein noch höheres Geschick in ferner
Zukunft hoffen lassen.

Charles Darwin,
Die Abstammung des Menschen

Einführung

Nichts kann lange von Gott getrennt sein und bleiben, noch vom Urgrund allen Seins, außerhalb dessen nichts existiert. Und Geschichte – nicht als Aufzeichnung individueller und nationaler Taten, sondern als Bewegung des menschlichen Bewußtseins – ist die Erzählung der Liebesaffaire zwischen dem Menschen und dem Göttlichen. Da gibt es ein ewiges Hin und Her, ein Lieben und Verfluchen, ein gegenseitiges Aufeinanderzu- und Voneinanderweg-Bewegen.

In der Tradition der Betrachtung von Geschichte aus theologischer Sicht findet sich Verwirrung nicht darüber, was die Geschichte ist, sondern was Gott sein könnte. Wenn wir annehmen, daß Geschichte einen Sinn hat, dann müssen wir auch annehmen, daß sie auf etwas *anderes* als auf sich selbst hinweist – womit ich sagen will, daß sie auf etwas anderes als auf einzelne Menschen hinweist.[422*] Dieses große Andere in seinem umfassendsten Sinn wurde oft als Gott, GEIST** oder das Absolute bezeichnet.[4] Da man aus abendländischer Sicht annimmt, daß Gott verschieden vom Menschen ist, getrennt von ihm und gänzlich jenseits aller menschlichen Wesen, sah man die Geschichte als die Ausgestaltung eines Paktes, eines Bundes zwischen Gott und seinen Völkern.

---

* Die hochgestellten Zahlen verweisen auf die in der Bibliographie S. 391 ff. angeführten Quellen.
** Die englischen Begriffe *mind* und *spirit* werden im Deutschen oft gleichlautend mit «Geist» übersetzt. Da *mind* für die «mentalen» Fähigkeiten des Menschen steht, also «Geist» im Sinne von Denken, Verstand, Intellekt, Wahrnehmung etc., während *spirit* den «beseelenden» oder transzendentalen «Geist» meint, werden die beiden Begriffe in dieser Übersetzung folgendermaßen unterschieden: «Geist» steht für *mind*, «GEIST» für *spirit*. (Anm. d. Übers.)

Wir dürfen nicht vergessen, daß Gott und die Geschichte für das Abendland untrennbar sind. Jesus ist für den Christen nicht deshalb von größter Bedeutung, weil er der Sohn Gottes ist, sondern weil er ein *historisches Ereignis* war, ein Hinweis auf Gottes Eingreifen in den historischen Prozeß, den Pakt zwischen Gott und dem Menschen. Moses brachte den Menschen nicht nur ethische Gebote, sondern einen Bund zwischen Gott und seinem Volk, einen Bund, der im Laufe der Geschichte verwirklicht werden sollte. Für die jüdisch-christliche Welt – also das abendländische Verständnis – ist die Geschichte die Entfaltung eines Paktes zwischen Gott und dem Menschen, eine Bewegung mit dem Endziel, die Menschen mit Gott zusammenzuführen.

Wie sehr diese Geschichtsauffassung auch den nüchternen, wissenschaftlichen und empirischen Geist belustigen mag – es ist eine Anschauung, die im Hintergrund unserer abendländischen Psyche großes Gewicht hat und deren Einfluß sich niemand von uns entziehen kann. In früheren Zeiten wurde Geschichte als eine Bewegung vom Heidentum zum Christentum angesehen, die ihren Höhepunkt am Tage des Jüngsten Gerichts finden würde, jenem noch fernen göttlichen Ereignis, auf das sich die ganze Schöpfung hinbewegt. Heute ist Geschichte für uns ein Prozeß wissenschaftlicher Evolution, eine Bewegung von der Amöbe über das Reptil zum Affen und zum Menschen. Diese beiden Anschauungen unterscheiden sich gar nicht so sehr: Für beide gibt es eine Bewegung vom Niederen zum Höheren, vom Schlechten zum Besseren. Beide werden auf religiöse Weise geglaubt. Beide versprechen ein Morgen, das besser (oder «entwickelter») ist als das Heute. Für beide gibt es eine hierarchische Bewegung von der Sünde (weniger entwickelt) zum Heil (höher entwickelt). Bei ganz gewiß unterschiedlichem Inhalt ist die Form im Grunde die gleiche. Sie ist *historisch*. «Die Biologie ähnelt mehr der Geschichte als der Physik», sagt Carl Sagan.[360] Noch zutreffender ist der von Wissenschaftlern selten richtig erfaßte Hinweis von Whitehead, daß «wissenschaftliche Gesetze eine unbewußte Ableitung aus mittelalterlicher Theologie sind».[424] Genaugenommen sehen beide Anschauungen Geschichte nicht nur als eine Fortbewegung, sondern als eine Fortbewegung *in eine bestimmte Richtung*.

Die wissenschaftliche Betrachtungsweise – Geschichte als bloße Evolution – leidet jedoch an einem entscheidenden Mangel oder, besser gesagt, einer Beschränkung: Sie kann nicht erklären oder auch nur vermuten, welchen *Sinn* diese Zielrichtung hat.[375] Warum gibt es überhaupt eine Evolution? Wozu dient die Geschichte? Was bedeutet

dieses Irgendwohingehen?[375] Für das Wort *Sinn* gibt es keine wissenschaftliche Bedeutung; ebensowenig gibt es einen wissenschaftlichen
Test für *Wert*.[433] Daher würden uns die Positivisten, Wissenschaftler in
philosophischer Verkleidung, überhaupt nicht gestatten, diese Fragen
zu stellen. Sie behaupten, man dürfe so nicht fragen, weil es darauf
keine wissenschaftliche Antwort gebe. Ihre Antwort auf die Frage
«Was ist der Sinn der Geschichte?» lautet demnach «Fragen Sie
nicht». Wenngleich man viel Gutes über den logischen Positivismus
sagen kann, so reicht doch diese Art rein linguistischer Analyse nicht
aus, die Seele von diesen staunenden Fragen zu heilen.

Die Wissenschaft kann sich nicht über Sinn und Zweck irgendeines
der Phänomene äußern, mit denen sie sich beschäftigt.[177] Das ist nicht
ihre Aufgabe, dazu wird sie nicht betrieben, und wir sollten das der
Wissenschaft auch nicht vorwerfen, wie viele Romantiker es tun. Die
Tragödie besteht darin, daß Wissenschaft zum Szientismus wird, wenn
sie sagt: «Es gibt keinen Sinn, weil die Wissenschaft ihn nicht messen
kann.» Es gibt nämlich auch keinen wissenschaftlichen Beweis dafür,
daß nur wissenschaftliche Beweise real sind. Wir dürfen uns daher
nicht vorzeitig von so wichtigen Fragestellungen wie der nach dem
«Sinn» abkoppeln, nur weil ein Mikroskop sie nicht entdecken kann.
Ein Mediziner kann die verschlungenen biochemischen Prozesse beschreiben, die ein lebendes Wesen aktivieren. Er kann dieses Wesen
auch noch innerhalb gewisser Grenzen reparieren, es von Krankheiten
heilen und mangelhaft funktionierende Teile operativ entfernen. Aber
den Sinn des Lebens erklären kann er nicht, obwohl er dessen Ar-
beitsmechanismus begreift. Ich bezweifle jedoch, daß er deswegen den
Schluß ziehen würde: «Mein Leben ist aus diesem Grunde sinnlos.»
Gerade das ist es ja: Als Wissenschaftler kann er nichts über den Sinn
des Lebens, der Kultur oder der Geschichte aussagen.

Die Fragestellung «Was ist der Sinn der Geschichte?» führt uns also
zurück zu der einzigen uns bisher angebotenen Antwort: der theologischen. Und diese lautet: Geschichte ist die Entfaltung eines Paktes
zwischen Gott und der Menschheit. Selbst wenn man anderer Ansicht
ist, so besteht doch allgemeiner Konsens darüber, daß diese Antwort
das Warum, das Woher und den Sinn des Irgendwohingehens, das wir
Geschichte nennen, erklären *kann*: Seine Bewegung ist göttlich und
sein Sinn transzendent.

Die Theologie kann wirksam mit dem Sinn der Geschichte arbeiten,
weil sie bereit ist, ein Höchstes Anderes zu postulieren (oder, was
Theologen vorziehen würden, durch Offenbarung zu erfahren).[213] Da

Gott *anders* ist als die Menschen und die Geschichte, kann Gott der
Geschichte einen Sinn verleihen – etwas, was die Geschichte niemals
für sich selbst tun könnte. Eine einfache Analogie soll das erläutern.
Fragt jemand «Welchen Sinn hat das Wort ‹Baum›?» dann besteht die
einfachste Antwort darin, auf einen wirklichen Baum zu *zeigen*. Der
Baum selbst hat keinen Sinn, aber das Wort «Baum» hat ihn, einfach
deswegen, weil es auf etwas anderes als sich selbst *hinweist*. Gäbe es
keinen wirklichen Baum, würde auch das Wort Baum keinen Sinn
haben, weil es auf nichts anderes als auf sich selbst hinweisen könnte.
Ebenso hätte Geschichte ohne das Andere keinen Sinn.

Leider ist Gott für den orthodoxen abendländischen Gottesbegriff
nicht einfach ein psychologisches Anderes (das von uns durch unsere
Unbewußtheit getrennt ist), auch nicht ein temporales Anderes (das
von uns durch die Zeit getrennt ist) oder ein von uns durch unsere
Unwissenheit getrenntes epistemologisches Anderes. Vielmehr ist Jehova – der Gott Abrahams und Vater von Jesus – ein ontologisches
Anderes, das seinem Wesen nach für immer von uns getrennt ist.[71]
Aus dieser Sicht sind Mensch und Gott nicht nur durch eine zeitliche
Linie, sondern durch eine unüberwindliche Grenze und Schranke getrennt. Gott und der Mensch sind für ewig geschieden; beide sind
nicht – wie im Hinduismus und Buddhismus – im letzten Sinne eins
und identisch. Der einzige Kontakt zwischen Gott und dem Menschen
erfolgt demnach «per Luftpost» – durch den Alten und Neuen Bund,
durch einen Pakt, durch gegenseitige Versprechungen. Gott verspricht, über sein auserwähltes Volk zu wachen, das ihm dafür verspricht, «keine anderen Götter vor ihm zu haben». Gott verspricht
seinem Volk seinen Eingeborenen Sohn, und das Volk verspricht,
Gottes Wort zu befolgen. Der Kontakt mit Gott ist durch Vertrag
geregelt. Über diesen klaffenden Abgrund hinweg haben Gott und
Mensch nur durch Hörensagen Fühlung, nicht durch absolute Vereinigung (Samadhi). Daher gilt die Geschichte als Entfaltung dieses Ver-
trages oder Bundes in der Zeit.

Es gibt jedoch eine stark verfeinerte Sicht der Beziehungen zwischen der Menschheit und dem Göttlichen, eine Anschauung, die von
der großen Mehrheit der wirklich begabten Theologen, Philosophen,
Weisen und sogar von Wissenschaftlern zu den verschiedensten Zeiten
vertreten wurde und vertreten wird. Leibniz hat für sie den Ausdruck
Philosophia perennis (Ewige Philosophie) geprägt. Sie bildet den esoterischen Kern von Hinduismus, Buddhismus, Taoismus, Sufismus
und der christlichen Mystik. Sie wird aber auch ganz oder teilweise

von individuellen Geistesgrößen – von Spinoza bis Albert Einstein, Schopenhauer bis C. G. Jung, William James bis Plato – verkündet.[210, 375, 429] Außerdem ist sie in ihrer reinsten Form keineswegs antiwissenschaftlich, sondern in gewissem Sinne transwissenschaftlich oder sogar vorwissenschaftlich, so daß sie problemlos mit den harten Daten der reinen Wissenschaft koexistieren, sie auf jeden Fall ergänzen kann.[433] Aus diesem Grunde haben meines Erachtens viele brillante Naturwissenschaftler mit der Ewigen Philosophie geliebäugelt oder sie sogar völlig in sich aufgenommen. Hierfür sind Einstein, Schrödinger, Eddington, David Bohm, Sir James Jeans und sogar Isaac Newton hervorragende Beispiele. Albert Einstein hat das folgendermaßen ausgedrückt:

Das tiefste und erhabenste Gefühl, dessen wir fähig sind, ist das Erlebnis des Mystischen. Aus ihm keimt alle wahre Wissenschaft. Wem dieses Gefühl fremd ist, wer sich nicht mehr wundern und in Ehrfurcht verlieren kann, der ist bereits tot. Das Wissen darum, daß das Unerforschliche wirklich existiert und daß es sich als höchste Wahrheit und strahlendste Schönheit offenbart, wovon wir nur eine dumpfe Ahnung haben können – dieses Wissen und diese Ahnung sind der Kern aller wahren Religiosität. In diesem Sinne, und in diesem allein, zähle ich mich zu den echt religiösen Menschen.[433]

Louis Pasteur, der Welt erster großer Mikrobiologe, schrieb: «Glücklich ist der, der Gott in sich trägt und ihm gehorcht. Die Ideale von Kunst und Wissenschaft werden durch Reflexionen aus dem Unendlichen erhellt.»

Das Wesentliche der Ewigen Philosophie läßt sich wie folgt zusammenfassen: Es ist wahr, daß es irgendeine Art von Unendlichem, irgendeine Form von Absoluter Gottheit gibt. Man darf sie sich aber nicht als kolossales Wesen, als liebenden Vater oder einen außerhalb seiner Schöpfung, den Dingen, Ereignissen und den Menschen stehenden großen Schöpfer vorstellen. Am besten stellt man sie sich metaphorisch als den Urgrund, das Sosein oder die Voraussetzung aller Dinge und Geschehnisse vor. Die Gottheit ist nicht ein von allen endlichen Dingen getrenntes Großes Ding, sondern eher die Realität, das Sosein oder der Urgrund aller Dinge.

Ein Wissenschaftler, der sich laut über die Annahme der Existenz eines «Unendlichen» mokiert, andererseits aber ungeniert und lautstark die «Naturgesetze» preist, gibt damit, ohne es zu merken, religiösen und erhabenen Gefühlen Ausdruck. Nach der Ewigen Philosophie wäre es akzeptabel, vom Absoluten symbolisch als der Natur* aller Naturen zu sprechen, der Vorbedingung aller Vorbedingungen (sagte nicht schon der heilige Thomas, Gott sei *Natura naturans?*). Dabei sollte aber beachtet werden, daß Natur nicht etwas *anderes* ist als alle Lebensformen. Natur ist nicht etwas außerhalb der Berge, Adler, Flüsse oder Menschen, sondern etwas, das durch die Fasern von allem und jedem fließt.

In derselben Weise ist das Absolute – als die Natur aller Naturen – nicht etwas von allen Dingen und Ereignissen Getrenntes. Das Absolute ist nicht das Andere, sondern durchdringt gewissermaßen das Gewebe von allem, was ist.

In diesem Sinne erklärt die «Ewige Philosophie» das Absolute als das Eine, Ganze, Ungeteilte – sehr ähnlich dem, was Whitehead «das nahtlose Gewand des Universums» genannt hat. «Nahtlos» darf man aber nicht als «formlos, gestaltlos» auffassen. Realität als das Eine zu bezeichnen, soll nicht besagen, daß separate Dinge und Ereignisse nicht existieren. Sagt ein Wissenschaftler «Alle Dinge gehorchen den Naturgesetzen», dann meint er nicht «Daher existieren keine Dinge». Er will damit sagen, daß alle Dinge innerhalb einer ausgewogenen Ganzheit existieren, die er Natur nennt und deren Gesetze er zu beschreiben versucht. Als eine erste Annäherung beschreibt die Ewige Philosophie das Absolute als nahtloses Ganzes, als integrales Einssein, das aller Vielfalt zugrundeliegt und alle Vielfalt umschließt. Das Absolute war schon vor dieser Welt da, so wie der Ozean vor seinen Wellen und nicht getrennt von ihnen da ist.

Diese Vorstellung ist nicht, wie der logische Positivist behaupten würde, eine Vorstellung ohne Sinn und Bedeutung. Sie ist jedenfalls nicht sinnloser als die wissenschaftliche Bezugnahme auf Natur, Kosmos, Energie oder Materie. Wenn das Absolute, das integrale Ganze, nicht als separate und wahrnehmbare Einheit existiert, bedeutet das nicht, daß es nicht existent ist. Niemand hat jemals die «Natur» gesehen. Wir sehen Vögel, Bäume, Gras und Wolken, aber nicht ein spezifisches Ding, das wir isolieren und «Natur» nennen können. Desgleichen hat noch kein Naturwissenschaftler, Laie oder Mathematiker jemals «Materie» gesehen. Er sieht «Formen von Materie», Holz,

---

* Werden Begriffe in diesem Buch in einem auf höhere, transzendente (Bewußt-seins-)Bereiche verweisenden Sinn gebraucht, so sind sie in Kapitälchen geschrieben, um hervorzuheben, daß sie (auch, aber) nicht nur im umgangssprachlichen Sinn zu verstehen sind. (Anm. d. Übers.)

Aluminium, Zink oder Plastik, jedoch niemals reine Materie. Und doch wird kein Wissenschaftler deshalb behaupten: «Aus diesem Grunde existiert Materie nicht.» Vielerlei intuitive und nichtwissenschaftliche Gewißheiten veranlassen den Naturwissenschaftler festzustellen, daß Materie real existiert. Und tatsächlich ist Materie für die große Mehrheit aller Naturwissenschaftler das *einzig* Reale, obwohl sie sie noch nie gesehen, angefaßt oder geschmeckt haben.

Das gleiche gilt natürlich für Energie, da Masse und Energie austauschbar sind. Kein Wissenschaftler hat je Energie gesehen, obwohl er von «Formen der Energie» spricht, etwa der thermodynamischen, der Kernenergie und so weiter. Und obgleich er noch nie reine Energie gesehen hat, behauptet er nicht: «Also ist Energie nichts Reales.» Schon vor langer Zeit hat der Geologe und Philosoph Ananda Coomaraswamy das schwierige Problem dieser «wissenschaftlichen Annahme» genau erkannt: «Es ist die mißliche Lage des Positivisten, daß er, wenn er nur dem Realität zuerkennt, was er anfassen kann, Dingen ‹Wirklichkeit› zuspricht, die gar nicht erfaßt werden können, weil sie niemals stillstehen, und er wird gegen seine Überzeugung dazu getrieben, die Realität einer so abstrakten Wesenheit wie ‹Energie› zu postulieren – ein Wort, das nichts als einer der vielen Namen Gottes ist.»[97]

Beachtet man, daß die Ewige Philosophie Gott nicht als Große Person definiert, sondern als Wesen alles dessen, was ist, dann hat Coomaraswamy offensichtlich recht, und es kommt nicht im geringsten darauf an, ob wir sagen, alle Dinge der Natur seien Formen der Natur, Formen von Energie oder Formen von Gott. Hiermit will ich natürlich nicht versuchen, die Existenz des Absoluten zu *beweisen*. Ich will nur sagen, sie sei nicht unwahrscheinlicher als die Existenz der Materie, der Energie, der Natur oder des Kosmos.

Wer glaubt, das Absolute sei eine Art Großer Vater, der über alle seine Nachfahren wacht wie ein Schäfer über seine Herde, der praktiziert Religion wie ein Bittsteller. Ziel seiner Religion ist einfach, den Schutz und Segen jenes Gottes zu erhalten und ihn als Gegenleistung zu verehren und ihm zu danken. Er lebt in Übereinstimmung mit dem, was er für Gottes Gesetze hält, und hofft ganz allgemein, als Lohn dafür in irgendeinem Himmel ein ewiges Leben zu führen. Diese Art von Religion verfolgt nur das Ziel, *erlöst zu werden* – erlöst von Schmerzen, von Leiden, erlöst vom Übel, letzten Endes sogar vom Tod.

Über diese Anschauung will ich gar nicht streiten, da sie in keine

Ewige Philosophie paßt, weshalb ich hier auch nicht weiter auf sie einzugehen gedenke. Die Religion der Ewigen Philosophie ist nämlich etwas völlig anderes als das Verlangen nach Erlösung. Da sie das Absolute als integrale Ganzheit beschreibt, ist es nicht das Ziel dieser Religion, erlöst zu werden, sondern *jene Ganzheit zu entdecken* und sie dadurch als Ganzes zu erfahren. Albert Einstein bezeichnete dies als Beseitigung der optischen Täuschung, wir seien separate, vom Ganzen getrennte Individuen:

> Ein menschliches Wesen ist ein Teil des Ganzen, das wir «Universum» nennen, ein in Raum und Zeit begrenzter Teil. Es erfährt sich selbst, seine Gedanken und Gefühle als etwas von allem anderen Getrenntes – eine Art optische Täuschung seines Bewußtseins. Diese Täuschung ist für uns eine Art Gefängnis, das uns auf unser persönliches Verlangen und unsere Zuneigung für einige wenige uns nahestehende Personen beschränkt. Unsere Aufgabe muß es sein, uns aus diesem Gefängnis zu befreien.[168]

Nach der Ewigen Philosophie ist diese «Entdeckung der Ganzheit», die Beseitigung der optischen Täuschung des Getrenntseins, kein bloßer Glaube und auch kein Dogma, das man akzeptiert, weil man daran glaubt. Denn wenn das Absolute wirklich eine integrale Ganzheit ist, wenn es zugleich Teil und Gesamtheit von allem ist, was existiert, dann ist es auch in allen Menschen vollständig vorhanden.[208] Und im Gegensatz zu Felsen, Pflanzen oder Tieren haben menschliche Wesen – weil sie *bewußt* leben – die Fähigkeit, diese Ganzheit zu entdecken. Sie können das Absolute erfahren. Sie glauben nicht daran, sie entdecken es. Es ist so, als werde sich eine Meereswelle plötzlich ihrer selbst bewußt und entdecke dadurch, daß sie eins ist mit dem Ozean und auch eins mit allen anderen Wellen, da sie alle aus Wasser bestehen. Das ist das Phänomen der Transzendenz – oder Erleuchtung oder Befreiung oder Moksha oder Wu oder Satori. Das meinte Plato, wenn er davon sprach, man steige aus der Höhle der Schatten nach oben und finde das Licht des Seins; oder wenn Einstein die Hoffnung äußerte, der Täuschung des Getrenntseins zu entkommen. Das auch ist das Ziel der buddhistischen Meditation, des hinduistischen Yoga und der christlichen mystischen Kontemplation. In dieser gradlinigen Anschauung gibt es nichts Spukhaftes, Okkultes oder Fremdartiges.

Kehren wir zum Begriff der Geschichte zurück und nähern wir uns dem Sinn der Geschichte aus unserer neuen Sicht der «Ewigen Religion», dann läßt Geschichte sich nur mit dem Gottesbegriff erklären. Gott ist dann nicht eine Große Person, sondern die Ganzheit und das Sosein alles dessen, was ist. Dann ist die Geschichte nicht die Erzählung von der Entfaltung eines Paktes zwischen dem Menschen und Gott, sondern der Entfaltung der Beziehungen zwischen dem Menschen und der Höchsten Ganzheit. Da diese Ganzheit mit dem Bewußtsein in Übereinstimmung ist, können wir auch sagen: Geschichte ist die Entfaltung des menschlichen Bewußtseins (oder verschiedener Strukturen des Bewußtseins, wie ich in diesem Buch darzustellen versuche).

In dieser Anschauung gibt es keineswegs mehr «versteckte Metaphysik» oder «unbeweisbare Annahmen» als in der normalen wissenschaftlichen Evolutionstheorie, da beide auf derselben Art «unsichtbarer» Postulate beruhen. Mit dem gleichen Betrag an versteckter Metaphysik können wir jedoch viel mehr Sinn, Zusammenhang und Ausgewogenheit für unsere Anschauung erreichen. Wir können die Geschichte in einen Zusammenhang stellen, der zugleich wissenschaftlich *und* spirituell, immanent *und* transzendent, empirisch *und* sinnvoll ist. Denn diese Anschauung sagt uns, daß die Geschichte tatsächlich auf ein Ziel zustrebt. Sie bewegt sich nicht auf den Tag des Jüngsten Gerichts zu, sondern in Richtung auf jene Höchste Ganzheit. Diese ist nicht nur die NATUR aller Naturen, sondern auch das vollendete und höchste Potential des menschlichen Bewußtseins selbst. In diesem Sinne ist Geschichte ein langsamer und mühsamer Pfad zur Transzendenz.

Die Große Kette des Seins

Im Sinne der Ewigen Philosophie folgt dieser Pfad der Transzendenz der sogenannten «Großen Kette des Seins», einer universalen Aufeinanderfolge hierarchischer Ebenen wachsenden Bewußtseins.[198, 224, 367, 375, 429, 436] Die Große Kette des Seins bewegt sich, um abendländische Begriffe zu benutzen, von der Materie zum Körper, zum Verstand (Geist), zur Seele, zum GEIST. Aus dieser Sicht ist Geschichte im wesentlichen die Entfaltung jener Reihenfolge immer höherer Strukturen, beginnend mit der untersten (Materie und Körper) und endend mit der höchsten (GEIST, Höchste Ganzheit).

Evolution/Geschichte – jener Pfad der Transzendenz und zur Transzendenz – beginnt also beim untersten Glied der Kette und erkämpft sich von dort aus mühsam ihren Weg nach oben. In einem sehr speziellen Sinn gilt dies auch für die aufsteigende Kurve der menschlichen Evolution/Geschichte. So wie die Ontologie, die Seinslehre, die Phylogenie, die Lehre von der Stammesentwicklung, rekapituliert, so begann auch die Entwicklungsgeschichte des Menschen auf den unteren Stufen der Großen Kette des Seins, weil sie alle früheren und vormenschlichen Stufen der Evolution in menschlicher Form rekapitulieren mußte. Das erste Auftreten des Menschen war tatsächlich ein außergewöhnlicher Fortschritt, aber einer, der seine Vorläufer assimilieren, einbeziehen und *dann* transzendieren mußte.

So waren also die frühesten Stufen der Evolution der Menschheit von subhumanen und unbewußten Impulsen dominiert, wenn auch nicht definiert. Und dieser von der physischen Natur und dem tierischen Körper beherrschte Zustand war es, aus dem der Mensch schließlich eine selbstreflexive und einzigartige menschliche Form des Bewußtseins entwickelte, die wir heute unter dem Begriff «mentales Ego» kennen.

Dieses historische Herauswachsen des Ego aus dem Unbewußten ist eines der Phänomene, die wir in den folgenden Kapiteln studieren wollen. Als kurzes einführendes Beispiel möchte ich folgende Zusammenfassung der Studien Ernst Cassirers durch O. Barfield zitieren: «Ernst Cassirer . . . hat die Geschichte des menschlichen Bewußtseins aufgezeigt . . . das schrittweise Heraustreten eines kleinen, aber wachsenden und zunehmend klarer und unabhängiger werdenden Kerns innerer Erfahrung aus einem traumhaften Zustand faktischer Identität mit dem Leben des Körpers und seiner physischen Umwelt (dem Bereich des Unbewußten).»[21] Mit anderen Worten: Durch Differenzierung und Lösung aus der Bindung an die primitive Natur des tierischen Körpers entstand das Ego, das über sich selbst nachdenkt. Dies bewirkte sowohl das Erwachen einer höchst individuellen Bewußtheit als auch einen «Verlust» des primitiven Schlummers, jenes beinahe «paradiesischen» Zustandes träumerischen Verweilens auf den unteren Ebenen der Großen Kette. Cassirer sagt ferner: «Diese Tatsache ist es, die der weltweiten Tradition des Sündenfalls und der Vertreibung aus dem Paradies zugrunde liegt und in dem naturverbundenen Bewußtsein der Mythen, älteren Sprachformen, im Totem-Denken und in den Ritualen primitiver Stämme ihren Widerhall findet. Aus solchen Ursprüngen (d. h. aus der Sphäre des Unbewußten) haben wir das heutige individuelle, geschärfte und räumlich bestimmte Bewußtsein entwickelt.» Diesem Verlust an primitiver Einbettung, dem langsamen Herauswachsen des Ego und dem «Sündenfall» der Menschheit wollen wir nachspüren.

Dabei wollen wir jedoch nicht in romantischer Sentimentalität das Entstehen des Ego und den Verlust archaischer Unschuld beklagen, obwohl einige der Folgeerscheinungen durchaus dazu angetan wären, uns in Angst und Schrecken zu versetzen. Denn trotz aller Mängel stellt das mentale Ego aus der Sicht der Ewigen Philosophie doch so etwas wie die Markierung der halben Strecke auf dem Pfad der Transzendenz dar. Das soll heißen: Das ichhafte Selbstbewußtsein befindet sich auf halbem Wege zwischen dem Unbewußten der Natur und dem Überbewußten des GEISTES. Das Unbewußte von Materie und Körper weicht dem seiner selbst Bewußten des Verstandes (Geist) und des Ego, das seinerseits dem Überbewußten der Seele und des GEISTES Platz macht. Das ist das «große Bild» von Evolution und Geschichte, und in diesem Kontext ist auch die Geschichte des Menschen zu sehen. Der ganze Zyklus, die Große Kette des Seins, läßt sich wie in Abbildung 1 darstellen (s. S. 24).

Abbildung 1 hat die Form eines Kreises, vor allem weil dies eine kompakte Darstellung erlaubt; doch wie jedes Diagramm weist sie einige Mängel auf. Ich möchte vor allem darauf aufmerksam machen, daß diese Graphik nicht aussagen soll, die niedrigste Stufe (1) und die höchste (8) gingen ineinander über; das tun sie nicht. Darauf werden die letzten Kapitel ausführlicher eingehen. Im Augenblick stellt man sich am besten vor, daß die Stufen 1 bis 8 nacheinander höher aufsteigen, so daß jede Stufe im Verhältnis zur vorhergehenden eher der Sprosse einer Leiter als der Speiche eines Rades gleicht. Die verschiedenen Ebenen sind «vertikal» hierarchisch, und obwohl sie letztlich alle aus dem Absoluten hervorgehen, sind sie zwischenzeitlich Stufen auf dem Wege zurück zum Absoluten.[64] Die Weise darzustellen, auf die diese Ebenen tatsächlich zyklisch sind, muß den letzten Kapiteln vorbehalten bleiben. In der Zwischenzeit müssen uns «Sprossen einer Leiter», von der niedersten (1) bis zur höchsten (8) Stufe, als leitende räumliche Metapher dienen.*

---

* In *The Atman Project* vermittle ich eine stärker auf Einzelheiten eingehende Version der Großen Kette mit siebzehn Ebenen. Da diese Genauigkeit im Rahmen des hier erörterten Überblicks über die historische Evolution nicht notwendig (und wahrscheinlich auch nicht möglich) ist, verwende ich in diesem Buch nur acht grundlegende Ebenen. Es erübrigt sich die Feststellung, daß es sich bei ihnen deshalb um recht allgemeine Strukturen handelt, die aber für den hier angestrebten Zweck präzise genug sind.

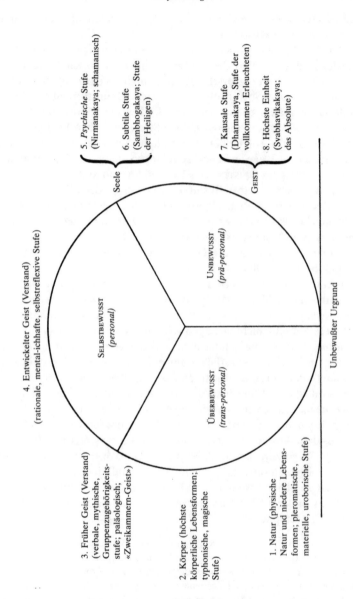

Abb. 1 Die Große Kette des Seins

Diese umfassende Bewegung von der Materie zum Körper, zum Geist (Verstand), zur Seele und zum GEIST macht das gesamte abstrakte Skelett der Geschichte aus, vom Anfang bis zum Ende. Wir wollen uns hier jedoch vor allem mit der Bewegung von der Natur zum Körper, von da zum frühen und schließlich zum entwickelten Geist befassen (Ebenen 1 bis 4), weil letzterer die höchste Stufe ist, bis zu der sich das *durchschnittliche* menschliche Bewußtsein in der Geschichte bisher entwickelt hat. Wie Plotin sagte: Wir sind erst halb entwickelt – und dieses Buch ist vor allem ein Überblick über die erste Hälfte der Entwicklung.

Dennoch werden wir auch die höheren Stufen der Evolution des öfteren erwähnen, die zu den Bereichen der Seele, des GEISTES und der Höchsten Ganzheit führen (Ebenen 5 bis 8). Wir werden das tun, weil einzelne hochentwickelte Individuen es während aller Stufen der bisherigen Menschheitsgeschichte geschafft haben, sich erheblich über ihre Zeitgenossen hinaus zu entwickeln, bis zu den überbewußten Bereichen: Propheten, Heilige, Erleuchtete, Schamanen – also Seelen, die als wachsende äußerste Spitzen des menschlichen Bewußtseins die höheren Ebenen des Seins durch Ausweitung und frühreife Evolution ihres eigenen Bewußtseins entdeckten. Eine Aufzeichnung der Geschichte, die den Einfluß der höherentwickelten äußersten Spitzen der Menschheit ausläßt, jener Einzelnen, die den schmalen Gipfelgrat der Größe der Menschheit repräsentieren, ist überhaupt keine Geschichtsschreibung, sondern die bloße Aufzeichnung des zeitlichen Ablaufs aufeinanderfolgender Mittelmäßigkeiten.

Ich werde also zwei parallele Stränge der Evolution aufzeigen, wie sie *historisch* in Erscheinung traten: den der *durchschnittlichen* und den der *fortgeschrittensten* Ebene des Bewußtseins. Beim ersten handelt es sich um die Evolution durchschnittlicher Erfahrung und Bewußtwerdung, die von Ebene 1 bis Ebene 4 aufsteigt. Beim zweiten geht es um die *korrelative* Evolution fortgeschrittener, die wachsende Spitze repräsentierender oder «religiöser» Erfahrung, die sich von Ebene 5 bis zur Ebene 8 bewegt. Unser Bericht endet mehr oder weniger in der gegenwärtigen Periode, in der der erste Strang in den zweiten überzugehen beginnt (Ebene 4 in Abbildung 1).

Auch die höheren Stufen der Evolution in Richtung auf integrale Ganzheit und GEIST werden zur Sprache kommen, weil der GEIST nicht nur die letzte Stufe der Evolution darstellt, sondern zugleich der immerwährende Urgrund der Evolution ist. Wie erwähnt, ist diese Höchste Ganzheit die NATUR aller Naturen, die VORBEDINGUNG aller

Vorbedingungen. Das soll heißen: Wir bewegen uns nicht nur auf jene Ganzheit zu, sondern sind auch aus ihr entstanden und werden stets von ihr umfangen sein – paradoxerweise. Die höchste spirituelle Ganzheit *ist* die Höchste Ganzheit des menschlichen Bewußtseins und war an keinem Punkt der Geschichte oder Evolution nicht vorhanden.

Als Urgrund, Quelle und Sosein aller Manifestationen ist dieser Höchste Geist der letzte Bezugspunkt aller Geschichte, der menschlichen wie der sonstigen. Und aus diesem Grunde kann keine Darstellung der Evolution – selbst wenn sie sich grundsätzlich nur mit deren «erster Hälfte» befaßt – eine wirklich ausreichende Erklärung bieten, wenn sie nicht auf das verweist, was Hegel die «Phänomenologie des Geistes» genannt hat.[193] Denn, um es nochmals zu wiederholen: Geschichte erzählt von der Entfaltung des Bewußtseins (GEISTES), einer Entfaltung, die die Höchste Ganzheit zum Ausgangspunkt hat und auch wieder zu ihr zurückkehrt. Geschichte ist der Bericht von den Beziehungen der Menschheit zu ihrem tiefsten Wesen, das sich in der Zeit entfaltet, aber in der Ewigkeit gründet.

Die Höchste Ganzheit ist also der Urgrund des menschlichen Bewußtseins. Aber – und hier liegt das eigentliche Problem – die überwiegende Mehrheit aller Menschen ist dessen nicht gewahr. Daher ist sie für die meisten Seelen ein *Anderes*. Sie ist nicht, wie Jehova, ein ontologisches Anderes, ist nicht von den Menschen abgetrennt, geschieden. Es handelt sich vielmehr um ein psychologisches Anderes, das allgegenwärtig, aber nicht wirklich erfahren ist. Diese Höchste Ganzheit ist ständig gegeben, wird aber selten entdeckt. Sie ist das Wesen aller Menschen, schläft jedoch in den Tiefen der Seele.

Da die Höchste Ganzheit in praktischer Hinsicht ein *Anderes* ist, *genügt sie unserem Kriterium, der Geschichte Sinn zu verleihen.* Es wurde bereits darauf verwiesen, daß große Theologen mit Recht darauf bestanden haben, Geschichte müsse auf etwas anderes als auf sich selbst hinweisen, wenn sie einen Sinn haben soll. Und wenn sie einen erhabenen Sinn haben soll, muß sie auf ein Erhabenes Anderes hinweisen, nämlich auf Gott.

Für die Ewige Philosophie ist das Große Andere jedoch nicht ein außenstehender Gott, sondern das Wesen und Sosein des eigenen Seins, womit Geschichte also auf jedermanns eigenes wahres Wesen und dessen Entfaltung hinweist. Die aus der Ganzheit hervortretende Geschichte strebt wieder auf diese Ganzheit zu, auf die bewußte Auferstehung des Überbewußtseins in allen Menschen. Geschichte hat einen Sinn, weil sie auf dieses GANZE hinweist. Und Geschichte kann sich erfüllen, weil dieses GANZE voll und ganz wiederentdeckt werden kann.

Das Atman-Projekt

Das grundlegende Wesen aller Menschen ist also die Höchste Ganzheit (Ebene 7/8). Dies ist ewig und zeitlos so – das heißt, wahr von Anfang an, wahr bis zum Ende und, was besonders wichtig ist, wahr im jetzigen Augenblick, von Augenblick zu Augenblick. Diese immerwährende Höchste Ganzheit, die sich in jedem Menschen manifestiert, nennen wir Atman (wie die Hindus es tun) oder Buddha-Wesen (wie die Buddhisten es tun) oder Tao oder GEIST oder BEWUSSTSEIN (Überbewußtsein) oder aber Gott – letzteres allerdings seltener, da sich so viele irreführende Assoziationen mit diesem Begriff verbinden.

Da Atman ein integrales GANZES ist, außerhalb dessen nichts existiert, umfaßt es allen Raum und alle Zeit und ist damit selbst raumlos, zeitlos, unendlich und ewig.[411, 429] Das «Unendliche» meint in der Ewigen Philosophie nicht etwas außerordentlich Großes, sondern jenen *raumlosen* Urgrund, der allen Raum einschließt und ihm zugrundeliegt, so wie ein Spiegel allen von ihm reflektierten Objekten zugrundeliegt und sie umfaßt. Gleichermaßen bedeutet «Ewigkeit» nicht eine sehr lange Zeit – sie ist der *zeitlose* Urgrund, der jeder Zeit zugrundeliegt und sie umfängt.

Gemäß der Ewigen Philosophie ist das Wahre Selbst oder das Buddha-Wesen *nicht* immerwährend und dem Tode trotzend; es ist vielmehr *zeitlos* und transzendent. Befreiung bedeutet nicht immerwährendes Fortbestehen in irgendeiner Art von goldverbrämtem Himmel, sondern unmittelbares Gewahrsein des zeit- und raumlosen Urgrunds allen Seins.[367] Dieses Gewahrsein zeigt dem einzelnen nicht, daß er unsterblich ist – was er eindeutig nicht ist. Es zeigt ihm vielmehr, daß er dort, wo seine Psyche mit dem zeitlosen Urgrund in Berührung kommt und sich mit ihm überschneidet, mit dem Universum eins wird – so sehr sogar, daß er auf dieser Ebene das Universum *ist*.[387] Die Entdeckung, daß das eigene tiefste Wesen mit dem All eins ist, befreit den Menschen von der Last der Zeit, der Ängste und Sorgen. Er wird von den Ketten der Entfremdung und der Isoliertheit der Existenz befreit.[193] Die Erkenntnis, daß das Selbst und das Andere eins sind, befreit von der Lebensangst. Die Einsicht, daß Sein und Nichtsein eins sind, befreit von der Todesangst.

Mit der Wiederentdeckung der Höchsten Ganzheit transzendiert der Mensch jede denkbare Form von Begrenzung – die er damit aber nicht verwischt – und überschreitet alle Arten von kämpferischer Auseinandersetzung. Dieser Zustand besteht in einem konfliktfreien, ganzheitlichen, glückseligen Gewahrsein. Das bedeutet jedoch nicht den Verlust jeden Selbstbewußtseins oder jeder zeitlichen Wahrnehmung und auch nicht, daß man in einen leeren Trancezustand verfällt, daß alle kritischen Fähigkeiten aussetzen und man sich in einem ozeanischen Brei suhlt. Vielmehr wird der *Hintergrund* des Selbstbewußtseins wiederentdeckt. Man ist der integralen Ganzheit *und* des expliziten Ich gewahr. Ganzheit ist nicht das Gegenteil von ichhafter Individualität; sie ist einfach deren Urgrund, dessen Entdeckung die Gestalt des Ich nicht auslöscht. Im Gegenteil: Sie stellt nur die Verbindung mit der übrigen Natur, dem Kosmos und der Gottheit wieder her. Nicht ein «ewiges Leben» in der Zeit gewinnt man mit dieser Erkenntnis, sondern man entdeckt, was vor der Zeit besteht.

Die Ewige Philosophie versteht die Wiederentdeckung dieser unendlichen und ewigen Ganzheit als das größte Bedürfnis und Verlangen des Menschen.[44] Denn Atman ist nicht nur das grundlegende Wesen aller Seelen, sondern *jeder Mensch weiß oder erfaßt intuitiv*, daß dies so ist.[29] Jedes Individuum spürt ständig, daß seine Vor-Natur unendlich und ewig, Alles und Ganzheit ist – es besitzt also eine wahre Atman-Intuition. Gleichzeitig jedoch empfindet es Furcht vor der tatsächlichen Transzendenz, denn Transzendenz erfordert den «Tod» seines isolierten und separaten Ichempfindens.[239] Das Individuum will von seinem separaten Ich nicht lassen und will es nicht sterben lassen. Daher kann es die große Erfüllung in der integralen Ganzheit nicht finden. Es klammert sich an sein Ich und hält damit Atman fern; es verleugnet das übrige Universum durch Festhalten am eigenen Ich.

Alle Menschen stehen vor diesem fundamentalen Dilemma: Jeder sehnt sich zutiefst nach wahrer Transzendenz, nach Atman-Bewußtsein, nach der Höchsten Ganzheit, fürchtet jedoch zugleich mehr als alles andere den Verlust seines separaten Ich, dessen «Tod». Weil der Mensch mehr als alles andere reale Transzendenz wünscht, den notwendigen Tod seines separaten Ichempfindens jedoch nicht akzeptieren will, sucht er Transzendenz auf eine Weise zu erlangen, die sie in Wahrheit *verhindert* und symbolische Ersatzlösungen erzwingt.[463] Dieser Ersatz nimmt die verschiedensten Formen an: Sex, Essen, Geld, Ruhm, Wissen, Macht. Alles das sind letzten Endes Ersatzbefriedigungen, primitiver Ersatz für die wahre Befreiung in der Ganzheit.[29] Daher ist das menschliche Verlangen so unersättlich, daher sehnt sich der Mensch nach nie endenden Freuden: Alles, was der Mensch will, ist Atman; aber alles, was er findet, sind symbolische Ersatzbefriedigungen.

Auch das Gefühl des einzelnen, ein separates, isoliertes und individuelles Ich zu sein, ist nur Ersatz für das eigene Wahre Wesen, Ersatz für das transzendente Selbst der Höchsten Ganzheit. Die Ahnung eines jeden Individuums, eines Wesens mit dem Atman zu sein, ist absolut richtig. Der einzelne entstellt diese Intuition jedoch, indem er sie auf sein separates Ich bezieht. Er meint, sein Ich sei unsterblich, nehme eine zentrale Stelle im Kosmos ein und sei allbedeutsam. Das heißt, der Mensch setzt sein Ego an die Stelle von Atman. Statt die zeitlose Ganzheit zu finden, substituiert er sie durch den Wunsch nach immerwährendem Leben. Statt mit dem Kosmos eins zu sein, hat er den Wunsch, den Kosmos zu beherrschen. Statt mit Gott eins zu sein, versucht er, selbst Gott zu spielen.

Diesen Versuch, Atman-Bewußtsein auf eine Weise zu gewinnen, die dieses verhindert und nur zu symbolischen Ersatzbefriedigungen führt, nenne ich das Atman-Projekt.[436] Es ist das *unmögliche* Verlangen, das individuelle Ich möge unsterblich, kosmozentrisch und allbedeutend sein. Es beruht allerdings auf der richtigen Intuition, daß das eigene Wahre Wesen tatsächlich unendlich und ewig ist. Ungeachtet dessen, daß mein Wahres Wesen *schon immer* Gott *ist*, zu wollen, daß mein Ego Gott *sein möge* – und damit unsterblich, kosmozentrisch, todesverneinend und allmächtig –, das ist das Atman-Projekt. Und es gibt nur entweder Atman oder das Atman-Projekt.

Das Atman-Projekt ist also sowohl eine Kompensation für das *scheinbare* (also letzthin illusorische) Fehlen von Atman als auch das Bemühen, Atman wiederzuerlangen, das heißt, seiner gewahrzuwerden. Diese beiden Punkte sollten wir im Gedächtnis behalten: Das Atman-Projekt ist ein Ersatz für Atman, enthält jedoch auch den Antrieb, Atman wiederzuerlangen. Ich will versuchen aufzuzeigen, daß es letzten Endes das Atman-Projekt ist, das die Geschichte, die Evolution und die individuelle Psyche in Gang hält. Und erst wenn das Atman-Projekt sein Ende gefunden hat, wird das wahre Atman-Bewußtsein hervortreten. Das ist dann auch das Ende der Geschichte, das Ende der Entfremdung und die Auferstehung des überbewußten Alls/Universums.

Das Wesen der Kultur und die Leugnung des Todes

Wir haben gesehen, daß das Wahre Wesen jedes einzelnen Atman ist (GEIST, Ebene 7/8); ferner daß jedermann, sei es auch nur verschwommen, dieses Atman-Wesen intuitiv erfaßt. Solange er jedoch den Tod (Thanatos) nicht akzeptieren kann oder will, kann er auch des Einsseins oder Atman-Bewußtseins nicht inne werden, denn das würde die Aufgabe und den «Tod» des isolierten Ichempfindens voraussetzen. Da er den Tod (noch) nicht akzeptieren und damit sein Wahres Selbst oder seine letzte Ganzheit nicht finden kann, wird der Mensch gezwungen, eine Reihe *symbolischer Ersatzbefriedigungen* für das SELBST (Atman) zu schaffen. Weil er sein Wahres Selbst, das weder subjektiv noch objektiv, sondern nur GANZES ist, nicht verwirklichen kann, kompensiert er dies durch die Behauptung eines symbolischen, subjektiven inwendigen Ego, welches vorgibt, kosmozentrisch, unabhängig und unsterblich zu sein. Das ist ein Teil, der *subjektive* Teil, des Atman-Projekts.

Bis zur endgültigen Auferstehung des SELBST im Überbewußtsein wird das falsche, individuelle und getrennte Ich von zwei Haupttriebkräften bewegt: die eigene Existenz zu verewigen (Eros) und alles zu vermeiden, was zu seiner Auflösung (Thanatos) führen könnte. Dieses inwendige und isolierte Pseudo-Selbst wehrt sich einerseits hartnäckig gegen Tod, Auflösung und Transzendenz, strebt andererseits zugleich nach Kosmozentrizität, Allmacht und Unsterblichkeit. Das sind die positiven und die negativen Seiten des Atman-Projekts – Eros und Thanatos, Leben und Tod, Vishnu und Shiva. Dieser Kampf zwischen Leben und Tod, Eros und Thanatos, ist jedem Ich inhärent und bewirkt seine Ängste, ein urtümliches Angstgefühl, das nur durch Transzendenz in die Ganzheit beseitigt wird.

Damit sind wir beim letzten bedeutenden Aspekt des Atman-Projekts: Auch wenn es nach Unsterblichkeit und Kosmozentrizität strebt, verfehlt das separate Ich sein Ziel zwangsläufig. Es kann die Illusion, stabil, dauerhaft, beständig und unsterblich zu sein, letztlich nicht aufrechterhalten. William James sagt, der furchterregende Hintergrund des Todes bleibe weiterhin präsent und der Mensch komme nicht von der Vorstellung los, «der Sensenmann werde an die Tür des Festsaales klopfen».[213] Solange das separate Ich nicht seine Ganzheit wiederentdeckt, bleibt die nebelhafte Atmosphäre des Todes sein ständiger Begleiter. Dieser Hintergrund des Todes kann durch keinerlei Kompensationen, Verteidigungen oder Verdrängungen endgültig und total ausgeblendet werden. Nichts, was das inwendige Ich zu tun imstande ist, wird diese schreckenerregende Vision jemals ersticken. Daher werden «äußere» oder «objektive» Stützpfeiler ins Spiel gebracht, um das Atman-Projekt zu unterstützen, die Todesfurcht zu lindern und das Ich als unsterblich auszugeben. Ein Individuum wird sich eine Vielzahl externer oder objektiver Bedürfnisse, Wünsche, Eigenschaften und materielle Besitztümer schaffen und sich daran klammern: Es strebt nach Reichtum, Ruhm, Macht und Wissen – alles Dinge, die es mit entweder unendlichem Wert oder unendlicher Wünschbarkeit auszustatten neigt. Da es aber gerade diese Unendlichkeit ist, die alle Menschen wahrhaft ersehnen, sind alle äußeren, objektiven und endlichen Objekte wiederum nur Ersatzbefriedigungen. Sie sind *Ersatzobjekte*, genauso wie das separate Ich ein *Ersatzsubjekt* ist. Später werde ich aufzeigen, daß dies die äußeren und inneren Verzweigungen des Atman-Projekts sind – objektive und subjektive, «da draußen» und «hier drinnen».

Ich will auf folgendes hinaus: Die Welt objektiver Ersatzbefriedigungen ist nichts anderes als die Welt der Kultur.* Kultur aber – äußere materielle oder ideelle Ersatzobjekte – dient denselben beiden, eng verbundenen Funktionen wie das inwendige Ersatzsubjekt: Sie liefert eine Quelle, ein Versprechen und ein Fließen von Eros (Leben, Macht, Stabilität, Vergnügen, Mana) und vermeidet, widersteht oder verteidigt sich gegen Thanatos (Tod, Verfall, Tabu). Aus diesem Grund «entdeckte die Anthropologie, daß [selbst in archaischen Gesellschaften] die grundlegenden Kategorien des Denkens Ideen von Mana und Tabu sind ... Je mehr Mana (Eros) man sich verschaffen, je mehr Tabus (Thanatos) man vermeiden konnte, um so besser.» Denn das ganze kulturelle Projekt ist «doppelseitig: Es zielt in einem Aufwallen von Lebensbejahung auf ein absolutes ‹Jenseits›; doch trägt es in sich den verfaulten Kern der Leugnung des Todes».[26]

Die Leugnung des Todes, dieses panische Davonlaufen vor Thanatos, ist der springende Punkt der «negativen» Seite des Atman-Projekts; seine Rolle bei der Gestaltung der Kultur war überragend und allumfassend. Im Grunde ist Kultur die Art und Weise, wie sich das separate Ich zum Tod verhält – jenes Ich, das dazu verdammt ist zu sterben, dies auch weiß und sein Leben lang bewußt oder unbewußt

---

* Kultur ist nicht die einzige objektive Ersatzbefriedigung. Letzten Endes ist das jeder beliebige objektive Bereich. Doch ist Kultur der größte menschliche Bereich objektiver Kompensationsaktivitäten.

versucht, es zu leugnen. Zu diesem Zweck konstruiert es sich ein subjektives Leben, manipuliert es und schafft «dauerhafte» und «zeitlose» kulturelle Objekte als äußere und sichtbare Zeichen einer erhofften Unsterblichkeit. Daher konnte Rank alle Gesellschaften auf der einfachen Grundlage ihrer «Unsterblichkeitssymbole» klassifizieren, konnte Becker darauf hinweisen, daß «Gesellschaften genormte Systeme der Todesleugnung sind», da «jede Kultur eine Lüge hinsichtlich der Möglichkeiten des Sieges über den Tod» sei.

Der Mensch will, was alle Organismen wollen: das Fortdauern der Erfahrung, Selbst-Verewigung als lebendes Wesen (Eros). Andererseits ist der Mensch sich stets dessen bewußt, daß sein Leben einmal zu Ende geht... Er mußte also einen anderen Weg ersinnen, das Fortdauern seiner Existenz zu sichern, einen Weg, die Welt aus Fleisch und Blut [vorgeblich zu transzendieren]... die ja eine vergängliche ist. Er tat dies, indem er sich auf eine unvergängliche Welt fixierte, ein «unsichtbares Projekt» erfand, das seine Unsterblichkeit garantieren sollte...

Diese Betrachtung menschlichen Tuns liefert einen Schlüssel zum Verständnis der Geschichte. In jeder Epoche hatten die Menschen den Wunsch, ihr körperliches Schicksal zu transzendieren, suchten sie nach einer Garantie für eine Form unendlichen Fortbestehens. Die Kultur lieferte ihnen dazu die notwendigen Unsterblichkeitssymbole oder Ideologien. Gesellschaften lassen sich als Strukturen von Unsterblichkeitsmacht begreifen.[26]

«Da er nichts weniger als ewiges Wohlleben wünschte», schließt Bekker, «konnte der Mensch von Anfang an nicht mit der Gewißheit des Todes leben... Er schuf kulturelle Symbole, die nicht altern oder verfallen, um seine Furcht vor dem unausweichlichen Ende zu besänftigen.»[26] Kurz gesagt: Kultur ist das große äußere Gegenmittel gegen die Todesangst. Sie ist das Versprechen, der Wunsch, die glühende Hoffnung, daß der Sensenmann *doch nicht* an die Tür des Festsaals klopfen wird.

Drei Fragen

Wie nun haben sich die verschiedenen Bewußtseinsstrukturen oder Formen des Ich aus dem Unbewußten entwickelt, das die Morgendämmerung der Menschheit charakterisierte? Ich werde im folgenden schrittweise aufzeigen, wie sich das Ich aus seinem ursprünglichen Eingebettetsein in Natur und Körper (Ebenen 1 und 2) löste, sich von beiden differenzierte und schließlich in der modernen Ära zu einem hochindividualisierten und «unabhängigen» Ego entwickelte. Darüber hinaus werde ich die Ansicht vertreten, daß eine bestimmte Form des Ichbewußtseins auch einen besonderen Typ oder Stil von Kultur begünstigt (die ihrerseits zur Ausprägung dieser Form des Ich beiträgt), da beide Projekte im großen und ganzen korrelativ sind. Die Form des Ich und der Stil der Kultur, die beiden tragenden Säulen des Atman-Projekts, stützen einander.

Dabei ergeben sich fundamentale Probleme. Welche Form der Verteidigung mußte der Mensch sich schaffen, als er sich aus der Sphäre des Unbewußten löste und den Schutz der Unwissenheit verlor, als er sich stärker seiner Trennung, Verwundbarkeit und Sterblichkeit bewußt wurde? Wie wirkte sich diese Verteidigung auf seine Mitmenschen aus? Wichtiger noch: Hatten die Menschen auf jeder Stufe ihrer Evolution aus dem Unbewußten irgendeinen Zugang zu den Bereichen des Überbewußten? Hatten sie Einblick in irgendeinen Bereich der höheren Stufen der Evolution und spirituellen Befreiung?

Die angesprochenen Probleme lassen sich zu drei einfachen Fragen zusammenfassen, die für jede beliebige Gemeinschaft und jede Stufe der Evolution gelten:

1. Welche Hauptformen wirklicher Transzendenz stehen dem Menschen zur Verfügung? Das soll heißen: Sind ihm echte Wege zum Atman, zum Überbewußten, zugänglich?
2. Wenn nicht: Welche *Ersatzformen* für Transzendenz werden geschaffen? Welche Formen nimmt das Atman-Projekt an, und zwar subjektive als Ichbewußtsein und objektive als Kultur?
3. Welchen Preis müssen die Mitmenschen für diese Ersatzbefriedigungen zahlen? Womit wird das Atman-Projekt erkauft?

Es wird sich herausstellen, daß die Geschichte der Bericht über Menschen ist, die einander in ihre Atman-Projekte verwickeln – im negativen (Thanatos) wie im positiven (Eros) Sinne. Dabei schaffen sie sich einerseits Könige, Götter und Helden, während sie andererseits für die Leichenberge von Auschwitz, die Gulags und Wounded Knee die Verantwortung tragen.

Ebenso wird sich herausstellen, daß die Geschichte tatsächlich einen Sinn hat, sowohl auf umfassender Ebene – als Bewegung vom Unbewußten zum Überbewußten – als auch auf individueller Ebene, das heißt für jede einzelne Seele, die sich, wann auch immer, der unmittelbaren Transzendenz zum überbewußten ALL öffnet. Das ist «Tod» und Transzendenz des separaten Ich zugleich und – für den Betreffenden – das Ende der Geschichte, das Ende der Tyrannei der Zeit, das Ende der optischen Täuschung des Getrenntseins, die Auferstehung des ALL und die Rückkehr zur Ganzheit. Natürlich ist die Zahl der Individuen, die zu irgendeiner Zeit wirklichen Zugang zum ALL fanden, sehr klein; und es wird wahrscheinlich noch Tausende oder gar Millionen von Jahren dauern, bis die Menschheit als Ganzes sich in den Bereich des Überbewußtseins hinein entwickelt hat. Ausgenommen die Wenigen, die jeweils für sich alleine den Weg zur Transzendenz wählten, trifft es zu, daß Geschichte eine Chronik über Menschen ist und bleiben wird, die zu früh geboren wurden.

Erster Teil

**Vor langer Zeit
im Garten Eden . . .**

1. Die geheimnisvolle Schlange

Als vor vielleicht sechs Millionen Jahren die ersten Hominiden in ihrer urmenschlichen Gestalt auf der Erde erschienen, war es der Evolution bereits gelungen, eine bemerkenswerte Aufeinanderfolge zunehmend komplexer, empfindungs- und reaktionsfähiger Seinsstrukturen hervorzubringen. Die Evolution begann vor etwa 15 Milliarden Jahren mit dem sogenannten Urknall. Sie bewegte sich dann in hierarchischer Ordnung von einfachen gefühl- und leblosen Atomen zum pflanzlichen Leben, dann über die Vegetation hinaus zu einfachen tierischen Formen (Protozoen, Amphibien, Reptilien) und zu höheren tierischen Formen (Säugetiere mit einfachen Vorstellungsbildern und Paläosymbolen). Alle diese untersten Glieder der «Großen Kette des Seins» warteten gewissermaßen auf die ersten Hominiden. Alles zusammen bildete den Unterbau, auf den und über den hinaus das menschliche Bewußtsein gebaut werden sollte.

Es scheint festzustehen, daß jede Stufe der Evolution zwar über ihre Vorgänger hinausgeht, diese aber in ihre eigene höhere Ordnung einbeziehen und integrieren muß. Hegel würde dazu sagen: «Nachfolgen heißt zugleich verneinen und bewahren.»[193] Mit anderen Worten: Jede Stufe der Evolution *transzendiert* und *umfaßt* alle vorherigen. Die frühen Lebensformen (Pflanzen) gingen über leblose Materie und Minerale hinaus, bewahrten sie aber in ihrer biologischen Zusammensetzung. Die Tiere gingen über die einfachen pflanzlichen Lebensformen hinaus, schlossen deren Leben aber in ihren eigenen körperlichen Aufbau ein. Ebenso entwickelte sich der Mensch über das Animalische hinaus, behielt aber animalische Eigenschaften. Der Mensch trägt also in sich *alle* früheren Stufen der Evolution, die er jedoch alle transzendiert.[224, 360]

Als die ersten Hominiden oder urmenschlichen Geschöpfe aus der Evolution hervorgingen, entwickelten sie sich um einen Kern natürlicher und animalischer Strukturen, die bereits durch die frühere Evolution definiert waren. Auch wenn der Mensch diesen Kern schließlich transzendierte, mußte er ihn doch von Anfang an einbeziehen, assimilieren und durch ihn hindurchwachsen, ehe er aus ihm herauswachsen konnte. Seine früheste menschliche Ontogenese war eine Wiederholung der kosmischen Phylogenese. Die früheste menschliche Spezies war zugleich ein zögernder Schritt vorwärts in der Evolution sowie die Einbeziehung der gesamten vorangegangenen Evolution.

Mit anderen Worten: Der Urmensch begann seinen Weg eingehüllt in die unbewußten Bereiche von Natur und Körper, von Pflanze und Tier. Er «erfuhr» sich anfänglich als ununterscheidbar von der Welt, wie sie sich bis dahin entwickelt hatte. Die *Welt* des Menschen – Natur, Materie, pflanzliches Leben und animalischer Körper (säugetierhaft) – sowie das *Ich* des Menschen – das sich entfaltende neue Zentrum seiner Erfahrung – waren *undifferenziert*, eingebettet, miteinander verschmolzen und ununterschieden. Sein Ich war seine naturhafte Welt; seine naturhafte Welt war sein Ich.

Angesichts der Vermischung von «Ich» und «Anderes», mangelnder klarer Unterscheidung zwischen innerer Erfahrung und äußerer Natur sowie fehlender Fähigkeit zu echter gedanklicher Überlegung oder sprachlichem Ausdruck, muß diese ganze Periode das Erlebnis einer Zeit vor der Zeit, einer Episode vor der Geschichte gewesen sein – ohne Ängste, ohne wirkliches Begreifen des Todes und somit ohne Existenzangst. Aus diesen und anderen Gründen hat Neumann meines Erachtens mit Recht vorgeschlagen, diese primitive und archaische Identität mit den mythologischen Fachausdrücken «Pleroma» und «Uroboros» zu bezeichnen.[311] «Pleroma» ist ein alter gnostischer und von Jung übernommener Ausdruck, der das Potential der *physischen* Natur bezeichnet (Prakriti im Hinduismus). «Uroboros» ist das uranfängliche mythische Symbol der Schlange, die sich in den Schwanz beißt. Es bedeutet selbstbezogen, allumfassend aber narzißtisch, «paradiesisch» aber reptilhaft (oder in niedere Lebensformen eingebettet). Der Pleroma-Uroboros bezeichnet also den Archetyp und das perfekte Symbol dieser primitiven Bewußtheit: eingebettet in die physische Natur (Pleroma) und beherrscht von animalisch-reptilhaften Impulsen (Uroboros). Und auch wenn die ersten Vormenschen sich bereits über diese niederste Stufe erhoben hatten, wurden sie anfänglich noch von ihr beherrscht. Obwohl der Pleroma-Uroboros als solcher die Materie und die Natur repräsentiert, symbolisiert er als mythische Metapher auch die uranfängliche Atmosphäre des urmenschlichen Bereiches.

Ich bezeichne also mit Uroboros ganz allgemein die *gesamte* niedrigste Ebene der Großen Kette des Seins und deren Unterebenen (Materie, pflanzliches und niederes animalisches Leben) wie auch die ersten urmenschlichen Lebensformen, die sich eben erst aus dieser niedersten Ebene entwickelten. Der einfacheren Darstellung halber ist dies alles als «Ebene 1» in Abbildung 1 zusammengefaßt und kollektiv als «der Uroboros», die Schlange der Natur, das Heim des Urmenschen bezeichnet.

Es wird sich zeigen, daß der Uroboros insbesondere die Struktur ist, die den Hintergrund der universalen Mythen vom Garten Eden bildet, einer Zeit vor dem «Sündenfall» – der Trennung, Wissen und Selbstbewußtsein mit sich brachte –, einer Zeit der Unschuld. «Unsere Träume sind Märchen, die im nebelhaften Eden erzählt werden», sagte Walter de la Mare, und der Uroboros, die große und mysteriöse Schlange schlummert in jenem Paradies. Was wir auch sonst noch feststellen mögen – die Schlange *war* im Garten Eden.

Und nun möchte ich einige Indizien dafür anführen, daß der Urzustand des Menschen tatsächlich ein Zustand träumerischen Eingebettetseins in die materielle Welt der Natur und des Einsseins mit ihr war – der Zustand, den wir die unbewußte Sphäre nennen, weil ihm ein selbstbewußtes Denken fehlt. In diesem Zusammenhang möchte ich vor allem die ausgezeichneten Studien von Jean Gebser anführen, von dessen Ansichten über die anthropologische Entwicklung ich ausführlich Gebrauch machen werde. Gebsers Hauptwerk hat den Titel *Ursprung und Gegenwart*[158]. Für ihn ist der Ursprung die zeit- und raumlose Ganzheit, «die Ganzheit, die ganz am Anfang stand, noch vor der Zeit». – «Der Ursprung ist immer gegenwärtig, er ist kein Anfang, denn der Anfang ist zeitgebunden. Und die Gegenwart ist nicht das bloße Jetzt, das Heute oder der Augenblick. Sie ist nicht ein Zeitteil, sondern eine ganzheitliche Leistung.»[159] Für die Ewige Philosophie sind dies recht vertraute Anschauungen.

In *Ursprung und Gegenwart* umreißt Gebser «ein einzigartiges menschliches Geschehen: die Entfaltung des Bewußtseins», und er teilt sie auf in vier größere «Bewußtseinsstrukturen, die in der Geschichte der Menschen aufgetreten sind». Diese vier Strukturen nennt er die archaische, die magische, die mythische und die mentale. Mit Gebsers Worten:

Die Strukturierung, die wir gefunden haben, scheint uns die Fundamente des Bewußtseins zu erschließen, uns in die Lage zu versetzen, einen Beitrag zur Geschichte der menschlichen Bewußtwerdung zu geben. Diese Strukturierung beruht auf der Erkenntnis, daß sich im Werden nicht nur der abendländischen Menschheit deutlich unterscheidbare Welten abheben, deren Entfaltung sich in Bewußtseinsmutationen vollzogen hat. Die Aufgabe, die sich damit stellt, gründet in einer geistesgeschichtlichen Analyse der verschiedenen Bewußtseinsstrukturen, so wie sie aus verschiedenen Mutationen hervorgingen. Wir bedienen uns dazu der Methode, die jeweilige Bewußtseinsstruktur der «Epochen» aus ihren geistigen Zeugnissen, ihren eigentümlichen Ausdrucksformen – im Bild wie in der Sprache – aufzuzeigen.[159]

Diese Strukturen werde ich später erklären. Jetzt wollen wir einfach festhalten, daß Gebsers «archaische Struktur» in bezug auf Abbildung 1 eng mit unserer «pleromatisch-uroborischen» (Ebene 1), die magische mit unserer «typhonischen» (Ebene 2), die mythische mit der «Gruppenzugehörigkeit» (3) und die mentale mit der «ichhaften» (4) korrespondiert. In Respekt vor Gebsers Pionierarbeit werde ich, wann immer ich auf die unteren Ebenen des «Bewußtseinsspektrums» oder der Großen Kette des Seins – wie sie sich in anthropologischer Aufeinanderfolge entfalten – Bezug nehme, die Ebenen unter Einbeziehung von Gebsers Terminologie benennen. So werden also die archaisch-uroborische, die magisch-typhonische, die mythisch-partizipatorische und die mental-ichhafte die Haupt«epochen» sein, genauer gesagt, die Hauptstufen im Wachstum des Bewußtseins, die in diesem Buch behandelt werden.

Kehren wir also zur ersten Struktur des Bewußtseins und der von ihr getragenen Kultur oder Gesellschaft zurück: der archaisch-uroborischen. Gebser sieht darin das erste Aufschimmern eines Zeitalters, in dem Welt und Menschheit eben erst in Erscheinung treten (als differenzierte Einheiten). «Sie ist dem biblischen paradiesischen Zustand am nächsten, wenn nicht dieser selbst. Es ist die Zeit, da die Seele noch schläft, und so ist es die traumloseste Zeit und die der gänzlichen Ununterschiedenheit von Mensch und All.»[159]

Gebser steht mit dieser Ansicht keineswegs allein. Sie wird weithin von Wissenschaftlern, Philosophen und Psychologen geteilt. Da ist zum Beispiel die Schlußfolgerung aus Ernst Cassirers monumentaler *Philosophie der Symbolischen Formen*[76]: «Die Geschichte des menschlichen Bewußtseins war ... das schrittweise Herauslösen eines kleinen, jedoch wachsenden und zunehmend klareren und selbstsicheren Kerns innerer menschlicher Erfahrung aus einem traumhaften Zustand *buchstäblicher Identität mit dem Körper und seiner Umwelt* [uroborische Verschmelzung] ... [Der Mensch] mußte seine Subjektivität der Welt seiner Erfahrung abringen, indem er diese Welt nach und nach zu einem Dualismus polarisierte. Und das ist der Dualismus von objektiv/subjektiv, äußerlich/innerlich.» Barfield kommt zu dem Schluß: «Aus derartigen Ursprüngen [uroborische Verschmelzung] und nicht aus einem Zustand leerer Verständnislosigkeit haben wir das individuelle, geschärfte und räumlich bestimmte Bewußtsein von heute entwickelt.»[21]

In seinem klassischen Werk *Ursprungsgeschichte des Bewußtseins*, einem der Bücher, die uns auf unserer Odyssee ständig begleiten werden, stimmt Erich Neumann völlig mit Cassirer und Gebser überein: «Die Ursprungssituation, die mythologisch als Uroboros dargestellt wird, entspricht in der Menschheitsgeschichte dem psychologischen Stadium, in dem Einzelner und Gruppe, Ich und Unbewußtes, Mensch und Welt so eng verbunden waren, daß zwischen ihnen das Gesetz der *participation mystique* herrscht, das Gesetz unbewußter Identität.»[311] Diese Feststellung wird auch von C. G. Jung und Lévy-Bruhl akzeptiert und von Gowan folgendermaßen zusammengefaßt: «Der Uroboros stellt ein undifferenziertes, träumerisch-autistisches Urstadium dar, in dem der Mensch sich selbst noch nicht als von anderem getrennt erkannte und noch kein seiner selbst bewußtes Leben führte. Die *Genesis* beschreibt diesen Zustand als *Eden* und berichtet uns, der Mensch habe seine Unschuld verloren und sei aus dem Paradies ausgestoßen worden (in Raum, Zeit und Persönlichkeit), als er vom Baum der Erkenntnis aß.»[168] Und Neumann selbst kommt zu dem Schluß:

Wenn die Existenz des Urmenschen im Uroboros gleichbedeutend mit *participation mystique* ist, dann bedeutet das auch, daß sich noch kein Egozenter entwickelt hat, das sich in Beziehung zur Welt setzt. Im uroborischen Frühzustand herrscht ebenso sehr eine Verschmelzung des Menschen mit der Welt wie des Einzelnen mit der Gruppe. Die Grundlage beider Phänomene ist das Nichtherausgelöstsein des Ichbewußtseins aus dem Unbewußten, d. h. die Tatsache, daß es psychologisch noch nicht zur Trennung dieser beiden psychischen Systeme voneinander gekommen ist.[311]

Natürlich gibt es keine einwandfreie Möglichkeit, zu beweisen oder zu widerlegen, wie der Mensch der Urfrühe wirklich gelebt hat, jedoch einen Indizienbeweis, aus dem wir Schlüsse ziehen können: Ist die Ontogenese zumindest in einigen Fällen eine Wiederholung der Phylogenese, so sehr beide sich auch bezüglich des Gesamtzusammenhanges unterscheiden mögen, dann wird unser Problem etwas klarer. Denn die Psychologen sind sich heute fast einstimmig über eine Tatsache der kindlichen Entwicklung einig, die von Piaget folgendermaßen formuliert wurde:

«Während der frühen Stadien sind die Welt und das Selbst [Ich] eins; sie sind durch nichts voneinander geschieden . . . und das Selbst ist gewissermaßen materiell»[329], also pleromatisch-uroborisch. Man sollte jedoch eingedenk sein, daß die «Welt», mit der das Ich in diesem frühen Stadium identifiziert wird, *nicht* die mentale Welt ist, auch nicht die Welt der höheren Intelligenz, der Symbole und Begriffe. Es ist auch nicht die Welt höherer Gefühle, altruistischer Liebe oder Zuneigungen; es gibt hier keine Identität mit dem Subtilen oder *Psychischen,** mit sprachlichen, logischen oder kausalen Bereichen – weil noch *nichts* von alledem entstanden ist. Dieser Urzustand bedeutet vielmehr eine *materielle* Identität und uroborische Verschmelzung (Piaget nennt es protoplasmisches Bewußtsein).** Und Piaget steht

---

* Mit dem englischen Wort *psychic* bezeichnet der Autor speziell die die deduktiv-rationale Ebene (Ebene 4) überschreitenden intuitiven und «außersinnlichen» seelischen Fähigkeiten des Menschen (Ebene 5). Da im Deutschen das Wort «psychisch» in einem allgemeineren Sinne synonym für «seelisch» (Ebene 5 und 6) gebraucht wird (engl. oft = *psychological*), wird die deutsche Übertragung des englischen *psychic* hier durch kursive Schreibweise *(psychisch)* kenntlich gemacht. (Anm. d. Übers.)

** Wenn also Piaget vom Zustand des Kleinkindes sagt, «die Welt und das Ich sind eins», dann meint er mit «Welt» grundsätzlich eine *materielle* Welt (Ebene 1). Diese Formulierung hat viele Forscher verwirrt, weil das nach einem «mystischen» Zustand oder höchster Einheit klingt. Wenn aber der Mystiker sagt «Im höchsten Zustand sind die Welt und das Selbst eins», dann meint er mit «Welt» *alle* Welten, also die Ebenen 1–8. Wo das Kleinkind mit der *ersten* Ebene eins ist, prä-Subjekt/Objekt, ist der Mystiker eins mit allen Ebenen von 1 bis 8, also trans-Subjekt/Objekt. Sind wir nicht fähig, diese Zustände zu differenzieren, scheint uns die Erfahrung des Mystikers ein Rückschritt zu sein. Umgekehrt sieht es so aus, als ob das Kleinkind – und der Urmensch – in einem mystischen, transzendenten Zustand des Samadhi lebt. Es ist von entscheidender Bedeutung daran zu denken, daß Gebser, Piaget, Cassirer, Neumann, Freud usw. mit «Welt» das niederste Glied der Großen Kette des Seins und *nicht* die ganze

damit nicht allein. Auch Freud und die gesamte psychoanalytische Bewegung, die ganze Schule von Jung oder Klein, moderne Ego-Psychologen wie Mahler, Loevinger und Kaplan sowie praktisch alle Erkenntnispsychologen stimmen in folgendem überein: Die erste Bewußtseinsstruktur des Kindes besteht in dieser Form materieller Bewußtseinsverschmelzung – sie ist prä-Subjekt/Objekt, *nicht* trans-Subjekt/Objekt! –, der die Grenzen von Raum und Zeit weithin unbekannt sind.

Darf man diese Fakten in sehr allgemeinem Sinn auch auf die frühesten Stadien der menschlichen anthropologischen Entwicklung anwenden? Ich möchte das hier nicht ausführlich diskutieren, sondern einfach betonen, daß ich die Feststellung aus Arietis klassischer Studie (der der National Book Award for Science verliehen wurde) für sehr wahrscheinlich halte: «Von fundamentaler Bedeutung ist, daß die [beiden] Prozesse [Phylogenese und Ontogenese] weithin ähnlichen Entwicklungsplänen folgen. Das bedeutet nicht wörtlich, daß die Ontogenese im Bereich der Psyche die Phylogenese wiederholt. Doch gibt es gewisse Ähnlichkeiten in den [beiden] Entwicklungsbereichen, und wir sind imstande, Strukturen höchster Formen von Allgemeinheit zu individualisieren, die alle Ebenen der Psyche in beiden Entwicklungstypen umfassen. In diesen erkennen wir auch konkrete Varianten desselben allumfassenden strukturellen Plans» (Wir werden dies bald folgendermaßen formulieren: Tiefenstrukturen sind unveränderlich, Oberflächenstrukturen sind kulturell konditioniert und veränderlich).[6] Es sollte uns also nicht überraschen, wenn wir rückschauend auf die Erzählungen von jenem nebelhaften Garten Eden verblaßte Spuren und Hinweise auf den ewig-kreisenden Uroboros finden, jene geheimnisvolle Schlange aus dem frühesten Stadium der Evolution, welches der menschlichen Phylogenese wie der Ontogenese zugrundeliegt.

Dieser archaisch-uroborische Zustand hat also gleichzeitig viele unterschiedliche Bedeutungen. Hinsichtlich der Wachstumsphasen (beziehungsweise der Herauslösung aus dem Unbewußten) ist er der niedrigste Bewußtseinszustand, der gröbste, am wenigsten differenzierte, der mit der geringsten Bewußtheit (lokalisiert auf der Ebene 1). Viele Religionsanthropologen möchten diesen Zustand natürlich

---

Kette meinen, wenn sie sagen, im frühesten Stadium der Entwicklung seien das Ich und die «Welt» eins. Man darf also uroborisch-naturhafte Verschmelzung nicht mit mystischem Einssein verwechseln.

gerne als engelhaft ansehen, weil er vor dem Entstehen von Vernunft, Logik, Persönlichkeit, Trennung sowie Subjekt/Objekt bestand. Diese gutgemeinte Auffassung leidet jedoch darunter, daß sie nicht zwischen *prä*-personal und *trans*-personal unterscheidet, zwischen prä-mental und trans-mental, prä-ichhaft und trans-ichhaft. Zwar verstehen diese Forscher, daß Atman tatsächlich kein Ich, keinen Subjekt/Objekt-Dualismus, keine Trennung kennt. Dann aber verwechseln sie *prä* und *trans* und stellen sich daher vor, der Garten Eden sei eine Art transpersonalen Himmels gewesen, während er in Wirklichkeit ein präpersonaler Schlummerzustand war.

Dieser archaisch-uroborische Zustand scheint tatsächlich in mancher Hinsicht selig gewesen zu sein, doch war es die Seligkeit der Unwissenheit und nicht der Transzendenz. Es gibt nicht den geringsten Hinweis darauf, daß zu jener Zeit irgendeiner der höheren Bereiche des Überbewußten verstanden, gelebt oder bewußt gemeistert wurde. Ganz im Gegenteil: Es war eine Zeit des präpersonalen Schlummers in der unbewußten Sphäre, die Zeit der «ersten Unschuld». Und wenn wir sie schon als engelhaft im Sinne von selig ansehen sollen, dann wollen wir uns zumindest der Definition des Engels erinnern, die ein Sufi-Meister formuliert hat: «Ein Engel ist eine Seele, die nicht genügend gewachsen ist.»

Obwohl es sich um einen Zustand urtümlich-naturhafter Einheit handelte, oder besser gesagt, *weil* es ein solcher Zustand war, wurde der Uroboros von der unbewußten Natur, von Physiologie, Instinkten, einfachen Wahrnehmungen, Empfindungen und Gefühlen beherrscht. Neumann sprach von einer Zeit, «in der das Ich in der pleromatischen Lebensphase als embryonaler Keim im Runden schwimmt, in der noch keine Menschheit existiert, sondern nur die Gottheit, nur die Welt Dasein hat». Er sagte ferner: «Der Mensch schwimmt unbewußt im Instinktiven wie das Tier. Geborgen, getragen und gehalten von der Großen Mutter, die ihn wiegt und der er ausgeliefert ist im Guten und Bösen. Nichts ist er selber, alles ist Welt. Sie ist bergend und nährend, er, der Mensch, nur selten schon wollend und tuend. Nichtstun, träge im Unbewußten, in der unerschöpflichen Dämmerwelt dasein, in der die Große Nährerin ihm in mühelosem freiem Zuströmen alles gibt, was er braucht, das ist der ‹selige› Zustand der Frühzeit.»[311]

Um hervorzuheben, daß dieser uroborische Zustand von Instinkten und biologischen Trieben gelenkt wird, nennt Neumann ihn auch den «Nahrungsuroboros», die Welt der «Bauchpsychologie». Physiologisch kann man sich den Uroboros als das schlangenhafte Zentrum, primär als Reptilienkomplex und sekundär als limbisches System vorstellen. Damit soll nicht gesagt werden, die uroborischen Menschen hätten keine Gehirnrinde gehabt – nur war diese nicht vorherrschend. Sie leistete nicht alle Funktionen, die sie heute hat, etwa abstrakte Logik, Sprache und Begriffsbildung. Zunächst einmal gibt es die Tatsache, daß das uroborische Symbol in fast allen Mythologien ein schlangenförmiges Reptil ist. Das Reptil: instinktiv handelnd, seiner selbst nicht bewußt, eingebettet in Mutter Natur, verwurzelt in der Sphäre des Unbewußten. Und das ist meines Erachtens der wirkliche Zustand des Garten Eden, wie er weltweit von den Mythologien beschrieben wird.

Es ist daher keineswegs überraschend, wenn Carl Sagan meint: «Der Garten Eden unterscheidet sich vielleicht gar nicht so sehr von der Erde, wie sie unseren Vorfahren vor etwa drei bis vier Millionen Jahren erschien, während eines legendären Goldenen Zeitalters, als die Gattung *Homo* noch vollkommen mit den Tieren und Pflanzen eine innige Gemeinschaft bildete [die unbewußte Sphäre]. Die verschiedenen Mythen über Eden entsprechen ziemlich gut den historischen und archäologischen Funden.»[360]

In diesem Kapitel habe ich die von Experten wie Gebser, Neumann, Berdjajew, Sagan und anderen gelieferten präzisen archäologischen Beweise über die archaisch-uroborische Ära und das legendäre Eden nicht nochmals dargestellt. Doch möchte ich hervorheben, daß ich mit dem Begriff «archaisch-uroborische Periode» sehr allgemein die gesamte Verfassung des *Prä-Homo-sapiens* bezeichne: bis zu den Zeiten des *Australopithecus africanus, Homo habilis* und des *Homo erectus*. Diese Periode beginnt vielleicht schon vor drei bis sechs Millionen Jahren und endet vor etwa zweihunderttausend Jahren. Diese frühzeitliche Morgendämmerung der Schöpfung, das präpersonale Eden, repräsentiert global den Übergang vom Säugetier im allgemeinen zum Menschen im besonderen und bildet den großen unbewußten Urgrund, aus dem heraus sich schließlich das Ich entwickelte. Auch die umfangreichen archäologischen Daten von der Erfindung des Werkzeugs aus Stein oder Knochen bis zur Nutzung des Feuers setze ich als bekannt voraus. Hier geht es um den Versuch, die Morgendämmerung der Menschheit von «innen» her, von der subjektiven Seite her zu beschreiben.

Was beispielsweise mag der Mensch der urzeitlichen Dämmerung wohl erlebt haben, bevor er die Sprache, höhere Emotionen und Selbstbewußtsein entwickelte? Die Antwort führender Experten lautet: unbewußte Harmonie, Eden, unreflektierte physische Verschmelzung und Eingebettetsein – den Uroboros. Thoreau schrieb dazu: «Ich weiß nicht, wo ich in der antiken oder modernen Literatur eine Beschreibung der Natur finden könnte, die meinem Erleben dieser Natur angemessen wäre. Am nächsten kommt dem noch die Mythologie.» Und das mythologische Symbol des Uroboros – in seiner runden, autarken, narzißtischen und naturhaften Einbettung – kommt dem, was ich den subjektiven Dämmerzustand des Menschen nennen möchte, am nächsten. Ganz offensichtlich war dies nicht nur die Morgendämmerung der Menschheit, sondern ist auch ganz eindeutig die Morgendämmerung jedes seither geborenen Menschenkindes. Die «Drachen von Eden» sind immer noch unter uns.

Wir können es dabei jedoch nicht belassen. Zwar ist dies tatsächlich die Substruktur, durch die und auf der das menschliche Bewußtsein einmal aufgebaut werden sollte, doch repräsentierte der Uroboros nicht *als solcher* und nicht *aus sich* heraus das definierende *Wesen* der Menschheit. Denn das wahre Wesen eines Seienden wird nicht durch die unterste Stufe bestimmt, auf die es sinken kann – Tier, Es, Affe –, sondern durch die höchste, zu der es aufsteigen kann – Brahman, Buddha, Gott. So müssen wir selbst in der archaisch-uroborischen Zeit, in der die Menschheit zweifellos der untersten Ebene verhaftet war, das *definierende Herz* der Menschheit irgendwo anders suchen, müssen nach einem Schlüssel zu ihrem wahren Wesen suchen, also nach einem Hinweis, welche künftige Evolution sich aus diesem Wesentlichen entfalten mag.

Um nur ein Beispiel anzuführen: Nach der Vedanta-Psychologie – einer Psychologie aus dem Bereich der Ewigen Philosophie – besitzt der Mensch drei große Bewußtseinszustände: Wachen, Träumen und tiefer Schlaf ohne jede Erzeugung von Bildern und Vorstellungen (sowie einen vierten, der alle anderen transzendiert und integriert). Aus völlig legitim erscheinenden Gründen, deren Erklärung aber den begrenzten Rahmen dieses Buches überschreiten würde, wird der Wachzustand als die Entsprechung des physischen Körpers definiert (Ebenen 1 und 2). Träumen wird dem subtilen Geist (Ebenen 3 und 4), tiefer Schlaf dem transzendenten Bereich der Seele (Ebenen 4 und 5) und der vierte Zustand dem Absoluten (Ebene 8) zugeordnet. Jeder dieser Bereiche kann *potentiell* in voller *Bewußtheit* betreten werden, heißt es, so daß alle Bewußtseinsebenen einschließlich der höheren Bereiche der subtilen Seele und des GEISTES zum verfügbaren Potential des Menschen gehören.[174]

Diesem Beispiel nach besaß die Menschheit also bereits im ar-chaisch-uroborischen Zustand alle höheren Bewußtseinszustände als *Potential*, und zwar aus dem einfachen Grunde, weil die Menschen wach waren, träumten und schliefen. Mit anderen Worten: Alle Be-wußtseinsebenen, einschließlich der höheren, waren im Urmenschen in einem undifferenzierten und potentiellen Zustand bereits vorhan-den. Alle Ebenen des Seins, der Großen Kette des Seins, waren gewis-sermaßen *präsent*, jedoch *unbewußt*. Wir wollen diese Vedanta-An-schauung (die mit der der Ewigen Philosophie übereinstimmt) vorläu-fig akzeptieren und die totale Summe dieser unbewußten Strukturen den *Unbewußten Urgrund* nennen.

Dieser Unbewußte Urgrund ähnelt dem Atman, ist aber nicht das-selbe. Am leichtesten kann man sich den Unterschied vergegenwärti-gen, wenn man sich Atman als restlose Verwirklichung der im Unbe-wußten Urgrund nur *eingefalteten* Potentiale vorstellt. Werden diese alle zu Wirklichkeiten *entfaltet*, dann haben wir Atman. Paradoxerwei-se ist Atman immer voll gegenwärtig, stellt jedoch in seinem nicht verwirklichten Zustand den Unbewußten Urgrund dar. Man könnte auch sagen, der Unbewußte Urgrund sei in gewisser Hinsicht die «Hälfte» des Atman, die «schlafende» Hälfte. Der interessierte Leser kann *The Atman Project* nachlesen, wo die Entwicklungslogik hinter diesem Begriff ausführlich erklärt wird. Wir wollen uns hier nur vor-läufig die These zu eigen machen, daß die verschiedenen Bewußt-seinsstrukturen selbst schon im Urmenschen in den Unbewußten Ur-grund eingehüllt und eingefaltet waren. So scheint auch Gebser den Begriff «Ursprung» am häufigsten zu verwenden. Und aus diesem «Behälter» entwickeln sich dann die verschiedenen Zustände des Seins – die Große Kette des Seins – zur Bewußtheit, beginnend mit der niedrigsten und endend mit der höchsten Sprosse. In jener sehr frühen Periode waren nur die durch den Uroboros dargestellten un-tersten Strukturen *klar* hervorgetreten.

Die Feststellung, der Unbewußte Urgrund enthalte schon alle Struk-turen des Seins – bereit, sich in hierarchischer Weise zu entfalten –, besagt jedoch nicht, daß deshalb schon alle Einzelheiten der künftigen Entfaltung vollkommen determiniert seien. Denn der Unbewußte Ur-grund enthält nur die «Tiefenstrukturen» des menschlichen Bewußt-seins, nicht aber seine «Oberflächenstrukturen».[432] Und während die Tiefenstrukturen jeder Ebene tatsächlich durch eine unveränderliche und quer durch die Kulturen wirkende Entwicklungslogik determi-niert und gebunden sind, werden die Oberflächenstrukturen jeder

Ebene durch die Kraft kultureller und historischer Zufälle geformt und konditioniert. Kurz gesagt: Tiefenstrukturen sind von Anbeginn an mitgegeben, Oberflächenstrukturen werden kulturell geformt.

Das vornehmlich hatte der große Anthropologe George Murdock im Sinn, als er schrieb: «Vergleichen wir das menschliche Verhalten mit einem Gewebe [das mit Kette und Einschlag gewebt ist], dann bleibt die Kette [Tiefenstruktur] überall ziemlich dieselbe, denn der Erforscher der Kultur ist gezwungen, ‹die wesentliche Gleichheit und Identität aller menschlichen Rassen und Stämme als Träger von Zivilisation anzuerkennen› [Zitat aus A. L. Kroeber]. Der Einschlag [Oberflächenstruktur] jedoch variiert mit der Zahl und Verschiedenheit kultureller [und historischer] Einflüsse.»[137] Jürgen Habermas hat auf einer sogar noch sichereren Grundlage der Entwicklungslogik eine ähnliche Feststellung getroffen.[292]

Ein Beispiel: Die Tiefenstruktur des menschlichen Körpers (Ebene 2) wird durch den Ursprung gegeben und determiniert – zwei Beine, zwei Arme, 208 Knochen, eine Leber und so weiter. Was man mit diesem Körper jedoch tut – seine Oberflächenstruktur gesellschaftlicher Betätigung, Spiel und Arbeit, – wird weitgehend von der die Oberflächenstrukturen umgebenden gesellschaftlichen und historischen Umwelt konditioniert und kontrolliert.

Außerdem können mit dem sukzessiven Auftauchen höherer Tiefenstrukturen die Oberflächenstrukturen durch zwingende soziale Kräfte zurückgedrängt, unterdrückt und entstellt werden. Diese Tatsache läßt sich nur im Licht tatsächlicher historischer Gegebenheiten verstehen und rekonstruieren.

Man könnte es sich folgendermaßen vorstellen: Da steht ein Gebäude mit acht Stockwerken, von denen jedes eine Tiefenstruktur darstellt. Die Räume auf jedem Flur mit ihrem Mobiliar sind die Oberflächenstrukturen. Wir werden der aufeinanderfolgenden Entfaltung immer höherer Strukturen (Ebenen 1–8) aus dem Unbewußten Urgrund folgen, einer Entfaltung, die hinsichtlich der Reihenfolge und Tiefenform vollkommen determiniert ist. Dabei werden wir feststellen, daß ihre Oberflächenstrukturen entscheidend von dem historischen Augenblick geformt und geschaffen werden, in dem sie sich zufällig befinden. Bei der Erörterung der Entfaltung der Tiefenstrukturen werden wir stets die Geschichte und Konditionierung der Oberflächenstrukturen im Auge behalten. Denn in der heutigen Alltagswelt ist gerade die historische Konditionierung der Oberflächenstrukturen von entscheidender Bedeutung. Wie die Wissenschaft der

Hermeneutik*, zu deren Repräsentanten ich mich selbst zähle, uns immer wieder verdeutlicht, müssen wir diese Konditionierung verstehen.

* Hermeneutik ist die Wissenschaft von der Auslegung oder der Festlegung der *Bedeutung* mentaler Erzeugnisse, zum Beispiel: Was ist die Bedeutung von Macbeth? oder des Traumes der letzten Nacht? oder des eigenen Lebens?[156] Als solche ist Hermeneutik eine transempirische Disziplin, denn keine noch so große Menge empirischer, analytischer, wissenschaftlicher Daten kann die Bedeutung von irgendetwas vollkommen feststellen. (Man gebe mir einen wissenschaftlichen Beweis der Bedeutung von *Krieg und Frieden*.)

Die Bedeutung wird nämlich nicht durch Daten der Sinneswahrnehmung vermittelt, sondern durch unbehindertes kommunikatives Forschen und durch Auslegung.[177] Die Wahrheit im naturhaften Bereich (Ebene 1/2) wird durch empirisches Forschen (Sinneswahrnehmungen) bestimmt. Im mentalen Bereich wird sie jedoch nur durch intersubjektive Diskussion innerhalb einer Gemeinschaft interessierter Interpreten festgelegt, deren Daten nicht aus Sinneswahrnehmungen stammen, sondern *symbolhaft* sind.[433] Worauf es ankommt, ist, daß Wahrheiten bestimmt werden *können*, obwohl sie in der mental-symbolischen Sphäre nicht empirisch sind und nicht durch empirisch-wissenschaftliches Forschen erkannt werden können. Es gibt einen absolut legitimen Weg, mentale Wahrheiten zu *begründen*; der tragende Grund ist eine «Gemeinschaft gleichgesinnter Interpreten». – «Nur eine solche Gemeinschaft kann die intersubjektive Basis für eine Gruppe von Kriterien liefern, die eine Wahrheitsbehauptung wirklich zu begründen imstande sind.»[316] Die Hermeneutik ist also *nicht* tatsachengestützt und verifizierbar, andererseits aber auch nicht bloße subjektive oder unfundierte Meinung, da sie im Feuer intersubjektiver Diskussion und Nachforschung innerhalb einer Gemeinschaft interessierter Gelehrter geschmiedet wird, deren Kriterien guter Interpretation in jedem Fall genauso streng sind wie die Forderung nach guten empirischen Fakten.

Außerdem existieren symbolisch-mentale Erzeugnisse stets in einem besonderen historischen Zusammenhang, und es bedarf einer subjektiven Erfassung, um ihre Bedeutung hervorzuheben. Wasser ist und bleibt H_2O ohne Rücksicht auf historische Umstände. Der Sinn australischer totemistischer Wachstumszeremonien läßt sich jedoch nur durch ein klares Verständnis des historischen Zusammenhanges begreifen. Deshalb zieht Habermas einen so deutlichen Trennungsstrich zwischen analytisch-empirischer [Ebene 1/2] und historisch-hermeneutischer Forschung [Ebene 3/4].[177] Ich möchte jedoch hinzufügen, daß der Hermeneutik als einer Art «erzählender Folie» die Entwicklungslogik hinzugefügt werden muß, wie Habermas aufzuzeigen sich bemüht.[292] Daraus folgt, daß eine Kombination dieser beiden Disziplinen (Hermeneutik und phänomenologische Entwicklungslogik) *beide* Strukturen umfassen könnte, die Oberflächenstruktur (historisch-hermeneutisch) und die Tiefenstrukturen (Entwicklungslogik).

In Gemeinschaft mit Habermas, Gadamer, Taylor, Ogilvy und anderen interna-

. Zurück zur uroborischen Periode. Es gibt einen letzten, keineswegs aber geringeren Grund, warum wir das Symbol des Schlangen-Uroboros gewählt haben, um den gesamten Zustand der Morgendämmerung der Menschheit darzustellen. Nach der Lehre des Kundalini-Yoga (und ganz unabhängig von Bestätigungen durch die abendländische Psychologie) trägt die Menschheit tatsächlich alle höheren Bewußtseinsebenen als Potential in sich, ein Potential, das ganz allgemein als «Kundalini-Energie» bekannt ist und von dem es heißt, daß es im Unbewußten aller Menschen schlummert.[419] Der niedrigste Zustand der Kundalini, in dem sie *anfänglich* schlummert, darauf wartend, sich zu höheren Ebenen erheben zu können, wird immer als *Schlange* dargestellt (und tatsächlich als «Schlangenkraft» bezeichnet). Sie liegt zusammengerollt am unteren Ende der Wirbelsäule, dem niedrigsten «Chakra» oder Energiezentrum im Körper.[14]

Das bedeutet, daß das menschliche Potential höherer Bewußtheit auf der untersten Ebene des Seins beginnt, beim ersten Chakra, dem Zentrum der materiellen, pleromatischen, ernährenden, den Eingeweiden dienenden Impulse. Aus diesem untersten Zustand (oder Chakra) erwacht und erhebt sich die Schlangenkraft (das Bewußtsein selbst) zu sukzessiv höheren Zuständen.[166] Aus dieser Sicht *ist* die Evolution des Bewußtseins die nach oben gerichtete Evolution der Schlangenkraft. Nach den Kundalini-Texten wird diese Kraft in ihren frühesten Anfängen durch den Uroboros, die Schlange aus dem Garten Eden, repräsentiert. Der Schlangen-Uroboros gilt nicht als willkürlich gewähltes *Symbol*, sondern als *getreue Wiedergabe* der tatsächlichen Form des untersten Zustandes des unbewußten Urgrundes, eine Form, die in allen Meditationsvorschriften des Kundalini-Yoga offenbart wird, und eine Form, die von allen ähnlichen Disziplinen[419] allgemein anerkannt wird – ein Anspruch, den ich im großen und ganzen für durchaus vertretbar halte.

Betonen wir die uroborischen Anfänge der Menschheit und erkennen wir die Schlangenkraft und ihr Aufsteigen zu höheren Strukturen, dann läßt sich unser Bericht über die Evolution des Bewußtseins in volle Übereinstimmung mit der Kundalini-Lehre bringen. Ich werde

tional anerkannten Forschern bin ich der Ansicht, daß die Forderung nach «empirischen Beweisen» die höheren Ebenen des Seins ihrer Bedeutung und ihres Wertes entkleidet und sie nur in den Aspekten darstellt, die auf objektive, mit den Sinnen wahrnehmbare wertfreie und univalente Dimensionen reduziert werden können. Wir werden empirischen Daten keineswegs ausweichen, uns aber auch nicht auf solche beschränken.

Abb. 2 Die Große Kette nach der Kundalini-Lehre. Sie zeigt die sieben Haupt-Chakras (Entwicklungsstufen/Ebenen), wie sie im menschlichen Individuum erscheinen. Die beiden kurvenförmigen Linien repräsentieren annähernd die sympathischen und parasympathischen Ströme im Körper sowie die Funktionen der linken und rechten Gehirnhemisphäre. Die Lokalisierung der Chakras oder Zentren ist nicht symbolisch, sondern tatsächlich. Das erste Chakra (Lokalisierung: beim Anus) repräsentiert die Materie (beispielsweise der Fäkalien); das zweite (Lokalisierung: Genitalien) die sexuelle Energie; das dritte (Solarplexus) die «Bauch»-Reaktionen (Emotionen, Kraft, Vitalität); das vierte (Herz) Liebe und Zuneigung; das fünfte (Kehlkopf) diskursiven Verstand; das sechste (Stirn) höhere, mental-*psychische* Kräfte (Neokortex); das siebte (im Gehirn selbst und über der Scheitelkrone) Transzendenz. An diesen Lokalisierungen gibt es überhaupt nichts «Okkultes» oder Geheimnisvolles.

zwar die Evolution des Bewußtseins nicht immer als Evolution der Kundalini behandeln, doch habe ich auf jeder Stufe der Beschreibung der Entwicklung und der Evolution die Chakra-Anschauung einbezogen. Von der Schlangenkraft wird bei der Behandlung der ägyptischen Periode noch ausführlich die Rede sein. Während der archaisch-uroborischen Periode befand sich das Kundalini-Potential auf der frühesten und niedersten Stufe, zusammengerollt am unteren Ende der Wirbelsäule im Bereich des Anus und der Genitalien, der für die materiellen, instinktiven und animalischen Funktionen steht, über die hinaus die Kundalini sich entwickelt. In der ägyptischen Periode wird dann sehr augenfällig sein, welch fortgeschrittenen Zustand die Kundalini mittels Evolution erreicht hat.*

Bleibt noch festzustellen, daß der archaisch-uroborische Zustand die am wenigsten entwickelte Form des Atman-Projekts darstellt. Zwar war auch das uroborische Ich vom Atman-Projekt getrieben – wie es *alle* manifesten Dinge sind –, doch war es in seinem Handeln sehr primitiv. Das uroborische Atman-Projekt, der uroborische Antrieb zum Einssein, konzentrierte sich auf Impulse im Zusammenhang mit der Ernährung und auf materielles Eingebettetsein. Der im Garten Eden noch in tiefem Schlaf verharrende Mensch stellte noch keine Überlegungen darüber an, wie er das Paradies zurückgewinnen könnte.

Deshalb müssen wir im nächsten Stadium der Entfaltung, dem magisch-typhonischen, nach ersten Zeichen rudimentärer Erleuchtung und Transzendenz zu überbewußten Bereichen suchen, sowie andererseits nach gewichtigeren Ersatzbefriedigungen für Atman, nach einem entwickelteren und intensivierten Atman-Projekt. Das ähnelt sehr der Erzählung vom Verlorenen Sohn – die nicht nur irgendeine Geschichte ist, sondern *die* Geschichte der Menschheit und ihres Bewußtseins. Laut Campbell geht es bei allen Heldengeschichten um drei Bewegungen: Trennung, Initiation (d. h. Einweihung in Höheres), und Rückkehr. Der unwissend in der Natur schlummernde archaische Mensch kennt noch keine reale Trennung, keinen Sündenfall und daher auch keine erleuchteten Helden. Und gerade diese notwendige Trennung und der Sündenfall werden in der rätselhaftesten aller

---

* Ich möchte jedoch nicht so verstanden werden, daß die Praxis des Kundalini-Yoga *alle* höheren und höchsten Ebenen des Bewußtseins verwirklicht. Die Kundalini als solche endet in ihrer erkennbarsten Form bei Ebene 5 (und dem Anfang von Ebene 6) und gehört im Grunde zur Nirmanakaya-Klasse religiöser Erfahrungen, auf die ich in den späteren Kapiteln noch eingehen werde.

katholischen Liturgien am Ostersamstag mit der Segnung der Oster-
kerzen glorifiziert: «*O certe necessarium Adae peccatum*... O notwendige Sünde Adams – O du glücklicher Fehltritt, der uns einen
Erlöser wie Christus beschert!» Ohne Sünde und Trennung vom irdischen Eden keine Erinnerung und keine Rückkehr zum Himmel.

Im archaisch-uroborischen Zustand hatte Adam noch nicht gesün-
digt und sich noch nicht aus der ursprünglichen Einbettung ins Unbewußte gelöst. Deshalb werden wir im Folgenden dem Sündenfall
nachgehen – oder vielmehr der hierarchischen Reihenfolge von Mini-
Sündenfällen –, weil dieser mit jeder neu auftauchenden Bewußtseinsstruktur deutlicher zu Tage tritt. Der Mensch löste sich in mehre-

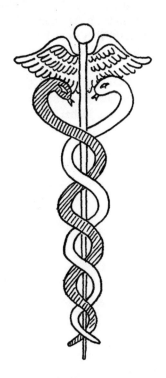

Abb. 3 Der Caduceus. Es ist offensichtlich, daß dieses vielen Kulturen gemeinsame Symbol das Kundalini-Modell der großen Kette des Seins repräsentiert; es symbolisiert die «Kraftströme» im Körper nicht nur als Schlange
(Kundalini = Schlangenkraft), sondern hat wie das Kundalini-Modell auch
sieben Ebenen.

ren Stadien aus dem Unbewußten. Diese Bewegung war zweierlei: Sie war «Sündenfall» in dem Sinne, daß dieser zur Trennung vom GAN-ZEN, zu Angst- und Schuldgefühlen führte. Andererseits handelte es sich um ein notwendiges Herauswachsen aus dem Unbewußten. Auf der nächsthöheren Stufe, der magisch-typhonischen, erscheint dieser Sündenfall in seiner rudimentärsten und noch schmerzlosen Form. In der darauffolgenden Phase der mythischen Gruppenzugehörigkeit nimmt er definitive und artikulierte Formen an. Dann aber, im mental-ichhaften Stadium um das zweite Jahrtausend vor Christus, erschallt ein beispielloser Aufschrei von Angst und Schuld und Wehmut aus den Mythen, Sagen und Epen in der ganzen Welt. Denn zu jenem Zeitpunkt war die Menschheit endgültig aus ihrem tiefen Schlummer im Unbewußten erwacht und sah sich plötzlich mit der nackten Be-wußtheit ihrer eigenen sterblichen und isolierten Existenz konfron-tiert. Sie wurde nicht mehr vom Unbewußten beschützt, war aber auch noch nicht zum Überbewußten erwacht. Und so rief die auf halbem Wege steckengebliebene Menschheit nach Göttern, die nicht mehr antworteten, trauerte einer Göttin nach, die es nicht mehr gab. Die Welt sollte nie mehr so sein wie bisher.

Zweiter Teil

Das Zeitalter des Typhon

2. Die alten Magier

Sobald wir die nebelhaften Berichte vom verlorenen Paradies hinter uns gelassen haben, kommen wir zu jenen frühesten Zeiten, die sich schon etwas genauer beschreiben lassen. Ich meine damit nicht die Beschreibung archäologischer oder physischer Funde, da ich vor allem das «subjektive Flair» oder die «subjektive Stimmung» des Bewußtseins zu beschreiben versuche, die jede seiner vielen Evolutionsstufen charakterisiert. Beim Eingehen auf empirische Beschreibungen physischer und materieller archäologischer Funde suche ich vor allem nach Hinweisen, aus welcher Bewußtseinslage heraus sie erzeugt und genutzt wurden. Die *Stimmungslage* des Bewußtseins erlaubt uns eine erste Annäherung, um die dahinterstehende *Form* des Bewußtseins präziser zu erkennen. Danach überprüfen wir die Form oder Struktur des Bewußtseins und vergleichen sie mit der Struktur der archäologischen, anthropologischen und kulturellen Zeugnisse aus dieser Periode. Unter Berücksichtigung dieser «subjektiven Stimmung» komme ich für die uns jetzt interessierende Periode zu der Schlußfolgerung: Die ersten Menschen, die zu jener Zeit vor etwa zweihunderttausend Jahren auf der Erde lebten, waren nicht nur Jäger und Sammler – sie waren auch Magier.

Zur Erläuterung möchte ich zunächst einige Eigentümlichkeiten dieses Bewußtseinszustandes beschreiben (rekonstruiert nach der oben erwähnten Methode der Berücksichtigung von Stimmungslage und Form des Bewußtseins sowie ergänzt durch einige ontogenetische und phylogenetische Parallelen). Dieses Stadium nennen wir das Stadium des Körper-Ich oder des «Typhon»*. Man stelle sich einmal vor,

---

* So benannt nach der gleichnamigen Titanengestalt aus der griechischen Mythologie, die sich nach dem Sturz der Titanen gegen Zeus erhebt und von diesem erst nach schwerem Kampf niedergerungen wird. (Anm. d. Übers.)

was die Menschen erlebten, als sie sich langsam aus dem archaischen und protoplasmischen Bewußtsein lösten und aus dem uroborischen Bereich auszusteigen begannen. Zunächst einmal begannen sie sich ihrer eigenen *getrennten* Existenz bewußt zu werden, mit allen darin liegenden Möglichkeiten und Gefahren. Zweitens hatten sie die ursprüngliche und archaische Unschuld des Gartens Eden verloren. In Eden «fehlte» den Menschen Atman oder der GEIST – nur in dem Sinne, daß sie sich noch auf der untersten Stufe der Rückkehr zum GEIST befanden –, doch waren sie sich dessen nicht bewußt, litten also nicht darunter.[30] Das uroborische Ich wurde bereits vom Atman-Projekt getrieben, jedoch auf rein instinktive und unbewußte Weise. Als dann die Menschen den Garten Eden verließen, «fehlte» ihnen nicht nur der GEIST, sondern sie begannen diesen Mangel langsam und ungenau intuitiv zu erfassen und bewußt daran zu leiden. Dementsprechend intensivierten sie das Atman-Projekt. Einfacher ausgedrückt: Der Antrieb, nach überbewußter Einheit und integraler Ganzheit zu streben, verstärkte seinen Druck auf das Bewußtsein.

Als es dem Menschen schließlich gelang, die alte uroborische Verschmelzung zu sprengen, schützte ihn nichts mehr vor der Vision seiner Sterblichkeit und dem Schmerz des Fehlens von Atman. Mit der Herauslösung aus dem unbewußten Uroboros begann der Mensch zu seiner Verwundbarkeit, seiner Endlichkeit und Unvollkommenheit zu erwachen. Um mit dieser zunehmend schwieriger werdenden Situation leben zu können, mußte er beginnen, 1. sein zunehmend abgetrenntes Ich gegen Tod und Thanatos zu verteidigen und 2. zu versuchen, es stabil, dauerhaft, unsterblich und kosmozentrisch *erscheinen* zu lassen (Leben und mehr Leben – Eros). Das auch im uroborischen Ich anwesende aber schlafende Atman-Projekt beginnt, sich im typhonischen Ich zu intensivieren.

Im alten uroborischen Eden erschien das «Ich» als kosmozentrisch, weil es in den Kosmos und die große natürliche Welt eingebettet war. *Dort* lag seine ursprüngliche Einheit, sein archaisches Atman- oder Einheitsprojekt.[436] Als dieser ursprüngliche Zustand nicht mehr gegeben war, mußte das wachsende separate Ich andere und verfeinerte Arten der Kosmozentrizität, eine *höhere* Form des Atman-Projekts ersinnen, und zwar durch Konzentration des Bewußtseins aus der natürlichen Welt heraus auf den individuellen Organismus. Dieses Ich war jetzt von der naturhaften Welt getrennt, schien jedoch ihre Mitte darzustellen. Daraus ergab sich die neue kosmozentrische Anschauung: der Brennpunkt der naturhaften Welt zu sein und dieses im Brennpunkt stehende Ich gegen alle Zufälle zu verteidigen. Das Individuum schuf sich ein neues und höheres Ersatz-Selbst «hier drinnen» und eine neue und höhere Welt «da draußen» – «höher», weil beide zum ersten Male voneinander getrennt und nicht mehr total miteinander verschmolzen und vermischt waren. So erwachte irgendwann in den nebelhaften Zeiten der Prähistorie ein verteidigtes «Ich-hier-drinnen» gegenüber einer «Welt-da-draußen».[6, 21, 38, 76, 311]

Obgleich es dem Menschen in diesem frühen Stadium gelungen war, die schwierige und notwendige Transzendierung seines vorhergehenden Verschmelzungsstadiums zu bewältigen, kam es nicht zu einer völligen Differenzierung zwischen dem neuen und höheren Ich und seiner neuen und höheren Welt. Im Gegenteil: Soweit uns bekannt ist, war die Grenze zwischen beiden äußerst fließend. Zwar war das Individuum nicht mehr mit der naturhaften Welt verschmolzen, doch mit ihr immer noch magisch verbunden. Hier ergibt sich eine Ähnlichkeit mit der Entwicklung des Kleinkindes, die Piaget sehr klar erläutert: «Während der frühen Phasen des uroborischen Bewußtseins sind die Welt und das Selbst [Ich] eins, durch nichts voneinander unterschieden. Wenn dann aber ihre Unterscheidung einsetzt, bleiben beide einander doch sehr nahe. Die Welt ist noch bewußt und voller Absichten, das Selbst ist ... nur leicht verinnerlicht. In diesem Zustand verbleibt in der Konzeption der Natur etwas, was wir ‹Anhänglichkeit› nennen könnten, Fragmente innerer Erfahrung, die sich noch an die äußere Welt klammern.»[329] Dem könnten wir noch hinzufügen: ... Fragmente der äußeren Welt, die sich weiter an das Ich klammern – da ja tatsächlich beide einmal eins waren.

In diesem frühen Zustand also bleibt das Ich magisch mit der natürlichen Umwelt vermischt, obwohl es sich von ihr unterscheidet. Die erkennenden Vorgänge verwechseln in dieser Phase nicht nur Subjekt und Objekt, sondern auch Ganzes und Teil. Ebenso wie das Subjekt «im» Objekt ist und das Objekt «im» Subjekt, ist das Ganze im Teil und umgekehrt.* Freud nannte diese Wahrnehmungsweise den primä-

---

* Für mystisch interessierte Leser mag das nach einer Art von Erleuchtungsbewußtsein klingen, wie eine Form von holographischer oder Dharmadhatu-Durchdringung, doch ist es nichts dergleichen. Die mystische Lehre von der gegenseitigen Durchdringung – «Alles in Einem und Eins in Allem» – besagt,

ren Vorgang und sah ihn am aktivsten in den Träumen wirken.[140] Denn die Träume werden von Verdichtung und Verschiebung beherrscht – aus Bildern werden leicht magische Körperlichkeiten, und ein Bild kann gleichzeitig sehr unterschiedliche Dinge symbolisieren. Sullivan[384] nannte dies die «parataxische Form», in der «die undifferenzierte Ganzheit der Erfahrung (Uroboros) in Teile zerlegt wird, die noch nicht auf logische Weise zusammenhängen».[51]

Obgleich nicht logisch miteinander verknüpft, sind die Teile der Erfahrung dennoch durch eine Art magischer Assoziation und Kontamination verbunden. Und das ist der magische primäre Vorgang, die Art zu wissen und zu erfahren, die dieses frühe typhonische Stadium beherrscht.

Arieti zieht daraus die augenfällige Schlußfolgerung: «Ein Hominid ... auf der phantasmischen Ebene [Phantasie des primären Vorganges] würde große Schwierigkeiten haben, zwischen Bildern, Träumen und Paläosymbolen aus der äußeren Wirklichkeit zu unterscheiden. Er hätte keine Sprache [sie beginnt erst auf Ebene 3] und könnte weder sich noch anderen sagen: ‹Dies ist ein Bild, ein Traum, ist Phantasie und entspricht nicht der äußeren Wirklichkeit.› Er würde dazu neigen, die psychische mit der äußeren Realität zu verwechseln, beinahe so, wie ein normaler Mensch es beim Träumen tut. Was auch immer er erfährt, für ihn ist es wahr, einfach weil es erfahren wird. Auf dieser Stufe gibt es weder eine Bestätigung durch Übereinstimmung mit anderen Menschen, noch eine intra-psychische oder reflexive Bestätigung. Dies[e] [Ebene] ist durch A-Dualismus charakterisiert: den Mangel der Fähigkeit, zwischen zwei Wirklichkeiten zu unterscheiden, der des Geistes und der der äußeren Welt.»[6] Weil Subjekt und Objekt und weil die verschiedenen Objekte selbst noch nicht völlig differenziert sind, bleiben alle magisch miteinander verbunden oder «a-dual».

Bevor wir die archäologischen Funde überprüfen, möchte ich noch den Ausdruck «Typhon» erklären. Ganz allgemein soll er eine Entwicklungsstufe bezeichnen, in der das Ich und der Körper noch nicht eindeutig differenziert sind. Auf dieser frühen Stufe (Ebene 2) ist der logische, sprachbegabte und Begriffe prägende Geist (Verstand) noch nicht entwickelt (Ebene 3/4). Die mentalen Fähigkeiten sind noch

---

daß jeder Teil zugleich vollkommen er selbst und vollkommen eins mit dem Ganzen ist. Der primäre Vorgang dagegen kann den Unterschied zwischen dem Teil und dem Ganzen einfach nicht ausmachen.

einfach und grob, bestehen vornehmlich aus primären Vorgängen oder magischen Bildern, Paläosymbolen und proto-linguistischen Strukturen. Da der Geist noch nicht entwickelt ist, hat er noch nicht die Fähigkeit, sich selbst vom Körper zu differenzieren, weshalb auch das Ich in den Körper eingebettet und von ihm nicht differenziert ist. Der Mensch hat erst sehr spät in seiner evolutionären Laufbahn gelernt, Ich und Körper klar zu unterscheiden. Tatsächlich entwickelt er schließlich ein ernstlich gestörtes Verhältnis zwischen Ich und Körper, Ego und Fleisch, Verstand und Instinkt. Vor jener Zeit aber waren das Ich und der Körper mehr oder weniger verschmolzen – sie waren total undifferenziert. Der Engel und das Tier, der Mensch und die Schlange waren eins.

Dieser grobe aber faszinierende Zustand wird hervorragend durch die mythischen Wesen der Titanen, Abkömmlinge der Erdgöttin Gaea, repräsentiert. Ich habe den unter dem Namen Typhon bekannten Titan, nach der Legende jüngstes Kind der Gaea, ausgewählt, um diese psychologische Struktur darzustellen. Campbell beschreibt ihn folgendermaßen: «Man sagt uns, dieser Titan, halb Mensch, halb Schlange, sei von riesenhafter Statur gewesen. Er war so groß, daß sein Kopf oft gegen die Sterne stieß, und wenn er die Arme ausbreitete, reichten sie von Sonnenaufgang bis Sonnenuntergang.»[71] Halb Mensch, halb Schlange, Mensch und Tier, Mensch und Uroboros noch ineinander verschlungen – das ist das typhonische Ich, das seinen Körper von der Umwelt differenziert hat, aber noch nicht seinen Geist vom Körper.

Abb. 4 Der Typhon; er repräsentiert im allgemeinen das Stadium des frühesten *Homo sapiens* (Neandertaler und Cro-Magnon) und ist eine Bewußtseinsstruktur, die von körpergebundener Mentalität und Instinkten beherrscht ist. Im Typhon ist der Geist erst grob entwickelt, und die wenigen geistigen Fähigkeiten, die es bereits gibt (Vorstellungsbilder, Paläosymbole), sind gänzlich undifferenziert vom Körper. Aus diesem Grund steht der Typhon auch für die emotional-sexuellen Energien, für Prana und das zweite und dritte Chakra.

Freud scheint den Kern dieses frühen Zustandes erfaßt zu haben: «Das Ich war vor allem und überwiegend ein Körper-Ich.»[145] Das heißt: In den frühen Entwicklungsphasen ist das Ich im Körper angesiedelt, nicht so sehr im Geist. Das Stadium, in dem Körper und Umwelt miteinander verschmolzen sind, nannten wir das archaisch-uroborische. Das folgende, in dem der Körper (Ebene 2) sich von der Umwelt (Ebene 1) differenziert, jedoch *bevor* das mentale Ego (Ebene 3 oder 4) sich vom Körper löst und differenziert, das ist der Typhon, das Körper-Ich.

Wie archaisch, magisch und furchteinflößend der Typhon oder das Körper-Ich war, zeigt Abb. 4, das Portrait eines «Mensch-als-Typhon». Es handelt sich um den bekannten «Zauberer von Trois Frères», eine Zeichnung aus den paläolithischen Höhlen von Trois Frères in Frankreich. «Die spitzen Ohren sind die eines Kapitalhirsches; die kreisrunden Augen erinnern an eine Eule. Der Vollbart, der bis zur unteren Brust des Tieres reicht, ist der eines Mannes, ebenso die tanzenden Beine. Die Erscheinung hat den buschigen Schwanz eines Wolfs oder Wildpferdes, und das herausstehende Sexualorgan gleicht dem einer großen Wildkatze, vielleicht eines Löwen. Die Hände sind die Klauen eines Bären.»[69] Man beachte: Die Abbildung stellt eine von ihrer Umwelt unterschiedene Wesenheit dar, kein pleromatisches oder uroborisches «Ich». Doch ist dieses Wesen auf magische Weise aus allen möglichen Arten verschiedener und «vermengter» Teile zusammengesetzt. Es ist ein «Mensch», aber einer, der noch mit anderen Körpern aus der Natur verbunden ist, von der Eule bis zum Bären oder Löwen. Mit anderen Worten, er ist typhonisch.

Aber was ist diese Figur noch? Wer hat sie gezeichnet, und was bedeutet sie? «Graf Bégonën und der Abbé Breuil haben zunächst angenommen, es handle sich um einen ‹Zauberer›. Inzwischen glaubt der Abbé jedoch, sie stelle den oberen ‹Gott› oder ‹Geist› dar [einen Naturgott, nicht einen transzendenten], der die Jagd und die ausreichende Vermehrung des Wildes beschützt. Professor Kuhn meint, es sei der Künstler-Magier selbst.»[69] Über eines besteht Gewißheit: «Die ganze Höhle», sagt Campbell, «war ein bedeutendes Zentrum der Jagd-Magie; diese Zeichnungen dienten magischen Zwecken. Die Menschen, die sie anfertigten, müssen hochrangige und handwerklich geschickte Magier gewesen sein, mächtig zumindest ihrem Ansehen nach, wenn nicht tatsächlich.»[69] Weiter sagt Campbell: «Wenn dieser so kraftvoll wirkende und unvergeßliche

Herr der Tiere im Jägersanktuarium von Trois Frères ein Gott war, dann ganz gewiß ein Gott der Zauberer; und wenn er ein Zauberer war, dann einer, der sich das Äußere eines Naturgottes verliehen hat.»[69] Ich selbst glaube aufgrund der ganzen typhonischen Stimmung, daß er vermutlich alle drei oder vier Deutungen magisch zusammengefaßt darstellt: Naturgott, magischer Zauberer, Jagdgeist und Künstler. Da haben wir es also: Das (Selbst-)Portrait eines Naturgottes oder Zauberers als magischer Typhon. Ferner meine ich, dieser

Abb. 5 Der Zauberer von Trois Frères – die typhonische Struktur, in der der Mensch und die verschiedenen Formen der Natur noch nicht differenziert sondern magisch verschmolzen sind, ist offensichtlich.

magische Zauberer habe sich selbst und seine Welt weitgehend so *erfahren*, wie er sich mit großer Genauigkeit gezeichnet hat.

So weit bekannt, ist dies das älteste (Selbst-)Portrait eines Menschenwesen, das jemals gefunden wurde.

Wir stellen also fest, daß die Menschen, als sie aus ihrem uroborischen Schlummer im Garten Eden erwachten, als magische Typhone in die Welt traten. Und dieser Epoche wollen wir uns jetzt zuwenden.

Als der Traum Wirklichkeit war

Wir sollten vielleicht mit Jean Gebsers ausgezeichneter zusammenfassender Darstellung des magischen Typhon beginnen. Gebser stellt zunächst einmal fest (und zwar ausdrücklich in Verbindung mit archäologischen Funden), daß die magische (typhonische) Struktur «eine erste Zentrierung im Menschen andeutet, die später zu seinem [voll individualisierten] Ich führen wird».[159] Wir haben soeben den Begriff des neuen und höheren Ich erklärt, das durch Zentrierung und Konzentration der Bewußtheit geschaffen wird. Dieser Erklärung stimmt auch H. S. Sullivan zu: «Das Ich hat sich aus der Zentrierung der Bewußtheit entwickelt.»[51] Uroborisches Bewußtsein – jene von Cassirer beschriebene nebelhafte und diffuse Bewußtheit – wird konzentriert und in Bereiche klarerer Bewußtheit erhoben, ein Vorgang, der dann zu einem stärker zentrierten Ich führt.

Gebser beschreibt dieses anfängliche, aber noch rudimentäre Zentrieren des körperlichen Typhon: «In dieser magischen Struktur wird der Mensch aus dem ‹Einklang›, der Identität mit dem Ganzen, herausgelöst. Damit setzt sein erstes Bewußtwerden ein, das noch durchaus schlafhaft ist ... Je stärker er sich aus dem Ganzen, aus der Identität mit ihm herauslöst ... desto mehr beginnt er, ein *Einzelner* zu werden.»[159]

Gebser weist jedoch darauf hin, daß der Mensch, obgleich er sich aus dem Ganzen zu lösen beginnt, noch stark mit der Natur verbunden bleibt. «Hier, in diesen Befreiungsversuchen des magischen Menschen aus der Eingeflochtenheit und der Gebanntheit in die Natur, mit der er anfänglich noch eins ist, hier beginnt der seit jener Zeit nicht mehr endenwollende Kampf um die Macht; hier wird der Mensch zum Macher.» Es gibt aber immer noch kein mentales Ego. Das heißt, der Ego-Geist (Ebene 3 oder 4) hat sich noch nicht wirklich aus dem unbewußten Urgrund gelöst und vom Körper differenziert. Das Ich ist nur ein Körper-Ich, «denn die Verantwortung für alles Geschehen wird noch in der äußeren Welt und ihren Objekten angesiedelt, ein klares Anzeichen von Ichlosigkeit».[159]

Und was den primären Vorgang anbetrifft, jene magische Wahrnehmung der Gleichwertigkeit von Teil und Ganzem, das diese Ebene beherrscht, drückt sich Gebser da sehr eindeutig aus:

> Jeder Punkt, sei er nun real, sei er irreal, sei er nur kausal verknüpfbar oder nur symbolisch verknüpfbar, kann nicht nur mit einem ganz anderen und ganz beliebigen Punkt konnektiert werden, sondern er wird mit ihm identifiziert . . . Der eine kann vollgültig und vollwirkend an die Stelle des anderen treten . . . Die magische Welt ist somit auch die Welt des *«pars pro toto»*, in der «der Teil für alles» stehen kann und steht.[159]

Daher kann auch die anthropologische Beschreibung der magischtyphonischen Struktur durch Professor Mickunas nicht überraschen: «Die Welt mit ihren Objekten und Ereignissen ist mit vitalen und magischen Kräften geladen . . . Jeder Punkt (Person oder Ding) ist mit jedem anderen austauschbar. Innerhalb des magischen Kontinuums werden diese Wirkungen erfahren und bilden die Grundlage für das Magische.»[298]

Diese magische Wahrnehmung des primären Vorgangs liefert nicht nur die beste Erklärung für totemistische Identifizierung, laut Gebser und Mickunas erkennt man sie auch leicht in primitiver Kunst und primitivem Handeln: «Ein Mann zeichnet [in den primitiven Jagdriten] das Tier vor der Abenddämmerung in den Sand. Trifft dann der erste Sonnenstrahl die Zeichnung, schießt er einen Pfeil auf das gezeichnete Tier ab, womit er es tötet; ‹später› erlegt er es wirklich und führt am Abend einen rituellen Tanz auf. Alle diese Handlungen und Geschehnisse sind *eins* – sind identisch, nicht symbolisch.»[298] Somit bestand also, wie Neumann es formulierte, «zwischen dem gejagten Tier und dem Willen des Jägers ein magischer Zusammenhang».[311]

Uns heutigen Menschen ist diese Art magischer Atmosphäre durch den Voodoo-Zauber bekannt. Dabei stößt man Nadeln in die puppenförmige Nachbildung eines Menschen und versucht damit, eine Veränderung bei der durch die Puppe dargestellten Person zu bewirken – normalerweise zum Schlechteren. Das «funktioniert», weil die Puppe und die betreffende Person nach der magischen Mentalität tatsächlich eins sind, nicht nur symbolisch. Für den primitiven typhonischen Menschen – ich erinnere an den Zauberer von Trois frères – war diese Wahrnehmungsweise eine vollständige und ursprüngliche *Form* des Bewußtseins. Sie war mit Magie aufgeladen und durchsetzt: «Die Verschmelzung des ursprünglichen Menschen mit der Welt, der Landschaft, dem Tier und so weiter hat ihren anthropologisch bekanntesten Ausdruck im Totemismus gefunden, in dem ein Tier als Vorfahre, Freund oder als ein anderes schicksalhaft entscheidendes Wesen angesehen wird. Die Zusammengehörigkeit des Toteminhabers mit dem Totem-Tier-Ahnen und der dazugehörigen Tierspezies geht bis zur Identität. Es ist vielfach beglaubigt, daß eine solche Verbundenheit nicht nur geglaubt wird, sondern faktisch, d. h. psychologisch, wirksam ist, was bis zur Telepathie des Jagdzaubers führen kann. Fraglos fußt das magische Weltbild des Frühmenschen auf derartigen psychischen Identitätsbeziehungen.»[311] Frazer schreibt hierzu:

> Zum Wesen der Magie gehört der Glaube an sympathische Einflüsse, die Personen oder Dinge über Entfernungen hinweg aufeinander ausüben. Die Naturwissenschaft mag die Möglichkeit von Handlungen über Entfernungen hinweg bezweifeln; die Magie kennt solche Zweifel nicht. Der Glaube an Telepathie ist eines ihrer ersten Prinzipien. Ein moderner Befürworter der Beeinflussung von Geist zu Geist über Entfernungen hinweg würde keine Probleme haben, einen Wilden davon zu überzeugen. Der Wilde hat schon lange vorher daran geglaubt. Mehr noch: Er hat auf der Grundlage dieses Glaubens mit einer logischen Konsistenz praktisch gehandelt, die sein zivilisierter Bruder in seinem Verhalten meines Wissens bisher noch nicht an den Tag gelegt hat.[136]

Kein Wunder, daß selbst moderne Anthropologen bei ihren ersten Untersuchungen dieser typhonischen Periode überrascht waren über das, was sich schließlich als bestimmende Eigenschaft herausstellte: Magie. E. B. Tylor, der erste «Gigant» der modernen Anthroplogie, formulierte das so: «Ich versuche [in meinen Werken], einen großen Teil der Glaubensannahmen und Praktiken, die unter der allgemeinen Bezeichnung Magie zusammengefaßt werden, auf ein einfaches mentales Gesetz zurückzuführen. Dieses Gesetz resultiert aus einem Geisteszustand, den wir Angehörige fortgeschrittener Rassen [besser: Kulturen] fast hinter uns gelassen haben, wobei wir eine der bemerkenswertesten Wandlungen in der bisherigen Menschheitsgeschichte erlebten.»[137] Und worum handelt es sich bei diesem «einfachen mentalen Gesetz»? Tylor schreibt: «Auf einer niederen Kulturstufe glauben die Menschen ziemlich allgemein, es gebe einen wirklichen Zusammenhang zwischen dem Objekt und seinem Bild . . ., weshalb es möglich sei, auf das Original [Objekt] über die Kopie [das Bild] einzuwirken.»[137] Und dieses einfache mentale Gesetz entstand, weil Subjekt und Objekt, Psyche und Welt noch nicht voll differenziert waren, weshalb das (mentale) Bild des Objekts noch nicht voll vom (physischen) Objekt selbst differenziert war. *Das* war das einfache Hauptunterscheidungsmerkmal magischen Wissens: «Zwischen dem Objekt und seinem Symbol existierte eine magische Beziehung.»[137] Wer das Symbol manipulierte, wirkte auf das symbolisierte Objekt ein.

Frazer, der zweite Gigant der modernen Anthropologie, unterteilte dieses grundlegende mentale Gesetz in zwei «fundamentale Grundsätze der Magie».[136, 190] Ich möchte dem folgendes vorausschicken: *Weil* das Objekt und sein Symbol miteinander verwechselt werden, gibt das Anlaß zu zwei unmittelbaren Wirkungen. Laut Frazer sind das:

1. Das *Gesetz der Ähnlichkeit*, dem zufolge «Ähnliches Ähnliches erzeugt», oder, wie wir es heute ausdrücken würden: Ähnlichkeit wird mit Identität verwechselt, so daß unter anderen Dingen alle Subjekte mit ähnlichen Prädikaten identisch erscheinen und daher absolut austauschbar sind (Freuds «Verschiebung»). Auf diese Weise werden die Angehörigen einer Klasse einander gleichgesetzt, Ganzheiten mit ähnlichen Teilen verwechselt oder Subjekte mit ähnlichen Prädikaten identifiziert. Verursacht beispielsweise eine rothaarige Person Probleme, dann wird eine andere rothaarige dasselbe tun. Ist ein schwarzer Gegenstand schlecht, dann sind es auch alle anderen schwarzen Gegenstände. Jeder Angehörige einer Klasse von Menschen kann beliebig und mit gleicher Wirkung gegen alle anderen ausgetauscht werden. Dem Leser dürfte es nicht schwer fallen, heutige Überbleibsel dieser primitiven magischen Verwechslung zu identifizieren; sie findet sich in den unterschiedlichsten Bereichen vom Aberglauben bis zu Vorurteilen wieder.

2. Das *Gesetz der Ansteckung*, bei dem Nachbarschaft beziehungsweise Nähe mit Identität verwechselt wird, so daß Einheiten, die einmal Kontakt miteinander hatten, künftig für immer als in Verbindung bleibend oder «gegenseitig kontaminiert» angesehen werden. Das bedeutet auch, daß jeder *Teil* eines Ganzen die Essenz dieses Ganzen enthält. Da der Teil einmal im Kontakt mit dem Ganzen war, trägt er

die Essenz des Ganzen in sich. Das Ganze ist somit in jedem seiner Teile komprimiert (Freuds «Verdichtung»). Das bedeutet insbesondere, daß jeder Angehörige einer Gruppe mit der Gruppe selbst gleichgesetzt wird, daß das Ganze und seine Teile miteinander verwechselt werden, daß nicht zwischen Subjekt und Prädikat unterschieden wird. Besitzt ein bestimmter Mensch große Macht, dann hat sie auch eine Locke seines Haars. Bringt ein Kaninchen Glück, dann tut es auch dessen Pfote, und so weiter.

Es kommt hierbei auf folgendes an: Wird nicht zwischen Subjekt und Objekt differenziert, dann werden Abbild und Gegenstand verwechselt, Symbol und Objekt in einen Topf geworfen, weshalb dann Subjekt und Prädikat, Ganzes und seine Teile, die Gruppe und ihre Mitglieder «magisch eins sind». Das war, kurz gesagt, die Gemütslage des typhonischen Ich.

Es ist daher nicht verwunderlich, wenn in der Zeit des Typhon, wie Campbell aufzeigt, «bei der künstlerischen Darstellung in den meisten vorgeschichtlichen Höhlen die Tiere so gezeichnet werden, daß eines auf dem anderen steht, ohne Rücksicht auf die ästhetische Wirkung. Offensichtlich war das Ziel der Darstellung nicht Kunst, wie wir sie verstehen, sondern Magie.» Campbell schreibt weiter: «Unter den weidenden Herden und äsenden Jagdtieren, die in den prähistorischen Höhlen zeichnerisch dargestellt sind, hat man nicht weniger als fünfundfünfzig ausübende Magier entdeckt. Das gibt uns praktisch die Gewißheit, daß die Kunst des Zauberers oder Magiers in jener fernen Periode der Menschheit bereits gut entwickelt war.»[69] Campbell schließt daraus: «Tatsächlich waren die Zeichnungen als solche ein Hilfsmittel dieser Kunst, vielleicht sogar deren zentrales Sakrament. Denn es ist gewiß, daß sie mit der Magie der Jagd assoziiert waren und daß ihr Erscheinen auf den Höhlenwänden im Geiste jener traumhaften Prinzipien mystischer Partizipation einer Herbeirufung des zeitlosen Prinzips, der Essenz, der ‹Idee› der Herde in das Heiligtum gleichkam, wo man rituell auf sie einwirken konnte.»[69]

Damit gelangen wir an einen entscheidenden Punkt der Erörterung «primitiver Magie». Ohne die grundlegenden Eigenschaften des magischen primären Vorganges verleugnen zu wollen, fügen wir jetzt etwas Wesentliches hinzu, was von den meisten hier zitierten Experten übersehen wurde. Magie ist nämlich nicht eine halluzinatorische oder primitive falsche Wahrnehmung einer sonst klaren und gut unterscheidbaren Wirklichkeit, sondern mehr oder weniger die *korrekte* Wahrnehmung einer primitiven und niederen Ebene der Wirklichkeit. Sie ist nicht die entstellte Wahrnehmung einer höheren, sondern die wahre Schau einer niederen Wirklichkeit. Magie ist in der Tat die mehr oder weniger richtige «Reflexion» der pranischen Ebene (Ebene 2), der Ebene der gefühlsmäßig/sexuellen Energien, der vor-differenzierten Wirklichkeit, die mit Assoziationen und Ansteckung arbeitet. Magie reflektiert diesen Vitalnexus, nicht einen logischen Nexus, und ist innerhalb ihres begrenzten Wirkungsrahmens im großen und ganzen angemessen. Der magische primäre Vorgang ist also weniger «falsch» als nur «teilweise wirksam», nicht eigentlich unangemessen, sondern nur unvollkommen.

Freud schien sich dieser Tatsache bewußt gewesen zu sein, hat sich aber nicht immer daran gehalten. Einerseits erkannte er bald, daß die frühesten Formen des Bewußtseins «magischer Art» waren, weshalb er sie – auch weil sie in der psychischen Entwicklung «zuerst» kamen – den «primären Vorgang» nannte. Er erkannte auch, daß diese frühen und nur teilweise ausgebildeten Formen in der Entwicklung durch fortgeschrittenere Formen der Bewußtheit verdrängt wurden, durch Formen der Logik und der Rationalität, die Freud den «sekundären Vorgang» nannte. So weit, so gut. Im Vergleich mit dem sekundären Vorgang jedoch schien ihm der primäre nicht eine wahre Reflexion einer niederen und unvollständigen Wirklichkeit zu sein, sondern eine einfache Entstellung der «einzigen» Realität (sekundärer Vorgang). Da Freud allerdings in seiner Anschauung schwankte, kam gelegentlich eine umfassendere Ansicht zum Vorschein: «Die als ‹unrichtig› beschriebenen Vorgänge [die magischen primären Vorgänge] sind nicht wirklich Verfälschungen unseres normalen Verfahrens oder fehlerhaftes Denken, sondern Handlungsformen des [frühen] psychischen Apparates, wenn dieser von Eingriffen [seitens höherer Ebenen] befreit ist.»[140] Da haben wir die Unterscheidung, die auch ich getroffen habe: Der primäre Vorgang ist primitiv, als solcher aber angemessen.

Die meisten modernen Menschen tauchen natürlich nur in ihren Träumen unmittelbar in den magischen primären Vorgang und die Ebene der Großen Kette ein, die ihn so genau offenbart. Die Welt des Traums ist die Welt der Magie, eine echte Reflexion der Typhon-Sphäre: Die Welt ist plastisch und wird nach Belieben verformt, in ihr herrschen Verdichtung und Verschiebung; Ganzes und Teile sind austauschbar.* Diese primitive, aber reale magische Welt, von modernen Menschen in die Träume verwiesen, war unseren frühesten Vorfahren augenscheinlich durchaus *bewußt*. Freud schreibt: «Was einst das wache Leben beherrschte, während der Geist noch jung und unfähig war, scheint jetzt in die Nacht verbannt worden zu sein.»[140]

Neumann kommt zu folgender Schlußfolgerung:

Wenn wir in die Welt des Traumes zurücktauchen, werden Ich und Bewußtsein, diese späten Produkte der Menschheitsentwicklung, wieder aufgelöst. Wie im Traum das Ich in einer Innenwelt lebt, ohne es zu wissen, denn alle Gestalten des Traumes sind Bilder, Symbole und Projektionen innerer Prozesse, ist die menschliche Frühwelt weitgehend Innenwelt, die als außen erlebt wird in einem Zustand, in dem Innen- und Außenwelt noch nicht voneinander geschieden sind. Auch die Allverbundenheit des Gefühls, die Vertauschbarkeit und Verschiebbarkeit der Inhalte nach Gesetzen der Ähnlichkeit und der symbolischen Zusammengehörigkeit, der Symbolcharakter der Welt, die symbolische Bedeutung des Raumes und

---

* Meiner Ansicht nach gehören zu einer vollständigen Theorie des Traumes zwei grundlegende Prämissen und ein herausragendes Charakteristikum. Letzteres wird von fast allen Traumforschern akzeptiert und besagt, daß der Traumzustand (REM) weitgehend nichtverbal und nicht-ichhaft ist; im Traum löst sich das normale Ego sozusagen auf. Die beiden Prämissen ergeben sich aus der im allgemeinen nicht erkannten Tatsache, daß es zwei sehr unterschiedliche Formen nichtverbaler und nicht-ichhafter Bewußtheit gibt. Die eine ist präverbal und prä-ichhaft, die andere transverbal und trans-ichhaft. Meiner Ansicht nach ist der Traum also der Königsweg zur präverbalen Wirklichkeit und natürlich zu Aspekten der Erfahrung, die durch die verbal-ödipale Periode unterdrückt werden. Er kann aber auch transverbale und trans-ichhafte Wirklichkeiten offenbaren und repräsentieren. Das Versäumnis, diese beiden verschiedenen, nicht-ichhaften Wirklichkeiten richtig einzuschätzen, hat die Traumtheorien der meisten Psychologen in Ost und West getrübt. Das Abendland neigt dazu, den Traum als *nur* präverbal anzusehen, der Osten aber als nur transverbal. Tatsächlich enthüllt der Traumzustand oft Kindheitserinnerungen und/oder *heutige* pranische Impulse, die jeweils in Bilder gekleidet sind, kann aber auch *psychische* und hellseherische Fähigkeiten offenbaren (Ebene 5). Damit soll nicht geleugnet werden, daß der Traum, oder einzelne seiner Aspekte, außerdem auch problemlösende Funktionen haben kann (à la Adler). Ich beziehe mich in diesem Kapitel natürlich nur auf den präverbalen Traum, den magischen primären Vorgang. *Psychische* Fähigkeiten werden wir nicht in Verbindung mit dem Traumzustand als solchem, sondern als unmittelbares Potential des Wachzustandes erörtern.

seiner Teile, wie zum Beispiel die von oben und unten; rechts und links, die Bedeutung der Farben, alles dies hat die Welt des Traumes mit der menschlichen Frühzeit gemeinsam . . . Der Traum ist nur von der Psychologie der menschlichen Frühzeit her zu verstehen, und die Lebendigkeit dieser Frühzeit lebt durch ihn noch heute in uns.[311]

Die bewußten Elemente des einen Stadiums tendieren dazu, zu unbewußten des folgenden zu werden, und zwar fortlaufend, Stadium auf Stadium geschichtet.* So haben also die primitiven typhonischen Menschen offensichtlich selbst im «Wachzustand» eine magische Ebene erfahren, die uns modernen Menschen vorwiegend in Träumen erhalten ist.** Nacht für Nacht, sobald wir in die Sphäre des Traums

---

* Spezifischer ausgedrückt: Jede Entwicklungsstufe verkörpert eine bestimmte *Beschaffenheit* des Ich. Mehr noch: Was auf einer Entwicklungsstufe das Ganze des Ich ist, bildet auf der nächsten nur einen Teil. Im neuen Ich wird aber nicht alles vom alten Ich bewußt fortgeführt. Sobald das eine Stadium vom nachfolgenden abgelöst ist, wird dieses Stadtium selbst zu einer Ebene des einzelnen, zu einer bewußten Komponente des höheren Ich. Die alte *Beschaffenheit* des Ich wird jedoch nicht zu einer bewußten Komponente der nächsthöheren Ichbeschaffenheit, sondern taucht ins Unbewußte unter. So ist sie beispielsweise auf der typhonischen Stufe körperlich-pranisch. Sobald dieses Stadium durch den Verstand abgelöst wird, wird der Körper zu einer *Ebene* im vielschichtig zusammengesetzten Individuum und zu einer bewußten Komponente des höheren Ich. Doch wird die Form oder das Empfinden, allein ein Körper-Ich zu sein, im Bewußtsein nicht beibehalten. Das Individuum bewahrt einen bewußten Zugang zu seinem Körper, jedoch *nicht* die Erfahrung, nur ein Körper-Ich zu sein. Diese wird ins Unbewußte verbannt. Auf ähnliche Weise bewahrt das Kind die Sprache, jedoch nicht das erfahrungsorientierte Ich, das die Sprache erlernte, und so weiter. Zu beachten ist jedoch, daß *alle* früheren Strukturen beibehalten werden. Die einzelnen Stufen werden als bewußte Komponenten behalten, die jeweiligen Formen als unbewußte Erinnerungen.

** Freud und Adler meinten, Träume würden durch den Stau ungelöster Spannungen ausgelöst. Je weniger Spannungen, desto geringer die Dringlichkeit oder Notwendigkeit für Träume. Meines Erachtens ist das eine zweitrangige Frage. Der Traumzustand ist eine einfache, natürliche und notwendige Aktivität der typhonisch-pranischen Ebene und wird, mit oder ohne Stau von Spannungen, einfach als Ausdruck dieser niederen Ebene auftreten, die jetzt in unsere eigene Gestalt eingebettet ist. Werden andererseits Aspekte dieser Ebene *verdrängt*, dann verursachen diese Aspekte zwar einen Spannungsstau, der sich beharrlich in Traumtätigkeit auswirkt, aber nicht dort alleine. Das ist der Unterschied zwischen dem archaischen Unbewußten und dem verdrängten Unbewußten. In

versinken, werden wir alle Zauberer, schweben wir im magischen Flug über dem Boden und gestalten die Welt nach unserem Belieben. Und in jeder Nacht stehen wir unseren Vorfahren gegenüber, wobei wir uns gelegentlich, wie ich zu behaupten wage, mit dem Zauberer von Trois Frères unterhalten.

Das magische Körper-Ich und tatsächliche psychische *Fähigkeiten*

So magisch und in diesem Sinne wunderbar dieser Zustand auch gewesen sein mag, so handelte es sich doch offensichtlich um eine sehr schwache Bewußtseinsstruktur. Das Ich war natürlich magisch eng mit seiner ganzen Umwelt verbunden, genau aus diesem Grunde aber auch schutzlos gegenüber dem Eindringen unbewußter Elemente von innen und extrasomatischer Faktoren von außen. Es war ganz bestimmt nicht trans-Subjekt/Objekt, sondern immer noch im Zustand des prä-Subjekt/Objekt. Dies war daher eine Zeit der Gefahr, der Tabus, des Aberglaubens. Das Ich hatte sich noch nicht vollständig von der unbewußten Sphäre gelöst, sondern blieb darin magisch eingebettet, und jedesmal, wenn das Bewußtsein versuchte, aufzusteigen und sich aus seiner Falle zu befreien, sog die magische Welt es wieder in sich ein. Die magische Struktur selbst muß in vieler Hinsicht ziemlich furchterregend gewesen sein.

War es möglich, daß *die am höchsten entwickelten* Individuen dieser Periode vielleicht – der Ton liegt auf dem vielleicht – doch schon erwacht genug waren, um Zugang zu echten *psychischen* Fähigkeiten zu finden, zu Fähigkeiten also, die nach den Aussagen der Ewigen Philosophie auf Ebene 5 existieren?[64, 436] Waren innerhalb dieser emotionellen Magie schon echte *psychische* Aktivitäten möglich?

Natürlich werden wir das nie wirklich wissen. Außersinnliche Wahrnehmung beispielsweise hinterläßt keine fossilen Funde, aus denen man derartiges ablesen könnte. Bevor wir diese Möglichkeit jedoch ausschließen, wollen wir zumindest hören, was Sigmund Freud, einer der nüchternsten Psychologen des Abendlandes, dazu sagt. Es ist nicht allgemein bekannt, daß er sich auch stark für *psychische* Aktivitäten wie Telepathie interessierte. In einem Brief an Carrington schrieb er,

jedem Fall ist der Traum eine Darstellung einer früheren Bewußtseinsbeschaffenheit und erst in zweiter Hinsicht ein Ventil für etwas, das jetzt eine niedere Ebene des Ich ist (siehe vorhergehende Fußnote).

er würde sein Leben der *psychischen* Forschung widmen, könnte er es noch einmal leben.[401]

Freud definierte seine Haltung gegenüber *psychischer* Telepathie knapp und klar: «Indem die Psychoanalyse das Unbewußte zwischen das Physische und das, was als mental angesehen wurde, eingliederte, hat sie den Weg für die Akzeptanz solcher Vorgänge wie Telepathie geebnet.»[62] Daraufhin haben einige Jünger Freuds vermutet: «Auf einigen Ebenen des Unbewußten finden wir nicht Phantasien, sondern Telepathie.»[62] Freud selbst hat den möglichen Beziehungen zwischen der Psychoanalyse, Träumen, Telepathie und Gedankenlesen mehrere Arbeitspapiere gewidmet. Ullmann faßte Freuds Gedanken so zusammen: «Information wird durch Gedankenübertragung aus dem Unbewußten der auf Gedankenlesen eingestellten Person herausgefischt.»[401] Für Freud stellte sich das Unbewußte natürlich am deutlichsten in präverbalen Träumen dar, also im primären Vorgang. Genau hier jedoch irrt er, da er *Psychisches* mit magischen Begriffen erklären will.

Über diese eben erwähnte Anregung hinaus haben Freuds Gedanken hierzu* keinen besonderen theoretischen Wert, weil Freud Magisches (Ebene 2) und *Psychisches* (Ebene 5) verwechselte. Er verfügte über keine feste theoretische Grundlage, um das Wahre von Halluzinationen, das Fortgeschrittene vom Primitiven und das Realistische vom Hoffnungslosen zu trennen. Ebensowenig hatten das seine *psychisch* interessierten Jünger, die sich von Freuds Konfusion in diesem Bereich auf eine falsche Fährte locken ließen. Selbst Freud, dieser Erzrationalist und ultrakonservative Wissenschaftler in Sachen Transzendenz, gab ehrlich und offen zu, daß nicht alle *psychischen* Phänomene Hokuspokus seien – ein wahrhaft mutiger Beweis intellektueller Stärke, vergleichbar nur dem Eingeständnis von John Locke, daß nicht alles mentale Wissen auf Sinneswahrnehmungen beruhe.

Natürlich waren die Anthropologen sehr unwillig, die primitive Psyche aus dem Blickwinkel zu studieren, daß die *psychische* Ebene hier tatsächlich, wenn auch selten, existieren könnte. Die wenigen, die diesen Weg gegangen sind, scheinen dafür ziemlich beeindruckt. Da ist zum Beispiel der große psychoanalytische Anthropologe Weston La Barre. «Er hat die Fähigkeit von Angehörigen appalachischer Kulte, mit Schlangen umzugehen, als eine Form von Psychokinese be-

---

* So sehr Eisenbud, Ehrenwald, Fodor und andere sie auch durchgekaut haben.[104, 401]

zeichnet und auch die Hypothese aufgestellt, PSI könne in den religiösen Zeremonien der Indianer eine Rolle spielen.»[403] Dr. van de Castle, Professor für klinische Psychologie an der Medizinischen Fakultät von Virginia, schreibt: «Eine neue Einstellung unter Anthropologen kommt vielleicht bei Ralph Linton zum Ausdruck, der sich sorgfältig darum bemüht, zwischen PSI [Ebene 5] und Wahnvorstellungen [Ebene 2] zu unterscheiden. In ähnlicher Weise hat Long warnend darauf hingewiesen, daß es für den Anthropologen wichtig sei, zwischen den Wirkungen von Suggestion und *psychischer* Energie zu unterscheiden, wenn man versucht, Geistheilungen zu verstehen.»[403]

PSI ist noch nicht vollkommen erforscht. Experimente waren oft positiv, jedoch nicht absolut beweiskräftig. Dennoch ist ein Mangel an Beweisen noch kein Beweis dafür, daß das zu Beweisende nicht existiert. In diesen Fällen kann man daher nichts weiter tun, als alle verfügbaren Daten abzuwägen und die Argumente beider Seiten zu prüfen. Ich finde es sehr überzeugend, daß hervorragende Psychologen, die beruflich besonders nüchtern denken, sich eindeutig zugunsten der Existenz irgendeiner Form paranormaler Phänomene ausgesprochen haben. Von Freud zu Jung zu William James haben viele Forscher erklärt, «die Authentizität dieser Phänomene kann heute nicht in Frage gestellt werden» (Jung).

Besondere Wertschätzung gebührt M. Eliade, der – Lévi-Strauss vielleicht ausgenommen – die größte lebende Autorität auf dem Gebiet der Erforschung primitiver Mentalität und primitiver Kulturen ist. «Wir rühren jetzt an ein Problem von größter Bedeutung... der Frage nach der *Realität* der den Schamanen und Medizinmännern zugeschriebenen Fähigkeiten außersinnlicher Wahrnehmung und ihrer paranormalen Kräfte. Obwohl die Forschung in dieser Richtung in den Anfängen steckt, hat eine ziemlich große Anzahl ethnographischer Zeugnisse die Authentizität solcher Phänomene außer Frage gestellt.»[117]

Wir können also einige vorläufige Schlußfolgerungen ziehen:

1. Während dieser Periode hatte das Durchschnittsbewußtsein ganz die Ebene 2 erreicht, also die des Magisch-Typhonischen (mit einem vom Körper noch nicht differenzierten Ich und Proto-Verstand), wobei der Körper-Typhon selbst noch magisch mit der naturhaften Welt verbunden war.

2. Andererseits hatten sich einige wenige der wirklich fortgeschrittenen Schamanen und Medizinmänner weit genug entwickelt, um

Zugang zu echten *psychischen* Fähigkeiten, also zur Ebene 5 zu gewinnen.

Es kommt also hier bereits darauf an, zwischen der *durchschnittlichen Bewußtseinsbeschaffenheit* und dem *fortgeschrittenen Bewußtsein* zu differenzieren, denn schon während der sehr frühen Zeiten des Typhon hatten sich einige außergewöhnlich entwickelte Individuen ziemlich weit über den Durchschnitt erhoben. Die Verwechslung der magischen mit der *psychischen* Bewußtseinshaltung hat für die Wissenschaft vom Menschen ganz allgemein überaus bedauernswerte Folgen gehabt.

3. Aufdämmern des Wissens um den Tod

Wir haben gesehen, daß die magisch-typhonischen Wesen in einer traumhaften Welt animistischer Zusammenhänge lebten – einer Mischung von Körper, Kosmos und Natur. Die Welt der Morgendämmerung der Menschheit war die Welt des Traums.

Träume sind jedoch nicht immer friedlich, glücklich oder auch nur erfreulich – es gibt ja auch Alpträume. Denn selbst beim Träumen oder im «Wachzustand» innerhalb desselben magischen primären Vorganges gibt es eine deutliche Grenze zwischen dem Ich und dem Nicht-Ich, zwischen Subjekt und Objekt, zwischen hier drinnen und dort draußen. Und wo immer es Grenzen gibt, da gibt es auch Angst.

Für die abendländische Philosophie besonders schwer zu verstehen war die Tatsache, daß es mindestens zwei größere und ganz unterschiedliche Formen von Furcht und Angst gibt. Die eine ist die pathologische oder neurotische Angst, die man mit vollem Recht auf «Geisteskrankheit», pathologische Verteidigungsmechanismen oder neurotische Erkrankung zurückführen kann. Die andere Form der Angst jedoch ist nicht auf geistiger Abartigkeit oder neurotischer Krankheit begründet. Vielmehr handelt es sich bei ihr um eine grundlegende, unvermeidbare, unausweichliche Angst, die dem separaten Ichgefühl inhärent ist. Das ursprüngliche Wesen des Menschen ist GEIST, das Höchste Ganze; bevor er jedoch dieses GANZE entdeckt, bleibt er ein entfremdetes Fragment, ein separates Ich, das sich zwangsläufig mit dem Bewußtsein des Todes und mit Todesangst konfrontiert findet. Das ist keine von bestimmten Umständen abhängige Angst. Sie ist *existentiell*, mitgegeben, eingeboren. Sie bleibt, bis der GEIST auferstanden und das Ich mit *allen* möglichen Anderen *eins* geworden ist.

Die Upanischaden beschreiben diese Tatsache mit folgendem schönen Satz: «Wo immer es ein Anderes gibt, da gibt es auch Angst.»[208] Das hat man im Osten schon vor dreitausend Jahren klar erkannt. Nachdem die orthodoxe Psychiatrie jahrzehntelang versucht hatte, die existentielle Angst auf neurotische Schuld zu reduzieren, haben die existentiellen Psychologen des Abendlandes diesen Punkt schließlich ebenfalls klargestellt und erklärt, man könne ihn nicht mehr übersehen. «Die essentielle grundlegende Ur-Angst», schrieb der große Existentialpsychologe Médard Boss, «*ist allen isolierten, individuellen Formen der menschlichen Existenz eingeboren.* In dieser grundlegenden Angst fürchtet sich die menschliche Existenz sowohl vor der Welt als auch davor, ‹in der Welt zu sein›.»[54] Nur wenn wir das verstehen, sagt Boss, «können wir auch das scheinbar paradoxe Phänomen begreifen, daß Menschen mit Lebensangst auch besondere Angst vor dem Tode haben». Das Gefühl dieses existentiellen Schreckens ist also keine Illusion, sondern Wirklichkeit, unter dieser Angst zu leiden nichts Neurotisches, sondern etwas Angemessenes. In der Tat ist das *Fehlen* der Empfindung dieser Angst nur zu erreichen, wenn man die Realität mühsam leugnet, indem man die tiefsitzende Lebensangst mit einer illusorischen und magischen Fassade übertüncht.[340] Die meisten von uns sind sich natürlich dieser unserem Alltags-Ego innewohnenden Urangst nicht bewußt, und Zilboorg kennt auch den Grund:

> Wären wir uns dieser Furcht ständig bewußt, könnten wir nicht mehr normal funktionieren. Sie muß genügend unterdrückt werden, damit wir einigermaßen angenehm leben können . . . Dennoch können wir dessen sicher sein, daß die Angst vor dem Tode in unseren mentalen Funktionen stets gegenwärtig ist . . . Niemand ist frei von der Angst vor dem Tode.[443]

Sobald der Typhon aus seinem archaisch-uroborischen Schlummer herausgetreten war, sah er sich zwangsläufig existentiell bedroht. Um es klarzustellen: Auch das uroborische Ich empfand zweifellos irgendeine weniger ausgeprägte Todesangst, denn es war ja zumindest auf instinktiver, affenähnlicher Ebene so etwas wie ein «Ich».[6] Beim Typhon kamen jedoch viele andere Faktoren hinzu, denn die wachsende Bewußtseinsschärfung brachte auch wachsende Bewußtheit der eigenen Verwundbarkeit. Historisch gesehen scheint es da keine Zweifel zu geben, denn «die Gräber und sakralen Höhlen des Neandertalers zum Schutz vor Bären, unsere frühesten gesicherten Beweise für religiöse Rituale, weisen auf den Versuch hin, mit dem Stigma des Todes

fertig zu werden».[69] Daher können wir diese Periode wie folgt defi-
nieren: Als der Typhon sich aus dem Stadium des Uroboros löste,
war er mit dem Stigma des Todes behaftet.

Sobald dies einmal bewußt geworden ist, kann man zweierlei dagegen unternehmen. Der Mensch kann Tod und Thanatos leugnen und
verdrängen oder beides ins überbewußte All transzendieren. Solange
er sich an das separate Ichempfinden klammert, muß er Tod und
Todesangst verdrängen, denn um die Todesangst zu überschreiten,
muß man das Ich transzendieren. Das separate Ich *kann überhaupt
nichts tun*, um die Todesangst loszuwerden, da das separate Ich die
Todesangst *ist*. Beide entstehen gemeinsam und können auch nur gemeinsam vergehen.[240] Die Todesangst erlischt nur durch tatsächliche
Transzendenz; bis zu jenem Zeitpunkt jedoch «ist *das Bewußtsein
des Todes* die primäre Verdrängung, nicht Sexualität».[25]

Nun ist das Leugnen des Todes die negative Seite des Versuchs,
das Atman-Bewußtsein wiederzuerlangen. Sobald sich irgendeine
Form des Ich aus dem Unbewußten Urgrund löst, entwickelt sie sofort zwei Hauptantriebe. Der eine soll die besondere Form der eigenen illusorischen Existenz verewigen (Eros), der andere soll alles
vermeiden helfen, was die eigene Auflösung (Thanatos) bedeuten
könnte. Das gilt für den Uroboros wie für den Typhon, für das Ego
wie für die Seele. Auf der positiven Seite (was nicht unbedingt die
«gute» Seite bedeuten muß, sondern einfach die Eros-Seite) sucht
das Ich sich alle nur möglichen Ersatzbefriedigungen, die *vermeintlich* sein Streben nach Einheit, Ganzheit, Unendlichkeit, Ewigkeit
und Kosmozentrismus erfüllen. Auf der negativen Seite (Thanatos)
eliminiert oder verdrängt er alles, was auf den Tod hinweist, was auf
Auflösung, Transzendenz und Auslöschung hindeutet. Beide Seiten
sind Formen des Atman-Projekts, weil beide von der Intuition motiviert werden, daß das tiefste Wesen des Menschen tatsächlich unendlich und ewig ist. Doch wird diese Intuition durch ihre alleinige Anwendung auf das separate Ich verdorben, dieses Ich, das unausweich-
lich endlich und sterblich ist.

Eros – das Verlangen nach mehr Leben, alles zu besitzen, kosmozentrisch zu sein – wird also von der richtigen Intuition motiviert,
daß der Mensch in Wahrheit das ALL *ist*. Mit der Anwendung auf das
separate Ich jedoch wird diese Intuition zum Verlangen pervertiert,
das ALL individuell *zu besitzen*. Statt alles *sein* zu wollen, wünscht
man nur, alles zu *haben*. Das ist die Grundlage aller Ersatzbefriedigungen, ist das im Herzen jedes separaten Ich anzutreffende uner-

sättliche Verlangen. Das ist die positive Seite des Atman-Projekts, die nur durch Atman selbst befriedigt werden kann.

Auf gleiche Weise beruht das Leugnen des Todes auf der richtigen Intuition, daß das ursprüngliche Wesen des Menschen tatsächlich zeitlos, ewig und über den Ablauf der Geschichte hinaus unsterblich *ist*. Wird aber diese Intuition der Zeitlosigkeit auf das separate Ich angewendet, dann wird sie zum Verlangen pervertiert, einfach ewig zu leben, weiter und immer weiter zu existieren, dem Tod für alle Zeiten aus dem Wege zu gehen. Statt in der Transzendenz *zeitlos* zu sein, verlangt man nur, *ewig zu leben*. Die Ewigkeit wird ersetzt durch die Leugnung des Todes und das Streben nach physischer Unsterblichkeit – die negative Seite des Atman-Projekts.

«Die große wissenschaftliche Vereinfachung der Psychoanalyse», schrieb Becker, «besteht in der Vorstellung, das Kind versuche mit seiner gesamten frühen Erfahrung seine Geburtsangst zu leugnen.»[25] Genauso besteht die große anthropologische Vereinfachung in der Vorstellung, die gesamte Geschichte der Menschheit sei ein Versuch, die Angst zu leugnen, die der Mensch aufgrund seines Heraustretens aus dem archaisch-uroborischen Schlummer in Eden empfindet – obwohl dieses Heraustreten notwendig und wünschbar war, auch wenn es mit Zittern und Zagen befrachtet und vom Sensenmann überschattet ist.

Zeit als Leugnung des Todes

Es gibt verschiedene Wege, den Tod zu leugnen und zu verdrängen, und entsprechend verschiedene Ergebnisse solcher Bemühungen. Einer der bedeutsamsten bedient sich der *Zeit* (ein anderer der *Kultur*, wie wir bald sehen werden). Verweilen wir einen Augenblick bei diesem Zusammenhang zwischen Tod und Zeit. Einfühlsame Denker waren stets von dem Pakt zwischen Tod und Zeit gefesselt. Hegel schrieb, Geschichte sei das, was der Mensch mit dem Tode anfange.[381] Brown sagt, die Zeit werde durch die Verdrängung des Todes geschaffen.[61] Das sind ziemlich schwierige Vorstellungen, doch läßt sich die Sache auch einfach darstellen. Das Höchste Ganze, der Atman-GEIST, ist zeitlos. Man könnte auch sagen, die gesamte Zeit ist *jetzt*, in der Ewigen Gegenwart, von der die Mystiker sprechen (z. B. Gebsers «Gegenwart»).

In der Letzten Wirklichkeit gibt es also keine Zeit, keine Vergan-

genheit, keine Zukunft. Man könnte sagen, die Ewigkeit sei ein Zustand von «Keine-Zukunft». Auch der Tod ist ein Zustand von Keine-
Zukunft. Ganz offensichtlich hat etwas, das stirbt und zu existieren
aufhört, keine Zukunft. Leugnet also der Mensch den Tod, dann weigert er sich, ohne Zukunft und somit zeitlos zu leben. Den Tod leugnen heißt also, eine Zukunft fordern. Um den Tod zu vermeiden, stellt
der Mensch sich sein Ich als in der Zeit voranschreitendes Wesen vor.
Er möchte auch morgen sich selbst antreffen. Er projiziert sich selbst
durch die Zeit von morgen, um den Tod zu verdrängen. Brown
schreibt dazu: «Der Kampf gegen den Tod [die Verdrängung des To-
des] nimmt die Form einer überwiegenden Beschäftigung mit der Vergangenheit und der Zukunft an . . . Nicht verdrängtes Leben verläuft
nicht in historischer Zeit . . . nur verdrängtes Leben existiert in der
Zeit, unverdrängtes wäre zeitlos oder in der Ewigkeit.»[61]

Zeit ist aber nicht nur eine Leugnung der Ewigkeit. Wäre sie nur
das, würde der Mensch sie nicht akzeptieren. Zeit ist ein *Ersatz* für die
Ewigkeit; erlaubt sie uns doch die Illusion, weiter, weiter und immer
weiter leben zu können. Sie ist eine Form des Atman-Projekts und
setzt ein vorgeblich immerwährendes Andauern an die Stelle der
Wirklichkeit der zeitlosen Gegenwart. Solange es ein separates Ich
gibt, *braucht* dieses die Zeit. Und es braucht die Verheißung, daß der
Sensenmann heute noch nicht anklopfen wird.

Wir werden jedoch sehen, daß es verschiedene Strukturen oder
Arten von Zeit gibt, die sich aus dem Zeitlosen entfalten. In der
aufsteigenden, evolvierenden Ordnung haben wir in Übereinstimmung mit den Ebenen der Großen Kette: (1) das prätemporale Nichtwissen des Pleroma-Uroboros; (2) die einfache, dahingehende Gegenwart des Typhon (auch der Uroboros lebt in der einfachen Gegenwart, doch ist sich der Uroboros seines Ich als eines in der unverbun-
denen Gegenwart lebenden separaten Ich weitgehend nicht bewußt
und in diesem Sinne prätemporal); (3) die zyklische, jahreszeitliche
Zeit der mythischen Gruppenzugehörigkeit; (4) die lineare und historische Zeit des mentalen Ego; (5–6) die archetypische, aeonische oder
transzendente Zeit der Seele; (7–8) die vollkommen zeitlose Ewigkeit
des Atman.

Diese verschiedenen Formen von Zeit scheinen hauptsächlich mit
korrelativen Arten des Ich oder Strukturen des Bewußtseins zu entstehen.[436] Jede nachfolgende höhere Art des Ich stellt eine Ausweitung des Bewußtseins dar, weshalb sie auch stärker ausgeweitete zeitliche Formen begreifen kann, von der einfachen Gegenwart über die

historische bis zur archetypischen, aeonischen Zeit – bis die Zeit selbst zu ihrem Ursprung zurückkehrt und damit als notwendige, jedoch nur vorübergehend benutzte Leiter zur Transzendenz entschwindet.

In dem Maße jedoch, in dem neue Formen des separaten Ich entstehen, werden diese zwangsläufig neuen Formen des Todes und der Todesangst ausgesetzt, wodurch neue Formen der Leugnung des Todes erforderlich werden. Die Projektion des Ichgefühls durch den neuen und korrelativen Zeitablauf ist eine der Hauptformen jener Verdrängung des Todes. Weniger genau aber griffiger ausgedrückt: Je eindringlicher die Bedrohung durch den Tod, desto ausgedehnter müssen die Zeitabläufe sein, die benötigt werden, ihn zu leugnen. So wird Zeit zu einer Fahrkarte zur Unsterblichkeit.

Auf der einfachsten uroborischen Ebene ist die Leugnung des Todes so primitiv, daß sie diese Bezeichnung kaum verdient – es ist das einfache Verlangen nach Nahrung zur Erhaltung des Organismus. Auf diese Weise wird der Tod weithin instinktiv und unbewußt geleugnet. Obwohl der Trieb zur Nahrungsaufnahme *in* der einfachen Gegenwart existierte, war der Mensch sich *der* einfachen Gegenwart nicht voll bewußt. Seine subjektive Gefühlslage war nicht klar und evident, weshalb es eher eine prätemporale Gefühlslage war, eine «prätemporale Zeit», die Zeit der Morgendämmerung. Doch selbst bei dem primitiven biologischen Trieb, das Leben durch Nahrungsaufnahme zu bewahren, finden wir die unbewußte Auswirkung des Nicht-Seins. Bekker nennt das «die anhaltende Angst vor dem Tode *im normalen biologischen Funktionieren unseres Selbsterhaltungsinstinktes*».[25]

Diese unterste Ebene des prätemporalen und unbewußten Instinkts interessiert uns aber nicht besonders, weil sie zwar ausreicht, zur Nahrungsaufnahme anzuspornen, nicht aber Psyche und Kultur zu schaffen. Zeit existiert, um den Tod zu leugnen; der Uroboros leugnet den Tod, indem er Nahrung aufnimmt. Keine-Nahrung bedeutet Tod, weshalb Keine-Nahrung die Zeit des Uroboros aktiviert. Sobald er Nahrung erhält, hört Zeit für ihn zu existieren auf. Ein voller Magen kümmert sich nicht um morgen. Für den Uroboros bedeutet der volle Magen Unsterblichkeit – da haben wir die unterste oder eine der untersten Formen des Atman-Projekts. Diese einfache biologische Selbsterhaltung durch Nahrungsaufnahme kann keinen höheren Funktionen dienen, keine höhere Zeit verlangen, keine Existenzangst schaffen. Auf dieser Ebene wird der Tod nicht wirklich bewußt erfaßt – ebensowenig Zeit. Die ganze Sphäre ist unbewußt, «prätemporale Zeit», «prämortaler Tod».

Man kann es auch so ausdrücken: Tiere werden instinktiv zur Selbsterhaltung motiviert, wenn sie bedroht werden oder hungrig sind. Der Mensch jedoch hat den «Instinkt» und sein Ich *bewußt* und *widerruflich* gemacht, und darin liegt der große Unterschied. Es ist aber noch mehr als das. Es war nicht einfach so, daß der Mensch sich der niederen Instinkte bewußt wurde, sondern daß in ihm von Anfang an noch völlig andere und höhere Instinkte schlummerten, was die Bedeutung von «Selbsterhaltung» insgesamt veränderte. Denn was man unter Selbsterhaltung versteht, hängt vor allem davon ab, was man unter «Selbst» versteht, und da es unterschiedliche Ebenen des «Selbst» oder Ich gibt, existieren auch unterschiedliche Ebenen und Arten von Selbsterhaltung und Todesleugnen. Diese höheren Formen, jenseits von Nahrungsaufnahme und biologischer Selbsterhaltung, müssen wir uns ansehen, wenn wir nach wirklich existentiellem Tod und damit nach wirklich existentieller Zeit Ausschau halten.

In der Zeit des Typhon ergab sich für das neue und höhere individualisierte Ich eine neue und höhere Erfahrung des Todes, weshalb neue und höhere Formen der Leugnung des Todes erforderlich wurden. Eine davon war die bewußte Einbeziehung und die Zukunftsverheißung der Zeit. Die auf dieser Ebene anzutreffende Form der Zeit war immer noch die vergehende Gegenwart, die jedoch nicht mehr unbewußt gelebt wurde. Es genügte nicht mehr, sich in der Gegenwart einfach treiben zu lassen, unwissend die Unsterblichkeit durch Nahrungsaufnahme zu genießen und wie die Lilien auf dem Feld in den Tag hinein zu leben. Das neue Ich mußte die Gegenwart bewahren, sie bewußt in die nächste Gegenwart hinübertragen und von da aus wieder in die nächste, als ein Versprechen, daß der Tod es jetzt nicht berühren werde. Das war tatsächlich Selbsterhaltung, aber nicht länger durch Nahrung, sondern Erhaltung eines Ichempfindens, einer Vorstellung vom eigenen Ich, eines individuellen Körperdaseins. Das Leugnen des Todes bestand nicht im Bedürfnis, Nahrung, sondern ein Ichgefühl zu spüren, und zwar jetzt und jetzt und immer wieder jetzt.

Auf diese Weise manifestierte sich das konstante Bemühen zur Erhaltung des typhonischen Ich in einem konstanten Bedarf an Zeit, einem Verlangen, die Gegenwart möge sich auf ewig in Richtung auf die nachfolgende Gegenwart bewegen, nicht zufällig und unbewußt, wie zuvor, sondern fortgetragen und gehegt und gepflegt vom neuen Ichempfinden. Der Typhon lebt nicht mehr wie seine Vorfahren *in* der einfachen Gegenwart, sondern war sich jetzt *der* einfachen Gegenwart und ihrer Erfordernisse bewußt. Also nicht bloß Essen, sondern die

Große Jagd! Nicht mehr in den Tag hinein leben, sondern das Mühen um temporale Erhaltung. «Ein so ständiges Verausgaben psychischer Energien zwecks Erhaltung des Lebens wäre unmöglich», schrieb Zilboorg, «wenn die Angst vor dem Tode nicht konstant wäre. Alleine schon der Ausdruck ‹Selbsterhaltung› impliziert eine Anstrengung gegen eine Form des Zerfalls [Thanatos]; deren affektiver Aspekt ist Angst, die Angst vor dem Tode.» Der größte Teil dieser Angst «muß genügend unterdrückt werden», schreibt Zilboorg. Das bedeute wiederum «ein anhaltendes psychisches Bemühen, diese Angst unter fester Kontrolle zu halten und in der entsprechenden inneren Wachsamkeit nicht nachzulassen.»[443] Dieses konstante Bemühen, den Tod auf jeder Stufe der Großen Kette des Seins zu leugnen, tritt als die *konstante Zeit* dieser Stufe in Erscheinung (welche Form sie auch immer annehmen mag) – und das geschieht so lange, bis das Ich, der Tod und die Zeit, bis sie alle zusammen in der Strahlenden Quelle der gesamten Kette verschwinden.

Während dieser frühen und noch ziemlich primitiven typhonischen Periode reichte die einfache Selbsterhaltung von Augenblick zu Augenblick aus, um den Tod zu verdrängen; die jetzt zwar schon bewußt erfaßte Zeit war weiterhin nur die vergehende Gegenwart. Im großen und ganzen lebten die primitiven Jäger und Sammler der typhonischen Prähistorie, die damals die frühen Gemeinschaften von zwanzig bis dreißig Menschen bildeten, weitgehend von Augenblick zu Augenblick oder höchstens von Tag zu Tag.[426] Das ist natürlich eine starke Vereinfachung; ich will nur festhalten, daß das Ichgefühl nunmehr durch ein Zeitgefühl gestützt wurde, das weiterhin mehr auf die unmittelbare Gegenwart und deren unmittelbare Zukunft ausgerichtet war und nicht auf ausgedehnte historische Zeitabläufe.[215] Der Typhon sorgte sich um die Zukunft der Gegenwart, nicht um die Zukunft der Zukunft. Daher besaß er keine wirkliche Fähigkeit und hatte auch kein Bedürfnis, Ackerbau zu betreiben, etwas zu ernten, in die Zukunft hinein zu planen, etwas für das nächste Jahr anzupflanzen, weil praktisch gesehen dieses nächste Jahr gar nicht existierte. Für den typhonischen Jäger war der Tod etwas in der Gegenwart, nicht zukünftiges Geschick. Um ihm aus dem Wege zu gehen, genügte es daher, die Gegenwart bewußt *fortzusetzen*. In diesem Stadium wurde zusätzliche Zeit nicht benötigt, denn für einen typhonischen Jäger bestand Unsterblichkeit darin, bis zum morgigen Tag zu leben.

Deshalb war für den typhonischen Menschen «jeder Tod die Folge von [gegenwärtiger] Gewalteinwirkung und wurde im allgemeinen nicht als natürliches Schicksal zeitlicher Wesen angesehen, sondern der Magie zugeschrieben».[69] Tod war also ein gegenwärtiges, abruptes und magisches Geschehen, das *jetzt* eintreten konnte oder nicht – er war nicht etwas, das in einer fernen Zukunft eintritt. Ausgedehnte Zeit tritt noch nicht durchgehend in Erscheinung.

Zusammenfassend ist zu sagen: Mit dem typhonischen Auftreten des ersten «zentrierten» Ich trat auch das erste wahre Stigma des Todes in Erscheinung, weshalb zum ersten Mal eine echte oder unbewußte Form der Zeit in Anspruch genommen wurde. Dies geschah, um das Stigma des Todes durch das Versprechen zu leugnen, die Gegenwart werde nicht enden und der Mensch werde Unsterblichkeit durch eine weitere Gegenwart erlangen, von Augenblick zu Augenblick und so fort. Damit befanden die Menschen sich auf dem Weg durch die Tore von Eden hinaus in die Welt der Sterblichkeit, und als erste Verteidigungswaffe nahmen sie Zeit mit sich.

Das Hilfsmittel der Kultur

Es war davon die Rede, daß die Männer und Frauen der typhonischen Periode schon zu sehr als separates Ich erwacht waren, als daß sie ihre Unsterblichkeit noch durch bloßes Essen oder biologisches Überleben hätten sicherstellen können wie zuvor in der uroborischen Periode. Da war einerseits das stetig wachsende und sich ausweitende Bewußtsein – denn schließlich zielt das Atman-Projekt auf die Verwirklichung des Atman. Andererseits mußten Ersatzbefriedigungen geschaffen werden für die ebenfalls wachsende Intuition, daß Atman fehle, sowie Abwehrmechanismen gegen die zunehmende Erkenntnis der eigenen Verwundbarkeit und Sterblichkeit. Diese «Komplexifizierung des Bewußtseins», wie Teilhard de Chardin sich ausdrückte, führte schließlich zu *kulturellen Aktivitäten*, und zwar auf eine Weise, die dem Uroboros nicht möglich gewesen wäre. Das einfache Ziel der Kultur war es, den beiden großen Zweigen des Atman-Projekts zu dienen: Mehr Mana (Eros) und weniger Tabus (Thanatos) zu schaffen. Diese zweiarmige Struktur galt natürlich auch für das Schaffen von Zeit, weshalb wir folgende Feststellung treffen können: In dem Augenblick, in dem Zeit durch eine Ausweitung des Bewußtseins und als neue Form der Leugnung des Todes geschaffen wurde, war Kultur das, was der Mensch mit der neuen Zeit anfing. Beide sind vollkommen voneinander abhängig, weshalb man auch sagen kann, Kultur sei das, was der Mensch mit dem Tode anfange. Jetzt wollen wir uns jedoch spezifischer mit Einzelheiten der Kultur selbst befassen, vor allem mit ihrem Antrieb, Mana zu schaffen und Tabus zu vermeiden.

Dabei brauchen wir gar nicht lange zu suchen, weil Magie das Mittel für beides war: magische Riten, magische Rituale, magische Jagd, magische Tänze, magische Todesleugnung. Während dieser frühen Periode war die menschliche Gemeinschaft über ihre biologischen Bedürfnisse hinaus eine kulturelle Aktivität magischer Ersatzhandlungen – ein magisches Atman-Projekt großen Ausmaßes. Das gilt besonders für magische Todesleugnungen. Campbell schreibt dazu: «Bei den australischen Aranda wird das Dorf, in dem ein Todesfall eingetreten ist, völlig niedergebrannt und der Name des Toten nie mehr erwähnt ... Am Grab führen die Verwandten einen Tanz auf; dabei stoßen sie wilde Schreie aus, trommeln mit den Fäusten auf die Erde und fügen sich gegenseitig Verletzungen zu.»[69] Alles das hat natürlich den Zweck, den Tod auf magische Weise von den Lebenden fernzuhalten und die Rückkehr des Geistes des Verstorbenen zu verhindern, der normalerweise als Tod- und Unglücksbringer galt.

Für die Alltagswelt der lebensnotwendigen Jagd, die im Zentrum des neuen Unsterblichkeitsprojekts stand, galt vermutlich folgendes: «Die tägliche Aufgabe und Sorge, töten und Blut vergießen zu müssen, um leben zu können, schuf eine Situation der Furcht, die entspannt werden mußte durch ein Verteidigungssystem gegenüber möglicher Rache und durch Verminderung der Rätselhaftigkeit des Todes.»[69] Denn, wie Frobenius betont: «Man braucht machtvolle Magie, wenn man Blut vergießen und nicht von der Blutrache betroffen werden will.»[153] Damit kommen wir zur einzigen und einfachen Formel der negativen Seite des Atman-Projekts für primitive, typhonische menschliche Wesen. Campbell formuliert es so: *«Wo es Magie gibt, da gibt es keinen Tod.»*[69] Bei den typhonischen Menschen fiel die Macht ganz einfach an den, der die Magie am besten beherrschte, die größte Fähigkeit bewies, den Tod abzuwehren und anderen den Tod zu geben. Er hielt die Zügel des Atman-Projekts in der Hand – und damit auch den Schlüssel zu den individuellen Seelen und dem Kulturprojekt insgesamt.

Erfahrene Jäger und Krieger konnten diese besonderen Kräfte in Form von Trophäen und schmückenden Verdienstabzeichen zur Schau stellen. Die Skalps der erschlagenen Feinde sowie die Zähne, Federn und der sonstige Schmuck waren oft mit magischen Kräften

ausgestattet und dienten als Schutz. Trug ein Mann eine große Anzahl von Trophäen und Abzeichen, die aufzeigten, wie mächtig er
war und welche Taten er vollbracht hatte, dann wurde er zu einer
großen Mana-Gestalt, die in den Herzen der Feinde im wahrsten
Sinne des Wortes Schrecken erzeugte.[26]

Kurz ausgedrückt: «Magie wird angewendet, um sich vor dem Tod zu
schützen und ihn anderen zuzufügen.»[69]

So viel zum negativen oder Thanatos-Aspekt des Atman-Projekts.
Auf der Eros-(oder positiven)Seite erwarten wir, die Suche nach mehr
Leben, mehr Eros, mehr Überleben und Bereicherung des Ich anzutreffen. Nehmen wir zum Beispiel die folgende Zusammenfassung der
Werke des großen Anthropologen Hocart. Für ihn war «der universel-
le Ehrgeiz das Schaffen von Wohlstand – das gute Leben [was einfach
mehr Eros bedeutet]. Um dieses drängende Begehren zu befriedigen,
war nur der Mensch imstande, jene höchst machtvolle Vorstellung zu
schaffen, die ihn einerseits zum Helden machte, andererseits aber in
eine ungeheure Tragödie verstrickte – die Erfindung und Praxis des
Rituals, das in erster Linie eine Methode zur Förderung eines guten
Lebens und zum Vermeiden des Übels ist. Wir wollen über diese
Worte nicht flüchtig hinweglesen: Ritual ist eine Methode, Leben zu
geben.»[26]

Schon in diesem frühen Stadium der Prähistorie wurden die Menschen bewußt motiviert, Eros hervorzubringen, bei der Verewigung
des separaten Ich mitzuwirken oder sie zu garantieren. Rituale waren
gewissermaßen Kraftspritzen für ein neu in Erscheinung tretendes Ich,
das sich dessen bewußt war, daß andere Ich sterben. Rituale sollten
innerhalb des endlichen Bereichs ein stetes Weitermachen ermöglichen, gekoppelt mit dem Versuch, die Macht dieses Bereichs zu stärken. Ein Beispiel soll für viele stehen: «Bei den bekannten totemischen Vermehrungsritualen der australischen Ureinwohner stellten
die primitiven Menschen sich vor, sie könnten die Zahl ihrer Känguruhs, Emus usw. dadurch vermehren, daß sie die Bewegungen nach-
ahmten, mit denen diese Tiere Junge zur Welt bringen. Die Methode
war so präzise, daß der Eingeborene sogar die Farbe der Känguruhs
vorschreiben konnte.»[26]

Der Sachverhalt scheint ganz eindeutig. «Mittels des Rituals stellten
die Menschen sich vor, sie erlangten feste Kontrolle über die materielle Welt. Zugleich transzendierten sie die Welt durch eigene unsichtbare [Atman-]Projekte, die sie [scheinbar] übernatürlich werden ließen

und sie über Tod und natürlichen Verfall erhoben.» Becker sagt, der primitive Mensch habe sich «den Kosmos so gestaltet, daß es ihm möglich wurde, sich symbolisch auszuweiten und höchste Lust zu genießen. Er konnte das Ichgefühl einer rein organismischen Kreatur aufblähen bis hinauf zu den Sternen.»[26] Da haben wir eine perfekte Beschreibung der positiven Seite des Atman-Projekts. Mittel des Rituals gelang es dem Menschen, «sich selbst zum allbedeutenden Mittelpunkt des Universums aufzublähen».[26] In seinem ursprünglichen Wesen *ist* er das Universum, in seinem separaten Ich jedoch verlangt es ihn nur danach und gibt er vor, kosmozentrisch zu sein.

Blicken wir zurück in jene ferne und verschwommene Vorgeschichte – vielleicht sogar bis zum äußersten Rand unserer Vision, hinter dem alles verschwimmt –, dann erkennen wir, daß schon im ersten Augenblick des Heraustretens des Menschen aus dem uroborischen Eden *kulturelle* Aktivitäten erforderlich wurden, um das stetig anwachsende Atman-Projekt weiter voranzutreiben. Individuen schlossen sich zu immer größer werdenden Gruppen zusammen, um an den sich ausweitenden Atman-Projekten teilzuhaben und ihr Bewußtsein durch intersubjektive kulturelle Aktivitäten auszuweiten, die zwar immer noch sehr rudimentär, aber doch schon transbiologisch waren. Die neue Zeit, das Ich, die Kultur waren zweierlei zugleich: einmal Erzeugnisse eines höheren und sich ausweitenden Bewußtseins, eines Systems ausgeklügelter Ersatzbefriedigungen, Ausdruck höheren Lebens; zum anderen ein fetischistisches Leugnen eines höheren Todes. Magische Riten und magisches Ritual, magische Leugnung des Todes und Bewahrung über die Zeit, kulturelle Besitztümer, Amulette und Zaubersprüche: Diese neuen Ersatz-Objekte waren ebenso wie die neuen Ersatz-Subjekte einerseits Ersatz für das fehlende Atman und andererseits erste unsichere Schritte in Richtung auf Atman. Die Menschheit hatte einen entscheidenden Schritt auf der Leiter der Großen Kette des Seins getan – mit allen darin enthaltenen neuen Möglichkeiten und neuen Gefahren.

Bis jetzt waren die Menschen jedoch nicht gezwungen, ihre Atman-Projekte aufeinander anzuwenden – zumindest noch nicht in größerem Ausmaß. Denn es gehört zu den schrecklichen Dingen, die wir bald entdecken werden, daß in dem Maße, in dem Menschen zu Ersatzobjekten wurden, sie auch zu *Opfern* wurden. In der typhonischen Zeit war dies noch nicht so. Es besteht weitgehend Übereinstimmung darüber, daß es in den typhonischen Jägergemeinschaften weder Ungleichheiten größeren Ausmaßes noch Rangordnungen, Kriege, Ausbeutung oder privat gehortetes Eigentum gab. «Die Arbeit wird auf der Grundlage von Alter und Geschlecht aufgeteilt. Die Rechte am Territorium der Gemeinschaft sind kollektive Rechte. Die Gemeinschaft beruht auf verwandtschaftlichen Banden und ist egalitär. Handel besteht im Austausch von Sachen, Gefälligkeiten und Arbeitsleistungen. Soweit uns bekannt, gab es keine Kriege.»[253] Selbst Becker, der so sehr darauf aus ist, den Menschen als ein von Anfang an hinterhältiges Wesen darzustellen, stellte fest: «In den meisten egalitären primitiven Gemeinschaften gibt es keine Rangunterschiede, wenig oder gar keine Autorität eines Individuums über andere. Die Besitztümer sind einfach, weshalb es keine echten Unterschiede in punkto Wohlstand gibt. Eigentum wird gleichmäßig verteilt.»[26] Das ist natürlich alles relativ, doch gab es in dieser Periode der menschlichen Frühgeschichte wahrscheinlich die freieste und am wenigsten repressive Gesellschaft, die je existiert hat, vielleicht auch existieren wird.*

Denn je höher die Menschen bei ihrem *notwendigen* Aufstieg aus dem Unbewußten klommen, desto schwieriger wurde es für sie, Ersatzbefriedigungen zu erlangen und zu bewahren, so daß sie bald gezwungen waren, ihre Atman-Projekte auf Kosten ihrer Mitmenschen zu verwirklichen. Sobald die Menschen Ersatzobjekte wurden, wurden sie auch Opfer von Grausamkeiten anderer Menschen. Die Wut darüber, nichts als eine endliche Kreatur zu sein, verwandelte sich bald in Wut gegenüber anderen endlichen Kreaturen, so daß die Welt heute in mehrere riesige und schwer bewaffnete Lager gespalten ist, vollgepfropft mit Overkill-Kapazitäten, innerlich auf gegenseitige Vernichtung eingestellt.

Dieser Wirrwarr aufeinander einschlagender Atman-Projekte läßt sich nur entwirren, wenn der Mensch seine Seele für das öffnet, was er letzten Endes anstrebt – für das Atman-Bewußtsein. Ich bin jedoch nicht so naiv zu glauben, das werde jemals in größerem Umfang geschehen (jedenfalls nicht innerhalb der nächsten Jahrtausende, wenn überhaupt). Das Zweitbeste wäre deshalb, die individuellen Atman-Projekte so auszurichten, daß sie sich auf eine wechselseitig hilfreiche Weise überlappen – was Ruth Benedict «Synergie» nennt. Zugleich hat es jedoch stets *Einzelne* gegeben, die den Weg zum Atman

---

* Ich will diese Gemeinschaften («Gesellschaften» im soziologischen Sinn kann man sie noch nicht nennen) damit nicht idealisieren. Sie waren verhältnismäßig gutartig; nicht, weil sie bewußt tugendhaft oder moralisch hochentwickelt gewesen wären, sondern weil sie vielmehr im Guten wie im Bösen relativ einfach und unentwickelt waren.

gegangen sind. Das waren Einzelne, die ihrer Ersatzbefriedigungen und Ersatzwelten überdrüssig geworden sind, ihr Festhalten rechtzeitig aufgegeben und sich dem Höchsten Ganzen geöffnet haben. Das waren und sind die großen Helden der Menschheit, die Männer und Frauen, die mehr geschaut haben, als man mit den Händen greifen kann, die aus der Höhle der Schattenwesen heraustraten ins strahlende Licht des Seins. So klein die Zahl solcher Wesen auch sein mag, so repräsentieren sie doch nichts weniger als das schicksalhafte Endziel des Bewußtseins, die Auferstehung des Überbewußten Alls.

Es ergibt sich also die Fragestellung, ob sich Männer und Frauen in der Morgendämmerung des magischen Typhons bereits so weit aus dem Unbewußten herausentwickelt hatten, daß einige von ihnen zum Überbewußten zurückkehren konnten. Hatten sie sich weit genug vom irdischen Garten Eden entfernt, um bewußt nach der Entdeckung des Himmels des GEISTES zu streben? Wenn das der Fall war – haben sie es geschafft? Und wenn ja, wie schafften sie es? Und was haben sie gesehen?

4. Reisen ins Überbewußte

Wir folgen jetzt den Spuren der frühesten menschlichen Gemeinschaften, von denen wir brauchbare Kunde haben. Dabei treffen wir auf einen Aspekt, der alle anderen überragt. Es handelt sich dabei weder um eine kulturelle Aktivität noch um ein besonderes Ritual oder eine besondere Form menschlicher Organisation, sondern um ein sehr außergewöhnliches Individuum. Es war der Schamane.

Bisher haben die orthodoxen Psychiater und Anthropologen den Schamanen nicht als einen Super-Menschen angesehen, sondern als einen Super-Geisteskranken. So schreibt Dr. Van de Castle: «Der Schamane wird gewöhnlich als psychisch kranker Mensch angesehen, da er behauptet, er könne Phänomene demonstrieren, von denen der Anthropologe ‹weiß›, daß sie nicht existieren. Der Schamane muß demnach an Wahnvorstellungen leiden, denn zwischen seinen Wahrnehmungen, seinem Glauben und der Art und Weise, wie die ‹Realität› des Anthropologen funktioniert, ist keine innere Verbindung möglich.»[403] Ich will nicht behaupten, *alle* Schamanen seien zum Transzendenten erwacht und kein Schamane leide an Wahnvorstellungen oder sei ein Scharlatan. Sehr viele Schamanen hatten meiner Meinung nach Wahnvorstellungen oder waren zumindest Scharlatane. In ihren bedauernswerten Bemühungen, andere Menschen dadurch auszubeuten, daß sie ihnen vortäuschten, sie wären ganz außergewöhnliche und heroische Seelen, tritt die jämmerlichste Seite des Atman-Projekts zutage, die großtuerischen Lügengeschichten.

Für uns hier ist die Frage, ob es wenigstens *einige wenige* Schamanen gegeben hat, die zu einem der höheren Bewußtseinszustände erwacht waren.

Suchen wir zur Unterstützung unserer These in der riesigen Schar schwarzer Krähen nach einer weißen, dann treffen wir tatsächlich auf eine ganz beachtliche Zahl. Tatsächlich kann man heute mit absoluter Sicherheit sagen, daß der Schamane – der echte Schamane – der erste große Reisende ins Reich des Überbewußten war. Und wir müssen uns auch darüber klar sein, wie außergewöhnlich das war – denn vor Hunderttausenden von Jahren *sah* diese Seele nicht nur die Tiefe ihres eigenen Seins, sondern auch das Endziel und Schicksal des Bewußtseins. Und wir können nur tiefe Ehrfurcht und Bewunderung für diese isolierten Seelen empfinden, die, weit entfernt von ihren Mitmenschen auf irgendeinem einsamen Berggipfel sitzend, still genug im Herzen waren, um den Ruf aus dem Jenseitigen zu hören. Der Eskimo-Schamane Najagneq erzählte dem Anthropologen Rasmussen, es gebe ein Höchstes Selbst, das «der Einwohner oder die Seele *(inua)* des Universums ist. Wir wissen von ihm nichts weiter, als daß er eine sanfte Stimme hat wie eine Frau, eine Stimme so klar und sanft, daß nicht einmal Kinder vor ihr Furcht empfinden können. Und diese Stimme sagt: ‹Sila ersinarsinivdluge – Habe keine Angst vor dem Universum!›»

Kein Wunder, daß das klassische Symbol des Schamanen ein Vogel war: flog er doch über die Grenzen der erdgebundenen Sterblichkeit und den Schrecken des Todes hinaus und streifte in den Himmeln des Alls umher.

In der großen paläolitischen Höhle von Lascaux in Südfrankreich finden wir die Zeichnung eines Schamanen im Vogelgewand, der in Trance ausgestreckt liegt. Auf dem neben ihm liegenden Schamanenstab hockt ein Vogel. Die Schamanen Sibiriens tragen heute noch Vogelgewänder, und von vielen glaubt man, ihre Mütter hätten sie vom Abkömmling eines Vogels empfangen. In Indien gibt man einem Meister-Yogi den Ehrennamen Paramahamsa: höchster *(parama)* Wildganter *(hamsa)*. In China stellt man die sogenannten «Bergheiligen» oder «Unsterblichen» *(hsien)* wie Vögel gefiedert dar oder als auf dem Rücken fliegender Tiere durch die Lüfte schweifend. Die deutsche Legende von Lohengrin, dem Ritter mit dem Schwan, und die überall da, wo der Schamanismus geblüht hat, anzutreffenden Märchen vom Schwanenmädchen sind ebenfalls Beweise für die Kraft der Vorstellung vom Vogel als angemessenem Zeichen spiritueller Macht. Und denken wir dabei nicht auch an die Taube, die sich auf die Jungfrau Maria senkte, und an den Schwan, der Helena von Troja zeugte? In vielen Ländern wurde und wird die

Seele als Vogel dargestellt, und ganz allgemein gelten Vögel als Überbringer spiritueller Botschaften. Engel sind nichts weiter als modifizierte Vögel.[69]

«Aber», so belehrt Campbell uns, «der Vogel des Schamanen ist mit besonderen Eigenschaften und besonderer Macht ausgestattet. Er verleiht ihm die Fähigkeit, im Trancezustand über die Grenzen des Lebens hinauszufliegen und dennoch zurückzukehren.»

Es war die Eigenart dieser schamanischen Trance, die orthodoxe Psychologen und Anthropologen so verwirrt oder zumindest vor ein Rätsel gestellt hat. Mircea Eliade, dessen Buch *Schamanismus und archaische Ekstasetechnik* die bisher sachkundigste Studie über dieses Thema ist*, gibt uns eine unvoreingenommene Einführung in das Wesen der schamanischen Trance: «Der Schamane bleibt die beherrschende Figur; denn in dieser ganzen Region, in der ekstatische Erlebnisse als religiöse Erlebnisse *par excellence* gelten, ist der Schamane, und nur er, der große Meister der Ekstase. Eine erste Definition dieses komplexen Phänomens und die vielleicht am wenigstens gewagte wäre folgende: Schamanismus = Technik der Ekstase.» Campbell erklärt das so:

Wie Eliade schon aufgezeigt hat, liegt die Macht des Schamanen in seiner Fähigkeit, sich nach Belieben in Trance zu versetzen. Er ist jedoch nicht das willenlose Opfer seiner Trance; er beherrscht sie so wie der fliegende Vogel die Luft. Die Magie seiner Trommel trägt ihn auf den Flügeln ihres Rhythmus fort, es sind Flügel des spirituellen Transports ... Und während er in verzückter Trance ist, verrichtet er Wundertaten, bei denen jene Hintergrundrealität zum Tragen kommt, die für die meisten anderen Menschen überkrustet ist.[69]

In dieser «Trance der Ekstase» erlebt der Schamane die Vision, die ihn aus dem Gewöhnlichen heraushebt und ihn als Außergewöhnlichen kennzeichnet. Und die Natur dieser ekstatischen Vision ist es, die uns hier interessiert.

---

* Inzwischen ist eine weitere hervorragende Arbeit zu diesem Thema erschienen: Holger Kalweit, *Traumzeit und innerer Raum – Die Welt der Schamanen*, Bern, München, Wien, 1984. (Anm. d. Übers.)

Existentielle Krise und das Gebrüll des Löwen

Es besteht ein Unterschied zwischen Veränderung *(translation)* und Verwandlung *(transformation)*:

Hat ein Individuum sich einmal derart umgewandelt, daß es die Erfahrung einer bestimmten Bewußtseinsebene macht, so fährt es fort, sein Ich und seine Welt entsprechend den grundlegenden Strukturen jener Ebene zu verändern.[436] Nach der Umwandlung der Menschheit vom Uroborischen zum Typhonischen veränderte sie ihre Welt innerlich und äußerlich gemäß den größeren erkenntnismäßigen Strukturen jener Ebene. Mit anderen Worten: Transformation/Verwandlung ist eine Art vertikaler Verlagerung oder sogar Mutation von Bewußtseinsstrukturen, während Veränderung eine einfache horizontale Bewegung innerhalb einer gegebenen Struktur bedeutet.

Genauso könnte man sagen, Veränderung sei eine Änderung von Oberflächenstrukturen, Transformation eine Wandlung von Tiefenstrukturen. Denken Sie an unsere Analogie des achtgeschossigen Hauses: Jedes Stockwerk ist eine Tiefenstruktur, während die jeweiligen Einzelobjekte (Räume, Möbel, Büros usw.) auf jeder Etage seine Oberflächenstruktur sind. Veränderung ist also ein Hin- und Her-Bewegen auf einem Stockwerk; Transformation bedeutet, in ein ganz anderes Stockwerk umzuziehen.*

Veränderung hat vor allem anderen einen Zweck: Die gegebene Ebene des Ich-Systems zu bewahren, sie stabil, konstant und im Gleichgewicht zu halten. Das kann auf verschiedene Weise geschehen: Die Veränderung will die spezifischen Ersatzbefriedigungen der jeweiligen Ebene sichern[29], die Unsicherheit verringern[24], Spannung mindern[147], innerhalb von Fließen und Wandel Beständigkeit bewahren[128], Eros unterstützen und vermehren[25]. Mit einem Wort: Veränderung zielt darauf ab, ein bestimmtes Stockwerk im Gebäude des Bewußtseins zu befestigen, nicht das Stockwerk insgesamt zu wechseln.

Veränderung versucht also, das Leben des separaten Ichempfindens zu bewahren und gegen innere und äußere, heilige oder profane, höhere oder niedere Kräfte zu verteidigen, die seine gegenwärtige Existenzform bedrohen. *Veränderung will sicherstellen, daß Eros über Thanatos die Oberhand behält*, daß das Leben den Tod überwindet

---

* Transformation ist genau das, was Gebser unter «Mutation im Bewußtsein» versteht, was Hegel «aufheben» nennt und was, ungefähr, Piaget «Akkomodation» und Polanyi «Entstehen» nennen.

und die Grenzen des Ich nicht angesichts der Leere zusammenstürzen. Sie ist solange erfolgreich, wie der Tod auf der gegenwärtigen Ebene oder dem gegenwärtigen Stockwerk nicht unmittelbar droht, und es ist ihre Aufgabe, den Tod jeder gegebenen Ebene zu leugnen.

Sollte Thanatos jedoch Eros überwinden, dann neigt die jeweilige Form der Veränderung zum Versagen und Zusammenbruch. Dabei kann es unter anderem zum nervösen Zusammenbruch kommen. Drückende Umstände, Streß und desintegrierende Belastungen – Thanatos ganz allgemein – häufen sich so sehr an, daß sie die vorhandene Stärke, Vitalität und das Leben des Ich-Systems – Eros ganz allgemein – überwinden. An diesem Punkt droht die Veränderung kläglich zu scheitern. Gedankenprozesse werden desorientiert, affektive Elemente über- oder unterbetont; es kommt zum «Zusammenbruch» oder zum Rückzug (Regression) auf untere Stockwerke. Da es unmöglich geworden ist, auf demselben Stockwerk hin und her zu ziehen, wird es dringend erforderlich, in ein ganz anderes umzuziehen.

Ich möchte jedoch hervorheben, daß der «Zusammenbruch» oder die Aufgabe einer Weise der Veränderung und die darauffolgende Verwandlung nicht zwangsläufig oder auch nur normalerweise etwas «Schlechtes» ist. So erfordern beispielsweise Wachstum und Evolution Transformation – das Ersetzen alter Weisen der Veränderung durch neuere, den Umzug auf ein *höheres* Stockwerk der Bewußtheit.

Der entscheidende Punk ist: *Wenn Thanatos über Eros siegt, dann scheitert die Veränderung und es kommt zu Verwandlung.* Wenn ein Stockwerk «stirbt» (in seiner exklusiven Beherrschung des Bewußtseins), tritt ein weiteres Stockwerk in Erscheinung. Transformation kann sich in jede beliebige Richtung bewegen. Es kann zu einer *rückwärts* gerichteten Umwandlung in archaische Strukturen kommen, zurück zum präpersonalen Uroboros, zur unbewußten Sphäre – also zu einer Bewegung auf der Großen Kette nach unten. Es kann auch eine *progressive* Umwandlung zu höheren und besser organisierten Bewußtseinsstrukturen stattfinden sowie auch wahrhaft transzendente Transformationen in Bereiche des Überbewußten – riesige Sprünge nach oben ins fünfte, sechste oder siebte Stockwerk.

Die Erwähnung dieser Dinge soll uns helfen, nicht nur die Natur der schamanischen Erfahrung, sondern auch der evolutionären Prozesse in der Geschichte selbst zu verstehen. Denn was wir im Laufe des Rückblicks auf die menschliche Evolution erkennen, das sind aufeinanderfolgende Fehlschläge gewisser Formen der Veränderung, denen eine Transformation zu neuen Formen der Veränderung folgt, und so weiter und so fort bis zur Gegenwart. (Und bis in die Zukunft, wie ich annehme.) Mit anderen Worten: Evolution ist ein mittels Transformation fortschreitendes schrittweises Verlagern und Entfalten von Tiefenstrukturen höherer Ordnung, innerhalb derer Oberflächenstrukturen mittels Veränderung wirksam sind.

Kehren wir zum Individuum im primitiven typhonischen Zustand zurück: Sobald es reifer geworden war, das heißt, sobald es sich aus infantilen und uroborischen Strukturen umgewandelt und auf die Veränderungen des Magisch-Typhonischen eingestellt hatte, stabilisierte es sich zunehmend auf dieser Ebene. Es veränderte weiterhin seine Welt entsprechend den Strukturen des Typhon (magische Vorstellungen, primäre Vorgänge und so weiter) und entsprechend den kulturellen Empfindungen und Sinneinheiten der Gruppe. Solange Eros gegenüber Thanatos überwog, solange das Ichgefühl bei seinem Begreifen relativ sicher war, ging es mit der Veränderung weiter, und es herrschte ein Gleichgewicht.

Gewann Thanatos jedoch aufgrund innerer oder äußerer Ursachen beharrlich die Oberhand, dann versagte die besänftigende und tröstende Funktion der Veränderung, es kam zur Krise und dadurch zur Transformation. Je nach den Gegebenheiten konnte es eine Transformation zu einer niederen oder einer höheren Bewußtseinsstruktur sein.

Es ist faszinierend, daß laut Campbell schon so früh, in der schamanischen Jägerperiode, zwei völlig verschiedene Formen größerer psychischer Transformationen (nicht nur Veränderungen) zu erkennen sind: Die eine würden wir heute psychotisch nennen, die zweite schamanisch. Campbell drückt sich hier ganz eindeutig aus:

> Einfühlsame Beobachter haben festgestellt: Im Gegensatz zur lebensverstümmelnden Psychologie einer Neurose (die es in den primitiven Gemeinschaften genauso gab wie in den heutigen, die aber nicht mit Schamanismus verwechselt werden darf), bringt die schamanische Krise, wenn man sie richtig behandelt, nicht nur einen Erwachsenen mit höherer Intelligenz und Verfeinerung, sondern auch von größerer physischer Lebenskraft und Vitalität des Geistes als bei den anderen Angehörigen seiner Gruppe hervor.[69]

Die echte schamanische Erfahrung erzeugt also nicht einen Zusammenbruch in niedere Zustände, sondern einen wirklichen Durchbruch zu höheren Formen des Seins, was zu «größerer physischer Wider-

standskraft und Vitalität des Geistes» führt. Die Bei Silverman heißt es
dazu: «In primitiven Kulturen, in denen eine derart einzigartige Lösung der Lebenskrise geduldet wird, wirkt sich die abnormale Erfahrung (Schamanismus) auf das Individuum im allgemeinen segensreich
aus, sowohl erkenntnis- als gefühlsmäßig. Der Schamane gilt als ein
Mensch mit erweitertem Bewußtsein.»[372] Für unseren Fachmann Mircea Eliade ist die Situation ganz eindeutig: «Dem Schamanen ist es
gelungen, in sein Bewußtsein eine beträchtliche Zahl von Erfahrungen
zu integrieren, die für die profane Welt nur Träumen, dem Wahnsinn und
Post-mortem-Zuständen vorbehalten sind. Die Schamanen und Mystiker der primitiven Gesellschaften gelten mit Recht als höhere Wesen.
Ihre magisch-religiösen Kräfte kommen auch in der Erweiterung ihrer
mentalen Fähigkeiten zum Ausdruck. Der Schamane ist der Mensch,
der weiß und sich erinnert; das heißt, der die Geheimnisse von Leben
und Tod versteht.»[117]

Hier ist jedoch zu beachten, daß sowohl der psychotische Zusam-
menbruch als auch die Reise des Schmanen eine ernste Krise zur
Grundlage haben. «Denn die hier beschriebene überwältigende men-
tale Krise [eines Tundra-Schamanen] ist ein allgemein bekanntes
Kennzeichen des Schamanismus», und ganz gewiß ist sie auch ein
Charakteristikum eines psychotischen Zusammenbruchs. Meines
Erachtens ist die Krise in beiden Fällen ganz spezifisch eine Krise der
Weise der Veränderung, die überall dort zutage tritt, wo Thanatos
beharrlich Eros überwindet – und das erfordert eine Transformation
zu einer anderen Struktur oder Ebene des Bewußtseins.

Doch ist der psychotische Zusammenbruch eine Transformation zu
niedereren, infantilen und archaischen Strukturen – er bedeutet
Rückschritt, zumindest in einigen bedeutsamen Bereichen, und daher
verliert das Individuum oft den Zugang zu den oberen und normalen
Ebenen des Bewußtseins. Wenn es sich also von der typhonischen auf
die archaische Ebene zurückentwickelt, verliert es den Zugang zu den
typhonischen Formen und wird daher von der Gemeinschaft der anderen Typhonen nicht anerkannt. Dagegen ist die Transformation des
Schamanen nicht rückwärtsgewandt, zumindest führt sie nicht zu dauernder Regression. Sie ist vielmehr eine Transformation zu höheren
Ebenen des Bewußtseins – so weit über dem normalen typhonischen
Bewußtsein wie das psychotische darunter liegt.

Da der Schamane den Typhon transzendiert, ohne ihn auszulöschen, behält er Zugang zur normalen typhonischen Wahrnehmung.
Er kann weiterhin mit den «Normalen» kommunizieren und könnte,

wenn er es wollte, sich als völlig «normaler» Mensch geben, was ein echter regressiver Psychotiker nicht kann. «Und obwohl die durch eine solche [schamanische] Krise ausgelöste vorübergehende Störung des seelischen Gleichgewichts einem Nervenzusammenbruch ähnlich sein kann, darf man sie nicht als solchen werten. Denn es handelt sich um ein Phänomen *sui generis*; es ist nicht ein pathologisches, sondern ein normales Ereignis für den begabten Geist in diesen Gemeinschaften, wenn er plötzlich von der Kraft überkommen wird und sie in sich aufnimmt, die wir hier mangels eines besseren Ausdrucks hierophantische Einsicht nennen wollen: die Einsicht in etwas sehr viel tiefer Sitzendes, etwas, das sowohl im Erdenrund wie im eigenen Innern wohnt . . . Die Krise kann daher nicht als Bruch mit der Gemeinschaft und der Welt analysiert werden. Sie ist vielmehr eine überwältigende Einsicht in ihre Tiefe, und der Bruch erfolgt eher mit der vergleichsweise trivialen Einstellung gegenüber menschlichem Geist und Welt, die die große Mehrheit zufriedenzustellen scheint.»[69]

Die Transformation des Schamanen erfolgt oft recht dramatisch – sie beinhaltet nichts weniger als den Tod und die Transzendenz des separaten Ichempfindens. Tod, Thanatos, Shiva und Shunyata – das also, wogegen alle separaten Ich sich zur Wehr setzen, das, was durch Veränderung vermieden werden soll, das, was die Herzen aller Sterblichen schaudern läßt –, gerade das ist es, was der Schamane akzeptiert und durch das er hindurchgeht. «Dasselbe geschieht allen Schamanen», sagte der Tungusenschamane Semyon. «Erst wenn seine schamanischen Ahnen seinen Körper zerstückelt und seine Knochen ausgelöst haben, kann er mit dem Praktizieren beginnen.»[69] Den Tod akzeptieren und transzendieren, eine Handlung, die zugleich auch die Transzendenz des separaten Ich und die Auferstehung des Überbewußtseins bedeutet – das ist die schamanische Reise. Damit kündete sich ein Thema an, das noch in späteren Jahrhunderten und Jahrtausenden in den Herzen aller Mystiker und Weisen widerhallen sollte. «Ich werde hier wie ein Toter drei Tage lang liegen und in Stücke geschnitten werden. Am dritten Tage werde ich auferstehen», sagte der Schamane Nikitin.[69]

Die wahre schamanische Erfahrung war also nichts weniger als der Tod und die Transzendenz des separaten Ich. Das separate Ich, das sich eben erst aus der archaisch-uroborischen Zeit gelöst hat, wird hier zum erstenmal in der Geschichte der Menschheit transzendiert. Und diese Transzendenz tendierte auf ihrem Höhepunkt dazu, nichts weniger als die Urquelle und das Sosein aller Seelen und aller Welten zu enthüllen: Das Höchste Ganze, das überbewußte All. «Die totale Krise des künftigen Schamanen», so sagt Eliade, «kann nicht nur als initiatorischer Tod gewertet werden, sondern auch als symbolische Rückkehr zum präkosmogonischen Chaos, zu dem amorphen und unbeschreiblichen Zustand, der jeder Kosmogonie vorausgeht»[117] – das heißt zum Urgrund, zum Sosein, zum GEIST.

Die grundlegende Form des schamanischen Erlebnisses ist also: Thanatos überwiegt Eros; das führt zu einer Krise; bloße Veränderung hört auf; es kommt zur Transformation in höhere Bewußtseinsordnungen, die aufgrund ihres ureigenen Wesens das Ich, Raum, Zeit, Leben und Tod transzendieren. «Der Schamane ist der Mensch, der die Geheimnisse von Leben und Tod versteht.»

Es besteht jedoch kein Zweifel, daß selbst wahre schamanische Religion grob und nicht hochentwickelt ist. Die eben erst aus ihrem Schlummer im Unbewußten heraustretende Menschheit war noch sehr weit vom Überbewußten entfernt, und die wenigen Helden, die sich als Einzelwesen auf Tod und Transzendenz einließen, sahen das ALL zunächst durch sehr dunkle Gläser. Aber gesehen haben sie es. Und bei dieser kurzen Schau erhaschten sie einen flüchtigen Blick auf das Endziel und das Schicksal aller Seelen und der Geschichte, «so daß die schamanischen Seelen in der Tundra Tiefen der Einsicht erreichten, mit denen sich kaum etwas anderes messen kann». Denn auf ihrem Höhepunkt enthüllte die schamanische Erfahrung nichts weniger als «jenes Gefühl für ein in jedem einzelnen vorhandenes Unsterbliches, das in jeder mystischen Überlieferung verkündet wird . . . das weder stirbt, noch geboren wird, sondern wie durch einen Vorhang kommt und geht, in Körpern in Erscheinung tritt und wieder verschwindet.»[69, 70]

Und damit war Atman verkündigt.

Das Ende des Atman-Projekts

Wir kommen jetzt zum Schlußkapitel der primitiven schamanischen Transzendenz. Wir haben gesehen, daß der Mensch eigentlich von Anbeginn an nach Einheit oder dem Atman-Bewußtsein strebt und sich dennoch mit allen Mitteln dagegen wehrt, weil das die Hinnahme von Tod und Thanatos bedeutet. Deshalb schafft er sich mit einem Atman-Projekt verschiedene Formen von *Ersatz* für die Transzendenz, subjektive und objektive, positive wie negative. Der Schamane jedoch, der tatsächlich so etwas wie echte Transzendenz erreichte, wurde vom Streben nach den Ersatzbefriedigungen befreit, mit denen seine nicht-transzendierenden Jagdgenossen sich zufrieden gaben – vorübergehend auch von jener Ersatzbefriedigung, die man das Ich nennt. In dem Augenblick, in dem er Atman fand, starb für ihn das Atman-Projekt.

Es gehörte offensichtlich zu den typischen Ritualen des primitiven Menschen, ein Fingerglied zu opfern. Im rituellen Gebet der Crow-Indianer an die Morgensonne heißt es: «Ich gebe dir ein Glied meines Fingers; gib du mir als Gegenleistung etwas Gutes.» Und diese Indianer taten auch, was sie sagten.» Während der Zeit meiner Besuche bei den Crow-Indianern habe ich nur wenige alte Männer gesehen, deren linke Hände nicht verkrüppelt waren», berichtete Professor Lowie.[69] Was bezweckten diese symbolischen Opfer?

Campbells Antwort ist präzise und knapp. «Das sind die verstümmelten Hände der ‹ehrbaren Jäger›, nicht der Schamanen. Denn die Körper der Schamanen sind unzerstörbar [transzendent], und ihre großen Opfer sind geistiger, nicht fleischlicher Art.»[69] Das heißt: *Der Schamane opfert sein Ich in der Transzendenz, nicht seine Finger als Ersatz.* Und das ist auch der Unterschied zwischen Atman und Atman-Projekt, zwischen echten und Ersatzopfern, zwischen esoterischer und exoterischer Religion. Dieser Unterschied läßt sich bis zurück zum Beginn unseres separaten Ichempfindens verfolgen; denn mit Praktiken wie der Opferung von Fingergelenken und anderen exoterischen Ritualen «befinden wir uns auf den Spuren weitverbreiteter Mythen und Riten der frühesten uns bekannten Epochen menschlicher Gemeinschaften. Sie reichen viel weiter zurück als etwa die Opferung von Jungfrauen [mit der wir uns später beschäftigen werden].»[69]

Campbell spricht dann von der «tiefen psychischen Kluft, die die abgebrühten ‹ehrbaren Jäger› von ihren . . . sanftmütigen Schamanen trennt.» Wir können es auch so ausdrücken, daß die Jäger sich auf der Suche nach Ersatzbefriedigungen dem Verändern verschreiben, während die sanftmütigen Schamanen sich der tatsächlichen Transformation ins Überbewußte hingeben. Diese Transformation enthüllt «Einblicke in Tiefen, die dem abgebrühten Jäger gar nicht zugänglich sind (möge er nun auf der Jagd nach Dollars, Tierfellen oder Arbeitshypothesen sein)».[69]

Die Dollars, die Tierhäute, die Arbeitshypothesen – und so weiter bis zu Ruhm und Macht – sind der Abfall aus dem Atman-Projekt, die positiven und objektiven Ersatzbefriedigungen, die den Wunsch des Menschen, Gott zu sein, als erfüllt erscheinen lassen. Und auf der negativen, Thanatos-Seite finden wir: Da das separate Ich keine Transzendenz akzeptiert – denn das würde ja den Tod und *wirkliche* Opfer implizieren –, ersetzt es Transzendenz durch symbolische Opfer, um mehr Leben für das Ich zu erkaufen und dessen Auflösung zu vermeiden. Faszinierend daran ist, daß die allerfrühesten Beispiele dafür offensichtlich die Opferung von Fingergelenken sind. Ersatzopfer, Bestechung der Götter – «gib mir im Austausch dafür etwas Gutes». – «Die eigenen kleinen Opfergaben von Fingergelenken, Schweinen, Söhnen und Töchtern . . . scheinen in einem System des mystischen Tauschhandels bedeutsam zu sein; und die von der Polizei nicht bemerkten eigenen läßlichen Sünden werden, worauf man sich verlassen kann, wie Ratten von innen her nagen und so die Arbeit des Gesetzes tun.»[69]

Um den unmittelbaren Tod durch Transzendenz zu vermeiden, bringen die Menschen sich langsam selbst um. Schrittweise verstümmeln sie ihr Wesen, um ihr Ich zu erhalten. Gestern wie heute schneidet, verdrängt, projiziert der einzelne aus seinem Leben jeden Aspekt, der an den Tod erinnert oder im Austausch gegen den Tod verwendet werden könnte. Professor Lowie sah bei den Crow-Indianern «nur wenige alte Männer, deren linke Hände nicht verstümmelt waren». Heute begegnet ein Psychotherapeut nur wenigen Menschen, gleich welchen Alters, deren Ego intakt ist. Da gibt es keinen Unterschied.

Der Mensch kann nicht eine Ganzheit sein, ehe er nicht das Höchste Ganze wiederentdeckt, Tod und Transzendenz akzeptiert, bis zum totalen Opfer des separaten Ich. Bis dahin werden symbolische und Ersatzopfer vorherrschen, die kleinen Opfergaben, Tauschgeschäfte, deren Ritual – ob bei der frühgeschichtlichen Jagd oder im modernen Büro – «ein Spiel des Lebens gegen den Tod ist», wie Becker es formulierte. Bemerkenswert ist, daß wir diese Wahrheit bis zur Morgendämmerung des primitiven Menschen zurückverfolgen können . . .

«Dann aber erhascht jemand, vielleicht und nur gelegentlich, in den Tempelbezirken, auf den Plätzen für rituelle Tänze oder an sonstigen heiligen Stätten das Aufblitzen eines jenseitigen Mysteriums, dem gegenüber alles andere trivialer Unsinn ist, und darin . . . eine Ausweitung des Erfahrungshorizonts und der Tiefe der Erkenntnis des Individuums durch seinen spirituellen Tod und Auferstehung selbst auf der Ebene dieser primitiven Bemühungen.»[69]

Schamanische Trance

Wir wollen uns jetzt ausführlicher mit der schamanischen Trance beschäftigen. Wir wissen bereits, daß die schamanische Reise tatsächlich zur Transzendenz führte, wenn auch auf sehr niederer Stufe, und einen flüchtigen Blick in Bereiche des Überbewußten ermöglichte, wenn auch nur durch dunkle Gläser. Das möchte ich nunmehr präzisieren.

In *The Atman Project* habe ich (unter Einbeziehung der Lehren des Vajrayana, des Zen, von Bubba Free John und anderen Quellen) Fakten präsentiert, die nahelegen, daß religiöse Erfahrung in drei große, recht unterschiedliche Klassen eingeteilt werden kann, von denen jede über eigene Techniken, eigene Wege, charakteristische Visionen und Erfahrungen verfügt. Die unterste Klasse, die des Nirmanakaya (siehe Abb. 1), bezeichnet man gemeinhin als Kundalini-Yoga. Er beschäftigt sich mit körperlich-sexuellen Energien und ihrer Sublimierung nach oben hin zum Scheitel-Zentrum, auch Sahasrara genannt. Der Kundalini-Yoga umfaßt das Aufsteigen des Bewußtseins von dem tiefsten Punkt, zu dem es hinabsinkt (dem pleromatischen Wurzel-Chakra), bis hinauf zum sechsten und dem Beginn des siebten Chakra.[439] Die nächste, die Sambhogakaya-Klasse, folgt dem Aufstieg des Bewußtseins zum Sahasrara und darüber hinaus in sieben (manche sagen zehn) höhere Bereiche eines äußerst subtilen Bewußtseins.[373] Die dritte und höchste Klasse – die des Dharmakaya – folgt dem Bewußtsein bis zu dessen letzter Wurzel, wo Mensch und Gott ineinander umgewandelt werden, wo der Dualismus von Subjekt und Objekt für immer aufgehoben wird, wo der Höchste Atman als das vollkommene LEBEN, das vollkommene ZIEL und die vollkommene Bedingung jeder Form, die daraus entsteht, verwirklicht wird.[387]

In der untersten Klasse liegt der Akzent auf dem Körper und seinen Energien[362], in der zweiten auf dem subtilen Bereich des Lichts und des Klanges (Nada).[345] In der dritten Klasse werden durch Ausschalten des separaten Ich alle vorhergehenden transzendiert.[337] In der ersten Klasse ist die Rede von Trance, körperlicher Ekastase, einem befreienden Versinken in Bewußtlosigkeit. Normalerweise kommt es hier zu vielfältigen psychosomatischen Veränderungen von dramatischer und augenfälliger Art (Kriyas), die auf ihrem Höhepunkt gewisse *psychische* Intuitionen und Kräfte (Ebene 5) hervorrufen.[419] In der zweiten Klasse spricht man von subtilem Licht und der Erfahrung von Glückseligkeit jenseits der groben Körperempfindungen, gewöhnlich begleitet von einer spürbaren Ruhigstellung des groben psychosomatischen Körpers – einer Befreiung in das subtile Reich des Sahasrara und darüber hinaus. Auf dem Höhepunkt führt alles das zur Offenbarung des EINEN GOTTES, EINEN LICHTS, EINEN LEBENS (Ebene 6), das allen niederen und manifesten Bereichen zugrundeliegt und sie hervorbringt. In der dritten Klasse ist von keiner besonderen Erfahrung die Rede; sie erstrebt vielmehr die Auflösung des Erlebenden selbst, die radikale Beseitigung des Dualismus von Subjekt und Objekt in jeglicher Form – was schließlich auf dem Höhepunkt zur Identität der Seele mit dem EINEN GOTT/LICHT führt, so daß Gott und Seele vereint in die Höchste Einheit des Atman ein- und aufgehen (Ebene 7/8).[46, 63, 386]

Diese drei Klassen sind nicht drei verschiedene gleichwertige «Erlebnisse» der HÖCHSTEN QUELLE, sondern aufeinanderfolgende Annäherungen an diese QUELLE (den Svabhavikakaya oder Atman).[64] Sie repräsentieren hierarchische Strukturen des Überbewußtseins (Ebenen 5 bis 7), die schließlich zum URSPRUNG und zur BEDINGUNG aller drei Bereiche und Klassen (Ebene 8) führen.[46, 63, 386]

Im weiteren Verlauf dieses Buches werden wir diese drei unterschiedlichen Klassen und die Bereiche, die sie umfassen, weiter erforschen und erläutern. An dieser Stelle will ich nur darauf hinweisen, daß das Unvermögen, zwischen diesen recht unterschiedlichen Formen religiöser Erfahrung und Praxis zu unterscheiden, viele durchaus gutmeinende spirituelle Anthropologen zu verworrenen Schlußfolgerungen geführt hat. So spricht man heute ziemlich allgemein vom echten Schamanen so, als repräsentiere er einen vollkommen Erleuchteten, während er in Wirklichkeit nur ein erster Forschungsreisender in der Nirmanakaya-Klasse religiöser Erfahrung war – der untersten und gröbsten Form gültiger religiöser Erfahrung, bei der nur die untersten Ebenen der überbewußten Bereiche bewußt verstanden werden (Ebene 5). Doch der Schamane war nicht der erste große Mystiker/Erleuchtete (oder Dharmakaya-Erforscher); er erfaßte noch nicht einmal die geheiligten Bereiche des Sambhogakaya, sondern war nur der erste Meister des Kundalini-Hatha-Yoga.*

Auf dem Höhepunkt des Nirmanakaya-Pfades kann man tatsächlich das Atman-Bewußtsein intuitiv erfassen, obwohl das selten ge-

---

* Und auch das nur in rudimentärer Form. Ich sagte bereits, Kundalini-Yoga *kann* zum *Anfang* der Ebene 6 (Sahasrara) führen; doch kam der Schamane nicht weit über die Ebene 5 hinaus (Ajna-chakra).

schieht. Es gibt jedoch Hinweise darauf, daß einzelne Schamanen die Grenzen ihres Pfades überschritten und das Atman-Bewußtsein als Eingebung erlangt haben (das meint zumindest Campbell). Die anderen jedoch haben in ihrer einfachen ekstatischen Trance nur flüchtige Blicke in die unteren *psychischen* Bereiche des Überbewußten geworfen.

Das vorige Kapitel hat sich unter anderem deswegen mit Telepathie beschäftigt, weil *psychische* Phänomene (PSI) in der Regel nur in den untersten Ebenen der überbewußten Bereiche existieren – in der Nirmanakaya-Region (Ebene 5), zu der man Zugang hat durch das sechste Chakra (Ajna-chakra), das Zentrum zwischen und hinter den Augenbrauen, das «dritte Auge» der medial Begabten[436]. Daß der Schamane, das am höchsten entwickelte Individuum der typhonischen Zeit, gewisse *psychische* Leistungen vollbringen und sich nach Belieben in Kundalini-Trance versetzen konnte, das alles gehört mehr oder weniger zum Nirmanakaya-Bereich.

Mit Hinweis auf Abb. 1 läßt sich das wie folgt zusammenfassen: Während der typhonischen Periode war die durchschnittliche Art des Ichempfindens die des magischen Körper-Ich (Ebene 2), das als solches keine wahrhaft *psychischen* oder telepathischen Eigenschaften hatte, sondern die einfache «magische» Wahrnehmung der pranischen Ebene verkörperte. Das durchschnittliche Ichempfinden schuf sich sein Atman-Projekt durch diese magische Atmosphäre, wobei es sich magisch-rituellen und fetischistischen Denkens bediente, um den Tod abzuwehren und Mana zu vermehren. Das war schlicht und einfach die Periode des Animismus.

Einzelne besonders hochentwickelte Individuen jedoch, die der gewöhnlichen typhonischen Weise der Veränderung überdrüssig wurden, entwickelten und praktizierten die frühesten Techniken echter *Transformation* in Bereiche des Überbewußten. Ihr Bewußtsein war nicht durchschnittlicher Art, sondern verfügte über besonders früh entwickelte, nach oben greifende «Knospen». Das waren die echten Schamanen. Da das menschliche Bewußtsein in seiner Gesamtheit jedoch nur bis zur typhonischen Ebene fortgeschritten war, konnte der typische Schamane, wenn er sich mit einem «Sprung» in die Bereiche des Überbewußten aufschwang, höchstens bis zur Nirmanakaya-Klasse gelangen – in die Klasse der ekstatischen Körpertrance und tatsächlicher *psychischer* Fähigkeiten. Diese echten Schamanen wurden von dem typhonischen Atman-Projekt und der gewöhnlichen Sterblichkeit befreit, so daß sie einen wenn auch nur flüchtigen Blick in das Reich der überbewußten Seele werfen konnten. Sie waren die echten Helden der typhonischen Periode, und ihre mutigen Erkundungsreisen ins Reich der Transzendenz mußten wahrhaft evolutionäre Auswirkungen auf das Bewußtsein insgesamt haben.

Das Ende des magischen Zeitalters

Wir Menschen von heute sind alle dem magisch-typhonischen Zeitalter entstiegen, ihm jedoch nicht ganz entkommen, denn die bewußten Elemente des einen Entwicklungsstadiums werden zu den unbewußten des darauf folgenden. Roheim, der stets angriffslustige Psychoanalytiker und Anthropologe, hat das genau richtig formuliert: «Was wir nicht erkennen wollen ist, daß alle Symptome und Abwehrmechanismen *eine Form von Magie sind* ... Die Primitiven besitzen Magie in bewußter Form; bei uns kann sie jedoch funktionieren, wenn sie unbewußt ist», das heißt in Träumen, nur bei Nacht, nur fern vom Licht des Verstands und der Logik.

Magie – der bewußte Treueeid gegenüber dem emotional-sexuellen Bereich – übt in der Form von paläologischem Denken und neurotischen Symptomen auch auf moderne Menschen noch Einfluß aus. Diese Einflüsse sind in erster Linie nichts als Sabotageversuche aus vergangenen und niederen Entwicklungsstadien, aus Stadien, denen der Mensch nicht entwachsen ist und die er nicht integriert, sondern verleugnet und verdrängt hat. Nicht völlig überwundene Magie bricht heute in Form neurotischer Symptome und gefühlsmäßiger Besessenheit an die Oberfläche – es sind konfliktgeladene Zwangsideen, hinter denen sich der verborgene Wunsch nach emotional-sexuellen Impulsen und Befriedigungen verbirgt. Wächst man aus diesen körperlichen oder typhonischen Impulsen nicht heraus und transformiert und integriert sie, dann verharren sie in den Schlupflöchern eines sonst höherrangigen Ich und verkleiden sich dort als schmerzvolle neurotische Symptome.

Mit anderen Worten: Ein neurotisches Symptom im klassischen Sinne ist das Ergebnis einer Situation, in der eine Person auf Ebene 3 oder 4 unbewußt versucht, die Freuden von Ebene 2 wiederzuerlangen, dies jedoch auf eine Weise tut, die verbirgt oder tarnt, was sonst als bewußter Schock über die zweifellos regressive und primitive Natur dieses Tuns in Erscheinung treten würde. Ein neurotisches Symptom ist ein unbewußtes Festhalten und Wiederbeschwören von Eden, natürlich in entsprechend verkleideter Form. Selbst Freud hat von Anfang an erkannt, daß neurotische Symptome – etwa Hysterie, Zwangsvorstellungen und Depressionen – genau der Logik des magischen primären Vorganges folgen und daher im Grunde nichts als unverdaute Reste aus den unteren Stadien der Evolution darstellen.

Ein kurzes Beispiel dafür, wie so etwas funktioniert: Ein sonst vernünftiger Erwachsener leidet an einer ihn quälenden Phobie gegenüber allen rothaarigen Frauen. Bei einer Analyse der Gründe kommt er vielleicht zu der Einsicht, daß er mit drei Jahren von einer rothaarigen Tante oft in Angst versetzt und verhauen wurde. Im Bann des magischen primären Vorganges, der diese frühe Kindheitsphase dominierte, verwechselt er hinfort die Gruppe *aller* rothaarigen Frauen mit dem *einen* Mitglied dieser Gruppe. Dadurch gerät er höchst unrealistisch in Gegenwart jeder beliebigen rothaarigen Frau in Panik – was zu neurotischer Phobie, Angst, Zwangsvorstellungen und so weiter führt. Er ist dieser primitiven magischen Sichtweise niemals entwachsen, die, wie wir sahen, alle Subjekte mit ähnlichen Eigenschaften miteinander gleichsetzt. Das ist ein klassisches Beispiel für magische Verschiebung und Verdichtung.*

Die Kindheitsjahre sind also, wie Freud herausgefunden hat, so wichtig für das Entstehen heutiger neurotischer Symptome, weil die Kindheit die Periode sein sollte, in der sich der Mensch über das Magische hinaus entwickelt, über das Körper-Ich und den primären Vorgang. Scheitert das – infolge von Fixierung und Repression –, dann verbleibt im Menschen eine unbewußte Anhänglichkeit an kindliche Magie, die sich dann in neurotischen Konflikten äußert. Der Konflikt kommt dadurch zustande, daß die reifen Aspekte der Persönlichkeit gegen diese Anhänglichkeit ankämpfen. Aus dieser Sicht ist eine Neurose ein unbewußter Glaube ans Magische, eine Weigerung, das primitive körperliche und emotional-sexuelle Stadium mit seinen primitiven Wünschen und Gedanken aufzugeben. Als Freud herausfand, daß sexuelle Impulse so vielen neurotischen Konflikten

---

* Ich will nicht andere Ursachen phobischer Angst leugnen, etwa konditionierte Reaktionen, Projektionen, biochemische Auslöser und dergleichen. Ich will auch nicht behaupten, die Psychoanalyse sei die beste Kur für eine Phobie (sie ist es nicht; offensichtlich ist Desensibilisierung ein wirksameres Mittel). Ich benutze Freuds Entdeckung der strukturellen Logik von Symptomen nur, um zu zeigen, daß gewisse Symptome entstehen, weil vergangene Entwicklungsstufen nicht integriert wurden und die Strukturen der Symptome den Strukturen jener Entwicklungsstufen entsprechen.

zugrunde liegen, entdeckte er im Grunde nur das, was die Atmosphäre dieser pranisch-magischen Ebene mit ihren emotional-sexuellen Energien, ihren körperlichen Impulsen und ihrer dem magischen primären Vorgang entsprechenden Wahrnehmung ausmacht.

In der Zeit des Typhon war Magie nicht ein neurotisches Symptom, weil sie eine kollektive und in ihrer begrenzten Reichweite der damaligen Situation angemessene Methode und Entwicklungsstufe war. Heute jedoch, wo das durchschnittliche kollektive Bewußtsein weit über die damalige primitive Ebene hinausreicht, ist Magie ein neurotisches Symptom, weil sie den Fehlschlag des Bemühens repräsentiert, jene alte Lebensweise zu überwinden, zu transformieren und zu integrieren.

Kurz gesagt: Nicht transformierte und nicht integrierte Magie wird zu Magie in der Verkleidung einer Krankheit. *Das* ist Freuds zentrale und wesentliche Entdeckung und, soweit sie in ihrem begrenzten Rahmen trägt, erweist sich seine Logik der seiner Kritiker immer noch unendlich überlegen. Ganz gleich, ob man dieses Phänomen mit der Lerntheorie, in linguistischen Begriffen oder in sozio-biologischen erklären will – Freud hat die wesentlichen und allgemeinen Kennzeichen dieser frühesten und untersten Ebenen der Großen Kette absolut hieb- und stichfest formuliert. Über diese niederen Stufen hinaus bin ich kein Anhänger von Freud, innerhalb dieses Rahmens jedoch habe ich vergeblich nach einem größeren Genius gesucht.

Um zur historischen Darstellung zurückzukehren: Wir nähern uns jetzt schnell der Zeit, in der die Magie zu einer höheren Form des Bewußtseins transformiert und assimiliert wurde. Der magische Typhon war in der Tat der erste größere Schritt heraus aus dem Unbewußten – es war dies ein notwendiges Wachstum und ein Miniatur-Sündenfall aus dem uroborischen Eden. Jetzt aber wollen wir ins Paläolithikum und Mesolithikum vorstoßen. Die Menschheit war bereit, den zweiten großen Schritt zu tun.

Dritter Teil

Mythische Gruppenzugehörigkeit

5. Der Zukunftsschock

Wir nähern uns nun dem zehnten vorchristlichen Jahrtausend, in dem
«ein Stadium sozialer Organisation zur Reife gelangte, das dem der
Jäger fast völlig entgegengesetzt war».[69] Dieses Stadium der Evolution war jedoch mehr als nur das Heranwachsen einer neuen sozialen
Ordnung. Es brachte «eine neue und sicherlich großartige, wenn auch
manchmal furchteinflößende Krise spirituellen Wachstums». Denn zu
jener Zeit befanden wir uns «an der Schwelle einer sehr fruchtbaren
Transformation, zweifellos der bedeutendsten in der Geschichte der
Welt».[69]

Die Menschheit war im Begriff aufzuwachen, und zwar sehr schnell
aufzuwachen aus ihrem prähistorischen Schlummer im unbewußten
Eden. Was geschah denn nun so Spezifisches vor etwa 12 000 Jahren,
daß man es als die bedeutendste Transformation in der Geschichte der
Welt bezeichnen kann? Das ist mit wenigen Worten gesagt: Die
Menschheit entdeckte den Ackerbau. Nichts weiter? Das scheint auf
den ersten Blick ein zu unbedeutendes Ereignis, um für eine der größten Transformationen in der Geschichte unserer Spezies verantwortlich zu sein. Und doch ist die anthropologische Beweislage klar und
unbestreitbar: Als der Mensch zum Bauern wurde, brachte er damit
die erstaunlichste Mutation des Bewußtseins in Gang, die es jemals
gegeben hat. Die Veränderungen im Leben und Bewußtsein der Menschen durch den Ackerbau waren so zahlreich und kompliziert, daß sie
in ihrer Bedeutung eingehend erläutert werden sollten. Ich möchte
jedoch nicht behaupten, der Ackerbau als solcher habe diese erstaunliche Transformation *verursacht*, sondern nur, er sei die augenfälligste
Wirkung, oder vielleicht das Vehikel einer tieferen Umwandlung der
Bewußtseinsstrukturen gewesen. Er war der früheste Ausdruck einer

Verlagerung vom magisch-typhonischen zu einem Bewußtsein mythischer Gruppenzugehörigkeit.

Man bedenke: Mehrere Millionen Jahre lang wanderten die Menschen als Jäger und Sammler über unsere Erde, nur auf Befriedigung des Tagesbedarfs eingestellt, ohne die Fähigkeit, das Verständnis oder den Wunsch, Ackerbau zu betreiben und den Boden zu kultivieren.[426] Fast noch im Zustand der Lilien auf dem Felde richtete die Menschheit ihr Denken noch nicht auf das Morgen, weshalb sie sich nicht um die Bestellung von Land kümmerte. Selbst noch bis in die typhonische Periode hinein befriedigte das Individuum seine Bedürfnisse nur durch die dem augenblicklichen Selbsterhalt dienende Jagd und magische Riten, die ihre einfachen Wünsche an die Gegenwart zum Ausdruck brachten. Im Gruppenritual oder in schamanischer Trance hatten die Menschen Zugang zu einer rudimentären, jedoch echten Transzendenz. Andererseits reichten die einfachen Ersatzbefriedigungen in bezug auf das momentane Überleben und magische Rituale aus, um Eros zu befriedigen und Thanatos zu vermeiden. Die Welt des Typhon, obwohl nicht mehr «prätemporal« (uroborisch), war in erster Linie auf die einfache Welt der vergehenden Gegenwart ausgerichtet.

Aber die Welt des Ackerbaus ist die Welt *ausgedehnter Zeit*, einer Zeit gegenwärtiger Vorbereitungen für *zukünftige* Ernten, eine Zeit, in der man imstande war, gegenwärtige Handlungen auf zukünftige Ziele und Belohnungen auszurichten. Der Ackerbauer arbeitete nicht mehr nur wie der Jäger in der Gegenwart und für die Gegenwart, sondern auch im Morgen und für das Morgen. Das erforderte eine Ausweitung seiner Handlungen, Gedanken und seiner Bewußtheit über die Gegenwart hinaus, aber auch den Ersatz augenblicklicher impulsiver Reaktionen des Körpers durch in bestimmte Richtungen gelenkte Zielvorstellungen. Durch das Aufkommen des Ackerbaus trat die Menschheit in eine weiter gewordene Welt der zeitlichen Abläufe und Dauer ein. Ihr Leben und ihr Bewußtsein erweiterten sich dergestalt, daß sie nun auch die Zukunft einschlossen. Das ist wahrlich keine geringe Leistung.

Impulsive Reaktionen zu verlangsamen und zu beherrschen, die Fähigkeit, instinktive, körpergebundene Handlungen und typhonische Magie aufzuschieben, zu kanalisieren, sublimieren und auszuschalten – das gehört zur erweiterten Welt des Ackerbauers. «So ist also der Erbauer der Pyramiden ein Bauer, und das ist auch der Gehaltsempfänger von heute ... mit seinen Gewinnbeteiligungen, seiner Krankenversicherung und seiner Rente. Der Mensch, der büßend den Rosenkranz durch die Finger gleiten läßt, der fromme Hymnen singt und gute Werke vollbringt – alles das ist ausnahmslos eine Art von Ackerbau.»[253] Auch der Autor dieser Zeilen betrieb, als er sie niederschrieb, Ackerbau. Womit deutlich gemacht werden soll, daß sie alle «an der Ackerbau-Lebensweise, dem Ackerbau-Bewußtsein, das uns alle verändert hat, teilhaben».[253]

Die Fähigkeit und Notwendigkeit, animalische Befriedigungen, emotional-sexuelle Impulse und typhonische Magie zugunsten temporaler und mentaler Ziele zu verzögern und zu beherrschen, wurde in den frühen Ackerbaugemeinschaften schon dadurch erhöht, daß eine größere Zahl von Menschen in enger Nachbarschaft miteinander lebte. «In der paläolithischen Zeit der Jäger, in der die Gruppen verhältnismäßig klein waren – kaum mehr als vierzig bis fünfzig Mitglieder hatten –, war der Druck der Gemeinschaft weitaus weniger stark als in den späteren größeren, differenzierter und systematisch koordinierten, lange bestehenden Dörfern und Städten. In einer solchen Gemeinschaft gibt es wenig individuellen Spielraum. Es gibt festgelegte Beziehungen nicht nur zwischen dem einzelnen und seinen Mitmenschen, sondern auch zwischen dem Dorfleben und dem Jahreszeitenzyklus, sind sich doch die Bauern ihrer Abhängigkeit von den Göttern und den Elementen immer bewußt.»[69] In Agrarkulturen bedeutet Erwachsensein daher, «zunächst gewisse handwerkliche Fähigkeiten zu erlernen und danach die Fähigkeit, die daraus entstehenden psychischen und sozialen Spannungen auszuhalten, die zwischen der Einzelperson als dem Bruchteil eines größeren Ganzen und anderen Menschen mit ganz unterschiedlicher Ausbildung, Macht und anderen Vorstellungen entstehen».[69] Deshalb ist zum Beispiel für Skinner «Ackerbau der Beginn einer Verzögerung der Verstärkung mit allem, was das mit sich bringt. Während die Resultate seines Tuns für den Jäger einigermaßen klar und unmittelbar sind [weil auf niederer und primitiver Ebene], muß der Ackerbauer im Frühjahr große Mühen auf sich nehmen (Pflügen, Aussaat) und dann monatelang auf die belohnenden Resultate warten. Die Überbrückung dieser Zeitspanne bedarf also stärkerer [und komplizierterer] Mittel der Kontrolle.»[253] Das wird noch durch die massive Vermehrung der Bevölkerung kompliziert, durch die Differenzierung individueller Fertigkeiten und die Verbreitung geistiger Ideale – alles notwendige, jedoch höchst komplexe Aspekte der neuen Gemeinschaftsform, die alle auch eine entsprechend verfeinerte psychische Struktur erforderten.

Aber warum geben Individuen auf einmal freiwillig ihre impulsiven und typhonischen Befriedigungen zugunsten zukünftiger mentaler Zielsetzungen auf? Warum, so fragte Keynes recht nüchtern, geht es auf einmal um die Marmelade von morgen und nicht die Marmelade von heute? Was konnte es ganzen Gemeinschaften *erlauben* und sie auch *nötigen*, impulsive Befriedigungen zugunsten höherer und künftiger Ziele aufzugeben?

Unsere Antwort: Was dies *erlaubte*, war das Aufkommen einer entwickelten Sprache; was sie *nötigte*, war eine neue und gesteigerte Bedrohung durch den Tod.

Der Sensenmann klopft an

Zunächst einmal *erlaubte* eine grundlegende und tiefgreifende Erweiterung des Bewußtseins es dem Menschen, sich die Zukunft vorzustellen und entsprechend für sie zu planen und Ackerbau zu betreiben. Gleichzeitig wurde ihm auch seine eigene Sterblichkeit bewußt, und das zwang ihn, seine Existenz auch in die Zukunft zu projizieren, damit er sicher sein konnte, sich auch am kommenden Tag noch anzutreffen. Als Ausdruck dieser neuen Entwicklung schuf er die Welt des Ackerbaus. Abgesehen davon, daß seine erweiterte Mentalität ihm die Möglichkeit gab, sich die Zukunft vorzustellen, brauchte er diese Projektion der tatsächlich vor ihm liegenden Zukunft als eine Art von Versprechen, daß der Tod ihn heute noch nicht ereilen werde. Ackerbau war also eine Wachstumserfahrung und zugleich eine erzwungene Lebensversicherung, eine vorbeugende Maßnahme, nicht gegen instinktiven Hunger, sondern gegen den Tod des neuen und höheren Ichempfindens. Wenn die Jagd das Körper-Ich unterhielt, dann unterhielt der Ackerbau das neu entstehende mentale Ich. Das ist die einfachste Formel für die Mischung von neuen Potentialen und neuen Formen der Angst, aus denen sich das Ackerbau-Bewußtsein zusammensetzte.

Es gilt fast als sicher, daß diese allgemeine Periode durch eine neue und verstärkte Ergriffenheit vom Tod gekennzeichnet war. Jaynes kommt zu der Schlußfolgerung: «Während es auch früher schon so etwas wie Grabstätten gab, die gelegentlich auch etwas ausgeschmückt waren [Zeichen des Aufdämmerns einer Bewußtheit des Todes in der typhonischen Periode], ist dies das erste Zeitalter [etwa um 10 000 v. Chr.], in dem zeremonielle Gräber allgemein üblich sind.»[215] Campbell meint: «Gräber weisen auf den Versuch hin, mit der Drohung des Todes fertigzuwerden.» Daß Gräber allgemein üblich wurden, bedeutete auch eine allgemeine Ergriffenheit vom Tode. Die Menschheit wußte jetzt, daß der Sensenmann anklopfen würde. Die Menschen wurden ganz allgemein bewußter und deshalb auch ihrer existentiellen Verwundbarkeit bewußt. Um also den Tod zu vermeiden und die Empfindung, ein separates Ich zu sein, *fortsetzen* zu können (auf einer höheren Ebene), vereinigten die Menschen zum Teil ihre separaten Ich zu Ackerbaugemeinschaften, um sich *Zeit zu erkaufen.*

Sprache, Zeit und Gruppenzugehörigkeit

Schon alleine die Tatsache, daß Menschen sich in einem Ackerbau-Bewußtsein zusammenfinden *konnten*, zeugt von der in dieser Ebene verkörperten evolutionären Transzendenz. Denn einerseits war Ackerbau-Bewußtsein ein Bewußtsein der Gruppenzugehörigkeit, das heißt Gem-*ein*-schaftsbewußtsein. Es ist dies eine höhere Form der Einheit auf dem Wege zur Letzten Einheit, ein Zusammenfinden und Gemeinsam-Teilhaben sonst individueller und isolierter Wesen. Die Tatsache, daß das Bewußtsein auf dieser Stufe Ackerbaubewußtsein war, bedeutete andererseits, daß es nicht länger nach spontaner Nahrungsbeschaffung strebte, sondern den physischen Bereich der Ernährung bewußter Disziplin unterwerfen konnte, also ein *temporales* Bewußtsein war.

Die entscheidende psychologische Dynamik dieses temporalen Bewußtseins war die Verdrängung des Todes, das entscheidende psychologische Vehikel jedoch die *Sprache*. Wie Forscher von Piaget bis Arieti gezeigt haben, ist sie *das* Vehikel für Zeit und temporale Darstellung.[6, 126, 329] Sprache kann eine zeitliche Aufeinanderfolge oder Reihe von Geschehnissen symbolisch darstellen und über die unmittelbare Gegenwart hinaus projizieren. Robert Hall meint, «Sprache ist das Mittel, sich mit der nicht-gegenwärtigen Welt zu befassen»[181], und umgekehrt ist jede Beschäftigung mit der nicht-gegenwärtigen Welt eine Beschäftigung mit Sprache.

An anderer Stelle habe ich darauf hingewiesen, daß die Sprache als solche das Hauptkennzeichen der Gruppenzugehörigkeits-Struktur ist[436], die übrigens die erste wirklich geeignete Struktur war, eine temporale Ackerbaukultur zu ermöglichen. Der Typhon besaß noch keine voll entwickelte Sprache. Er war weitgehend Körper-Ich, ohne ausgeprägtes Begriffsvermögen, mit magischen Bildvorstellungen und Paläosymbolen, aber ohne extensiven sprachlichen Fundus.[215, 426] Deshalb war er strukturell nicht für ein extensives temporales Bewußtsein ausgestattet.

Das Ich der Gruppenzugehörigkeit war, kurz gesagt, ein *verbales* Ich. *Weil* die Sprache die Gegenwart transzendierte, konnte das neue Ich den Körper transzendieren. Weil die Sprache das Gegebene transzendierte, konnte das neue Ich ins Morgen schauen. Weil die Sprache mentale Ziele und mentale Zukunft verkörperte, konnte das neue Ich die Befriedigung seiner physischen Bedürfnisse aufschieben und kanalisieren. Und schließlich: Weil Sprache das Physische zu transzendieren imstande war, konnte sie physische Dinge mit mentalen Symbolen *darstellen*. Alles das war Teil der Neuschöpfung der menschlichen Natur auf einer neuen und höheren Ebene – der verbalen, kommunikativen, kulturellen Ebene.

In *The Atman Project* habe ich gesagt, die vorherrschende Form der Sprache innerhalb der Gruppenstruktur sei das, was Sullivan als «autistische Sprache» bezeichnet. Als verbale Manifestation des magischen primären Vorganges hat Arieti sie «paläologisches Denken» genannt.[6] Die «Paläo-Logik» in ihren vielen Formen oder Stufen hat der Kultur mythischer Gruppenzugehörigkeit ihren prägenden Stempel aufgedrückt. Sie war viel feiner und artikulierter als das Magisch-Typhonische, abstrakter, mehr ins einzelne gehend und durchdringender, jedoch immer noch durchsetzt mit zahlreichen Ganzes/Teil- und Subjekt/Prädikat-Gleichsetzungen, Überbleibseln des vorangegangenen magischen Animismus. Das Erkenntnisvermögen macht nicht einfach einen Sprung von magisch/emotional/pranischen Vorstellungsbildern zur logisch/rationalen/begrifflichen Mentalität, sondern durchquert einen Zwischenbereich mythischen Bewußtseins, den man sich als eine «Mischung» von Magie und Logik vorstellen kann und der die frühe Sprache selbst informiert und strukturiert. Die frühe Sprache, das frühe Denken, hat mythische oder paläologische Form. Deshalb bezeichnet Gebser diese Periode als «mythisch» – so war nämlich ihre *Struktur*. Hier nun befinden wir uns im Zeitalter der großartigsten und dauerhaftesten klassischen Mythologien und klassischen Kulturen der Welt: Ägypten, Babylon und Sumer, das Mexiko der Azteken und Mayas, das China der Shang-Zeit, die Industal-Kultur, das mykenische Kreta und früheste Griechenland.

Kehren wir zur Sprache zurück, vor allem in ihrer frühesten Form zur Zeit der mythischen Gruppenzugehörigkeit. Wir erleben heute eine teilweise hitzige Debatte darüber, wann in der Vorgeschichte zum erstenmal eine grammatisch voll entwickelte Sprache aufgetreten ist. Viele Sprachwissenschaftler behaupten, Sprache müsse schon beim allerersten Anfang der Gattung *Homo* existiert haben, also seit etwa zwei Millionen Jahren oder länger.

Seit einigen Jahren vertreten andere bekannte Forscher sehr unterschiedliche Ansichten. Der bekannteste von ihnen, Julian Jaynes, behauptet: «Da die Sprache auffallende Veränderungen im Verhalten des Menschen gegenüber Dingen und Personen bewirken *muß*, und da sie eine Informationsübermittlung riesigen Ausmaßes erlaubt, muß sie sich über einen Zeitraum entwickelt haben, der archäologische Hinweise auf derartige Veränderungen aufweist. Das wäre zum Beispiel das späte Pleistozän, also die Zeit von etwa 70 000 bis 8000 v. Chr.» Jaynes sieht folgende Stufen sprachlicher Entwicklung: absichtliche Ausrufe (während der dritten Eiszeit); das Zeitalter der Modifikatoren (bis etwa 40 000 v. Chr.); das Zeitalter der Befehle (40 000 bis 25 000 v. Chr.; das Zeitalter der Dingwörter (Nomina) (25 000 bis 15 000 v. Chr.); schließlich das Zeitalter der Namen (10 000 bis 8000 v. Chr.). Der entscheidende Faktor ist, daß eine einigermaßen ausgebildete Sprache erst verhältnismäßig spät entstand, wahrscheinlich nicht vor 50 000 v. Chr. Brewster Smith spricht hier von «einem Datum, das dem plötzlichen Aufblühen und der Diversifizierung der etwa um diese Zeit beginnenden Spät-Paläolithischen Kultur entspricht».[376] Wahrscheinlich erreichte sie ihren Höhepunkt oder höchsten Einfluß erst um 10 000 v. Chr. Mit anderen Worten: Eine einigermaßen entwickelte Sprache entstand während der späten magisch-typhonischen Zeit und erreichte ihren Höhepunkt ungefähr zu Beginn der Periode der mythischen Gruppenzugehörigkeit – allgemeiner ausgedrückt: zu Beginn der Ackerbaukulturen.

Ich glaube nicht, daß wir jemals in der Lage sein werden, genaue Daten für die Entwicklung der Sprache ableiten zu können. Eines scheint jedoch gewiß: Das Ackerbaubewußtsein der Mittleren und Jüngeren Steinzeit konnte sich nur mittels einer auf sprachlicher Ebene zeitbewußten Erkenntnisfähigkeit entfalten, und wahrscheinlich war es das erste, das über diese auf so extensive Weise verfügte. Frühe Sprachstufen, etwa Paläosymbole, Modifikatoren und absichtliche Rufe, kannte sicherlich schon die magisch-typhonische Bewußtheit. Doch bin ich ziemlich überzeugt, daß die vollentwickelte Sprache erst in der Mittleren und Jüngeren Steinzeit zum *überragenden Vehikel des separaten Ich* (und damit der Kultur ganz allgemein) wurde. Das scheint die früheste Zeit gewesen zu sein, in der eine entwickelte Sprache zum beherrschenden Element der vorherrschenden Bewußtseinsstruktur wurde, der Struktur, die wir mythische Gruppenzugehörigkeit nennen.

Es kann also nicht überraschen, wenn Jaynes oft von der Rolle der Sprache beim Hervorbringen einer temporal orientierten Kultur spricht: «Nur die Sprache konnte den Menschen bei der Sache seiner zeitraubenden und den ganzen Tag beanspruchenden Tätigkeit [etwa Anpflanzen und den Boden bestellen] halten. Ein typhonischer Mensch aus dem Mittleren Pleistozän hätte vergessen, woran er gerade arbeitete. Der sprechende Mensch jedoch hatte die Sprache, um sich daran zu erinnern. Ein mehr auf aptischen Strukturen beruhendes Verhalten (in älterer Terminologie: mehr auf ‹Instinkten› [oder typhonisch] basiertes Verhalten) bedarf keines temporalen Anstoßes [in Form von Sprache].»[215] Und wenn Jaynes hinzufügt: «Meines Erachtens ist es diese [neu] hinzugekommene linguistische Mentalität, die zum Ackerbau führte», können wir dem nur voll zustimmen. Irgend jemand mußte es übernehmen, an morgen zu denken. Zu diesem Zweck brauchte er eine mit Zeitformen durchsetze Sprache, um für die Probleme von Tod und Transzendenz die landwirtschaftliche Lösung zu finden.

Hier zeigt sich die eminente Bedeutung des Entstehens einer voll ausgebildeten Sprache – oder zumindest ihrer extensiven Verwendung – für die Evolution des Bewußtseins. Mit Hilfe der Sprache *konnte das verbale Bewußtsein sich aus dem voraufgehenden Körper-Ich herausdifferenzieren*, konnte sich aus dem Gefängnis des Unmittelbaren befreien, langfristige Aufgaben ersinnen und durchführen. Im vorangegangenen Evolutionsstadium kristallisierte sich das Körper-Ich aus der natürlichen Umwelt heraus. Nunmehr beginnt der Verstand (Geist) sich aus dem Körper herauszukristallisieren. Innerhalb der Großen Kette des Seins folgen wir der Evolution von der Materie zum Körper, dann zum Verstand und schließlich über die Seele zum GEIST. Bei dieser Untersuchung sind wir jetzt an dem Punkt angelangt, an dem der frühe Verstand ganz allmählich aufzutauchen beginnt.

Die Welt der Symbole

Von nun an war die Menschheit imstande, sich nicht nur physisch (Nahrung) und biologisch (Sex), sondern auch kulturell (Geist) fortzupflanzen. Denn die Fortpflanzung des menschlichen Geistes von Generation zu Generation ist ein Akt *verbaler Kommunikation*. Diese aber ist *nicht* Biologie auf höherer Ebene, wie die Reduktionisten es gerne darstellen, «weil es nur eine Art von Organischsein geben kann. Das Organische auf einer anderen Ebene wäre nicht mehr organisch.» Es handelt sich vielmehr um eine transorganische, transbiologische und transkörperliche Kommunikation – einen Sprung in der Evolution. «Das Aufdämmern des Sozialen [kulturelle Gruppenzugehörigkeit] ist also nicht ein Glied in einer biologischen Kette, nicht ein Schritt auf einem Wege, sondern ein Sprung auf eine andere Ebene.» A. L. Kroeber, von dem dieses Zitat stammt, nannte in einer inzwischen als klassisch geltenden Studie diese höhere Ebene das «Überorganische».[137] Genau das war die verbale Gruppenzugehörigkeit – *überorganisch.*

Eine der unmittelbarsten Begleiterscheinungen dieser Transzendenz auf eine überorganische Ebene – neben Körperbeherrschung, Ackerbaumentalität und zeitlicher Wahrnehmung – war die Fähigkeit, in großem Maße verbale Symbole zu schaffen. Da das Gruppenzugehörigkeits-Ich die natürliche (oder einfach gegenwärtige) Welt transzendierte, konnte es die natürliche Welt mit mentalen Symbolen und Begriffen *darstellen*. Es konnte also mit diesen verbalen Symbolen unmittelbar operieren, ohne beschwerliche Aktivitäten verrichten oder auf die tatsächlichen Dinge weisen zu müssen, die von den Symbolen selbst dargestellt wurden. Verbales Denken kann beispielsweise mit dem Wort «Baum» arbeiten, ohne einen tatsächlichen Baum physisch vor sich haben zu müssen. Sprachliches Denken ist eine beträchtliche Transzendenz der Grenzen und Strukturen des Physischen – Piaget nannte das konkretes operationales Denken. Einwirken auf die Welt, ackerbaumäßiges Bearbeiten der Welt, Transzendieren der Welt – alles das wurde möglich durch repräsentatives Denken.*

Damit soll nicht gesagt werden – wie die Empiristen es gerne tun – das verbale Begriffsvermögen sei nur eine Reflexion der physischen Welt, oder alles, was der Geist enthalte, existiere zuvor in den Sinneswahrnehmungen. Vielmehr besitzt der Verstand, da er die physische

---

* Auch wenn dies zu Komplikationen führen kann (u. a. zu Neurosen als fehlgeschaltete Metapher à la Lancan oder zur Verwechslung des Symbols mit dem symbolisierten Ding nach den Buddhisten), liegt die Lösung dieser Schwierigkeiten nicht in einer prä-verbalen, sondern einer trans-verbalen Richtung. Es besteht nicht der geringste Anlaß, das Aufkommen des Symbolismus, sondern nur dessen übermäßiges ausgedehntes Verweilen zu beklagen.

Welt *transzendiert* («ein Sprung auf eine höhere Ebene»), die Kraft, diese Welt in Symbolen darzustellen. Die *Symbole selbst* sind weder physisch, noch reflektieren sie nur das Physische, sondern stellen eine höhere Realität dar – die verbal-mentale Ebene, die Leslie White so zutreffend «symbolat» genannt hat, oder «durch Symbolisieren *geschaffen*». – «Symbolisieren heißt, mit nicht-sinnlichen [nicht-empirischen] Bedeutungen umgehen, das heißt Bedeutungen, die, wie die sakrale Bedeutung des Weihwassers, *nicht mit den Sinnen allein* verstanden werden können.»[137] Sie sind transsensorisch, transtyphonisch, transkörperlich, transempirisch und überorganisch. Kurz gesagt: Symbole stellen etwas vor oder schaffen etwas (konstituieren eine höhere Ebene der Wirklichkeit an sich), reflektieren und repräsentieren aber auch (sind instande, niedere Ebenen der Wirklichkeit begrifflich darzustellen oder zu reflektieren).*

Die neue verbale Welt der Gruppenzugehörigkeit war die symbolate Welt – eine neue und höhere Welt, die weder auf rein empirische Transaktionen reduzierbar noch durch sie erklärbar ist.[433] Die Menschheit hatte die Ebene 3 der Großen Kette des Seins entdeckt, die erste weit jenseits der empirischen, sinnenhaften, körperlichen und physischen Dinge der naturhaften Welt. Das Bewußtsein operierte auf einer neuen Ebene, einer intersubjektiven Ebene von jedermann zugänglichen Symbolgehalten, die die Grenzen getrennter Organismen durch ein Netz intersubjektiver Gruppenzugehörigkeit und

---

* Mit Wörtern wie «Fels», «Stuhl» oder «Rose» kann der verbale Verstand auf Dinge hinweisen, die in der empirischen Welt der Dinge existieren. Mit Wörtern wie «Stolz», «Neid», «Ehrgeiz», «Liebe», «Schuld» kann er auf Dinge hinweisen, die nur in der mentalen Sphäre existieren und in der mit den Sinnen wahrnehmbaren physischen und empirischen Welt nicht anzutreffen sind. Begriffe wie «Stolz» werden durch die mentale Sphäre *geschaffen* und existieren nur in ihr als eine höhere Klasse von Vorgängen, die rein empirische Transaktionen transzendieren. Aus diesem Grunde sagen wir, der verbale Verstand sei sowohl repräsentativ (Reflektion niederer Ebenen) als auch präsentativ oder kreativ (da er eine höhere Ebene der Wirklichkeit an sich darstellt). Felsen, Bäume und dergleichen (Ebene 1/2) existieren unabhängig vom Verstand (Geist) (Ebene 3/4), Ehrgeiz, Neid usw. jedoch nicht. Damit soll nicht gesagt werden, sie seien «nur Gedanken» im pejorativen Sinn, sondern daß das Denken an sich eine höhere Ebene der Großen Kette darstellt, vollkommen bewußt der niederen Ebenen, jedoch voller Aktivitäten, Fähigkeiten und Potentiale, die nirgendwo anders anzutreffen sind.

Kommunikation transzendiert.* Das meinte George Mead, als er sagte: «Das Feld oder der Ort jedes individuellen Geistes muß sich so weit ausweiten, wie die Aktivität der Gruppe reicht. Deshalb kann es nicht durch die Oberfläche des Organismus, zu dem es gehört, begrenzt werden.»[383] Die Mentalität verbaler Gruppenzugehörigkeit war einfach eine neue, höhere und umfassendere Form der Einheit auf dem Wege zur EINHEIT.

Geld und Überschuß

Die Fähigkeit, die Natur mit zunehmender Wirksamkeit zu bearbeiten, führte bald zur Produktion zusätzlicher und überschüssiger Nahrung und Güter. Dieser Überschuß sollte bald das gesamte Gesicht der Geschichte ändern. Denn je leistungsfähiger der Ackerbau wurde, vor allem nach der Erfindung des Pfluges, desto weniger mußte sich das Bewußtsein auf die Nahrungsbeschaffung konzentrieren. Der Besitz eines Überschusses an Nahrung setzte einzelne Individuen und das Bewußtsein selbst zum erstenmal in der Geschichte für andere und speziellere Aufgaben frei – eine Tatsache ohne Parallele in ihrer Bedeutung für die Entwicklung der Zivilisation.[252] Es besteht weitgehende Übereinstimmung darüber, daß der Nahrungsüberschuß vielleicht schon im sechsten Jahrtausend v. Chr. das Entstehen spezialisierter Klassen ermöglichte – Priester, Verwalter, Lehrer und so weiter. Da diese Menschen nicht mehr selbst jagen oder den Boden bestellen mußten, waren sie für besondere Aufgaben frei. Etwa um das Jahr 3200 v. Chr. haben diese Spezialisten zum Beispiel das Alphabet, die Mathematik, den Kalender und die Schreibkunst geschaffen. Das waren die ersten echten und rein mentalen Erzeugnisse der Gattung Mensch. Zusammengefaßt: Der Ackerbau befreite das Bewußtsein

---

* Damit meine ich nicht etwas so Esoterisches wie echte telepathische Verbindungen. Ich will nur sagen, daß verbale Gruppenzugehörigkeit nicht Angelegenheit eines isolierten Organismus ist, der zu anderen isolierten Organismen «spricht». Sie ist vielmehr eine Vereinigung und Teilidentität individueller Mentalitäten, so daß diese tatsächlich in ein überorganisches oder intersubjektives Netz einbezogen sind, das sich (wie Mead sagt) so weit erstreckt wie die Bindeglieder selbst. Es ist ein begriffliches Netzwerk, das sich weit über Nahrung, Körper, Fühlen und die Begrenzung durch die Haut des Menschen erstreckt und eine wirkliche Ausweitung des Bewußtseins über den Organismus hinaus darstellt. Das ist nicht die höchste, aber eine anfängliche und sehr wichtige Form der Transzendenz.

von der Beschäftigung mit der Nahrungssuche und gab ihm Zeit für mentale Überlegungen.

Das Bewußtsein konnte nun in der Hierarchie der Motivation (à la Maslow) in die höhere Ebene der Gruppenzugehörigkeit und Gemeinschaft springen (und von dort aus zur Selbstbetrachtung in der mental-ichhaften Periode). Maslows Motivationshierarchie ist nur eine andere Sicht der Großen Kette des Seins.[285, 286, 349, 429, 436] Von historischer Bedeutung ist, daß das Ich in der verbalen Gruppenzugehörigkeit fähig wurde, die Natur durch Ackerbau zu verändern, um das Mentale freizusetzen. Nur dieses verbale Ich konnte die Kraft und Voraussicht gehabt haben, einen Ackerbauüberschuß zu produzieren und sich dadurch für höhere Ziele frei zu machen.

Hätte das Ackerbaubewußtsein den Überschuß nur physisch durch den Raum bewegen können, dann wäre es genötigt gewesen, fast die gesamte neu gewonnene Zeit damit zu verbringen, diese Güter von einem Ort zum anderen zu transportieren. Der Mensch hätte sein Leben mit physischen Tauschgeschäften vergeuden müssen. Er brauchte also eine *mentale* Form für *materiellen* Transfer, ein Mittel für schnellen und überorganischen Transfer, ein *symbolisches* Transfermittel. Und das war das Geld.

Mit Geld konnte der Mensch eine spezifizierte Menge materieller Güter symbolisieren. Statt diese Güter immer von einem Punkt zum anderen, von einem Markt zum anderen, vom Feld in die Stadt zu schleppen, konnte man in vielen Fällen einfach die Symbole transferieren. Geld als etwas mental Symbolgeladenes bedeutete eine bemerkenswerte Transzendenz des physischen Bereichs, ein kleines aber unschätzbares Vehikel evolutionärer Transzendenz. Mit ihm konnte man auf den physischen Bereich einwirken und in ihm Dinge bewegen und transferieren, ohne sich mühselig mit den Begrenzungen dieses Bereichs herumschlagen zu müssen. Statt fünf Tonnen Weizen mit sich herumzuschleppen, konnte man fünf Goldmünzen bei sich tragen. Mehr noch: Da physische Nahrung und Güter durch körperliche Arbeit erschaffen werden, wurde Arbeit ebenfalls symbolisiert – durch Lohn, der wie jedes Geld zum Einkauf von Nahrungsmitteln und Gütern benutzt werden kann.*

---

* Leitmotiv dieses Buches ist, daß jede Transzendenz (ausgenommen natürlich die allerletzte) zwei Seiten hat. Einerseits liefert sie ein neues und höheres Potential, andererseits aber auch eines, das mißbraucht werden kann, oft mit schrecklichen Folgen. Das gilt auch für das Geld: Weil symbolates Geld physische Güter transzendieren und repräsentieren kann, kann es sie auch falsch repräsentieren. In

Keiner dieser Vorteile (oder ihre mißbräuchlichen Anwendungen) wäre ohne die Kraft des symbolisierenden Verstandes möglich gewesen, der die erste größere Transzendierung der materiellen, körperlichen und naturhaften Welt mit sich brachte. Wir haben das jetzt gesehen beim *Ackerbau*, bei der *Zeit* und beim Geld – alles transzendierende Schritte innerhalb des Wachstums des Bewußtseins.

Das Atman-Projekt im Ackerbau-Bewußtsein

Wenn dies auch Schritte in Richtung Atman waren, so konnten sie andererseits auch Ersatzbefriedigungen für Atman werden, neue Windungen und Verrenkungen des Atman-Projekts, denn jede Stufe der Evolution ist nicht nur eine Bewegung zu GOTT hin, sondern auch ein Kampf gegen GOTT. Und diese seltsame Mischung, die zu Kompromissen, Kompensationen, Ersatzbefriedigungen und Abwehrsystemen führt, nennen wir das Atman-Projekt. *Jede* Stufe der Evolution ist nicht nur eine Entfaltung des Atman, sondern auch eine Ausweitung des Atman-Projekts.

Wir haben bereits gezeigt, daß der Ackerbau ein Wachstum des Bewußtseins und zugleich ein neues Unsterblichkeitsprojekt darstell-

gewissem Sinne ist dies das Thema der Wirtschaftswissenschaft, die die Produktivkräfte und ihre Beziehungen zur materiellen Sphäre erforscht. Darüber hinaus studiert sie die Erkrankungen der Beziehungen zwischen den mentalen Symbolen und den von ihnen repräsentierten Gütern. Soll beispielsweise ein Symbol (etwa Geld) niedere Ebenen richtig repräsentieren, dann muß es auch die Verhältnisse dieser niederen Ebenen richtig reflektieren, selbst wenn es diese in mancher Hinsicht transzendiert. Ist die von einer Gesellschaft geschaffene Menge symbolhaften Geldes größer als die Menge der erzeugten Güter, dann kommt es zur Inflation. In einer Inflation weitet sich der Aspekt der mentalen Sphäre, der als symbolates Geld physische Güter repräsentieren soll, aus psychodynamischen Gründen über die Kapazität der physischen Sphäre selbst aus, tendiert also dazu, diesen Aspekt der mentalen Sphäre abzuwerten und einen Kollaps der physischen zu verursachen. Inflation ist ein Beispiel dafür, wie es einer höheren Ebene mißlingt, eine niedere richtig zu bestätigen und zu reflektieren. Strukturell ist sie identisch mit einer Abspaltungsneurose, die zu manisch-depressivem Verhalten führt (Inflation/Rezession). Alles das sind Beispiele für ein höchst allgemeines Phänomen, das in jeder Entwicklungshierarchie auftreten kann (d. h. im Bereich der gesamten Großen Kette): Die Spaltung von Höherem und Niederem statt der Differenzierung und Integration von Höherem und Niederem.

te. Genau das gilt auch für die Schaffung der *Zukunfts-Zeit*. Und wir werden bald sehen, daß genau dieses doppelgesichtige Atman-Projekt auch hinter der Überschußproduktion von Gütern wie hinter ihrer Symbolisierung durch Geld steckt.

Beginnen wir mit einer Feststellung von Becker: «Und so erbringt dieser scheinbar nutzlose Überschuß, der dem Boden manchmal auf gefährliche und mühevolle Weise abgerungen wurde, den höchsten Nutzen in Begriffen von *Macht* [Mana, die Eros-Seite des Atman-Projekts]. Der Mensch, die Kreatur, die weiß, daß sie auf dieser Erde nicht sicher ist, und eine ständige Bestätigung ihrer Kräfte braucht, ist das einzige Lebewesen, das unerbittlich angetrieben wird, über seine animalischen Bedürfnisse hinaus zu wirken, aus dem einfachen Grunde, weil es nicht in Sicherheit lebt. Der Ursprung dieses menschlichen Angetriebenseins ist religiöser Art, weil der Mensch seine Kreatürlichkeit erfährt. Die Anhäufung von Überschuß hat ihre Wurzeln im Innersten der menschlichen Motivation; sie ist ein Drang, sich als Held hervorzutun, die Grenzen der menschlichen Kondition zu transzendieren und über Ohnmacht und Endlichkeit zu siegen.»[26]

Alles das ist in der Tat wahr, jedoch aus Gründen, die der ewige Existentialist Becker nicht zugeben konnte. Er behauptet zwar zu Recht, daß der Mensch nach dem Unendlichen und höchster Transzendenz hungert, erkennt jedoch nicht, daß er das vor allem deswegen tut, weil er intuitiv erfaßt, daß der unendliche GEIST sein Wahres Wesen ist. Allerdings bezieht der Mensch diese Intuition irrtümlich auf den begrenzten Bereich seines endlichen Ich. Diese von ihrem wahren Ursprung abgelenkte und ausschließlich in einem begrenzten Bereich angewendete Intuition treibt und nötigt den Menschen zu dem Versuch, die Erde zum Himmel, endliche Güter zu unendlichen Werten, ein separates Ich zu Gott sowie Ich-Erhaltung zu Unsterblichkeit zu machen.

Sobald das geschieht, ergeben sich *daraus* alle die Schrecken, die Becker beschreibt. Für sich genommen sind seine Ideen jedoch nur «halb-gar». Beckers existentialistischer Standpunkt leugnet *a priori* jede Form *wahrer* Transzendenz oder wahren Atmans. Aus diesem Grunde postuliert er für den Menschen den Hunger nach einem Unendlichen, das in Wirklichkeit nicht existiert. Deshalb leitet er die Entstehung dieses Hungers nach Unsterblichkeit und Transzendenz ausschließlich aus der Fähigkeit des Menschen ab, sich selbst angesichts der Furcht etwas vorzugaukeln, eine Haltung, die die uralte

Weisheit übersieht, daß Furcht Aberglauben erzeugen kann, aber nicht Religion.

Becker erkennt das Atman-Projekt sehr klar, Atman jedoch läßt er unberücksichtigt. Das zwingt ihn, das Atman-Projekt als eine fundamentale *Lüge* zu betrachten, die auf ein rein fiktives Atman abzielt, während wir im Atman-Projekt einen Ersatz für das echte Atman sehen. Becker meint, der Mensch verlange nach Gott, weil er feige und ohne Rückgrat sei, also solche Lüge brauche, um überhaupt weiterexistieren zu können. Nach unserer Ansicht tut er es, weil sein eigenes höchstes Potential der wirkliche Gott *ist* und er nicht Ruhe geben wird, bis er es verwirklicht hat.*

Becker erhielt den Anstoß zu vielen seiner Vorstellungen von Otto Rank, den er wie folgt zitiert: «Alle menschlichen Probleme mit ihren unerträglichen Leiden ergeben sich aus dem unaufhörlichen Versuch des Menschen, seine materielle Welt zu einer von Menschenhand geschaffenen Wirklichkeit zu gestalten . . . aus seinem Streben, auf Erden eine ‹Vollendung› zu erlangen, die nur im Jenseits zu finden ist . . . wobei er die Werte beider Sphären hoffnungslos durcheinander bringt.»[25, 26] Da haben wir eine komplette Definition des Atman-Projekts. Sie funktioniert aber und kann nur dann als Erklärung wirksam sein, wenn die beiden durcheinandergebrachten Sphären [das Endliche und das Unendliche] wirklich existieren. Ist eine davon [das unendliche Atman] bereits eine Lüge, dann läßt sich die mißliche Lage des Menschen nicht mit einer wirklichen Verwechslung der beiden Sphären erklären. Sie läßt sich dann nur damit erklären, daß die eine Sphäre Lügen über eine fiktive andere «Sphäre dahinter» aufstellt. Dazu bedarf es nicht *einer* Lüge – der Verwechslung der beiden Sphären –, sondern *zweier*, nämlich der fiktiven Schaffung der «Sphäre dahinter» und ihrer darauffolgenden Verwechslung mit der endlichen Sphäre. Das aber malt das Bild einer Menschheit, die nur zu Lügen fähig ist, eine Ansicht, die sich kein Verstand ohne Selbstwiderspruch zu eigen machen kann.

Becker schreibt, diese Worte von Rank seien keine bloße Metapher,

---

* Das sehen wir sogar beim höchst existentiellen «Problem des Todes». Becker meint: Der Mensch fürchtet den Tod und reagiert darauf mit dem Leugnen des Todes, womit er die reine Lüge/Illusion der Ewigkeit schafft. Wir meinen: Da der Mensch seiner stets gegebenen Ewigkeit nicht gewahr ist, fürchtet er den Tod und konstruiert Formen der Leugnung des Todes. Ein Unsterblichkeitsprojekt, das *reine* Illusion wäre und nicht – zumindest letzten Endes – eine wirkliche Ewigkeit zur Grundlage hätte, könnte keine derart tiefgreifende Wirkung haben.

sondern «eine vollständige wissenschaftliche Formel für die Ursachen des Bösen in den Angelegenheiten des Menschen». Ich hätte dieses Buch nie geschrieben, wenn ich davon nicht überzeugt wäre. Beckers Problem ist, daß er von Ranks Worten nicht *gänzlich* überzeugt ist. Er glaubt an das Atman-Projekt ohne Atman, an die Verwechslung zweier Sphären, von denen eine überhaupt nicht existiert, an den Drang zur Transzendenz ohne die Transzendenz. Er muß die Existenz der zweiten Sphäre voraussetzen, indem er sie zugleich verneint. Von der zweiten Sphäre, die Becker *benötigt*, damit seine Erklärung der Böses schaffenden *Verwechslung beider Sphären* überhaupt einen Sinn hat, verkündet er von Anfang an, sie sei bedeutungslos, nichtexistent und sinnlos. Da könnte er ebenso versuchen, die gesamte Geschichte und Psychologie mit der Behauptung zu erklären, die Menschheit verwechsle den Bereich des Endlichen mit Tralala.

Die Argumentation Beckers, der die allgemeine Haltung der modernen Psychologie tiefgreifend beeinflußt hat, wäre stichhaltiger gewesen, hätte er die Existenz des allumfassenden GEISTES zugegeben und *dann* die Leiden und das Böse der Menschheit mit ihrer Unfähigkeit erklärt, diesen GEIST zu erfassen oder Ersatz dafür zu finden. Das zumindest ist mein Weg, und in diesem Sinne habe ich die bedeutsamen Erkenntnisse von Becker, Rank und Brown neu eingeordnet. Sollte ich damit irren, wäre damit auch Beckers These nichtig. Ist nämlich die zweite Sphäre von Anfang an eine Lüge, dann brauchen wir die zweite und überflüssige Lüge nicht, mit der wir die beiden Sphären verwechseln – dann gibt es nämlich nur eine Lüge, und *sämtliche kulturellen Aktivitäten des Menschen wären demnach nichts als Lügen über Transzendenz* –, was Becker tatsächlich behauptet hat. Dann wäre aber auch Beckers eigene kulturelle Produktion – seine Bücher, seine Gedanken und seine gesamte These – nichts als eine Lüge. Kurz gesagt: Hat Becker recht, dann lügt Becker. Stecken wir aber Becker (und die Existentialisten) in eine chinesische Zauberschachtel, die von der größeren Schachtel der Transzendenz umschlossen ist, dann können wir die richtigen Teilwahrheiten seiner Thesen retten – und diesen Weg schlagen wir jetzt ein.

Zurück zu Beckers wesentlichen (und neu eingeordneten) Thesen: «Der Ursprung des menschlichen Angetriebenseins ist *religiöser Art*, weil der Mensch seine Kreatürlichkeit [Endlichkeit] erlebt. Die Anhäufung von Überschuß hat ihre Wurzeln im Innersten der menschlichen Motivation; sie ist ein Drang, sich als Held hervorzutun, die Grenzen der menschlichen Kondition zu transzendieren und über

Ohnmacht und Endlichkeit zu siegen.»[26] Das stimmt, aber nicht, weil
der Mensch ein Lügner ohne Rückgrat wäre (was in einigen Fällen
zweifellos zutrifft), sondern weil er stets erahnt, daß Transzendenz
und heroischer Atman, das Unsterbliche Eine *in* allen und *jenseits*
aller Formen, sein Wahres Wesen *ist*. *Aber* – bis er für sich selbst den
Geist voll und bewußt wiederbelebt, muß er zwangsläufig diese Intuition des Atman auf sein eigenes endliches und sterbliches Ich anwenden, und ganz sicher ist *das* die wirkliche Verwechslung, die vitale
Lüge, die ihn versuchen läßt, die endliche Erde zum unendlichen
Himmel zu machen, irdischen Wohlstand an die Stelle transzendenter
Sicherheit zu setzen, planvolles Tätigsein zu einer Versicherungspolice
gegen den Tod zu machen, überflüssige Güter als Unsterblichkeitsprojekt anzuhäufen, sich an die Zukunft als Versprechen der Transzendenz des Todes zu klammern, Geld zum Götzen und Gold zu einer
dämonischen Macht zu erheben. Findet der Mensch nicht wahres und
ewiges Leben im zeitlosen Geist, dann wird er statt dessen ausschließlich in der Zeit dafür «ackern», sich im zeitlichen Bereich abrackern
auf der Suche nach dem, was zeitlos ist, und wird Zeichen und Symbole dieser an sich richtigen, aber an der falschen Stelle stattfindenden
Suche anhäufen. Halb Wahrheit, halb Lüge – da haben wir die wahre
Konfusion der beiden Sphären, die das Atman-Projekt darstellt.

Bei näherer Betrachtung erkennen wir mit Leichtigkeit, daß sich
dieses Atman-Projekt auch auf das Schaffen und Verwenden von *Geld*
anwenden läßt. Einige rudimentäre Formen von Geld hat es wahrscheinlich schon seit der typhonischen Periode gegeben (in Form von
Muscheln, Fischgräten usw.). Geld im heutigen Sinne kommt aber erst
auf den Märkten der ackerbautreibenden Gemeinschaften zur Geltung und erweist sich als zweischneidiges Schwert. Einerseits war es
Ausdruck eines neuen und höheren Bewußtseins, das niedere und
physische Ebenen der Realität zu symbolisieren und darzustellen vermochte sowie die Macht, physischen durch symbolischen (monetären)
Austausch zu transzendieren.

Andererseits aber – und hier stimme ich völlig mit Becker überein –
konnte Geld dadurch zu einem äußerst mächtigen Symbol der Unsterblichkeit, Leugnung des Todes und des Kosmozentrismus werden.
Statt Geld dazu zu verwenden, eine vertikale Transzendenz in höhere
mentale Ebenen zu ermöglichen, wurde das horizontale Anhäufen
von Geld zu einem Ziel an sich. Schließlich repräsentierte Geld den
neuen Überschuß der lebenswichtigen Nahrung, weshalb mehr Geld
mehr Leben bedeutete und absolutes Geld absolutes Leben oder Un-

sterblichkeit. Das ist das Atman-Projekt in unverhüllter Form. «Schon Luther», sagt Brown, «hat im Geld die Essenz des Weltlichen und damit des Teuflischen gesehen. Der Bereich des Geldes ist das Teuflische, und das Teuflische ist der Affe Gottes. Der Bereich des Geldes ist also Erbe und Ersatz für den Bereich des Religiösen, ein Versuch, Gott in den Dingen zu finden.»[61] Becker schrieb zutreffend: «Gold wurde zum neuen Unsterblichkeitssymbol.»

Und so wurde die Jagd nach Geld auch dem Durchschnittsmenschen zugänglich; Gold wurde zum neuen Unsterblichkeitssymbol. In Tempelbauten, Palästen und Monumenten der neuen großen Städte wird ein neuer Typ von Macht geschaffen. Es ist nicht mehr die Macht der totemischen [typhonischen] Vereinigung, sondern die Macht, die von aufgetürmten Steinen und Goldbarren bezeugt wird.[26]

Becker schreibt ferner: «Das Prägen von Goldmünzen paßte bestens in dieses Schema, weil nun jedermann in den Besitz der kosmischen Kräfte gelangen konnte, auch ohne in den Tempel gehen zu müssen. Unsterblichkeit wurde jetzt auf dem Markt gehandelt.»[26] Und damit hatte Becker den Nagel auf den Kopf getroffen. Geld bedeutete *Macht*, großes verdichtetes Mana; und wenn es schon nicht gelang, zu wirklicher Macht und wirklichem Leben zu transzendieren – wo konnte man besseren Ersatz finden als in der besitzergreifenden Anhäufung von Geld? Diese Erkenntnis hat Norman O. Browns tiefschürfende Analyse der Geschichte zu der Schlußfolgerung geführt, daß Geld als Leugnung des Todes das Lebensblut der Zivilisation ist.

Um es noch einmal zusammenzufassen: Das neue verbale Ich war Ausdruck einer echten Ausweitung des Bewußtseins, die ihren Niederschlag im Ackerbau, dem Beginn wahrer Kultur, in verbaler Mentalität, symbolischem Geld, der Fähigkeit zur Erzeugung von Überschüssen und dergleichen fand. Doch sah sich dieses erweiterte Ich auch mit einer erweiterten Erkenntnis der Sterblichkeit konfrontiert und bedurfte daher einer erweiterten Form der Leugnung des Todes. Angesichts einer erweiterten Zeitauffassung trachtete es danach, sein Weiterbestehen in einer sicheren, beackerten Zukunft sicherzustellen. Deshalb suchte es Unsterblichkeit durch zukünftige Zeit, erarbeitete Überschußgüter, Geld und Gold. Planvolle Tätigkeit bedeutete also Zeit, und eine bekannte moderne Redensart sagt «Zeit ist Geld». Jetzt fällt es leichter, den Zusammenhang zu sehen: Alle drei Faktoren – planvolle Tätigkeit, Zeit und Geld – sind Formen des symbolischen Überschuß-

Lebens. Einerseits bedeuten und repräsentieren sie erweitertes Bewußtsein. Andererseits sind sie ein Ausdruck ritueller Leugnung des Todes und heroischen Kosmozentrismus. Es sind Schritte im Wachstum zum Atman hin, jedoch Schritte, die in der Zwischenzeit zu neuen Formen des Atman-Projekts pervertiert wurden: Unsterblichkeitssymbole, kosmozentrische Phantasien, Plunder statt Göttlichkeit.

Gruppenzugehörigkeit

Es gibt eine weitere wichtige Aktivität, die durch die mythische Gruppenzugehörigkeit gefördert wird: eine Form sozialer Organisation und Herrschaft, die viel komplexer ist als die der einfachen Jägergemeinschaften des magisch-typhonischen Menschen.

Das Bedürfnis nach einer internen psychischen Kontrolle der gemeinschaftlichen Organisation muß ungeheuer stark gewesen sein. Man bedenke: Um das Jahr 9000 v. Chr. treten an mehreren Stellen im Raum der Levante und des heutigen Irak einfache landwirtschaftlich orientierte Gemeinschaften gleichzeitig auf – nicht mehr Familien oder Gruppen von etwa zwanzig Menschen, sondern Ortschaften von etwa zweihundert.[215] Als sprechende Analogie dazu mag man sich vorstellen, daß Dutzende von Wolfsrudeln sich versammeln, eine Ortschaft von zweihundert Wölfen gründen und dort gesellschaftlichen Verkehr pflegen.

Zum ersten Mal in der zwei bis drei Millionen Jahre alten Geschichte der Menschheit werden sehr viele Menschen motiviert, in ständigen Ortschaften ein gemeinsames Leben zu führen. Um das Jahr 7000 v. Chr. gab es im Nahen Osten bereits unzählige Ackerbausiedlungen, und um das Jahr 5000 v. Chr. hat sich die landwirtschaftliche Kolonisation durch die Täler von Euphrat, Tigris und Nil verbreitet, wobei die Bevölkerung einiger Städte auf mehr als 10000 Einwohner wuchs.[215] Diese Periode von etwa 9500 bis 4500 v. Chr. nennen wir die «frühe Stufe der Gruppenzugehörigkeit». Der einfacheren Darstellung halber stellen wir sie in Gegensatz zur «späten Stufe» der Zeit von etwa 4500 bis 1500 v. Chr. Dies ist die Periode, die von den großen klassischen Kulturen der antiken Stadtstaaten, Theokratien und Dynastien beherrscht wird – der Ägypter und Sumerer zum Beispiel, bei denen die Blüte des Ackerbaubewußtseins und der Gruppenzugehörigkeits-Mentalität besonders deutlich zum Ausdruck kam.

Beide, die frühen wie die späten Kulturen mythischer Gruppenzugehörigkeit, standen vor dem Problem, eine nach damaligen Maßstäben riesige Zahl von Menschen gesellschaftlich zu kontrollieren. In einem Zeitraum, der in Relation zum Zeitraum der bisherigen Evolution kaum mehr als ein Augenblick war, wurden aus Gruppen von dreißig bis fünfzig Menschen Städte mit beinahe 50 000 Einwohnern. Joseph Campbell schreibt: «Wir könnten sagen, das psychische Verlangen, die verschiedenen Teile einer großen und sozial differenzierten fest angesiedelten Gemeinschaft, darunter zahlreiche neu entstandene Klassen (wie Priester, Könige, Kaufleute und Bauern), in eine geordnete Beziehung zueinander zu bringen, eine irdische Ordnung koordinierter Willen zu schaffen ... dieses tief empfundene psychische und soziale Bedürfnis muß befriedigt worden sein durch ...»[69] – ja, wodurch eigentlich?

Durch die Bewußtseinsstruktur der mythischen Gruppenzugehörigkeit, meine ich. Für diese Struktur ist bezeichnend, daß sie eine sehr grundlegende Form des Gruppenbewußtseins ermöglicht und damit eine Gruppenkultur. Diese durch sprachliche Zeitformen geprägte Struktur verfügt zunächst einmal über ein großes unbewußtes «Vorratslager» an Gruppen-Wahrnehmungen. «Gruppenzugehörigkeit» wird dabei genau so definiert, wie Castaneda (und vor ihm Parsons[324], Leslie White[421], Whorf[425], Fromm[154] und G. H. Mead[293]) es in seinen Büchern getan hat: «Jeder, der mit einem Kind in Kontakt kommt, ist ein Lehrer, der ihm unaufhörlich die Welt beschreibt, bis zu dem Augenblick, in dem das Kind imstande ist, die Welt so wahrzunehmen, wie sie ihm beschrieben wird ... Wir erinnern uns dieses ominösen Augenblicks nicht, weil niemand unter uns einen Bezugspunkt haben könnte, um diesen Augenblick mit etwas anderem zu vergleichen ... Die Wirklichkeit, oder die Welt, wie wir alle sie kennen, ist nur eine Beschreibung. Sie ist ... ein endloser Strom von Interpretationen von Sinneswahrnehmungen, die wir, die Einzelnen, die eine besondere Gruppenzugehörigkeit teilen, übereinstimmend zu deuten gelernt haben.»[78]

Allein dieser – im wesentlichen linguistische – unbewußte Hintergrund der Gruppenzugehörigkeits-Mentalität, der gemeinsame Empfindungen, gemeinsame Beschreibungsrealitäten und gemeinsame Wahrnehmungen zum Inhalt hat, kann das psychische Fundament einer kohärenten Gesellschaft sein. Es ist eine weitgehend *unbewußte* Form gesellschaftlicher Kontrolle: Die Kontrollen sind in die besondere Beschreibung der Realität selbst eingebaut und nicht bewußt hinzugefügt. In dem Augenblick, in dem ein Individuum auf eine Beschreibung der Realität eingeht, wird sein Verhalten bereits von dieser Beschreibung eingegrenzt.

Andererseits trägt diese Gruppenzugehörigkeits-Struktur, gerade weil sie als erste größere Blöcke linguistischer Elemente enthält, auch spezifische, internalisierte verbale Anweisungen oder Befehle, deren erste gewöhnlich von den Eltern empfangen werden. Dies ist das sogenannte Proto-Über-Ich, das auf dieser Stufe als Werkzeug dient und fast in sie eingebettet ist. Die Kombination dieser beiden herausragenden Kennzeichen – im Hintergrund vorhandene Gruppen-Wahrnehmungsweise und spezifische individuelle Information – ist meines Erachtens genau die psychische Struktur, welche die ersten Ackerbaugemeinschaften der frühen wie auch die ersten großen Zivilisationen der späten Stufe der Gruppenzugehörigkeit ermöglichte.

Der Zweikammern-Geist

Alles das ähnelt etwa der Theorie von Jaynes über den «Zweikammern-Geist», der für ihn ein Nebenprodukt der Sprache ist. «Er ist ein Nebeneffekt des Verstehens von Sprache, der durch natürliche Auslese als eine Methode der Verhaltenskontrolle entstand ... und dazu diente, die Menschen bei der Stange der langfristigen Gemeinschaftsunternehmen zu halten.» Ersetzen wir den Begriff «Struktur mythischer Gruppenzugehörigkeit» durch den Begriff «Zweikammern-Geist», dann könnten wir mit Jaynes sagen: «Der Zweikammern-Geist ist eine Form gesellschaftlicher Kontrolle, die es der Menschheit ermöglichte, aus kleinen Gruppen von Jägern und Sammlern große Ackerbaugemeinschaften zu bilden ... Er entwickelte sich als ein Endstadium der Evolution der Sprache. Und in dieser Entwicklung liegt der Ursprung der Zivilisation.»[215]

Es gibt noch andere Bereiche der Übereinstimmung. Jaynes spricht von einem *kollektiven kognitiven Imperativ* in Ausdrücken, die mit unserer Beschreibung kollektiver Gruppen-Wahrnehmung vereinbar sind. Besonders bedeutsam und heute praktisch unbestritten ist die Tatsache, daß die individuelle Persönlichkeit (die Ego-Ebene) auf der Gruppenebene beruht und ihr oder den «kollektiven kognitiven Imperativen» entwächst. Mit Jaynes eigenen Worten:

[Die kollektiven kognitiven Imperative] bilden stets das Herzstück einer Kultur oder Subkultur, wobei sie vom Unausgesprochenen und Nicht-Rationalisierten ausgehen und es ausfüllen. Sie werden zur irrationalen und unanfechtbaren Stütze und zur strukturellen Integrität der Kultur. Die Kultur ihrerseits ist das Substrat ihres individuellen Bewußtseins davon, wie die Metapher «mich» von dem Analogon «Ich» wahrgenommen wird . . . Das Analogon «Ich» und die Metapher «mich» beruhen immer auf dem Zusammenfließen vieler kognitiver Imperative.[215]

Damit sind wir selbst heute «als Individuen unseren eigenen kollektiven Imperativen ausgeliefert. Über unsere Alltagsprobleme, unsere Gärten, unsere Kinder, unsere Politik hinweg blicken wir in die Formen unserer Kultur, aber undeutlich. Und unsere Kultur ist unsere Geschichte. Bei unseren Versuchen, mit anderen zu kommunizieren, sie zu überzeugen oder einfach nur zu interessieren, bedienen wir uns verschiedener kultureller Modelle, unter denen wir jeweils eine Auswahl treffen, deren Totalität wir aber nicht entrinnen können.» Jaynes' Hauptaussage ist, das ichhafte Selbstbewußtsein, das er – unglücklicherweise – einfach nur «Bewußtsein» nennt, habe sich historisch aus der Zweikammern-Struktur entwickelt, die zusammenbrach, als sie nicht mehr vermochte, fortschrittlichere und komplexere Kulturen zu tragen. In unsere Terminologie übertragen heißt das: Als Thanatos Eros überwog, versagte die Veränderung auf der Ebene der Gruppenzugehörigkeit. Die dadurch entstandene Krise verursachte die Transformation zur Ich-Ebene. Sieht man, so oder so, das ichhafte Bewußtsein als zum großen Teil aus tieferen, weitgehend unbewußten Paradigmen entstehen, so befindet man sich damit in Übereinstimmung mit den Erkenntnissen von Fromm, G. H. Mead, Karen Horney, Castaneda und Whorf.

Soviel zum Hintergrundphänomen der Gruppen-Wahrnehmung. Über die spezifischen Informationen und Befehle, die ein in die Gruppenzugehörigkeits-Struktur eingebettetes Proto-Über-Ich trägt, sagt Jaynes, ein Aspekt des Zweikammern-Geistes sei «eine Legierung gespeicherter mahnender Erfahrung, zusammengesetzt aus einer Schmelze von Befehlen, die dem Individuum irgendwann einmal gegeben wurden». Das Individuum erfährt sie normalerweise als lebendige Stimme, eine «innere leitende Stimme, die vielleicht von den Eltern herstammt und die gewöhnlich assimiliert wird mit der Stimme oder angenommenen Stimme des Königs [oder sonstigen Anführers der Gemeinschaft, der die höchste Befehlsgewalt hat]». Tatsächlich ähnelte die Beziehung einer Person zu ihrer «inneren leitenden Stimme» der «zwischen Ich und Über-Ich bei Freud, deren Vorfahre sie war». Der «Vorfahre des Über-Ich» wird allgemein als Proto-Über-Ich bezeichnet. Dieses in die Gruppenzugehörigkeits-Struktur eingebettete Proto-Über-Ich war Träger der spezifischen Gemeinschaftsbefehle, eingeordnet in eine strenge Hierarchie der Autorität, die es ermöglichte, eine große Zahl von einzelnen zu ersten großen Zivilisationen zusammenzuschließen.

Nun aber zu den neuartigeren und hypothetischeren Aspekten der Thesen von Jaynes. Für ihn erfährt der Mensch «die innere leitende Stimme» als eine regelrechte Halluzination, die durch erheblich verschiedenartige Gehirnfunktionen ermöglicht wird. Jaynes bezeichnet vor allem den Wernicke-Bezirk in der rechten, nicht dominierenden Gehirnhälfte im Zweikammer-Geist als Quelle der Halluzinationen, die von der linken Hälfte «empfangen» werden. Außerdem, so meint er, galten diese Halluzinationen als von den Göttern ausgehend – und tatsächlich begannen für Jaynes die tiefen Einsichten aller höheren Religionen auf diese Art: als Halluzinationen gespeicherter Erfahrungen der Ermahnung.

Es scheint aber auch andere, weniger dramatische Erklärungen dafür zu geben. Zunächst einmal haben uns die Methoden der modernen Psychotherapie, wie etwa die Psychosynthese, Transaktions-Analyse (TA) und die Gestalttherapie einen detaillierten Einblick in die psychologische Natur der «inneren Stimme» gegeben. Denken geschieht überwiegend in Form eines stummen Gesprächs, mit einem Durcheinander nicht laut werdender Stimmen und oft als Teil eines Dialogs zwischen den Ich-Zuständen von «Kind», «Erwachsener» und «Eltern». Nehmen wir folgendes Zitat von Berne:

Zwischen den einfachen Ich-Zuständen sind vier Dialoge möglich, nämlich drei «Duologe» (EL/ER, EL/K, ER/K) und ein «Triolog» (EL/ER/K). Spaltet sich die elterliche Stimme in das Vater-Ich und das Mutter-Ich auf, wie das in der Regel der Fall ist, und wirken dann noch andere Eltern-Figuren mit hinein, dann wird die Situation komplizierter. Jede einzelne Stimme kann von eigenen, speziell zu ihr gehörenden Gesten begleitet werden, die durch ein bestimmtes Muskelgewebe oder einen ganz bestimmten Körperteil ausgedrückt werden können.[36]
[EL = Eltern, ER = Erwachsener, K = Kind]

Berne fügt noch hinzu, daß alles, was der Mensch *tut*, von Stimmen entschieden werde, dem Kopf-Geschwätz des inneren Dialogs. «Alle deine Entscheidungen werden von vier oder fünf Leuten in deinem Kopf getroffen, deren Stimme du überhören kannst, wenn du zu stolz bist, ihnen zuzuhören. Aber sobald du dir die Mühe machst zuzuhören, werden sie wieder da sein. Skript-Analytiker lernen, wie man diese Stimmen verstärkt und identifiziert, was für ihre Therapie sehr wichtig ist.»

Nach der Transaktions-Analyse gibt es vier «Grade» solcher internen Dialoge: «Beim ersten Grad laufen die Worte ganz undeutlich durch den Kopf, wobei für das bloße Auge oder Ohr keinerlei Muskelbewegung erkennbar wird. Beim zweiten kann der betreffende seine Stimmbänder sich ein wenig bewegen fühlen, so daß er innerhalb seines Mundes zu sich selbst flüstert ... Beim dritten spricht er die Worte laut aus ... Es gibt auch noch einen vierten Grad, bei dem es den Anschein hat, als käme die eine oder andere der inneren Stimmen von außerhalb des Kopfes. Das ist gewöhnlich die Stimme der Eltern (genaugenommen die des Vaters oder der Mutter), und das sind Halluzinationen.»[36]

In der Transaktions-Analyse bezeichnet man die früheste und stärkste Form des Über-Ich (oder der Eltern im Kind) als «Elektrode», weil das Individuum auf ihre positiven und negativen Befehle so unmittelbar reagiert, als sei eine Elektrode in seinen Kopf eingepflanzt. Auch in den Halluzinationen ist die Elektrode häufig anzutreffen. Doch braucht die «Elektrode» nicht halluziniert zu werden, um mit Sicherheit wirksam zu sein. Das heißt, dasselbe Maß an gesellschaftlicher Kontrolle läßt sich durch Elektrodenstimmen des ersten, zweiten oder dritten Grades genauso wie des vierten Grades ausüben. Die Stimmen brauchen nicht halluziniert zu werden, um die gesellschaftliche Funktion auszuüben, die Jaynes ihnen zuschreibt. Während Jaynes die «Elektrode» als «Überrest des Zweikammern-Geistes» ansieht, könnte es auch genau umgekehrt sein: Die «Stimmen des Zweikammern-Geistes» waren Ausdruck der «Elektrode» oder des in die Gruppenzugehörigkeits-Struktur eingebetteten und in jedem beliebigen der vier Grade wirksamen Proto-Über-Ich.

Ich stimme auch nicht mit der These von Jaynes überein, es habe während der Periode des Zweikammern-Geistes (9000 bis 2000 v. Chr.) überhaupt keine Form subjektiven Bewußtseins gegeben. Wahrscheinlicher ist, daß es während der ganzen Periode der Gruppenzugehörigkeit, vor allem auf ihrer späten Stufe, eine Form linguistischer Proto-Subjektivität gegeben hat. Meines Erachtens gibt es verschiedene Hauptebenen des Bewußtseins, wobei nur die «mittleren» in hohem Maße selbstreflexiv sind, die unteren sind präpersonal und die höheren transpersonal. Jaynes erkennt aber nur eine Bewußtseinsform an: die ichhafte, linguistische, subjektive Selbst-Bewußtheit. Dieses eng definierte Bewußtsein scheint dann gegen Ende des zweiten Jahrtausends v. Chr. (mit dem Ende des Zweikammer-Geistes) plötzlich und sprunghaft in Erscheinung zu treten. Was Jaynes beschreibt, ist meiner Meinung nach aber nur die Verlagerung oder Transformation von der mythischen Gruppenzugehörigkeits-Struktur nach oben zur mental-ichhaften Struktur des Bewußtseins. So gesehen können wir zumindest einer abgeschwächten Form der These von Jaynes zustimmen: Als beherrschende, weitverbreitete und im großen und ganzen unumkehrbare Form der Empfindung eines abgetrennten Ich trat die Ego-Ebene erst nach dem Zusammenbruch des Zweikammern-Geistes in Erscheinung (also nach dem Zusammenbruch der mythischen Gruppenzugehörigkeits-Struktur des Bewußtseins).

Jaynes behauptet auch, der Mensch habe die «Stimmen des Zweikammern-Geistes», vor allem die des vierten oder halluzinierten Grades, als Stimmen von Göttern erfahren, weshalb alle Ideen der großen Weltreligionen von ihnen herrührten. Daß einige dieser Stimmen als die von Göttern erfahren werden, bezweifle ich nicht. Daß jedoch alle Götter *nur* Stimmen sind, glaube ich nicht einen Augenblick. Man muß Jaynes allerdings Gerechtigkeit widerfahren lassen: Er betont immer wieder, daß diese Stimmen, selbst wenn sie «halluzinatorisch» sind, keineswegs nur «eingebildet» oder «unwirklich» seien. Im Gegenteil – sie seien organisierte Erkenntnisse und reale Informationen, die ihren Ursprung in der rechten Hälfte des Gehirns haben und der linken als Stimmen übermittelt werden. Ich kann mir vorstellen, daß jemand, der sich von der Ansicht der Neo-Helmholtzianer angezogen fühlt, das Bewußtsein sei nichts als ein physiologisches Feuerwerk, von dieser Jaynesschen These auf folgende faszinierende Weise Gebrauch machen könnte: Betrachtet man (wie z. B. Ornstein) die rechte Hälfte des Gehirns als die Quelle platonischer oder «transpersonaler» Erkenntnisse, dann waren Jaynes' «Stimmen der Götter», die zum Individuum sprachen, tatsächlich Stimmen aus dem transpersonalen Bereich, die mittels des neu entwickelten Mediums der Sprache dem persönlichen Bereich übermittelt wurden. Das würde zumindest die spirituellen, transpersonalen Dimensionen vieler dieser Stimmen erklären.

Aber auch damit läßt sich der ungeheuer große Unterschied des metaphysischen «Wahrheitswerts» der verschiedenen Arten von Stimmen nicht erklären. Jaynes betont nachdrücklich, die große Mehrheit dieser «Stimmen des Zweikammern-Geistes» habe sich auf simple Alltagsverrichtungen bezogen, die zeitraubend waren und aus diesem Grunde temporale oder linguistische Anstöße benötigten, etwa wenn es um den Befehl des Häuptlings ging, am Oberlauf des Flusses, weitab vom Lager, eine Fischreuse zu bauen. Dieser Befehl wurde gespeichert und bei Bedarf wiederholt, gewöhnlich als innere Stimme (des vierten Grades). Ergab sich eine neue Situation, dann lieferte der riesige Vorrat aller bisher empfangenen Anweisungen und Ratschläge die erforderlichen neuen Befehle oder Ratschläge. Da einige dieser Befehle als von Göttern gegeben erfahren oder ihnen zugeschrieben wurden, ergibt sich für Jaynes der eindeutige Schluß: «Die Götter waren Konglomerate der Erfahrungen von Ermahnungen, eine Schmelze aus allen Anweisungen, die dem Individuum jemals erteilt worden waren.» Daraus ergab sich die Folgerung: «Die Funktion der Götter bestand hauptsächlich darin, in neuen Situationen lenkend und planend behilflich zu sein. Die Götter machten sich ein Bild von dem jeweiligen Problem und organisierten das notwendige Handeln nach einem fortlaufenden Plan oder Zweck. Das Ergebnis waren komplizierte Zweikammern-Zivilisationen, in denen die verschiedenartigen Teile wie Saat- und Erntezeit, die Vermarktung von Gütern und so weiter zusammengefügt wurden.»

Selbst wenn das alles wahr wäre, erklärt es noch lange nicht die Fülle großartiger metaphysischer und spiritueller Erkenntnisse, die dieser Periode des mythischen Menschen entsprangen. Lesen Sie bitte sehr aufmerksam den folgenden Absatz aus einem Text von einer Grabmauer in der großen Gräberstadt Memphis aus der Zeit zwischen 2350 bis 2175 v. Chr.:

Daher sagt man von Ptah: «Er ist es, der alles schuf und die Götter ins Leben rief. Er ist wahrlich das Aufgestiegene Land, das die Götter hervorbrachte, denn alles entsprang aus ihm . . . Er ist in allen Göttern, allen Menschen, allen Tieren, in allem, was kreucht und fleucht . . . Und auf diese Weise sind die Götter und ihre *Kas* eins mit Ihm, zufrieden und vereint mit dem Herrn der Zwei Länder.»[70]

Das ist eine vollkommene Intuition und ein wunderbarer Ausdruck des Einen Geistes, der in *allen* Dingen, als sie und durch sie tätig ist. Und es ist doch wohl einleuchtend, daß *jene* Art von Erkenntnis oder «Stimme» sich sehr von der unterscheidet, die sagt: «He du, geh runter zum Fluß und bau ein Kanu mit den Maßen fünf mal drei Ellen!» Selbst *wenn* alle Götter Stimmen waren – was nicht vollkommen zutreffend sein kann, weil wahres Gottesbewußtsein nicht-verbal ist –, dann liefert uns diese Theorie immer noch nicht die geringste Begründung für den unterschiedlichen metaphysischen Status der Stimmen selbst. Sie gibt uns keine Möglichkeit, etwa die wirklich religiösen Stimmen von denen zu unterscheiden, die dem Menschen sagen, wie er sein Kanu bauen soll, da nach dieser Theorie beide Arten von Stimmen denselben Ursprung und die gleiche Funktion haben. Kurzum, ich kann nicht sehen, wie diese Theorie dazu beitragen kann, religiöse von nicht-religiösen Erfahrungen zu unterscheiden. Und da sie das Spezifische der religiösen Erfahrungen nicht erklären kann, kann sie auch nichts über Religion aussagen.

Wir wollen uns jetzt aber gerade diesem großartigen Aufblühen religiöser Gefühle während der Periode mythischer Gruppenzugehörigkeit zuwenden.

6. Die Große Mutter

Es gibt nur zwei Zustände, in denen der Mensch vollkommen zufrieden ist. Der eine ist der Schlummer im Unbewußten, der andere das Erwachtsein zum Überbewußten. Alles dazwischen ist die Hölle in verschiedenen Graden. Vor einigen hunderttausend Jahren jedoch faßte die Menschheit Mut und stieg aus dem Schlummerzustand von Eden aus, verzichtete auf ihren Schlaf im Unbewußten, gab ihr Leben in animalischer Unschuld auf und begann den langsamen Aufstieg zurück zum überbewußten All. Der Mensch löste sich aus dem mit der übrigen Natur gemeinsamen vorpersonalen Zustand und wurde als einziges unter allen Tieren zum in der Wildnis verlorenen Sohn.

Von Anfang an jedoch erahnten die Menschen mit unterschiedlicher Intensität ihr ursprüngliches Atman-Wesen. Das wirkte wie ein riesiger unbewußter Magnet, der sie schrittweise aufwärts zog in Richtung der vollkommenen Befreiung im überbewußten All. Dabei waren sie jedoch gezwungen, sich vorübergehend vielerlei Formen von Ersatzbefriedigungen für den Atman zu schaffen – Ersatzobjekte, Ersatzsubjekte, Ersatzopfer, Unsterblichkeitsprojekte, kosmozentrische Entwürfe und Scheinbilder der Transzendenz.

Unter diesem Druck wurden nacheinander viele Bewußtseinsstrukturen geschaffen und wieder aufgegeben, geformt und dann transzendiert. *Sie wurden als Ersatz für Atman geschaffen und aufgegeben, wenn dieser Ersatz den Anforderungen nicht mehr genügte.* Das belastet jedoch den Menschen mit einem doppelten Gewicht. Er muß nicht nur mit der Anziehungskraft des Magneten Zukunft ringen, dem Ruf des Überbewußten, sondern auch gegen die Überbleibsel von gestern ankämpfen. Vor ihm liegt die Verheißung dessen, was er werden könnte, auf ihm aber auch die Bürde dessen, was er bisher war.

Da sich jede Bewußtseinsstruktur über die vorhergehende schiebt, hat der Mensch die Aufgabe, die verschiedenen Strukturen zu integrieren und miteinander zu versöhnen. Kommt es nicht zur Transformation und Integration, dann wird die untere Stufe mit Sicherheit dazu beitragen, die höhere krank zu machen und ganz allgemein zu stören. Das geschieht, weil das, was auf der einen Stufe das ganze Bewußtsein ist, auf der folgenden nur ein Teil ist, der in das neue Ganze integriert werden muß, wenn der Mensch nicht erkranken soll. Die zunehmende Komplexität des Bewußtseins bringt also nicht nur neue Möglichkeiten, sondern auch schwere Verantwortung. Und von diesen neuen Möglichkeiten und von der schweren Bürde soll jetzt die Rede sein.

Neue Erkenntnisse, neue Schrecken

Wir hatten unsere chronologische Darstellung etwa zur Zeit der frühen Gruppenzugehörigkeit (etwa 9500–4500 v. Chr.) unterbrochen. Zu Beginn der Stufe der späten Gruppenzugehörigkeit etwa um 4500 v. Chr. hatte das Ackerbaubewußtsein zu einer wahren Explosion kultureller Tätigkeiten geführt, zu Kulturerzeugnissen und Kulturmonumenten, wie sie die Welt an Großartigkeit und Eleganz noch nie gekannt hatte. In der kurzen Zeitspanne von wenigen tausend Jahren hatte das Ackerbaubewußtsein auf spektakuläre Weise die prächtigen Stadtstaaten und Theokratien Ägyptens und Mesopotamiens erblühen lassen.

Plötzlich, urplötzlich, hatte die Zivilisation begonnen.

«Bisher haben wir noch nicht erfahren», schreibt Campbell, «was das psychologische Geheimnis dieses urplötzlichen Auftretens eines beispiellosen Stils der Kultur gewesen sein mag. Spengler sprach von einem neuen Gefühl und einer neuen Erfahrung der Sterblichkeit als Katalysator, einer neuen Todesfurcht, einer neuen Weltangst. ‹Die Anschauung, daß wir Menschen und nicht Tiere sind, hat ihren Ursprung in diesem Wissen um den Tod›, schrieb er.»[70] Eine *neue* Todesfurcht also. Sie war tatsächlich ein wesentlicher Teil des Katalysators. Die neue und gesteigerte Todesfurcht erforderte neue und bessere Formen symbolischer oder vorgeblicher Unsterblichkeit. Und das war das Großartige an Ägypten: die Totenkulte, die Mumien, das Zeitalter der Pyramiden, die goldenen Totenmasken (wie die von Tut-Ench-Amun, des unsterblichen Fünfzehnjährigen).

«Es ist eindeutig», schreibt Campbell, «daß im alten Niltal im dritten vorchristlichen Jahrtausend ein gelebter Mythos – oder besser: ein Mythos, der sich in menschlicher Verkörperung auslebte – aus einer neusteinzeitlichen Volkskultur eine der elegantesten und dauerhaftesten Hochkulturen der Welt schuf, die im wahrsten Sinne des Wortes Berge versetzte und in Pyramiden umwandelte und die Erde mit ihrer Schönheit in Staunen versetzte. Und doch waren die Einzelmenschen in ihrem Bann so verhext, daß sie, obwohl Titanen in ihren Leistungen, infantil in ihren Gefühlen waren.»[70] Und der Mythos selbst? Campbell zitiert Eduard Meyer für einen Teil seiner außergewöhnlichen Antwort:

Nie zuvor auf dieser Erde ging man mit so viel Energie und Beharrlichkeit an die Aufgabe heran, das Unmögliche möglich zu machen. Die Aufgabe bestand darin, die kurze Spanne eines Menschenlebens mit allen Freuden und Wonnen in die Ewigkeit zu verlängern. Die Ägypter des Alten Reiches glaubten mit Inbrunst an diese Möglichkeit, sonst hätten sie nicht Generation für Generation den gesamten Reichtum und die Kultur des Staates dafür vergeudet. Und doch lauerte hinter diesem gigantischen Unternehmen das dumpfe Gefühl, daß der ganze Glanz illusorisch sei; daß die ungeheuren Mittel selbst unter den günstigsten Umständen nur einen spukhaft-traumhaften Zustand der Existenz schaffen und die Tatsachen nicht um einen Deut ändern würden. Trotz aller Magie würde der Körper nicht am Leben bleiben . . .[70]

Da haben wir eine Beschreibung der «negativen» Seite des Atman-Projekts, des Versuchs, die Macht von Thanatos, Shiva und Shunyata für immer zu leugnen. Ein anderer Autor schreibt: «In den Tempelbauten, Palästen und Baudenkmälern der neuen Städte entsteht eine neue Form von Macht, nicht die der totemischen Vereinigung von Personen, sondern die Macht, die sich in aufgehäuften Steinen und Goldbarren bezeugt . . . Unsterblichkeit ist nun nicht mehr in der unsichtbaren, sondern in der sichtbaren Welt der Macht angesiedelt. ‹Der Tod wird durch die Anhäufung von Monumenten überwunden, die der Zeit trotzen.› Die Pyramide richtet ihre Hoffnung auf Unsterblichkeit zum Himmel, den sie zu durchstoßen suchte, aber sie stellte sich den Menschen nur zur Schau und belud diese mit ihrer schweren Last.»[26]

Brown beschreibt das so:

Jede Stadt ist eine ewige Stadt: Kulturgeld währt für immer . . . Obleich die alte Stadt des Nahen Ostens noch nicht verkündet – wie die spätere hebräisch-christliche –, daß ihre letzten Tage größer sein werden als ihre ersten, hat sie doch bereits einen entscheidenden Schritt getan: Sie hat Dauer; Zeit und Stadt nehmen zu. Aber Überdauern bedeutet, den Tod besiegen. Kultur ist ein Versuch, den Tod zu überwinden . . . den Ehrgeiz des Kulturmenschen enthüllen die Pyramiden, [in denen beides ruht:] die Hoffnung auf Unsterblichkeit und die Frucht des Zinseszinses [Geld in der Zeit].[61]

Das ist eine brillante Zusammenfassung der Thanatos-Seite des neuen Atman-Projekts in der Gruppenzugehörigkeits-Zivilisation. Über den Eros-Aspekt schreibt Campbell: «Denn diese [Herrscher der ägyptischen Dynastien] nahmen an, es liege in ihrer zeitlichen Natur, Gott zu sein. Das heißt, sie waren wahnsinnige Menschen. In diesem Glauben wurden sie noch bestärkt, erzogen, geschmeichelt und ermutigt durch Eltern, Priesterschaft, Ehefrauen, Berater, das Volk und alle, die ebenfalls glaubten, sie wären Gott. Das soll heißen, die ganze Gesellschaft war verrückt.»[70]

Diese elegante Definition der positiven Seite des Atman-Projekts war jedoch nicht auf das alte Ägypten beschränkt, sondern ist ein wesentlicher Bestandteil der Dynamik der Evolution des Bewußtseinsspektrums, die sich in unzähligen unterschiedlichen Formen äußert. Wenn die alten Ägypter von einer so auffallend starken Form des Atman-Projekts besessen waren, so unterscheidet sie das ein wenig von den übrigen Zivilisationen separater Ich, jedoch nur graduell, nicht prinzipiell.

Die alten Ägypter waren also, zweifellos, verrückt, lebten in einem fast bewußten Wahnsinn. In uns modernen Menschen, die wir ebenfalls unter dem Einfluß des Atman-Projekts stehen, ist diese besondere Form des Wahnsinns ins Unbewußte verdrängt. Denn auch wir bilden uns ein, wenn auch unbewußt, daß wir in unsrer zeitlichen Natur Gott, kosmozentrisch und unsterblich sind. Ist die ichhafte Persönlichkeit unbewußte Magie, wie Roheim feststellt, dann ist sie auch unbewußter Wahnsinn. Charakter ist eine Miniaturpsychose, sagt Ferenczi. Und hin und wieder nimmt dieser Wahnsinn in Menschen wie Rasputin, Hitler, Stalin und Mussolini auffallend bewußte Formen an. Wir dürfen das nicht mißverstehen: Diese Männer *waren keine schwachen Charaktere*, sondern starke Charaktere, starke Egos

– also große Psychotiker, die sich einbildeten, in ihrer zeitlichen Natur Gott zu sein.

Dieser ägyptische Wahnsinn hat jedoch einen wichtigen Aspekt. Wir sagten ja schon, daß *jedes* separate Ich in dem Sinne wahnsinnig ist, daß es sich zwangsläufig als kosmozentrisch empfindet. In dem Maße, in dem die Menschen auf ihrem Weg aus dem Unbewußten die Fähigkeiten und Fertigkeiten in andere Bereiche ausweiteten, vergrößerten sie auch die Reichweite ihres Wahnsinns. Das heißt, sie dehnten nicht nur die Bewegung in Richtung Atman aus, sondern auch den Bereich, in dem sie sich mit ihren aufgeblähten Atman-Projekten tummeln konnten. «Mit anderen Worten: Ein erheblicher Teil der Daten unserer Wissenschaft [der kulturellen Anthropologie] muß als Ausdruck einer psychischen Krise der Inflation gedeutet werden [bei der das Ich sich zu gottähnlichen Proportionen aufbläht], welche typisch ist für die Morgendämmerung aller großen Zivilisationen, für den Augenblick der Geburt ihres besonderen Stils.»[70] Wir könnten aber auch mit Rank sagen: Der Augenblick der Geburt ihrer besonderen Unsterblichkeitsideologie, ihrer eigentümlichen Verstrickung ins Atman-Projekt, ihrer eigenen besonderen Überschußproduktion, zu dessen Erarbeitung das Ich in seinem Streben nach symbolischer Transzendenz neigt.

Ägypten war bis dahin die großartigste einzelne kulturelle Ersatzbefriedigung seit dem Aufbruch der Menschheit aus dem Garten Eden. Doch ist nicht alles Ersatzbefriedigung. Nicht alles sind Ersatzsubjekte hier drinnen und Ersatzobjekte dort draußen. Natürlich gibt es das Atman-Projekt, aber es gibt auch Atman. Man muß beides im Blick behalten. Der ägyptische Wahnsinn war Wahnsinn, kein Zweifel; er bedeutete jedoch auch ein monumentales Anwachsen von Bewußtsein, Kreativität und Kultur. Campbell schreibt: «Und dennoch entstand aus diesem Wahnsinn jenes Großartige, das wir ägyptische Kultur nennen. Ihr Gegenstück in Mesopotamien brachte die dynastischen Staaten jenes Raumes hervor. Wir finden auch Zeugnisse der Kraft dieser Kultur in Indien, im Fernen Osten und in Europa.»[70] Der neue Bewußtseinszuwachs dieser Periode brachte aber auch ein neues oder zumindest verstärkstes Wachstum der Transzendenz in die überbewußte Sphäre. Die Menschheit als Ganzes tat einen großen Schritt vorwärts in Richtung auf die überbewußten Bereiche, so daß flüchtige Blicke einzelner in jene Bereiche leichter und häufiger wurden. Was zeigen uns in dieser Hinsicht die anthropologischen Befunde?

Campbell, unser Experte für Mythologie, sagt dazu folgendes:

«Nach allem Gesagten ist nun wohl offensichtlich, daß das Auftauchen einer noch nie dagewesenen Konstellation von heiligen Handlungen und heiligen Dingen in der Zeit von etwa 4500 bis 2500 v. Chr. nicht so sehr auf die Entstehung einer neuen Theorie über den Anbau von Bohnen hinweist, sondern auf eine tatsächliche tiefe Erfahrung jenes *Mysterium tremendum*, das uns auch heute noch zutiefst bewegen würde, wäre es nicht so wunderbar maskiert.»[70] Das gilt nicht nur für die späte Periode der Gruppenzugehörigkeit der klassischen Kulturen, sondern auch für die frühe. «Denn wenn wir die Riten und Mythologien selbst der primitivsten Ackerbauern mit denen irgendeines Stammes von Jägern vergleichen, zeigt sich sofort, daß sie eine bedeutsame Vertiefung... religiöser Gefühle darstellen... Im Gegensatz zum kindlichen Geist der Mythologie der paläolithischen Jäger wird in den horrenden Mythen der Ackerbaukulturen eine neue Tiefe der Erkenntnis erreicht.»[69]

Daß dieser gigantische Schritt heraus aus der Sphäre des Unbewußten jedoch auch neue Schrecken und Ängste mit sich brachte, das lese ich keineswegs in die anthropologischen Funde hinein. Campbell spricht von «neuen Tiefen der Erkenntnis», aber auch davon, daß diese «horrende» seien, zum Schaudern und auch schauerlich – denn in den zentralen Riten der großen Religionen der mythischen Kulturen finden wir den geheimen Schlüssel nicht nur zu höchsten Zuständen der Transzendenz, sondern auch zu erschreckenden Tiefen menschlicher Grausamkeit. Nachfolgend ein archetypisches Beispiel der Schlüsselelemente dieses zentralen und absolut bedeutsamen Ritus:

Von ganz besonderer Bedeutung ist der Augenblick am Ende eines Pubertätsrituals. Dieses wird mit einer mehrere Tage und Nächte dauernden Sexorgie abgeschlossen, während der es im Dorf jeder mit jedem treibt und zwar im wirren Lärm mythologischer Gesänge, Trommelns und Blasens auf Rinderhörnern. Das geht so bis zur Schlußnacht, in der ein schönes, bemaltes, mit Öl gesalbtes und zeremoniell gekleidetes Mädchen auf den Tanzplatz geführt wird, wo es sich unter einer Plattform aus schweren Baumstämmen niederlegen muß. Vor den Augen aller haben die jungen Initianten nacheinander mit ihr Geschlechtsverkehr. Und während der als letzter ausersehene Knabe sie noch umarmt, werden die Stützen der schweren Plattform unter einem Aufdröhnen der Trommeln weggerissen. Die Umstehenden stimmen ein furchtbares Geheul an; das tote Mädchen und der tote Junge werden unter den Balken hervorgezogen, zerhackt, geröstet und aufgefressen.[69]

Was kann wohl der Sinn eines solchen Rituals sein? Warum nehmen Menschen freiwillig und begeistert an solchem Treiben teil? Ist das nichts weiter als der Tatbestand einer wilden, zerstörerischen Orgie, angetrieben von mörderisch-sadistischen Impulsen und gekrönt durch einen kannibalistischen Höhepunkt? Ich gebe zu bedenken, daß dieses Ritual oder etwas sehr Ähnliches in den Ackerbaukulturen rund um die Welt üblich war, auch noch in den ersten Hochkulturen.

Wer ist es, der geopfert wird? Wem gilt dieses Opfer? Und warum wird es dargebracht?

Die chthonische MUTTER

Die überragende Gestalt in den Religionen der Kulturen mythischer Gruppenzugehörigkeit ist zweifellos die Große Mutter. «Die schrekkenerregende, wunderbar geheimnisvolle Große Mutter, deren Form und Anrufung die gesamte Bandbreite der Rituale der archaischen Welt beherrscht. Wir kennen sie als Göttin in Kuhgestalt namens Hathor im Relief von Narmer. Ihre Ziehgöttin Ninhursag war die Amme der ersten Könige von Sumer. Sie ist anwesend im Himmel über uns, in der Erde unter uns, in den unterirdischen Wassern und im Mutterschoß.»[70] Professor Moortgat weist darauf hin, daß die Muttergöttin und einer ihrer Gefährten, der heilige Stier, «der früheste greifbare, spirituell bedeutsame Ausdruck der Dorfkultur von Ackerbauern sind». – «In den Dörfern der Neusteinzeit war die mildtätige Göttin Erde als Mutter, Ernährerin und Empfängerin der Toten zum Zwecke der Wiedergeburt die zentrale Gestalt aller Mythologien.»[70]

Am Ende des folgenden Kapitels werden wir besser in der Lage sein, etwas über die verschiedenen Bedeutungen der Muttergöttin auszusagen, über wahre und falsche Bedeutungen, Wirklichkeit und Aberglaube, Biologisches und Mystisches, Esoterisches und Exoterisches. Es handelt sich dabei um ein sehr heikles und kompliziertes Problem. Zum Beispiel: Stand die Muttergöttin für tatsächliche Transzendenz oder nur für kindliches Verlangen nach Schutz? Repräsentierte sie echte metaphysische Wahrheit oder war sie nur das Produkt unverarbeiteter Kindheitswünsche? Repräsentierte sie Göttlichkeit oder nur magische Erntefruchtbarkeit? Kann sie mit nur biologischen und psychoanalytischen Begriffen erklärt werden, oder bedarf es echter mystischer und metaphysischer Deutungen?

Meines Erachtens müssen beide Elemente einbezogen werden, weshalb für eine ausgewogene Theorie beide Erklärungen angemessen und notwendig sind. Daher will ich dieses Kapitel einer kurzen Erörterung der biologischen, naturhaften und psychoanalytischen Erklärungen der Muttergöttin widmen und das nächste den transzendenten, mystischen und sakralen Elementen der Göttin. Das Mutterbild in seinen naturhaft/biologischen Aspekten werde ich die «Große Mutter» nennen; das Mutterbild in seinen transzendenten und mystischen Aspekten nenne ich jedoch «Große Göttin». In diesen Kapiteln werden immer wieder die vielen Ähnlichkeiten und die gewaltigen Unterschiede zwischen der Großen Mutter und der Großen Göttin deutlich werden.

Beginnen wir mit einem einwandfrei biologischen Beispiel. In ihrem Buch *Die zweite Geburt*[225] gibt Louise Kaplan die neueste Beschreibung dessen, was heute im Bereich der Entwicklungspsychologie als gesichert und anerkannt gelten kann. Im Augenblick der Geburt existiert das Baby noch nicht als echtes persönliches Ich. Während der ersten vier bis sechs Monate ist es buchstäblich *eins* mit der Mutter, seiner Umwelt und dem physischen Kosmos – was Melanie Klein «projektive Identifizierung» nennt.[233] Das ist der kindliche uroborische oder paradiesische Eden-Zustand. Mit fünf oder sechs Monaten beginnt diese primitive Verschmelzung sich aufzuspalten. Doch endet die damit eingeleitete Differenzierung erst mit etwa achtzehn Monaten und ist erst nach sechsunddreißig Monaten wirklich abgeschlossen. In dem Maße, in dem das Kind sich aus der uroborischen Verschmelzung zu lösen beginnt, wird es abwechselnd mit der liebenden und mit der furchterregenden Gestalt der Mutter konfrontiert.

Und zwar nicht einfach der Mutter, sondern der Großen Mutter. Bei der Lösung aus der uroborischen Verschmelzung ist das erste, dem sich das Kind gegenübersieht, seine Mutter. Sie ist in allem und jedem seine *ganze Welt*. Dies ist die Mutter, die «als biologische Grundlage der Familie die ganze Welt für das Kind sein muß».[61] So gesehen ist die Mutter die Große Mutter, die Große Umwelt oder die Große Umfangende.[311] Da die Lösung von der Großen Mutter mit etwa fünf Monaten beginnt und mit achtzehn Monaten mehr oder weniger vollendet, aber nicht vor sechsunddreißig Monaten voll abgeschlossen ist, beherrscht die Gestalt der Großen Mutter sowohl die typhonische als auch die Gruppenzugehörigkeits-Struktur des Kindes.[436] Die Große Mutter ist in diese Ebene auf eine Weise eingebettet, die mit keiner der folgenden Entwicklungsstufen Ähnlichkeit aufweist. Kurz gesagt, diese Stufen gehören der Großen Mutter und nahezu ihr allein. Louise Kaplan schreibt: «Die Mutter ist der eine Partner, mit dem das Baby das Loslösungsdrama durchspielt.» Der Vater hat dafür so gut wie keine Bedeutung. Später werden wir sehen, daß der Vater grundsätzlich erst bei der Entwicklung der Ego-Ebene eine Rolle spielt.[311]

In dem Maße, in dem das Kind sich aus dem Uroboros löst und ein rudimentäres Körper-Ich entwickelt, wird es auch *verwundbar*. Da jetzt ein Ich existiert, gibt es auch ein Anderes, und «wo immer es ein Anderes gibt, da gibt es auch Angst». Es ist die Furcht vor der Auflösung, vor Auslöschung – Thanatos –, und sie konzentriert sich auf die Gestalt der Großen Mutter.[233, 384] Die Beziehung zwischen dem Körper-Ich und der Großen Mutter ist also eine Beziehung zwischen Sein und Nichtsein, Leben und Tod – sie ist existentieller Art, nicht von bestimmten Umständen abhängig.[25] Die Große Mutter ist also mehreres zugleich: Große Ernährerin, Große Beschützerin, Große Zerstörerin, Große Verschlingerin. Sullivan pflegte das die Gute Mutter und die Böse Mutter zu nennen.[384] Das ist in jeder Hinsicht eine intensive Beziehung, grundlegend, furchteinflößend und folgenschwer.

Die Große Mutter steht anfänglich also für eine globale, körperliche, separate und verwundbare Existenz in Raum und Zeit mit daraus entstehendem Verlangen nach einer Großen Beschützerin und der daraus folgenden Furcht vor dem großen Zerstörer. Ich kann mir vorstellen, daß etwas Ähnliches, wenn auch nicht unbedingt Identisches, der Menschheit insgesamt widerfuhr, als sie sich aus ihrem kollektiven Schlummer im uroborischen Eden löste. So wie beim Kleinkind die Mutter der eine Partner ist, «mit dem das Kleinkind das Loslösungsdrama durchspielt», so hatte die Menschheit in ihrer kindlichen Phase, als sie das Loslösungsdrama von der Natur (Mutter Natur) durchspielte und sich aus der Verschmelzung mit der Umwelt löste, die Große Mutter als ständigen Partner. Der Großen Mutter fiel die Rolle zu, körperliche Existenz, Materie und Natur, Wasser und Erde, Leben und Tod in diesem naturhaften Bereich zu repräsentieren.[70]

Aus alledem resultiert: Ist unsere Einstellung zur Großen Mutter «gut», dann ist sie die Große Beschützerin. Ist unsere Einstellung oder sind unsere diesbezüglichen Handlungen «schlecht», dann ist sie die rächende Zerstörerin.[126] Hier haben wir bereits die psychologische Dynamik und Grundlage eines *Rituals*. Um die Große Mutter zu besänftigen, sich ihren Schutz zu erhalten und sie von zorniger Rache abzuhalten, sind besondere Riten notwendig. Bei deren Betrachtung sollten wir stets dieser grundlegenden Dynamik eingedenk sein; denn sie ist der Schlüssel zu vielem, was uns sonst in dieser Periode der Geschichte und den sie definierenden Ritualen als rätselhaft erscheinen würde.

Da die Große Mutter in die Strukturen der typhonischen wie der Gruppenzugehörigkeits-Ebene eingebettet ist, sollten wir uns nach Hinweisen auf irgendeine Form des Kults der Großen Mutter bis weit zurück in die magisch-typhonische Periode umsehen.

Selbstverständlich konnten die Mutterkulte dort nicht so verfeinert, artikuliert und nach außen zur Schau gestellt sein, wie sie es in der Periode linguistischer Gruppenzugehörigkeit waren, aber einiges Beweismaterial sollte es doch geben. Und das gibt es auch.

Schon in der Zeit der paläolithischen Höhlen, deren Wandzeichnungen vor allem Tiere der Großen Jagd zeigen, war das Hauptmotiv der Skulpturen der weibliche Körper.[90] Männer werden fast gar nicht

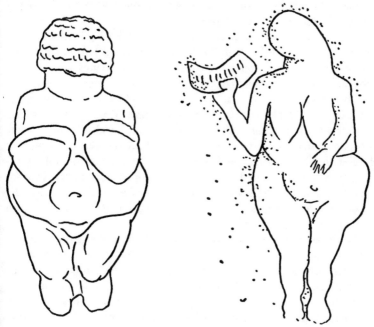

Abb. 6 Paläolithische Venus-Figurinen – die frühesten bekannten Darstellungen der Großen Mutter.

nachgebildet, und wenn, dann maskiert oder in magisch veränderter Form.[92] Viele weibliche Figurinen fand man sogar in Schreinen aufgestellt. Daraus zieht Professor Menghin folgenden Schluß: «Diese weiblichen Skulpturen stellen dieselbe Muttergöttin [in einer frühen Form] dar, die in den späten Ackerbaukulturen des Nahen Ostens einen so überragenden Platz einnimmt und überall als Magna Mater und Mutter Erde verehrt wurde.»[69] Ein anderer kompetenter Forscher schreibt: «Diese Figuren waren offensichtlich die ersten Objekte der Verehrung durch den *Homo sapiens*.»[69] Kein Wunder, daß allein in einer einzigen paläolithischen Grabstätte «zwanzig kleine Statuen der [Große-Mutter-]Göttin sowie eine große Anzahl zeremoniell bestatteter Tierkörper gefunden wurden, was von der Existenz einer entwickelten Mythologie in der Altsteinzeit zeugt, in der die Große Mutter bereits mit den Symbolen des sehr viel späteren neusteinzeitlichen Kults der Ishtar-Aphrodite in Verbindung gebracht wurde: dem Vogel, dem Fisch, der Schlange, dem Labyrinth».[69] Campbell hat für diese frühe Form der Großen Mutter das schöne Wort «Unsere Liebe Frau der Mammuts» geprägt – dies ist das grobe und in den Anfängen steckende Matriarchat der Großen Jagd.

Die Große Mutter steht also bis weit zurück ins Paläolithikum und in die typhonische Periode in Wechselbeziehung zur körperlichen Existenz selbst, einer Existenz, die vor allem durch die biologische Funktion der und frühe Abhängigkeit von der Mutter charakterisiert ist: Geburt, Stillen, Entwöhnen und so weiter. «In der Entwicklungsgeschichte des Denkens erscheinen uns diese Venus-Statuetten der späteren Altsteinzeit als frühester erkennbarer Ausdruck jenes unzerstörbaren rituellen Gedankens, der in der Frau die Verkörperung von Beginn und Fortsetzung des Lebens sieht [die Gute Mutter oder Große Beschützerin] . . . und auch das Symbol irdischer Materie [Mutter Natur]», schreibt Dr. Hancar.[69] So ist, wie Campbell feststellt, «die Große Mutter schon seit der Morgendämmerung der Spezies Mensch erkennbar».

An dieser Stelle müssen wir einige technische Anmerkungen einschieben: Später wird gezeigt, daß die Große Mutter und das typhonische Ich sich gleichzeitig und korrelativ aus dem frühen Uroboros herausbildeten. Die Große Mutter beherrscht dann die typhonische Stufe und erreicht ihre höchste Stellung auf der Stufe der mythischen Gruppenzugehörigkeit. Nachdem wir die Herauslösung und Differenzierung des Ich-Systems vom frühen Uroboros über die typhonische bis zur Gruppenzugehörigkeits-Stufe verfolgt haben, ist es jetzt faszinierend zu untersuchen, wie das Bild der Großen Mutter sich in diesen drei Stufen *historisch* herausgebildet und differenziert hat. Die außerordentliche zwölfbändige Studie von Pater Schmidt[69] teilt die archaische Gesellschaft in drei Stufen ein. Die frühesten Typen menschlicher Gemeinschaften (Yaghans, Karibu-Eskimos, Pygmäen, Kurnai) «lassen weder eine deutlich patriarchalische noch eine deutlich matriarchalische Betonung erkennen».[69] Die Orientierung ist noch weitgehend prä-differenziert oder uroborisch. Dennoch beginnt sich in einigen dieser einfachsten aller menschlichen Gemeinschaften in ziemlich ungenauen Umrissen so etwas wie ein Vorstellungsbild von der Großen Mutter aus dem Uroboros herauszubilden. Es ist aber wirklich nur ein Anfang: «Die Hauptpersönlichkeit in der Mythologie dieser kleinen Menschen [der Andamaner] ist der Nordwest-Monsun Bilku, der manchmal als Spinne dargestellt wurde [nach Ansicht der Jungianer ein Große-Mutter-Archetyp] . . . und dessen Charakter sowohl gut als auch böse ist [Gute und Böse Mutter]. Bilku gilt gewöhnlich als weibliches Wesen, und wir können nicht umhin, in dieser kaum überraschenden Kennzeichnung eine wahrscheinliche Projektion des ‹infantilen Mutterbildes› zu erkennen.»[69] Diese Projektion ist jedoch immer noch mit der uroborischen und körperlichen Sphäre verschmolzen. Die Große Mutter ist noch keine differenzierte Wesenheit.

Die nächste Entwicklungsstufe ist nach Schmidt die der totemischen (magischen) Jägergruppen (typhonisch). Angesichts der entscheidenden Bedeutung der Jagd für die Existenz des damaligen Menschen waren männliche Fähigkeiten vorrangig, und Schmidt bezeichnet die grundlegende Psychologie dieser Entwicklungsstufe auch als maskulin. Es war jedoch eine vormentale und vorbegriffliche Maskulinität, die weitgehend auf der Jagd, dem magischen Totem und dem durch Blutsverwandtschaft zusammengehaltenen Clan beruhte. Campbell betont, als Folge der männlichen Tugenden habe eine gewisse jungenhafte Unschuld vorgeherrscht, trotz der häufig praktizierten grausigen Riten. Dies war ein bestimmter Typ von Männlichkeit, jedoch nicht derselbe, der später das Patriarchat kennzeichnete, vielmehr eine körperliche, von Bachofen und Neumann auch als chthonisch bezeichnete Maskulinität.[16, 311]

Obwohl also diese Gemeinschaften «körperlich maskulin» oder «jugendlich maskulin» waren, begannen sich gerade in dieser Periode die Große Mutter und auch der Typhon deutlich aus dem Uroboros zu lösen und zu differenzieren. Deshalb ist es auch nicht ungewöhnlich, «eine paläolithische Landschaft anzutreffen, in der die Themen

Schlange, Labyrinth und Wiedergeburt schon eine symbolische Konstellation mit der [Große-Mutter-]Göttin in ihrer klassischen Rolle als Beschützerin des Herdes, Mutter der Wiedergeburt des Menschen und Beherrscherin des Wildes und der Nahrungsversorgung bilden. Sie ist die Patronin der Jagd.»[69] Dr. Hancar meint: «Der psychologische Hintergrund dieses Gedankens entstammt dem Gefühl und der Erkenntnis, daß die Frau, vor allem während der Schwangerschaftsperiode, Zentrum einer wirksamen magischen Kraft ist.»[69] Campbell weist darauf hin, daß wir in den verschiedenen Formen Unserer Lieben Frau der Mammuts «das erste ‹Bild und Gleichnis› der menschlichen Geschichte vor uns haben, und daß diese Darstellungen augenscheinlich die ersten Gegenstände der Verehrung durch die Gattung Mensch waren».[69]

Hervorzuheben ist, daß selbst diese körperlich-maskulinen Jägergemeinschaften in gewisser Hinsicht schon unter dem aufdämmernden Einfluß der Großen Mutter standen.[311] Die Große Mutter herrscht über die körperlichen Bereiche. Deshalb steht auch die körperliche Maskulinität unter dem Einfluß der Großen Mutter; das ist die Bedeutung von chthonischer Maskulinität.

Obwohl die Große Mutter sich in diesem typhonischen Jägerstadium aus dem Uroboros zu lösen und sich von ihm zu differenzieren beginnt, bleibt sie dem Uroboros immer noch sehr nahe. Das typhonische Ich ist noch ganz der animalischen Natur ergeben, dem Herrscher-Tier des Zauberers, dem Totem des animalischen Vorfahren, die alle Natur-in-Verschmelzung darstellen, also Uroboros, nicht differenzierte Natur, also Große Mutter. Neumann nennt das den mütterlichen Uroboros, oder umgekehrt die uroborische Mutter.

Die Große Mutter löst sich erst in der nächsten Stufe, der Stufe mythischer Gruppenzugehörigkeit, aus dem Uroboros. Dementsprechend bezeichnet Pater Schmidt seine nächste Stufe – die letzte der archaischen Stufen – als matriarchalische Ackerbaustufe. Und genau an diesem Punkt stehen wir jetzt bei unserer Schilderung. Auf dieser Stufe hat sich die Große Mutter ganz aus dem Uroboros differenziert. Jetzt umfaßt und repräsentiert sie *alle* unteren Ebenen, aus denen sie sich herausgelöst hat: Der Uroboros wurde zu ihrem Gefährten und der Typhon ihr Abkömmling, und sie herrschte, letztlich, über die ganze Natur, die biologische und materielle. Das kennzeichnet auch den *Beginn* des Übergangs aus dem Stadium, in dem das Ich sich der animalischen Natur, also dem Totem ausliefert, zu einem Stadium, in dem es sich der menschlichen Natur, also der Gruppenzugehörigkeit ausliefert. Dennoch repräsentierte die Große Mutter in ihrer reinsten Form die ganze Natur: Materie, Instinkte, Körper, Ernten, die Erde, Fruchtbarkeit, Sexualität, Gefühle, Begierden, Magie und den Beginn des Mythos. Erst auf der folgenden, mental-ichhaften Stufe kommt es dann zum endgültigen Übergang von der Mutter Natur zur menschlichen Natur, markiert durch den Beginn des Patriarchats, das wir in Kapitel 13 erforschen wollen.

Obwohl wir nun wissen, daß die Große Mutter den ganzen Entwicklungsgang bis zur frühesten typhonischen Periode zurückverfolgt werden kann, müssen wir uns jetzt auf ihre stärker artikulierten, verfeinerten, wenn auch schaurigen Formen und Funktionen konzentrieren, die vor allem während der Stufe mythischer Gruppenzugehörigkeit nach und nach in Erscheinung traten. In der frühesten typhonischen Zeit war die Große Mutter wahrscheinlich nicht viel mehr als eine gewisse Betroffenheit, ein nichtverbaler Schock über die Getrenntheit der eigenen Existenz und Ausdruck einfacher biologischer Abhängigkeit. Zur Zeit der mythischen Periode ist die Ich-Empfindung schon strukturierter, artikulierter, und das trifft auch auf die Große Mutter zu. Die Menschen waren sich ihrer vergänglichen Existenz und deshalb auch der Großen Mutter bewußter – dessen, was sie war, und was sie von ihnen forderte.

Und was sie von den Menschen forderte, waren Opfer – Menschenopfer.

Opfer – Herzstück der Mythologie der Gruppenzugehörigkeit

Wir wollen damit beginnen, zunächst die mit der Großen Mutter am häufigsten verbundenen Assoziationen festzuhalten. Sie ergaben sich hauptsächlich aus einfachen natürlichen und biologischen Gründen, so daß sie nichts tief Metaphysisches enthalten. (Es wird sich zeigen, daß es überhaupt äußerst wenig wirklich Metaphysisches im Zusammenhang mit der Großen Mutter oder irgendeinem ihrer Symbole oder Riten gab.) An allererster Stelle ist die Assoziation zwischen dem Mond und dem Mutterschoß zu erwähnen, denn sowohl der Mond- wie der Menstruationszyklus haben den Achtundzwanzig-Tage-Rhythmus der Gezeiten der Meere. So wurde die Große Mutter schon sehr früh mit Mond- und Wassersymbolen assoziiert. Da der Mond der ständige Gefährte der Erde ist, machte man den Mond oder irgendeine Form von Mondsymbol zum Liebhaber oder göttlichen Gefährten der Erdgöttin. Daher treffen wir in der Mythologie die Mond-Schlange, den Mond-Stier, das Mond-Schwein und andere als Gefährten der Großen Mutter an.

Am Ende des Mondzyklus aber «verschwindet» oder «stirbt» der Mond – er verdunkelt sich, verschwindet in der Unterwelt. Aber aufgepaßt: Nach drei Tagen wird der Mond wiedergeboren, ist er auferstanden! In der Tat *muß* der Mond sterben, wenn ein neuer Zyklus beginnen soll. Die erste symbolische Gleichung, die wir im Gedächtnis behalten sollten, lautet daher: *Der Gefährte der Großen Mutter ist der drei Tage lang tote und dann auferstandene Gott.*

Die zweite bedeutsame Gleichung macht etwas frösteln, betrifft sie doch die Gleichsetzung von Blut und Leben. Malinowski, Bachofen, Neumann und andere haben hervorgehoben, daß das früheste Verständnis der Menschen hinsichtlich sexueller Reproduktion alles andere als wissenschaftlich zutreffend war. So gab es beispielsweise eine Zeit, in der die Menschheit nicht wirklich begriff, daß Geschlechtsverkehr zu Schwangerschaft führt. Denn schließlich kann im Laufe eines Jahres Geschlechtsverkehr mehrere hundertmal stattfinden, eine Geburt jedoch höchstens alle neun Monate. Außerdem wurden in primitiven Gemeinschaften oft schon Kinder im Alter von fünf bis zwölf Jahren im Geschlechtsverkehr unterwiesen, den sie dann zum kreischenden Vergnügen der Älteren ausführen mußten. Und dabei gibt es eben keine Schwangerschaft. Wenn es also bei so häufigem Geschlechtsverkehr nur gelegentlich ein Kind gibt, dann mußte in den Augen primitiver Menschen eindeutig etwas anderes dafür verantwortlich sein, und zwar etwas, das ausschließlich in der Frau lag. Und tatsächlich hat man noch bis in die allerjüngste Vergangenheit alleine die Frau dafür verantwortlich gemacht, wenn eine Ehe keine Kinder hervorbrachte.

Es war also nicht der männliche Samen, der Schwangerschaft, Geburt und Leben verursachte. Und selbst als man das noch recht undeutlich begriff – was bald geschah –, daß nämlich der Mann als Gefährte dazu benötigt wurde, blieb er noch eine sehr sekundäre Gestalt. Er war nur derjenige, der den Phallus hatte, aber jeder beliebige Phallus erfüllte die gleiche Funktion. Daher herrscht in der Mythologie die phallische Mutter vor, die hermaphroditische Mutter, denn «die Männer, die die Mutter sich als Liebhaber aussucht, können sie schwängern, sie können selbst Fruchtbarkeitsgötter sein, doch bleibt die Tatsache, daß sie nur phallische Gefährten der Großen Mutter sind, Drohnen, die der Bienenkönigin dienen».[311]

Deshalb wird die Große Mutter auch stets als Jungfrau dargestellt –
nicht, daß sie keinen Geschlechtsverkehr hätte. In dieser Beziehung
jedoch gehört sie keinem Mann; sie ist immer dieselbe, während Männer nur beliebig auswechselbare Träger des Gefährtenphallus sind.
Bachofen hat das so ausgedrückt: «Immer dieselbe Große Mutter
paart sich mit immer neuen Männern.» Deshalb, sogar als Jungfrau
oder gerade als Jungfrau, herrscht sie, und nicht der Mann über alle
Phalluskulte, und alle Phalluskulte sind Kulte der jungfräulichen Großen Mutter. «Dementsprechend ist die Fruchtbarkeitsgöttin sowohl
Mutter als auch Jungfrau, die Hetäre, die keinem Mann gehört.»[311]

Man muß sich folgendes klarmachen (und sich dabei dessen bewußt
sein, daß wir uns jetzt mit paläologischem oder mythischem Denken
befassen): Da die Große Mutter sowohl Mutter als auch Liebhaber in

Abb. 7 Klassische Darstellungen der Großen Mutter, der Schlangen-Mutter.
Daß der Schlangen-Uroboros eng mit der Mutter verbunden ist, offenbart ihre
typhonische Form. Die Schlange repräsentiert auch den Phallus der Großen
Mutter, die immer hermaphroditisch aufgefaßt wird (s. Kap. 13).

einer Person ist, ist ihr Gefährte Ehemann und Sohn zugleich, oder ihr Sohn-Liebhaber. Daher ist der Sohn sein eigener Vater (was beispielsweise vom Pharao behauptet wurde), obgleich «Vater» hier vielleicht ein zu starkes Wort ist. Denn das Wesentliche an dieser paläologischen Gleichung ergibt sich aus der Tatsache, daß das Vaterprinzip als solches noch nicht als selbständige Kraft in Erscheinung tritt.

Aus diesem Grunde wird die Große Mutter überall zugleich als Braut wie als jungfräuliche Gottesmutter dargestellt ... Das läßt sich leicht verstehen, wenn wir nur daran denken, daß das Vaterprinzip auf dieser Stufe der Evolution noch nicht dominiert. Es gibt Mütter und Töchter, Söhne und Liebhaber, Ehefrauen und Bräute und Gefährten – aber keine wirklichen biologischen Väter. Kein Wunder, daß die Männer in diesen Gemeinschaften, wie Campbell sich ausdrückt, praktisch bedeutungslos waren, und kein Wunder, daß sie sich zu Männerbünden und Geheimbünden zusammenschlossen, wie wir sie noch heute in allerlei Logen und Gilden kennen, um der Vorherrschaft des weiblichen Prinzips zu entgehen. Und dennoch: Welche Gottheit wurde in diesen ersten Männerbünden verehrt? Die Große Mutter natürlich.*

Nun stellt sich jedoch die Frage: Wenn der männliche Samen für die Schwangerschaft als überflüssig oder zumindest sekundär angesehen wird, was ist dann die «Substanz» neuen Lebens? Für den primitiven Menschen war das eindeutig: Das Menstruationsblut fließt periodisch während der ganzen Reife der Frau aus ihrem Schoß – *ausgenommen wenn sie schwanger ist*. Also muß es dieses «zurückgehaltene» Menstruationsblut sein, das in die Form eines lebenden Babies und neuen Lebens umgewandelt wird.[311] Und die Große Mutter *braucht deshalb Blut*, um neues Leben hervorbringen zu können. Diese Gleichung wurde noch durch die ganz zutreffende Beobachtung verstärkt, daß *körperliches Leben von Blut abhängig ist*: Man nehme das Blut weg, und man nimmt das Leben weg. In jedem Falle war die Schlußfolgerung eindeutig: So wie die Erde Regen braucht,

---

* Ich bin mir dessen bewußt, daß Motiven wie dem der jungfräulichen Geburt in der *darauffolgenden* Geschichte und Evolution höchst metaphysische Bedeutungen gegeben werden können und gegeben wurden. Ich leugne aber, daß sie *nur* metaphysisch sind. Die meisten waren schlichtweg paläologisch und können heute von jedem fünfjährigen Kind reproduziert werden, wie die Untersuchungen von Piaget zeigen. Die Art und Weise, wie einige dieser Motive tatsächlich als *Symbole* von Transformation und metaphysischen Wahrheiten verwendet *wurden*, wird im nächsten Kapitel erörtert.

um neue Ernten hervorbringen zu können, braucht die Große Mutter Blut, um neues Leben hervorzubringen.

Setzen wir diese beiden symbolischen Gleichungen (Tod und Auferstehung des Mondgott-Gefährten sowie Blutopfer für das Leben) zusammen, dann gelangen wir unmittelbar zur perfekten Logik der frühen rituellen Menschenopfer: Der symbolische Gefährte (Tier oder Mensch) wird als Blut der Großen Mutter geopfert, stirbt und wird laut vielen Mythen nach drei Tagen auferstehen. Tatsächlich folgt die Große Mutter dem toten Gott-Gefährten in die dunkle Unterwelt und bringt dort dessen Auferstehung zustande, womit sie einen neuen Lebenszyklus, neue Fruchtbarkeit und einen neuen Mond sichert. Beim Opfer selbst vereinigt sich (symbolisiert durch Geschlechtsverkehr) der Gott-Gefährte mit der Großen Mutter, wodurch er selbst *wiedergeboren* wird und aufersteht (und bei diesem Vorgang sein eigener Vater wird). Die Große Mutter bleibt bei allen diesen Vorgängen *«die Mutter-Braut des toten und auferstandenen Gottes».*[70] Man beachte, daß dies genau die Formel von Maria und Jesus ist – sie ist sowohl die Mutter des toten und auferstandenen Gottes (Jesus) als auch die jungfräuliche Braut Gottes (des Vaters). Aber vor Maria und Jesus gab es bereits Damuzi und Inanna, Tamuz und Ishtar, Osiris und Isis – es ist eine alte, sehr alte Geschichte.

Um es ganz knapp zusammenzufassen: Womit konnte man die Große Mutter besänftigen, sie als Beschützerin behalten und ihre zornige Rache vermeiden? Indem man ihr gab, was sie forderte – Blut! Und auf welche Weise sollte man es ihr geben? Durch ein Ritual! So war also das erste große Ritual das eines Blutopfers, das man der Großen Mutter brachte – der Mutter Natur – in einem Tauschhandelsversuch, ihre Gier nach Blut zu befriedigen, Blut, das aus verschiedenen Gründen mit Leben gleichgesetzt wurde. Blut ist ja auch tatsächlich körperliches Leben, und wenn man Leben kaufen will, erkauft man es mit Blut. So denkt man paläologisch; und wie die Magie arbeitet auch die Paläologik mit Teilwahrheiten. Und da sie unfähig ist, höhere Perspektiven zu begreifen (oder weitere Zusammenhänge), kommt sie wie die Magie zu barbarischen Schlußfolgerungen.

Nun wurden diese frühen Opferriten auf sehr ernsthafte und genauen Regeln folgende Weise durchgeführt. Wir sprachen bereits von der Opferung einer Jungfrau und ihres jungen Gefährten bei einem rituellen Sexualtod, der eines der frühesten und primitivsten aller Ritualopfer darstellt. Rituelle – und häufig freiwillige – Opfer hat es jedoch in allen Perioden der ersten Hochkulturen gegeben, was sich bis in die jüngste Gegenwart fortgesetzt hat und zwar in Teilen Afrikas und Indiens. Die Opferung selbst hat sehr verschiedenartige Formen angenommen. Anfänglich waren es fast überall lebende Menschen, später traten dann Tiere (Ochsen, Ziegen, Wildschweine, Pferde, Lämmer) an die Stelle von Menschen. Als zum erstenmal Königreiche gegründet wurden, waren die ersten Könige heilig; sie wurden als Götter und demgemäß als Gefährten der Großen Mutter angesehen. Und wir wissen, was mit den Gefährten der Großen Mutter geschieht. Es gibt eine Fülle von Beispielen dafür, daß die frühesten Könige sich freiwillig dem rituellen Königsmord zur Verfügung stellten und häufig selber Hand an sich legten.

Wenn seine Zeit gekommen war, ließ der König ein hölzernes Schafott bauen und mit seidenen Tüchern bedecken. Nachdem er dann ein rituelles Bad genommem hatte . . . begab er sich feierlich zum Tempel, wo er die Gottheit verehrte. Dann stieg er auf das Schafott, griff nach scharfen Messern und begann vor den Augen des Volkes Teile seines Körpers abzuschneiden – die Nase, Ohren, Lippen, alle seine Glieder und so viel von seinem Fleisch, wie er imstande war. Er warf diese Körperteile von sich weg bis er so viel Blut verloren hatte, daß er ohnmächtig zu werden begann, woraufhin er sich die Kehle durchschnitt.[69]

In anderen Fällen wurde der König einfach erwürgt und neben einer lebenden Jungfrau beerdigt. In wieder anderen Fällen genügte einfach die Opferung einer Jungfrau, noch später waren es dann nur noch Tiere, Ziegen oder Stiere. Der spanische Stierkampf ist noch ein säkularisiertes Relikt dieser Opferungen. Die Logik bleibt jedoch stets dieselbe: Der Gott muß sterben und von der Großen Mutter wiedergeboren werden, um neues Leben und Fruchtbarkeit sicherzustellen. Frobenius kommentiert das wie folgt:

Der große Gott muß sterben; er verliert sein Leben und wird in der Unterwelt innerhalb eines Berges eingeschlossen. Die Göttin (wir wollen sie mit ihrem späteren babylonischen Titel Ishtar nennen) folgt ihm in die Unterwelt. Nachdem sie sein Selbstopfer verzehrt hat, befreit sie ihn. Dieses höchste Mysterium wurde nicht nur in bekannten Gesängen gefeiert, sondern auch in den antiken Neujahrsfestlichkeiten, bei denen es theatralisch dargestellt wurde. Diese dramatische Darstellung kann man als den Höhepunkt der

Grammatik und Logik der Mythologie in der Geschichte der Welt bezeichnen.[153]

Wir brauchen nicht länger bei historischen Einzelheiten zu verweilen, sondern wollen nur festhalten, «daß jeder Teil der archaischen Welt während der verschiedenen Hochperioden seiner zahlreichen Kulturen irgendwann einmal von Opferwut geradezu besessen war». Besonders beachtenswert in diesem Zusammenhang: «Sir James G. Frazer hat in seinem Buch *Der Goldene Zweig* nachgewiesen, daß in den frühesten Stadtstaaten des Nahen Ostens, die gewissermaßen die Geburtsstätte aller hohen Zivilisationen der Welt waren, Gott-Könige geopfert wurden; und die Ausgrabungen der königlichen Gräber von Ur durch Sir Leonard Woolley, in denen ganze Hofstaaten zeremoniell lebendig begraben wurden, haben uns offenbart, daß solche Praktiken in Sumer sogar noch bis zum Jahre 2350 v. Chr. üblich waren.»[70, 136, 438]

Mit einem Satz: Was wir Zivilisation nennen und was wir Menschenopfer nennen, trat gemeinsam in Erscheinung.

Das rituelle Opfer

Wir alle kennen die stereotype Antwort auf die Frage: «Warum Opferungen?» Sie lautet: Opfer sind ein magischer Versuch, Fruchtbarkeit und Ernten zu vermehren, nötigen Regen herbeizurufen und so weiter. Das trifft sicherlich teilweise zu, vor allem, wenn wir in Betracht ziehen, daß bei Mißernten häufig zusätzlich Menschenopfer gebracht wurden, wobei gewöhnlich der König an erster Stelle stand. Frazer hielt solche Opfer für praktische Maßnahmen, um eine magische Befruchtung des Bodens zu bewirken. Die Psychoanalyse hat noch eine zusätzliche Begründung geliefert: Die Riten waren eine Technik, um blutschänderisches Verlangen nach der Mutter zu sühnen. Andere sehen in den Ritualen eine Quelle für die Erzeugung von Macht (Mana).

Alles das trifft zu. Meines Erachtens jedoch haben alle diese Erklärungen etwas gemeinsam: Das Opferritual wurde ausgeführt, um Todesschuld (in Gestalt der Verschlingenden Mutter) zu besänftigen und zu sühnen und auf diese Weise die fruchtbare Zukunft des separaten Ich zu sichern. Darüber hinaus sollte die Macht des separaten Ich vermehrt werden (unter den Auspizien der Großen Beschützerin).

Das Ritual war also eine einfallsreiche Kombination beider Ziele des Atman-Projekts: Erstens sich magisch vom Tod freizukaufen, und zweitens es so erscheinen zu lassen, als sei der das Opfer darbringende Mensch der «Stellvertreter» für die Naturelemente, den Regen, die Fruchtbarkeit, das Leben selbst, und zwar stellvertretend für die Große Mutter, die Mutter Natur – allmächtig, kosmozentrisch, zum Gott erhoben.

Das Ritual war also magischer Ersatz für Transzendenz und Unsterblichkeit, sollte auf magische Weise Fruchtbarkeit und die Zukunft sichern, dafür sorgen, daß der Tod den Menschen nicht um die mühsam erarbeitete Ernte bringt, während gleichzeitig das Ich als Zentrum des Kosmos und Lieblingskind der sonst rachelüsternen Elemente der Mutter Natur dargestellt wird. Mumford schreibt: «Die vielleicht geheimnisvollste aller menschlichen Institutionen, eine, die oft beschrieben, aber niemals angemessen erklärt wurde, ist die des Menschenopfers: ein magisches Bemühen, entweder Schuld zu sühnen oder bessere Ernten herbeizuführen.»[26] Ich möchte dazu bemerken, daß es *beides* war. Auch Becker hat nachgewiesen, daß das Ritual zwei Seiten hatte: Heroismus und Sühne oder «das Erlebnis von Prestige und Macht [Eros], das einen Mann zum Helden macht, sowie das Erlebnis der Sühne [Tod, Thanatos], das ihm die Schuld nimmt, ein menschliches Wesen zu sein [ein separates Ich]».[26]

Ich stimme voll mit Beckers tiefschürfender Analyse überein und möchte dazu noch folgendes feststellen: Betrachtet man die Welt aus der Sicht der *mythischen Bewußtseinsstruktur*, dann stimmen rituelle Opfergaben und Opfer genau mit dieser Struktur überein und stellen die beiden Flügel des Atman-Projekts dar, wie es sich auf dieser Ebene manifestiert. Mit anderen Worten: Die *Form* der rituellen Logik entspricht genau dem, was wir angesichts einer mythisch oder paläologisch strukturierten Weltanschauung erwartet hätten – Besänftigung der naturhaften Großen Mutter, pranische Assoziationen, Verehrung der ERDE, emotional-sexuelle Elemente, Blutrituale, paläologischer Symbolismus (Mond = Gott, Sohn = sein eigener Vater, Mutter = jungfräuliche Braut, und so weiter). Mit diesen paläologischen Bewußtseins*formen* wurde dann die stets vorhandene Atman-Intuition vermengt. Die daraus entstehende Mischung war ein Atman-Projekt, dargestellt durch mythische Formeln, magische Rituale, fetischistische Symbole und Opferbesessenheit – alles zustandsspezifische Zugriffe auf die Unsterblichkeit einerseits sowie Ventile für kosmozentrische Bestrebungen andererseits.

Das Aufkommen von Menschenopfern ist für die Motivationen der Menschen so bedeutsam und zentral, und zwar bis auf den heutigen Tag, daß wir diesem Thema das ganze achte Kapitel widmen werden. Das Voranstehende soll nur eine einfache Einführung in ein Thema sein, das ich bald in allen erschreckenden Einzelheiten behandeln werde.

Das kämpferische Ich

Die der Großen Mutter in uralten Zeiten dargebrachten Opfer haben noch eine andere Bedeutung, die zur damaligen Zeit wohl nicht bekannt war. *Uns* jedoch kann sie bei unserem Rückblick etwas über die Struktur des Ich in der damaligen Zeit verraten. Der Opferpriester war sich damals vermutlich bis zu einem gewissen Grad darüber klar, daß das von ihm praktizierte Ritual unter anderem Fruchtbarkeit «garantieren» und die Große Mutter besänftigen sollte. Und der Durchschnittslaie war sich wohl auch dessen bewußt, daß er an diesen Riten teilnehmen mußte, wollte er nicht Unangenehmes auf sich ziehen. Was keiner von beiden damals wissen konnte, war, daß die gesamte Mythologie um die Große Mutter auf die Natur des Ichempfindens in jenem Evolutionsstadium hinweist.

Denn das Wesentliche an der Großen Mutter war, daß sie die Auflösung, die Opferung des separaten Ich forderte. Man beachte: Die Große Mutter forderte die Auflösung des Ich. Dieses kann sich jedoch in zwei ganz verschiedenen Richtungen auflösen: entweder durch Transzendenz mit einem Fall nach vorne ins Überbewußte, oder aber rückwärts gerichtet durch einen Rückfall ins Unbewußte, die Austilgung der Persönlichkeit statt ihrer Transzendenz. Für einige wenige war und ist die Große Mutter das Eingangstor zum subtilen Überbewußtsein, der Weg, die Persönlichkeit zu transzendieren. Für die meisten Menschen jedoch war sie jene furchtbare Form von trägem Beharrungsvermögen, die das Herauslösen einer wahrhaft starken Persönlichkeit aus dem Uroboros oder dem Typhon *verhinderte*. So gesehen war sie die chthonische Mutter, die das sich lösende neue Ich opferte, indem sie es zu einem bloßen Untertan machte. Sie war die Mutter Erde, die den sich herauskristallisierenden Geist zurück in den Körper zog, zurück in die Mutter Natur, zurück in die Instinkte und die willenlose Knechtschaft des Typhon und des Uroboros, letzten Endes zurück in jenen verschwommenen Urzustand, in dem das Ich und seine Umwelt nicht zu unterscheiden waren. Als wolle sie ihren Sprößling nicht hergeben, nicht zulassen, daß das Ich sich von ihr differenzierte und sich auf eigene Füße stellte, opferte die Große Mutter das neu entstehende Ich und löste es auf, wann immer es versuchte, sich unabhängig zu machen, so daß die Menschheit insgesamt auf dieser Stufe nur das blieb, was man salopp ein «Muttersöhnchen» nennt.

Wie kommen wir zu dieser Schlußfolgerung? Ganz einfach: Man nimmt den gesamten Bestand an Mythologien um die Große Mutter und analysiert auf statistischer Grundlage das Schicksal der Individuen, die in engen Kontakt mit der Großen Mutter geraten, so, wie es in den Mythen selbst erzählt wird. Dann stößt man darauf, daß diese Individuen unweigerlich ein tragisches Ende finden, getötet oder ermordet werden, Selbstmord begehen oder kastriert werden – ganz allgemein werden sie entweder von der Großen Mutter oder einem ihrer Stellvertreter aufgefressen. Ich behaupte, daß dies zutiefst symbolisch für die Natur des Ich in jener Zeit ist. Denn diese Mythen wurden von Männern und Frauen abgefaßt, und es zeigt sich, daß sie eine furchtbare Zeit durchmachten, ehe sie den Mut aufbrachten, sich von der großen Mutter Erde zu lösen, sich eindeutig von ihr zu differenzieren und ihren eigenen Weg zu gehen. Und jedesmal, wenn einer der Helden dazu ansetzt, dies wirklich zu tun, läßt der Verfasser des Mythos ihn eiligst umkommen, mit dem kurzen Kommentar: «Denkste!» – als sei ihm plötzlich bewußt geworden, wie furchtbar es doch ist, «von Hause wegzugehen», und als empfinde er Schuldgefühle angesichts dieses Versuchs.

Laut Neumann ist dies symbolisch dafür, daß das Ich in diesem Evolutionsstadium noch nicht stark genug war, um sich von der Großen Mutter zu lösen, von der Mutter Natur, vom Körper, von den Emotionen und dem Fluß des Unbewußten. In einem besonders bemerkenswerten Absatz formuliert Neumann den Kern dieses Gedankens:

Weiß man, wie die Große Mutter in den Mythen ihre Rache ausübt, dann sieht man die Geschichte in ihrem angemessenen Rahmen. Die Selbstverstümmelung und der Selbstmord von Attis, Eshmun und Bata; Narziß, der an seiner Selbstbewunderung stirbt; Aktaeon, der wie so viele andere junge Männer in ein Tier verwandelt und in Stücke gerissen wird – alles hängt zusammen. Und ob es nun Aithon ist, der im Feuer seiner eigenen Leidenschaft verbrennt, oder Daphnis in unstillbarem Verlangen dahinsiecht, weil er das Mädchen nicht liebt, das Aphrodite ihm schickt; ob wir es als Wahnsinn, Liebe oder Vergeltung interpretieren, daß Hippolythus zu Tode geschleift wurde – in jedem Fall ist die Rache der Großen Mutter das zentrale Faktum, die Überwältigung des Ich durch das Unterirdische.[311]

Festzuhalten ist, daß das sich herauslösende Ich in diesem Stadium der Entwicklung noch nicht völlig von der Großen Umwelt und der Großen Mutter unabhängig war, daß seine Existenz noch auf schwankenden Füßen stand, und daß es deswegen oft geopfert und in die typhonischen oder gar uroborischen Strukturen zurückgedrängt wurde – von der Großen Mutter erneut verschlungen und zu infantilem Eingebettetsein in Natur und Körper reduziert. Diese *Opferung*, diese Verhinderung des Herauslösens des Ich bildet den Inhalt dieser Mythen. (Das Ich war auf dieser Stufe der Geschichte nichts als der geopferte Mondgefährte der alles verschlingenden Großen Mutter.)

Während dieser ganzen Periode stand die große Mehrheit aller Seelen unter dem starken Einfluß der chthonischen und allesverschlingenden Großen Mutter. Sie waren noch nicht stark genug, um zu ichbewußten Wesen zu erwachen, rangen immer noch darum, sich endgültig aus dem Unbewußten herauszukristallisieren, scheiterten aber immer noch bei diesem Versuch.

7. Die große Göttin

«Ich bin die, die die natürliche Mutter aller Dinge ist, Geliebte und Herrin der Elemente, der Ursprung aller Welten, Herrin über alle göttlichen Kräfte, Königin von allem, was in der Hölle ist, Oberhaupt derer, die im Himmel sind, und unter allen Göttern und Göttinnen diejenige, die alleine und in nur einer Form manifestiert ist. Meinem Willen gehorchen die Planeten des Himmels, alle Winde und Stürme der Meere und die beklagenswerten Vergessenen in der Hölle; mein Name, meine Göttlichkeit werden in der ganzen Welt verehrt, auf verschiedene Art, in verschiedener Kleidung und unter vielen Namen. Die Ägypter jedoch, die sich in allen Arten alter Lehren auszeichnen und mich seit langem mit eigenen Zeremonien verehren, nennen mich bei meinem wahren Namen – Königin Isis.»[71]

«Alleine und nur in einer Form manifestiert» – das sind die Worte einer Gottheit, die nicht länger in polytheistischen Fragmenten, animistischen Einzelwesen oder in diversen Naturgottheiten erfaßt wird. Hier begegnen wir den frühesten Einsichten in ein transzendentes Einssein, das nicht bloß der naturhafte Hintergrund der Großen Mutter oder der Mutter Erde ist, sondern vielmehr die Eine Form und der Göttliche Urgrund von Raum und Zeit, die Große Göttin selbst.

Jetzt, im Zeitalter des neusteinzeitlichen Dorfes, stand im Mittelpunkt aller Verehrung und Mythologie die wohltätige Göttin Erde [die Große Mutter], die Mutter und Ernährerin des Lebens [eine einfache biologische Beziehung]. In der frühesten Periode ihres Kults (etwa von 7500 bis 3500 v. Chr. in der Levante) war eine solche Muttergöttin nach Ansicht vieler Anthropologen vielleicht nur lokale Patronin der Fruchtbarkeit. In den Tempeln der ersten

Hochzivilisationen jedoch (Sumer, 3500 bis 2350 v. Chr.) war die
Große Göttin sicherlich viel mehr. Sie war bereits – wie noch heute
im Orient – ein metaphysisches Symbol. Und zwar galt sie als Perso-
nifizierung der Macht von Raum, Zeit und Materie, innerhalb deren
Grenzen alle Wesen entstehen und vergehen: Die Substanz ihrer
Körper, Gestalten, ihrer Leben und Gedanken sowie Empfängerin
der Toten. Alles, was eine Form und einen Namen hatte – einschließlich der als gut oder böse, gnadenreich oder zürnend personifizierte Gott –, war ihr Kind, entstammte ihrem Mutterschoß.[71]

Jetzt erschließt sich uns ein fundamentaler Unterschied zwischen der
Großen Mutter – einem einfachen biologischen Nahrungs- und
Fruchtbarkeitssymbol, das man magisch zu kosmischen Proportionen
aufgebläht hat – und der Großen Göttin, einem subtilen Einssein von
echter Transzendenz, das die echte Göttlichkeit repräsentiert. Ich
möchte aufzeigen, daß es sich hierbei nicht nur um zwei völlig verschiedene Gestalten handelt, sondern daß sie in verschiedenen Bewußtseinsstrukturen tatsächlich weiterbestehen. Sie existieren innerhalb der Großen Kette des Seins auf verschiedenen Ebenen.

Das wahre Opfer

Viele Gelehrte haben die auffallenden Unterschiede zwischen der
Großen Mutter und der Großen Göttin nicht bemerkt, weil für beide
oft dieselben äußeren Symbole, Riten und Zeremonien verwendet
wurden. Folgendes trifft jedoch für jedes religiöse Sakrament zu, nicht
nur für die MUTTER: Die *exoterische* Verwendung verstärkt nur die
durchschnittliche Mentalität und ist von durchschnittlicher psychologischer Dynamik motiviert; die *esoterische* Verwendung transzendiert
die durchschnittliche Mentalität und offenbart überbewußte Impulse.
Man kann aber auch dieselben Mythen, Riten, Sakramente für beide
Zwecke verwenden, was augenscheinlich bei den Riten der Großen
Mutter wie der Großen Göttin geschah.

Ein bestimmter Ritus, ein Sakrament, Mythos oder eine bestimmte
Zeremonie kann als *Symbol* fungieren und damit höhere Ebenen des
Ich und der Wirklichkeit ansprechen. Oder aber es fungiert als bloßes
Zeichen und bestätigt dann nur die gegebene irdische Ebene des Ich
und der Wirklichkeit und verstärkt sie.[436] Das heißt: Ein bestimmter
Ritus oder ein Sakrament kann als Symbol der *Transformation* oder

als Zeichen der *Veränderung* dienen. Die erste Funktion ist wahrhaft religiös (esoterisch) und arbeitet darauf hin, das Ich im Gottesbewußtsein aufzulösen. Die zweite Funktion schafft nur einen Ersatz und dient dazu, das Ichempfinden durch Erfinden eines magischen Ersatzes für Gott zu stärken und zu verewigen. In welchen der beiden Fähigkeiten diese Riten, Mythen oder Motive wirksam werden, hängt weitgehend vom psychischen Zustand des Individuums ab, das mit ihnen konfrontiert wird, und dem Verständnis, das es mitbringt.* So ist beispielsweise für einen christlichen Mystiker die Gestalt Christi die vollkommene Verkörperung und Symbol des eigenen zeit- und ichlosen WESENS. Für das gefestigte christliche Ego jedoch, das sich, der Natur aller Egos entsprechend, auf der Flucht vor dem Tode befindet, ist sie nur ein Zeichen der vom Ich erhofften Unsterblichkeit, ein Zeichen dafür, daß das Ich immer und immer weiter existieren wird. Der Mystiker betet kontemplativ, der egozentrische Christ bittet dabei um etwas. Ähnlich ist die heutige katholische Messe mit ihrem Zeremoniell, ihren Riten, prächtigen Gewändern, Symbolen und Wortformeln nur für einige wenige Individuen wirklich bedeutungsvoll, symbolisch und transformierend. Die anderen beteiligen sich daran wie an einer Versicherungspolice – um ihre Wetteinsätze auf Unsterblichkeit abzudecken.

Dasselbe gilt auch für *rituelle Opfer*, da es zwei Formen von Opfern gibt: das echte Blutopfer und das symbolische Ich-Opfer. Abgesehen von den bedeutsamen Ausnahmen, bei denen jemand wirklich getötet wurde, verwendet man dieselben Riten, Symbole, Kultgegenstände sowohl exotisch als auch esoterisch. In der Periode der Gruppenzugehörigkeit wurde der *Begriff* des Opfers von der überwiegenden Mehrheit der Menschen als rein verändernde Geste angesehen, als magischer Versuch, Fruchtbarkeit zu sichern und Schuld zu sühnen. Man opfert das Blut *eines anderen*, um *sich selbst zu retten*. Einer kleinen Minderheit höher entwickelter Menschen jedoch diente der Begriff des Opfers bei Anwendung derselben Riten, Zeremonien und Tempelkulte (ohne Mord) als ein *Symbol* der Transformation und als *Hilfsmittel* zur Transzendenz. Was also bedeuteten diese religiösen Zeremonien in ihrer symbolisch/transformierenden Rolle und

---

* Nach Campbell hat jeder Mythos zwei Hauptzwecken gedient: Den einzelnen dazu zu bringen, sich in eine normale Gemeinschaft einzufügen und dadurch eine typische Gruppenmentalität zu stärken, oder – unter anderen Gegebenheiten – ihn von der Gemeinschaft zu lösen, um ihm Zugang zu echter Transzendenz zu ermöglichen.[69, 70, 71]

ihrem esoterischen Gehalt im Vergleich mit ihrer exoterischen Darstellung?

Die meisten modernen Anthropologen haben versäumt, diese Frage zu stellen, weil sie nicht zwischen Zeichen und Symbol, exoterisch und esoterisch, Veränderung und Verwandlung unterscheiden und deshalb *alle* religiösen Sakramente als Phantasieerzeugnisse mit nur magischen Ergebnissen ansehen. Für die große Mehrheit trifft das durchaus zu. Jene Sakramente können aber auch auf esoterische Weise funktionieren. Wer Sinn für das Numinose hat, wie es heute und in der Vergangenheit zu erkennen ist, kann diese esoterische Bedeutung sehr viel klarer erkennen. Joseph Campbell schreibt: «Ist der Wille des Individuums zu seiner eigenen Unsterblichkeit ausgelöscht – wie das bei solchen Riten der Fall ist –, und zwar durch wirkliches Erkennen der Unsterblichkeit des Seins selbst und seines Wirkens durch alle Dinge, dann erfährt das Individuum in einer atemberaubenden Krise der Befreiung von der Psychologie der Schuld und Sterblichkeit seine Einheit mit diesem Sein.»[69]

Besonders beachtenswert ist hier die Formulierung, daß diese symbolischen Zeremonien helfen, den Willen des Individuums zu eigener Unsterblichkeit auszulöschen – eine *präzise* Definition des Atman-Projekts. Die aus dem Strom des Bewußtseins auferstandene neue Bestimmung, «die Unsterblichkeit [oder zeitlose Ewigkeit] des Seins selbst» ist dagegen eine vollkommene Definition des Atman (Brahman). Hier handelt es sich um einen wahrhaften Umwandlungsvorgang (Transformation) und damit um eine *reale* und nicht auf einer Lossprechung beruhende Befreiung von Sterblichkeit und Schuld. Bei diesen esoterischen Zeremonien, Ritualen, Gebeten ging es hauptsächlich darum, den Tod des separaten Ichempfindens zu akzeptieren und dadurch zur Identität und Kommunion mit der Großen Göttin aufzusteigen. Dieses Ich-Opfer erlaubte es dem Individuum, sein Ich zu transzendieren, ohne es auszulöschen, umzubringen oder in präpersonale Stufen zurückzufallen.

Ich wiederhole jedoch, daß die Opferriten für die Masse der im Bewußtsein der Gruppenzugehörigkeit lebenden Individuen exoterisch, magisch, fetischistisch und substitutiv waren. Für sie waren es rituelle Umwege zur Großen Mutter, nicht transpersonale Erlösung, sondern präpersonale Auflösung – gewöhnlich durch barbarischen Mord.

Im Gegensatz dazu erfaßte die esoterisch verwendete heilige Zeremonie das Wesentliche der transpersonalen Befreiung durch Ich-

Transzendenz. Diese Zeremonien und Gebete wurden zu Opfergaben der eigenen Seele an die Große Göttin, nicht Opferung eines blutenden Körpers für die Große Mutter. Die Große Mutter fordert Blut, die Große Göttin Bewußtsein. Der entscheidende *äußere* Unterschied besteht darin, daß die Opfergaben für die Große Mutter stets echten körperlichen Tod oder blutigen Mord zum Gegenstand hatten,* während das Opfer der Seele für die Große Göttin ein Ich-Opfer war, das sich im Herzen abspielte und niemals körperlichen Mord zum Inhalt hatte. Mit Ausnahme des Blutopfers konnten sich alle anderen äußeren Formen der Rituale und Zeremonien recht ähnlich sein und waren es oft auch.

Hervorragendstes abendländisches Beispiel sind die großen exoterischen Themen der Christenheit: Gott, der drei Tage lang tot ist und dann aufersteht, geboren von einer Jungfrau, die zugleich Mutter und Braut Gottes ist; das Opferlamm, das einfach sterben *muß,* um neues Leben zu sichern, dessen Körper wir essen und Blut wir trinken, dessen Opferung unsere Zukunft sichert...

Das sind exoterische, heidnische Überreste des Kults der Großen Mutter. Will man daraus ein perfektes Ritual für die Große Mutter machen, wie es in der Frühzeit praktiziert wurde, braucht man nur an der Stelle, bei der während der katholischen Kommunion die Oblate und der Wein gereicht werden, einen Menschen zu töten, zu rösten und aufzuessen. Genau dieselbe heilige Handlung *ohne Mord* im Rahmen einer Opferung des Ich ist ein absolut legitimes *Symbol* der Transformation und Hilfsmittel zur Transzendenz. Das ist die *esoterische* Wirkung der katholischen Messe und auch die esoterische Bedeutung ihrer Symbole. Christus wird geopfert (das Lamm); sein separates Ich stirbt (am Kreuz); er wird wiedergeboren, um zum Himmel aufzusteigen (tatsächliche Transzendenz). Das Essen seines Körpers (Brot und Wein) ist eine Vereinigung *(comm-unio)*, die den Essenden zu jenem höheren mystischen Körper oder zu jener Höchsten Vereinigung initiiert, die ebenfalls den Tod des separaten Ich verlangt, so daß «Nicht Ich, sondern Christus» herrschen möge.** Alle diese Symbole

---

* Menschenopfer, Tieropfer oder gelegentlich deren Symbole. Als die Macht der körpergebundenen Blutrituale nachließ, wurden zunächst Tiere und danach nur noch Symbole geopfert.

** «Ich lebe aber: Doch nun nicht Ich, sondern Christus lebt in mir.» (Galater 2;20) – «Christus starb für eure Sünden» bedeutet, «Christus ließ sein separates Ich sterben, um euch von eurem Ich zu erlösen.» Ganz sicher meinte Christus das, als er sagte: «So jemand zu mir kommt und hasset nicht seinen Vater,

und die mit ihnen verbundenen Riten und Zeremonien sollen esoterisch als *Unterstützung der Kontemplation* oder symbolische Umwandler wirken. In dieser Eigenschaft sind sie äußere und sichtbare Formen innerer und spiritueller Wahrheiten. Sie wenden sich an eine Transzendente Gottheit – Großer Gott, Große Göttin – und nicht an eine naturhafte, biologische und magisch-mythische Große Mutter.

Leider ist die esoterische Grundlage des Christentums im Abendland nahezu verschwunden. Die meisten heutigen Christen verehren Gott auf exoterische Weise, praktizieren im Grunde nichts weiter als Überreste heidnischer Große-Mutter-Rituale. Die «Fundamentalisten» fühlen sich der *buchstabengetreuen* Interpretation der Bibel verpflichtet und erkennen daher nur Zeichen und keine Symbole an. Kein Wunder, daß die fundamentalistische Christenheit (ebenso wie der fundamentalistische Islam) im Laufe der Geschichte die Religion gewesen ist, die heidnische Große-Mutter-Rituale am bereitwilligsten vereinnahmt und dementsprechend Mord und Blutopfer gegenüber allen praktiziert hat, die anderen Glaubens waren. Heiliger Krieg ist nichts weiter als eine oberflächlich rationalisierte Verehrung der Großen Mutter. Die exoterischen Christen und Moslems haben ohne jeden Zweifel mehr Menschen im Namen einer «Göttlichkeit» umgebracht als irgendwelche Völker in Kriegen im Laufe der Geschichte. Noch blutiger als ein christlicher oder ein islamischer Heiliger Krieg war höchstens ein christlicher Heiliger Krieg gegen die Muslime oder umgekehrt. Man sage nicht, das sei eine notwendige Folge des Bestehens von Religionen an sich. In der zweieinhalbtausend Jahre alten Geschichte des Buddhismus wurde kein einziger Religionskrieg ausgefochten.

Es wäre unangebracht, Bedeutung und Gehalt von Ritualen, Zeremonien und Sakramenten nur nach ihrer äußeren Form zu beurteilen, weil dieselbe äußere Form als Zeichen einer Veränderung oder als Symbol einer Umwandlung gewertet werden kann. Wer zwischen diesen beiden Formen nicht differenziert, wird nicht unterscheiden können zwischen der Großen Mutter, Beherrscherin der Mentalität des Durchschnittsmenschen während der Gruppenzugehörigkeits-Struktur, und der transzendenten Großen Göttin, die Bereiche des Überbe-

Mutter, Weib und Kinder, Brüder, Schwestern auch dazu sein eigenes Leben, der kann nicht mein Jünger sein.» (Lukas 14;26) – Blake formulierte das so: «Ich will hinabfahren zu Selbstvernichtung und Ewigem Tod; damit nicht das Jüngste Gericht kommt und mich un-vernichtet antrifft, und ich möge ergriffen und meiner eigenen Ichhaftigkeit überlassen werden.»

wußten repräsentierte, welche einige wenige transzendente Helden jener Periode tatsächlich entdeckten. Und nach dieser Entdeckung wollen wir jetzt Ausschau halten.

Die Sambhogakaya-Vision: Subtiles Einssein

Um uns mit Wesen und Inhalt der echten religiösen Erfahrungen der am höchsten entwickelten Individuen der Periode mythischer Gruppenzugehörigkeit zu befassen, müssen wir fortfahren, in immer stärkerem Maße die transzendente Große Göttin von der nur biologischen, abergläubischen Großen Mutter zu unterscheiden.

Nach den vorhandenen Unterlagen scheint es fast sicher, daß die wahren Priester und Heiligen dieser Periode – die am höchsten entwickelten Seelen – das Reich des Sambhogakaya oder das subtile Reich des Überbewußten (Ebene 6) schauten. Während der typhonischen Periode konnte ein wahrhaft fortentwickeltes menschliches Wesen im äußersten Fall über den Rand des Nirmanakaya-Bereichs schauen, und genau das war es, was der Schamane tat. Zur Zeit der Gruppenzugehörigkeit jedoch hatte sich das Bewußtsein insgesamt kollektiv bereits viel weiter entwickelt. Daher konnten sich die wahrhaft entwickelten Helden dieser Periode viel höher schwingen und schon einen Blick ins jenseits des Nirmanakaya liegende Sambhogakaya-Reich tun. Je höher die Durchschnittsebene ist, desto höher liegt die Absprungbasis für den höherentwickelten Menschen. John White formulierte es so: «Jede Periode hatte ihre transzendenten Helden, doch wurden diese Helden zunehmend größer.»

Die Ewige Philosophie sagt, im Bereich des Sambhogakaya beginnen sich Zustände des völligen Einsseins zu offenbaren (der Ton liegt auf *beginnen*), ein Prozeß, der im Dharmakaya seinen Höhepunkt findet. Diese beginnende Einsicht in das subtile und archetypische Einssein führte zu der Vorstellung des Einen Gottes oder der Einen Göttin, der/die allen manifesten Welten zugrundeliegt und alle Welten sowie alle niederen Gottgestalten und Naturgeister entstehen läßt. Und es ist gerade der Beginn dieser Erkenntnis von Einem Gott und Einer Göttin, der den *esoterischen* Religionen dieser Epoche zugrundeliegt, einer Erkenntnis, die nie zuvor in Mythen oder Ritualen auch nur im geringsten zum Ausdruck kam.

Diese Erkenntnis war zunächst jedoch noch sehr formlos und unbestimmt, so daß bei den Historikern viel Verwirrung darüber bestand,

wer denn nun vornehmlich dieser Eine Gott/diese Eine Göttin sein
sollte. Aber der Beginn dieser Erkenntnis war gegeben. Wir hörten ja
bereits vom frühesten uns bekannten religiösen Schriftdenkmal: «Daher sagt man von Ptah: Er ist es, der alles gemacht und die Götter
geschaffen hat. Er ist wahrhaftig das Aufgestiegene Land, das die
Götter hervorbrachte, denn alles kam nur aus ihm.» Diese Feststellung bezieht sich tatsächlich auf den subtilen Bereich (Ebene 6), den
Bereich des beginnenden Einsseins, des Einen Gottes/der Einen Göttin, der/die die verschiedenen niederen Ebenen entstehen läßt, seien
sie göttlich oder irdisch.

Letzten Endes spielt es keine Rolle, ob dieses archetypische Einssein als ein Gott oder eine Göttin dargestellt wird. Historisch wurden
beide Darstellungen für unterschiedliche Akzentuierungen verwendet. Aus historischer Sicht ist allein wichtig, daß die Mythen von der
transzendenten oder esoterischen Großen Göttin als erste dieses subtile Einssein beziehungsweise die archetypische Ebene (Ebene 6) wie-
derspiegelten. Dieses subtile Einssein wurde später aus verschiedenen
Gründen häufig durch den Einen Gott (Jehovah, Aton und so weiter)
dargestellt und schließlich durch die Höchste Einheit des Dharmakaya
(Ebene 7) verdrängt. Dennoch bleibt es bei unserem Ausgangspunkt:
Zu den ersten flüchtigen Blicken ins Reich des subtilen Einsseins kam
es unter den Auspizien der Großen Göttin, so daß moderne Heilige
und Weise selbst heute noch diese *anfängliche* Einsicht weiterhin der
Mutter Göttin zuschreiben (was selbst schon eine flüchtige Lektüre
von hinduistischen und Vajrayana-Texten ergibt), die Göttin, «innerhalb deren Herrschaftsbereichs alles entsteht und vergeht: Die Substanz aller Körper, die Gestaltung ihres Lebens», wie Campbell es
ausdrückte.

Vor der Periode der Gruppenzugehörigkeit haben die Menschen
nicht verstanden, daß es Einen Urgrund oder Eine Archetypische
Gottheit gibt, die allen Manifestationen zugrunde liegt. Es gab die
verschiedensten einfachen, magischen, der Natur und den Elementen
zugehörigen Gottgestalten, animistische Naturgeister und so weiter.
Da gab es einen Gott des Feuers, eine Göttin der Winde, einen Gott
der Vulkane, eine Regengöttin. «Gott» und «Göttin» sind in diesem
Zusammenhang vielleicht zu suggestive Begriffe; es handelt sich eher
um Personifizierungen von Naturkräften. Diese primitive Weltsicht
reichte vom Animismus bis zum Polytheismus, war ein Korrelat der
noch nicht integrierten, entwickelten und vereinigten Psyche. Die
Entwicklung der Gruppenzugehörigkeits-Struktur hatte das Bewußt-

sein sich insgesamt erheblich entwickeln lassen. Die Masse der Menschen verehrte zwar noch verschiedene Götter und Göttinnen. Einige wenige Esoteriker jedoch verstanden bereits, daß hinter allem Sein der Eine und Lebendige Gott (Göttin) des subtilen Bereichs steht. Und wenn sich später auch zeigen wird, daß selbst diese Archetypische Gottheit der Einsicht in ihre ursprüngliche Quelle in der nicht-

Abb. 8 Kwannon Bosatsu, Göttin des Erbarmens (japanischer Buddhismus). Die Kwannon ist eine typische Darstellung der Großen Göttin. Man beachte, daß ihr Haupt von zwei Halos und einer flammenden Aureole umgeben ist – Hinweise auf das subtile Einssein, das sie repräsentiert.

manifestierten LEERE (des Dharmakaya) weichen muß, so sollten wir dennoch die Großartigkeit dieses anfänglichen Schrittes anerkennen, die erste Entdeckung der subtilen oder archetypischen Ebene.

Genau zu dem Zeitpunkt jedoch, zu dem diese anfängliche Eine Form oder Archetypische Gottheit begriffen wurde (zunächst als Große Göttin) wurde ebenfalls begriffen, daß zuerst das separate Ich sterben muß, wenn man überhaupt irgendeine Form von Einssein erreichen will. Das separate Ich mußte *geopfert* werden, ehe die Auferstehung zum Einssein möglich wurde. Es mußte vor der Auffahrt zur Ewigkeit gekreuzigt werden; es mußte vor seiner Höchsten Erlösung im Feuer der Gewahrwerdung verbrennen.

Diese zentrale Einsicht, wirkliches Kernstück der esoterischen Religion, reicht bis weit zurück zur schamanischen Trance. Der Schamane akzeptierte den Tod seines typhonischen Ich. Die Veränderung hörte auf und die Transformation zu einem überbewußten Zustand setzte ein. Dieser war aber noch verhältnismäßig unreif und führte nur zu *psychischer* Intuition (Ebene 5). Zur Zeit der mythischen Gruppenzugehörigkeit jedoch hat das allgemeine Wachstum des Bewußtseins dieser den Tod fordernden Transformation einen höheren und stärker artikulierten Ausdruck verliehen, einen Ausdruck, der dem subtilen Herzen entsprungen ist: Akzeptiere den Tod des Ich der Gruppenzugehörigkeit, geh rechtzeitig über den Ackerbau hinaus, um Befreiung in der Ewigkeit zu finden, opfere die Unsterblichkeit des Ich und entdecke die Unsterblichkeit allen Seins.

Jene einfache und doch entscheidende Einsicht – «Die Opferung des Ich macht den Weg frei zum Ewigen» – ließ als esoterische Einsicht die Mythologie des Opfers des eigenen Ich für die Große Göttin entstehen. Das Opfer wurde erbracht in Form von Gebeten, in der Kontemplation, im meditativen Ritual und in der Zeremonie der symbolischen Messe. Setzt man «esoterisch» mit «am höchsten entwikkelt» gleich, dann besagt es auch «am wenigsten verbreitet». Denn nur sehr wenige besaßen dieses esoterische Verständnis. Die Massen wandten sich mit Besessenheit aus anderen und entschieden weniger edlen Gründen Opferungen zu, deren wenig symbolische Form die Barbarei der Großen und Allesverschlingenden Mutter nicht verbergen konnte.

Die beiden Stränge der Evolution

Das soeben Geschilderte kann man folgendermaßen zusammenfassen: Im gleichen Maße, wie sich das durchschnittliche Bewußtsein entwickelte, evolvierten auch die am stärksten aufstrebenden Zweige dieses Bewußtseins. Dort, wo die durchschnittliche Evolution nach und nach immer höher entwickelte exoterische Zivilisationen und Weltkulturen hervorbrachte, erschlossen die am höchsten aufgesprossenen Triebe nach und nach höhere Ebenen der überbewußten Sphäre. Auf der Stufe, auf der das Durchschnittsbewußtsein magisch-typhonisch war (Ebene 2), erschloß sich den höher entwickelten Einzelnen ekstatische Körpertrance und *psychische* Intuition (Ebene 5). Die über das Durchschnittsbewußtsein der Gruppenzugehörigkeit herausgewachsenen Einzelnen konnten einen Blick in die Bereiche subtilen Einsseins und transzendenter Glückseligkeit werfen (Ebene 6). Bald wird sich zeigen, daß die höchstentwickelten Menschen der mental-ichhaften Ebene die Höchste Einheit des Atman oder die unmanifestierte LEERE zu schauen begannen (Ebene 7/8). Es handelt sich hier also nicht nur um eine Vielfalt religiöser Erfahrung, sondern um eine echte Evolution religiöser Erfahrung, und zwar ihrer Natur nach hierarchisch, der Struktur nach in Entwicklung befindlich.

Diese Gesamtevolution religiöser Erfahrung kündigt bereits den künftigen Kurs der Entwicklung des Durchschnittsbewußtseins an (oder des Bewußtseins insgesamt), denn das eine ist nur die oberste Knospe des anderen, und wo das Blatt wächst, muß der Stamm folgen.

Kundalini

Im ersten Kapitel habe ich angekündigt, ich würde auf die Kundalini zurückkommen, um zu erkunden, welche Fortschritte sie in so entwickelten Kulturen wie der ägyptischen gemacht hat. Ich erinnere daran, daß die Kraft der Kundalini – das Bewußtsein selbst – am untersten Ende der Wirbelsäule beginnt, dem sogenannten ersten Chakra. Von dort entwickelt sie sich die Wirbelsäule aufwärts von Chakra zu Chakra. Zweites und drittes Chakra repräsentieren Sex sowie Emotionen und Macht (den Typhon); das vierte stellt Liebe und Zuneigung dar (Gruppenzugehörigkeit); das fünfte verbales Wissen und den Beginn von Selbsterkenntnis (verbale Gruppenzugehörigkeit und Beginn des Mental-Ichhaften); beim sechsten Chakra tritt das Bewußtsein in den

Abb. 9 Der Schlangengott auf einer geschnitzten Vase des Jahres 2025 v. Chr. Eingraviert ist der Name König Gudea von Lagash. Die Gelehrten haben oft gerätselt, warum unter allen Tieren gerade der Schlange alle nur denkbaren Wertungen zuteil geworden sind, vom bösesten aller Teufel bis zum höchsten der Götter. Meines Erachtens wird die jeweilige Position der Schlange dadurch bestimmt, wie sie im Verhältnis zum Menschen oder der Erde dargestellt wird. Kriecht sie auf der Erde oder liegt sie zusammengerollt auf dem Grunde des Ozeans oder irgendeiner Struktur, wird sie in der unteren Hälfte des Körpers, an den Füßen, den Genitalien oder im Unterleib gezeichnet, oder ist sie gar (wie beim Typhon) mit dem Unterleib oder Rumpf verbunden, dann repräsentiert sie Bewußtsein (Kundalini) auf der untersten Evolutionsstufe, wo sie über Sexualität, Blut und Tod herrscht. Sie ist dann «böse», weil sie das Bewußtsein von den höheren Stufen nach unten zerrt. Wird die Schlange jedoch in aufsteigender Position dargestellt, wie auf dieser Abbildung kreuzweise geringelt oder an einem Kreuz nach oben gezogen, oder wird sie am bzw. über dem Kopf des Menschen abgebildet, dann stellt sie die höheren und höchsten Stufen der Evolution dar, die zu Recht als göttlich angesehen werden. Dasselbe Symbol wird also je nach seiner Lage in bezug auf den menschlichen Körper unterschiedlich bewertet, weil diese Lage aussagt, auf welcher Ebene der Großen Kette das Bewußtsein angesiedelt und ob es entsprechend teuflisch oder göttlich ist. Das Symbol ist Kraft in Form einer Schlange, weil das die tatsächliche *Form* ist, die eine plötzliche Kundalini-Manifestation annimmt (für das geistige Auge). Meines Erachtens nimmt sie diese Form an, weil der Schlangen-Uroboros die tiefste Grundstufe ist, zu der das Bewußtsein in der Schöpfung herabsteigt, und daher die Form ist, die es beim Aufstieg und der Rückkehr zur Quelle oft annimmt, womit deutlich wird, daß hier das Niedere und Niedrigste in das Höhere und Höchste zurückkehrt.

psychischen Bereich ein. Das sechste Chakra wird «geortet» hinter und zwischen den Augenbrauen – das «dritte Auge» der medial Begabten. Das siebte Chakra, das Scheitel-Chakra, im und oberhalb des Scheitels gelegen, repräsentiert Transzendenz, LICHT und EINSSEIN (Ebene 6), das über alle niederen und höheren Chakras hinaus in die radikale LEERE eingeht (Ebene 7/8), wenn es volle Reife erlangt hat.

Worauf ich hinaus will, läßt sich einfach und knapp darstellen. Abb. 10 zeigt eine typisch pharaonische Kopfbekleidung mit einem Schlangenhaupt, das genau beim sechsten Chakra lokalisiert ist. Was die Zeichnung darstellt, ist ganz eindeutig: Die Kundalini, die Schlangenkraft, hat sich in der durch dieses Bild repräsentierten Geschichtsperiode von der Basis der Wirbelsäule – dem Uroboros und dem Typhon – zu den höheren Chakras *psychischen* und subtilen Bewußtseins entwickelt (auf jeden Fall bis zur *psychischen* Ebene und wahrscheinlich bis zum *Beginn* – aber wirklich nur bis zum Beginn – der subtilen Ebene).* Die am höchsten entwickelten Priester und Heiligen dieser

Abb. 10 Ägyptischer Kopfschmuck. «Die positiven und die negativen Ströme der Sonnenkraft treffen sich in der Stirn, wo sie sich ausgleichen. Die ‹wissenden› Könige Ägyptens trugen auf der Stirn die Uraeus oder das Emblem der Heiligen Schlange, um auf diese Weise zu demonstrieren, daß sie diese Macht erlangt hatten.» (*Le Comte de Gabalis*, Text aus dem 15. Jh., zitiert in Gopi Krishna[165].)

---

* Lassen Sie sich nicht durch Freuds phallischen Reduktionismus verwirren. Dies ist *nicht* ein Beispiel dafür, wie sexuelle Energie (Schlangen-Phallus) nach oben verlagert wird. Es ist vielmehr gerade umgekehrt: Sexuelle Energie ist eine der niedrigsten Formen der Kundalini-Energie. Gottesbewußtsein ist nicht sublimierte Sexualität; Sexualität ist beschränktes Gottesbewußtsein.

Periode waren allem Anschein nach der *psychischen* und subtilen
Wirklichkeit der Kundalini- oder Schlangenkraft-Transformationen
und ebenfalls der Großen Göttin des subtilen Bereichs gewahr. «Die
Ägypter jedoch, die sich in allen Arten der alten Lehren hervortun
und mich mit eigenen Zeremonien verehren, nennen mich bei meinem
wahren Namen – Königin Isis.»

Schlußfolgerungen: Große Mutter kontra Große Göttin

Das grundlegende Vorstellungsbild von der MUTTER entstand als einfaches Korrelat körperlicher Existenz mit biologischen Auswirkungen
wie Geburt aus dem Mutterschoß, Stillen mit der Brust, Trennungs-
ängste und so weiter – also dreht sich hier alles um die biologische
Mutter. Diese einfache biologische Abhängigkeit, verstärkt noch
durch die Vorstellung von der Erde als Mutter der angebauten Feldfrüchte, begründete die Vorrangigkeit des Mutterbildes in den grundlegenden Mythologien des Stadiums der mythischen Gruppenzugehörigkeit.

Bis zu diesem Punkt gibt es für die Existenz und Funktion der
Muttergöttin eine mehr oder weniger natürliche Erklärung, bedarf es
dazu keiner hohen metaphysischen Prinzipien; einfache Biologie und
gewöhnliche psychoanalytische Methoden reichen dafür aus.

Jenseits des durchschnittlichen und typischen Ich der Gruppenzugehörigkeit jedoch, das gegen den starken Sog der chthonischen MUTTER
ankämpfte, fanden einzelne hochentwickelte Individuen – wahre Priester und Heilige – Zugang zu Bereichen des Überbewußten. Insbesondere durch ausdrückliche und transformative Opferung des Ich erahnten diese Seelen den subtilen Bereich des beginnenden Einsseins
(Ebene 6) und tauchten darein ein, ein Einssein, das allen unteren
Ebenen (1–5) von Raum, Zeit, Körper, Geist und Welt zugrunde liegt
und sie hervorbringt. Alle Manifestation wurde angesehen als Mutter,
Maya, Maß, Menstruation – alles Worte, die von derselben Sanskrit-
wurzel *ma* oder *matr* abgeleitet sind, die im wesentlichen «Erzeugung» bedeutet. Unsere gesamte manifeste Welt wurde als eine große
Erzeugung verstanden, eine *Mahamaya*, und daher grundlegend als
EINS empfunden.

In der folgenden Hauptperiode des mentalen Ego wurde sehr viel
deutlicher verstanden, *wovon* diese Welt ein Erzeugnis war. Es war
dies eine Erkenntnis, die das Patriarchat des Dharmakaya einleitete.

Von wesentlicher Bedeutung ist hier, daß dieses EINE in der Periode mythischer Gruppenzugehörigkeit zumindest flüchtig geschaut wurde. Und diese Vision war es, die zum Vorstellungsbild von der Großen Göttin führte, der EINEN, deren Körper alle Manifestationen bewirkt.

Diese in zahlreichen esoterischen Mythen und Berichten zum Ausdruck kommende Erkenntnis (die Zitate von Ptah und Isis sind absolut repräsentativ) darf *nicht* als einfaches Aufblähen früherer Erinnerungen an die Einflüsse der biologischen Mutter zu kosmischen Ausmaßen angesehen werden – das gilt für die Große Mutter, aber nicht für die Große Göttin. Die Große Mutter reflektiert die mythische Gruppenzugehörigkeitsebene der Wirklichkeit – immer noch sehr körpernah, nahe den Instinkten und der Natur –, weshalb sie immer noch paläologische Mythen und Symbole über jene niederen Ebenen hervorbringt (so wie die Magie im großen und ganzen eine Reflexion der noch tieferen typhonischen Ebene war). Die Große Göttin jedoch reflektiert eine metaphysische Wahrheit – daß alles EINS ist – sowie eine wahrhaft höhere Ebene der Wirklichkeit – den *Beginn* des Subtilen, das auf vielerlei Art verifiziert werden kann (von der fortgeschrittenen Meditation über hermeneutische Erkenntnis bis zur höheren Entwicklungspsychologie).

So sollten also die Erklärung der Genesis und Funktion der Großen Mutter nicht mit denen der Großen Göttin verwechselt werden. Und dennoch *reduzieren* die orthodoxen Anthropologen die Große Göttin auf die biologische Große Mutter und machen sich dann mit kaum verhohlener Schadenfreude daran, alle wahren und esoterischen religiösen Einsichten dieser Periode als rein biologischen oder psychoanalytischen Ursprungs wegzuerklären. Andererseits begehen die Religionsanthropologen gewöhnlich den Irrtum im umgekehrten Sinne: Sie versäumen es, die biologische Große Mutter von der transzendenten Großen Göttin zu unterscheiden. Sie *erhöhen* die Große Mutter zum Status der Großen Göttin und sind dadurch gezwungen, in jedes nur denkbare Mutter-Ritual tiefe metaphysische Einsichten hineinzulesen, während die meisten Rituale in Wirklichkeit nichts als primitive, grobe, magische Versuche zur Nötigung der Mutter *Erde* durch fetischistischen Mord waren.

Die grundsätzliche Unterscheidung zwischen der Großen Mutter und der Großen Göttin beruht teilweise auf der Unterscheidung zwischen der durchschnittlichen und der am meisten entwickelten Form des Bewußtseins. Alle diese Faktoren zusammengenommen ergeben für diese Periode mythischer Gruppenzugehörigkeit zwei allgemeine Gleichungen:

1. Durchschnittsform des Bewußtseins = mythische Gruppenzugehörigkeit (Ebene 3) = Ackerbaubewußtsein = biologische Erdmutter oder Große Mutter = magische Opferhandlungen zum Erlangen von Fruchtbarkeit und Sühne = Ersatzopfer (das Atman-Projekt).

2. Am meisten entwickelte Bewußtseinsform = Beginn der subtilen Ebene (Ebene 6) = Erkenntnis der Existenz einer archetypischen Gottheit oder Gott/Göttin = Große Göttin = bewußte Opferung des Ich = Verwirklichung des archetypischen Einsseins oder Vereinigung mit ihm = wahres Opfer (Atman-Annäherung).

Es scheint offenkundig, daß der Symbolismus der durchschnittlichen und der am meisten entwickelten Form des Bewußtseins oft aufeinander einwirken und sich bis zu einem gewissen Grad berühren und stützen. Betrachten wir einmal die Magie und das *Psychische* während der typhonischen Periode: Handlungen und Erfolg eines echten Mediums dürften (wenn auch unabsichtlich) in erheblichem Maße die Massen in ihrem Aberglauben an die Wirksamkeit der einfachen Magie bestärkt haben. Auf ähnliche Weise haben die Aussagen Christi über den überbewußten Bereich von Gott dem Vater die auf erheblich niedrigerer Ebene angesiedelte Autorität des ichhaften Patriarchats unterstützt. So müssen auch die Aussagen und Handlungen der wahren Heiligen, die Einblick in das durch die Große Göttin repräsentierte Reich erhielten, tiefe Auswirkungen auf die gewöhnliche Mythologie von der Großen Mutter gehabt haben.

Auf jeder Stufe der Evolution ist häufig auch der umgekehrte Einfluß erkennbar – der des Durchschnitts auf das am höchsten Entwickelte. Nur ein Beispiel: Um sich ausdrücken zu können, bedient sich die am meisten entwickelte Bewußtseinsform zumeist der Terminologie der Durchschnittsform. Das ist einer der Gründe (aber nicht der einzige), warum die erste Einsicht in das subtile Einssein – ein Einssein, das, wie wir gesehen haben, als Ein Gott oder Eine Göttin dargestellt werden kann – häufig zunächst in Mutter-Vorstellungen ausgedrückt wurde; zur Zeit der Herrschaft der Großen Mutter sprach man von der Einen Göttin. Als später das Patriarchat aufkam, bezeichnete man den subtilen Bereich als Ein Gott – als «Vater, der Du bist im Himmel». Das waren durchaus keine bloßen Gleichsetzungen oder leichtfertiges Geschwätz der Heiligen und der Weisen dieser Zeit, zu denen ja nicht nur Männer, sondern auch Frauen gehörten. Denn mit der *psychischen* Ebene beginnend, sind alle höheren Ebenen transverbal und transmental. Ein Wechsel der mentalen Wörter und Symbole, deren man sich bediente, um diese sonst unbeschreibbaren und transverbalen Bereiche am treffendsten auszudrücken, reflektiert keine Unkenntnis der Bereiche selbst, sondern eine echte Entscheidung darüber, welche Metapher die zutreffendste ist. Und diese Metaphern sind im großen und ganzen in der Durchschnittsebene des Bewußtseins verankert.

Es ist auch nicht weiter verwunderlich, daß die Religion der Großen Mutter und die der Großen Göttin nebeneinander existieren konnten, oft am selben Ort, zur selben Zeit und häufig mit Benutzung derselben Symbole. Es ist dies ganz allgemein ein Phänomen exoterischer und esoterischer Religionen. Fast von dem Augenblick an, an dem die Menschheit religiösen Empfindungen Ausdruck gab, wurden sie exoterisch oder äußerlich und esoterisch oder innerlich verstanden. Jede große Weltreligion hat in der Tat *sowohl* exoterische *als auch* esoterische Aspekte, die gewöhnlich nebeneinander bestehen, wobei die exoterischen Rituale für die Massen, die esoterischen für die geistig höher entwickelten Individuen da sind.[368]

Genauso sorgsam, wie wir zwischen der magischen Wahrnehmung des durchschnittlichen Typhon und der tatsächlichen *psychischen* Schau des Schamanen unterschieden haben, so differenzieren wir jetzt zwischen dem einfachen Vorstellungsbild der mythischen MUTTER und der Großen Göttin. Und wir stellen fest, daß die große Mehrheit der Gruppenmitglied-Ich von der Großen Mutter beherrscht wurde. Für diese Mehrheit agierte die mythische MUTTER als chthonische Zerstörerin des Bewußtseins, die Große und Verschlingende Mutter Erde, die das Ich in den Körper zurückzerrte, zurück zu den Instinkten, zurück ins dunkle Erdinnere, wodurch sie die weitere Evolution von der unbewußten Erde zum überbewußten Himmel verhinderte. Davon zeugt die Mehrheit der Mythen jener Periode (worauf eindeutig von Neumann, Bachofen, Berdjajew und anderen hingewiesen wird). Erst in der nächsten, der mental-ichhaften Wachstumsperiode, konnte das Bewußtsein sich von der Verführung durch das Dunkel freimachen und in seinen Mythen das Kommen des Sonnen-Lichtes ankündigen.

Kehren wir zu den echten Menschenopfern für die Große Mutter zurück. Daß sie tatsächlich und nicht symbolisch ausgeführt wurden, hat verschiedene Bedeutungen. Wurde ein lebendes Wesen geopfert, vor allem, wenn es gegen seinen Willen geschah, dann können wir annehmen, daß diese tatsächliche Ausführung den Massen als eine *Ersatzfunktion* diente. Es handelte sich dabei nicht um eine mystische Akzeptanz und somit Transzendenz des Todes, sondern um den magischen Versuch, den Tod durch das Versprechen einer neuen und fruchtbaren Zukunft zu leugnen, durch blutgetränkten Boden eine gute Ernte zu erzielen oder dem Ich das Überleben zu sichern. Es war ein magischer Versuch, sich eine Zukunft zu sichern, indem man den Tod in der Gegenwart besänftigte. Je mehr Blut eines anderen fließt, desto geringer die Wahrscheinlichkeit, daß es das eigene sein könnte.

Anders ausgedrückt: Wir erleben hier die Geburt einer ganz neuen Form des *Ersatzopfers* – nicht echtes Opfer des Ich, sondern brutales Opfern eines anderen. Und das ist Mord. Vor dieser Zeit finden wir in der ganzen Geschichte keinen kaltblütig kalkulierten Mord größeren Umfanges. Es herrscht fast allgemeine Übereinstimmung darüber, daß es in typhonischen Kulturen praktisch keinen Mord gegeben hat. So weit uns bekannt, gab es keine Kriege. In der Opferung einzelner Fingerglieder bestanden die gewalttätigsten Ersatzopfer, die uns bekannt sind. Von Fingern jedoch zu vollständigen Menschen und von einzelnen Menschen zu ganzen Nationen – das ist die Geschichte der Ersatzopfer. Alle Welt stürzte sich freiwillig und mit blutigen Händen auf den Weg zur Hölle, als die vom Atman-Projekt angetriebene Menschheit mit dem Versuch begann, sich eine unsterbliche Zukunft mit dem Blut anderer zu erkaufen.

8. Mythologie des Mordes

Totschlag – eine neue Form des Ersatzopfers

Nach den Lehren des Buddhismus – genau genommen nach der Ewigen Philosophie ganz allgemein – ist das Wahre Wesen der Wirklichkeit *Shunyata*, was man gewöhnlich als «Leere», «Leerheit» oder «Nichts» übersetzt.[387] Shunyata ist aber kein «Nichts» im Sinne der abendländischen Philosophie, also Abwesenheit, Gegensatz und totale Negation alles Existierenden. Shunyata, die LEERE, ist nicht inhaltlos sondern «nahtlos»[52] – das «nahtlose Gewand des Universums», wie Whitehead es formulierte. Shunyata bedeutet: So wie Hände, Arme und Füße ganz unterschiedliche Dinge und doch Teile eines Körpers sind, so sind alle Dinge und Ereignisse im Universum Aspekte des Einen Ganzen oder Atman. Für den Buddhisten ist dieses Ganze das, was *wirklich* ist, *alles*, was wirklich ist. Eine total separate, isolierte und abgegrenzte Wesenheit gibt es nirgendwo.

Daraus ergibt sich folgendes: Ein abgegrenztes Ich mit einer Art Schranke darum zu schaffen und ein separates Ichempfinden *gegen* die ursprüngliche Ganzheit zu behaupten, das erfordert konstante Verausgabung von Energie, eine ständige Aktivität des Ab- und Eingrenzens. Diese Schranken verstellen natürlich die Sicht auf die ursprüngliche Ganzheit, und das ist die ursprüngliche Verdrängung.[429] Es ist die Verdrängung des universalen, kosmischen Bewußtseins, das sich als inneres Ich gegenüber der äußeren Welt, als Subjekt gegenüber einem Objekt projiziert.

Als Funktion dieses Eingrenzens entstehen zwei größere dynamische Faktoren: Eros und Thanatos. Eros ist im Grunde der Wunsch, die Ganzheit wiederzuerlangen, die verlorenging, als die Grenze zwischen dem Ich und dem Anderen aufgebaut wurde. Um aber eine echte Wiedervereinigung von Subjekt und Objekt, des Ich und des Anderen zu erreichen, bedarf es des Todes und der Auflösung des exklusiven separaten Ichempfindens. Aber gerade dem widersetzt sich das Ich. So vermag Eros nicht die wahre Einheit, die wirkliche Ganzheit zu finden, sondern wird stattdessen angetrieben, symbolischen Ersatz für das verlorene Ganze zu finden. Eros ist also die nie ruhende Macht des Suchens, Ergreifens, Verlangens, Liebens, Lebens, Wollens. Eros ist *niemals* befriedigt, weil es nur Ersatzbefriedigungen findet. Eros ist ontologischer Hunger.

Und nun zu Thanatos. Die Grenze zwischen Subjekt und Objekt, dem Ich und dem Anderen, muß ständig und unaufhörlich, von Augenblick zu Augenblick, neu geschaffen werden – weil sie nicht wirklich ist. Gleichzeitig ist ständig die einfache Kraft der Wirklichkeit, die «Anziehungskraft» des Höchsten Ganzen, am Werk, um diese Grenze niederzureißen. *Und diese Kraft ist Thanatos.* So wie das Individuum von Augenblick zu Augenblick seine illusorischen Grenzen neu erschafft, arbeitet die Wirklichkeit von Augenblick zu Augenblick darauf hin, sie niederzureißen.

Die wirkliche Bedeutung von Thanatos ist Transzendenz. Thanatos ist nicht etwa eine Kraft, die das Leben zu anorganischer Materie zu reduzieren versucht, kein Wiederholungszwang, kein homeostatisches Prinzip oder Selbstmordtrieb. Thanatos ist die Kraft der Shunyata, die Kraft und der innere Antrieb, illusorische Grenzen zu transzendieren. Einem Ich jedoch, das seine Grenzen nicht aufgeben will, *erscheint* Thanatos als Gefahr – die Bedrohung tatsächlichen Sterbens und körperlicher Sterblichkeit.

So wirkt alles, was dem Ich als *Anderes* gegenübertritt, als Quelle von Thanatos. Denn alles, was *anders* ist, wirkt auf die Auflösung der Grenzen des Ich, den «Tod» des separaten Ich-Gefühls hin. Jedoch ist *alles*, was anders ist, nur eine Projektion des eigenen tiefsten Wesens, des Höchsten Ganzen. In diesem Sinne also, und nur in diesem, ist Thanatos ein «Todestrieb», weil er letzten Endes aus der eigenen Ganzheit hervorgeht.

Wo immer es Grenzen gibt, da wirkt der Thanatos des eigenen tieferen Wesens jeden Augenblick auf ihre Beseitigung hin. Solange es eine Grenze gibt, gibt es auch Thanatos. Und der Mensch wird sich entweder Thanatos und der Transzendenz überlassen oder aber er muß etwas anderes finden, um mit diesem «Todestrieb» umzugehen.

Das heißt, er muß *Ersatzopfer* finden. Denn Thanatos entsteht von Augenblick zu Augenblick – und man muß mit ihm fertig werden.

Auf den frühen und niederen Ebenen des Bewußtseinsspektrums – etwa der uroborischen und typhonischen Ebene – sind die erforderlichen Ersatzopfer ziemlich leicht auszuführen. Die Grenzen des Ich sind noch nicht so starr, komplex und schwer verteidigt – genau genommen existierten sie in der uroborischen Periode kaum und waren in der typhonischen noch recht fließend. Tod und Thanatos konnten auf ziemlich unkomplizierte Weise geleugnet werden – etwa durch einfache Selbsterhaltung oder schlimmstenfalls durch Opferung von Fingergelenken.

Auf der Ebene der Gruppenzugehörigkeit jedoch nähern wir uns schnell einem Punkt, an dem die frühen und einfachen Formen von Ersatzopfern alleine nicht mehr ausreichen, um mit Thanatos fertigzuwerden. Nun ist aber – zumindest im ontogenetischen und wahrscheinlich auch im phylogenetischen Zyklus – die Ebene der Gruppenzugehörigkeit die erste, auf der die Suche nach Ersatz oder Eros in die erweiterte oder nichtgegenwärtige Zeit hinüberzugreifen beginnt. Denn mit Hilfe der Sprache schaltet die Ersatzsuche von instinktiver Befriedigung auf temporale, künftige Ziele, Wünsche und Bedürfnisse um. Das Ich bewegt sich in die neue Welt der Zeit, in der es bald eine ganz neue Art von Wünschen hat.

Andererseits ist diese Ebene aber auch die erste, auf der Eros, zumindest in rudimentärer Form, umgekehrt oder auf das Ich-System retroflektiert werden kann (ähnlich dem psychoanalytischen Begriff des sekundären Narzismus). *Und genau so, wie man Eros nach innen wenden kann, läßt sich Thanatos nach außen wenden.* Denn auf der Ebene der Gruppenzugehörigkeit ist das Ich innerlich komplex genug, um Thanatos zu zügeln und nach außen zu lenken. Und wie Freud schon wußte, manifestiert sich extrovertierter Thanatos als mörderische Aggression. Brown schreibt dazu: «Auf dieser Stufe der Umwandlung von Passivität in Aktivität erhält die schicksalhafte Extroversion des Todestriebs in der Welt die Form der Aggression.»[61]

Übertragen wir nun diese psychoanalytischen Formulierungen in den Kontext des Bewußtseinsspektrums. Thanatos ist nicht der «Trieb, zum Zustand der unbelebten Existenz zurückzukehren». Es ist vielmehr der Trieb, das separate Ich zum frühesten aller Zustände zurückkehren zu lassen, nämlich zum Höchsten Ganzen oder zum Gewahrsein des Einsseins. So wie das natürliche Fließen des Wassers alle ihm entgegenstehenden Hindernisse und Dämme unterspült, versucht Thanatos, alle ihm entgegenstehenden Grenzen aufzulösen und zu transzendieren. Werden der Wirklichkeit also Grenzen aufgezwungen, erscheint Thanatos dem auf diese Weise eingegrenzten Ich als furchteinflößende Todesdrohung. Und diese Todesdrohung ist es, die auf der Ebene der Gruppenzugehörigkeit zu jener besonders krankhaften, bösartigen und ungedämpften Form von Aggression extrovertiert wird, die es nur beim Menschen gibt.*

Dem Verlangen zu töten, liegt also die extrovertierte Bedrohung durch den Tod zugrunde, deren Grundlage wiederum der Sog der Transzendenz ist. Mord ist eine Form des Ersatzopfers oder der Ersatztranszendenz. Totschlag ist die neue Form des Atman-Projekts. Der tiefste Wunsch des Menschen läuft darauf hinaus, das eigene Ich zu opfern, zu «töten», um wahre Transzendenz und den Atman zu finden. Da das nicht gelingt, bringt man jemand anderen als *Ersatz* um und besänftigt auf diese Weise die Furcht vor der Konfrontation mit Tod und Thanatos.

Daraus folgt eindeutig, daß echte Transzendenz das einzige Heilmittel für das mordlustige Tier «Mensch» ist. Wäre der Mensch, wenn er tötet, ausschließlich vom Wunsch zu töten getrieben, dann befänden wir uns wirklich in einer ziemlich üblen Situation. Der Wunsch zu töten wäre dann unauslöschlich. Strebt der Mensch andererseits beim Töten unbewußt nach Transzendenz, dann gibt es zumindest einen Ausweg: Das Ich transzendieren, das Ich anstelle anderer «töten».

Ich möchte keineswegs die Existenz einfacher, instinktiver, biologischer Aggression bei Säugetieren oder beim Menschen leugnen. Der Kojote ist aggressiv – aber nicht aus Haß. Ashley Montagu sagt, der Kojote bringe das Kaninchen nicht aus Haß um, sondern weil er es

---

* Obwohl ich mich Freudscher Gedanken bedient habe, hat Freud den Begriff Thanatos nicht stets so gebraucht, wie ich es tue. Interessanterweise meinte er damit fast genau denselben «Trieb», den die Ewige Philosophie als «Involution» bezeichnet. Es ist der Trieb des Höheren zum Niederen, letztlich zur unbelebten Materie und dem leblosen Sein, eine Art von «Todestrieb», die ich voll anerkenne. Ein Großteil meiner Gesamtthese ist auf dem Begriff der Involution aufgebaut, deren mögliche Rolle bei Mord, Aggression und Tod ich in diesem Kapitel nicht erörtern will. In die Ansichten Freuds und der Ewigen Philosophie über Tod/Aggression, Masochismus und Sadismus müßten jedoch auch die angeborene biologische Aggression, Thanatos (wie ich ihn verwende), und Involution (wie Freud Thanatos auffaßt) einbezogen werden. Das würde noch deutlicher machen, mit welcher Dynamik das Ich versucht, sich dem Samsara durch Töten des Ich eines Anderen zu entziehen.

liebe. Er mag das Kaninchen etwa so, wie ich Eiskrem mag. Der Mensch – und nur der Mensch – tötet regelmäßig aus *Haß*. Den Grund dafür müssen wir anderswo suchen als in den Genen.

Ich leugne also, daß menschlicher Haß und sich austobende mörderische Triebe biologisch angeboren sind. Zu Gewalt führender Haß ist vielmehr, wie Arieti aufgezeigt hat[6], fast völlig ein *kognitives* und *begriffliches* Produkt, das weit über bloße biologische Aggression hinausreicht. Diese steht ja im großen und ganzen im Dienst evolutionärer Trends, was man kaum von Mord und Krieg der Menschen sagen kann. Meines Erachtens werden in der kognitiven Entwicklung, die von der biologischen Aggression zum böswilligen menschlichen Mord führt, das Bewußtsein des Todes und die Todesfurcht zum entscheidenden Faktor der Gesamtmotivation. Diese Tatsache allein vermag, wie Rank, Lifton und andere aufgezeigt haben, die menschliche Bösartigkeit wirklich zu erklären.

Mag dem Menschen auch irgendeine natürliche Aggression angeboren sein – wichtiger ist, daß sie ihre Verstärkung aus dem begrifflichen Bereich bezieht. Teil dieser Verstärkung ist die erhöhte Bewußtheit des Todes, die, wenn sie nach außen gekehrt wird, zu wirklich bösartiger Aggression und Feindschaft explodiert, und zwar in Ausmaßen, die nicht vom Instinkt her gegeben sind. Und *jene* mörderische Feindschaft ist allem voran das Töten anderer als Ersatzopfer, um sich auf magische Weise vom eigenen Tod freizukaufen. Aus der ursprünglichen Todesangst wird das Töten anderer, und das ist die Quelle der menschlichen Lust am Morden. So ist die auf der Ebene der Gruppenzugehörigkeit beginnende Geschichte der Menschheit die Geschichte jener massenhaften Ersatzopferungen und mörderischen Vergeudung von Menschenleben, die das *Homo sapiens* genannte Tier so besonders kennzeichnet.

Der Mord in der Mythologie

Wir haben bereits die *esoterische* Bedeutung des rituellen Opfers oder der Kommunion während der Heiligen Messe erörtert: Das separate Ichempfinden wird in Vereinigung mit der Großen Göttin (Ebene 6) geopfert, zerstört und erlöst, um in transpersonaler Kommunion mit dem subtilen Einssein wieder aufzuerstehen. Wir sahen aber auch, daß derselbe Ritus Ersatzfunktion haben konnte (und gewöhnlich hatte). Ein Blick auf die Maki-Zeremonien der Bewohner der melanesischen

Insel Malekula im Archipel der Neuen Hebriden macht uns deutlich, wie das symbolische Herzstück des wahren Opfers, das «sich des Ichempfindens entledigen», von einem zur Selbstaufgabe nicht bereiten separaten Ich zu Ersatzformen der persönlichen Unsterblichkeit, Macht und Kosmozentrizität umgedreht werden kann. Denn das Maki-Zeremoniell «dient einerseits den Zielen der Gemeinschaft, da es auf magische Weise die Fruchtbarkeit der Rasse fördert, andererseits aber den persönlichen Ruhm und Ehrgeiz des Individuums, da der Ritus starke Wettbewerbselemente enthält, bei dem die männlichen Dorfbewohner durch Aufzucht und Opferung zahlreicher Wildschweine um einen besseren Status in dieser und der nächsten Welt rivalisieren».[69]

Das Übermaß an Ersatzopfern bei dieser Zeremonie ist besonders auffallend, «da im Verlauf einer einzigen Zeremonie an einem Tage bis zu fünfhundert Schweine geopfert werden können». Fünfhundert! Man stelle sich das bildlich vor: Der Mensch bahnt sich, mit einem Schlachtmesser links und rechts zustechend, einen Weg durch eine große Herde, hackt alle Tiere zu Stücken und stampft durch einen Berg von blutigem Fleisch und Eingeweiden, während der Boden ringsum von Blut getränkt ist. «Es ist klar, daß jeder, der ernsthaft um sein Seelenheil bemüht ist, sich fleißig mit der spirituellen Ersatzübung beschäftigen muß, seine Schweine zu züchten, zu zählen und mit ihnen Handel zu treiben, da sie ja in Malekula die Rolle des Geldes spielen . . ., so wie in den Hochkulturen Gold die Grundlage jeden Geldwertes ist.»[69] Das Bindeglied ist also Geld, das, wie wir gesehen haben, ein Unsterblichkeitssymbol ist.

«Das Opfertier ist eine [magisch] eingefangene Menge göttlicher Macht, die durch dieses Opfer dem Spender integriert wird. Der Opfernde klettert gewissermaßen über die Sprossen seines Opfers in die Höhe. Und das Maki ist eine große Leiter mit derartigen Sprossen.»[69] Eine Leiter aber zwingt nun einmal dazu, immer weiter zu steigen – das Heil liegt stets in der Zukunft und erfordert daher immer neue Opfer. Denn Thanatos, Shiva und Shunyata müssen besänftigt werden. «Der Hüter steht aufrecht mitten auf dem feurigen Weg und stürzt dann vorwärts, um uns zu verschlingen», sagen die Eingeborenen. «Aber er gibt sich damit zufrieden, das Schwein zu essen.»[69]

«Er gibt sich damit zufrieden, das Schwein zu essen» – da haben wir das Ersatzopfer in Vollendung. Und ist das Schwein nicht genug, dann muß es eben ein Mensch sein, ein anderer natürlich. Otto Rank sagt dazu: «Die Todesfurcht des Ego wird durch das Töten, das Opfern des

anderen vermindert; durch den Tod des anderen kauft man sich selbst frei von der Strafe des Sterbens, des Getötetwerdens.»[26] Auch für Becker ist das Wesentliche, «daß der Körper des anderen geopfert wird, um sich vom eigenen Tod loszukaufen». Und alles das wird durch das unbewußte Verlangen motiviert, in die wirkliche und zeitlose Unsterblichkeit zu transzendieren.

An diesem Punkt der Menschheitsgeschichte also, in der Zeit eines entwickelten temporalen Ackerbaubewußtseins, traten Mord und Krieg als Vehikel von Ersatzopfern in Erscheinung – die negative Seite des Atman-Projekts. Es ist daher sehr aufschlußreich, daß Tod und Sex nun zu beherrschenden Themen der Mythologien der Ackerbaukulturen werden. Und woher kommt der Tod?

Jene präsexuellen, prämortalen Urahnen der mythologischen Erzählungen durchlebten das Idyll des Anfangs, ein Zeitalter, in dem alle Dinge noch nichts vom Schicksal des Lebens innerhalb der Zeit wußten. Dann aber trat etwas ein, das «mythologische Ereignis» *par excellence*, das dieser zeitlosen Lebensart ein Ende setzte und eine Transformation aller Dinge bewirkte. Daraufhin traten Tod und Sex als grundlegende Korrelate der Zeitlichkeit in die Welt. Und der wesentliche Punkt ist [der in keinem der Mythen vor dieser Zeit aufzufinden ist], daß der Tod *auf dem Weg des Mordes* in Erscheinung tritt. Sehr deutlich erkennt man nun eine fundamentale Komplementarität nicht nur zwischen Geburt und Tod [wie in den frühen Mythen der Jägergemeinschaften], sondern zwischen Sex und Mord.[69]

So werden die für die typhonische Ebene so kennzeichnenden Faktoren Leben und Tod, Sein und Nichtsein nun auf der Ebene der Gruppenzugehörigkeit stärker ausgeformt und zu den viel komplexeren Gegensätzen Sexualität und Mord transformiert. Eros und Thanatos nehmen also neue Formen an: Eros als Leben wird zu Eros als Sex; Thanatos als Tod wird zu Thanatos als Mord – und das alles als Korrelate des Aufblühens der Welt zeitlicher Ausdehnung und des Ackerbaubewußtseins.

Damit wir diese Entwicklung jedoch nicht mißverstehen, müssen wir festhalten, daß das verursachende «mythologische Ereignis», das diese zeitliche Welt von Tod, Sex und Mord entstehen ließ – die Ermordung des Gottes im sakralen Opfer –, in der Mythologie noch nicht als quälender Sündenfall beschrieben wird. Vielmehr heißt es, der ermordete Gott sei begraben worden, um als Getreide oder irgendeine andere Form der von allen Menschen benötigten Nahrung aufzuerstehen. Deshalb wurde bei Fruchtbarkeitsriten das ermordete Opfer häufig zerstückelt und auf den Feldern als magische Neuinszenierung des ursprünglichen Mordes vergraben. Wenn auch der Gottesmord mehr Leid in die Welt brachte, so war damit doch noch keinerlei Schuld, Furcht und Sünde verbunden. Er war ein Mini-Sündenfall etwa auf halbem Wege zwischen dem beginnenden Fall des Typhon und dem endgültigen Fall der mental-ichhaften Ebene. Genau das machen die Mythen aller drei Perioden deutlich.

Die Kriegsmaschine – Amoklauf des Opferrituals

Die Mythologie des vom Symbol zum bloßen Zeichen pervertierten Opfertodes, der vom separaten Ichempfinden in großem Umfange praktiziert wird, ist Ersatzfunktion und Ersatzversuch für die Transzendenz – uns allen als Krieg bekannt.

Mord zum Bewahren des Ich: Die Opferung des Lebens eines anderen Menschen, um das eigene zu erhalten – welch unglaubliche Sinnentstellung von Shunyata. Dennoch kann kein Zweifel daran bestehen: «Die Logik, jemand anderen zu töten, um das eigene Leben zu bewahren, ist ein Schlüssel für vieles, was uns an der Geschichte rätselhaft erscheint.»[26] Das fängt an beim Sündenbock, zeigt sich bei den Spielen in der römischen Arena, den Blutopfern der Nazis bis zum Krieg der Massen. Alle Menschen wissen intuitiv, daß der Sensenmann auch bei ihnen anklopfen wird, und der Krieg ist ein einfaches Arrangement, daß es den anderen erwischt. Wir sehen also erneut: Sobald man Menschen zu Objekten des negativen Atman-Projekts macht, werden sie *Opfer*, Ersatzopfer, Sündenböcke.

Jay Lifton hält das Opfern von Menschen «für das Bedürfnis, die eigene Unsterblichkeit oder die der eigenen Gruppe zu bekräftigen, indem man sie mit der absoluten Abwesenheit dieser Unsterblichkeit im blutverschmierten Opfer kontrastiert». Kenneth Burke schreibt, das Kernstück der sozialen Motivation des Menschen sei «die gemeinschaftliche Neuinszenierung der Erlösung durch das zeremonielle Opfer». Und Eugene Ionescu hat die schöne Kurzformel gefunden: «Solange wir unserer Unsterblichkeit nicht sicher sind, werden wir uns trotz unseres Verlangens nach gegenseitiger Liebe weiterhin hassen.» Einander hassen, einander töten. Mumford hat seine außergewöhnliche Studie über Geschichte, Politik und Technik im Grunde auf das Phänomen des Opferns aufgebaut sowie auf die besondere *Notwendigkeit* von Massenopfern und Krieg zur Aufrechterhaltung des sozialen Gleichgewichts des Staates.

Was nämlich bei einem Krieg auf dem Spiel steht, ist nicht Nahrung, nicht Eigentum und nicht einmal Ideologie, sondern die eigene Version des Atman-Projekts: der eigene Anspruch auf Unsterblichkeitsmacht und Transzendenz des Todes. Und je mehr Feinde fallen, desto unsterblicher fühlt sich der Eroberer.

> Vom Glück begünstigt, steht der Überlebende inmitten der Gefallenen. Für ihn gibt es eine überwältigende Tatsache: Während zahllose andere getötet wurden, darunter viele seiner Kameraden, ist er noch am Leben. Die Toten liegen hilflos da, aber er steht aufrecht unter ihnen, und es ist, als sei die Schlacht nur geschlagen worden, damit er sie überlebt... Es ist ein Gefühl des Auserwähltseins... Er ist der Stärkere... Er ist der Liebling der Götter.[74]

Was für ein armseliger Weg, sich selbst das Gefühl von Kosmozentrizität zu schaffen, vor allem, da es sich ja doch nur um einen Ersatz für echte Transzendenz handelt. Aber gerade dieser Drang steht hinter allen Ersatzopfern, angefangen beim Vorurteil bis zum Massenmord. Von Augenblick zu Augenblick erahnt das separate Ich Thanatos, Shiva, Shunyata. Es ahnt, daß es selbst nichts als eine Illusion und zum Tode bestimmt ist, daß der Tod eines Tages tatsächlich zupacken wird. Aber wenn er zunächst einmal jemand anderen packt, ist der Druck für eine Weile von ihm genommen.

Es steht fest, daß um das dritte Jahrtausend v. Chr. die moderne massive Kriegführung eines Staates gegen einen anderen geboren wurde, vor allem in Sumer mit seinen frühesten Stadtstaaten Ur, Uruk, Kish und Lagash. In einer königlichen Geschichtsaufzeichnung jener Epoche heißt es:

> Sargon, König von Agade, eroberte die Stadt Uruk und schleifte ihre Wälle. Er kämpfte mit dem Volk von Uruk und rottete es aus. Er kämpfte auch gegen Lugal-zaggisi, König von Uruk, nahm ihn gefangen und führte ihn in Ketten durch das Tor von Enlil. Sargon von Agade kämpfte mit dem Mann von Ur und besiegte ihn; er eroberte seine Stadt und schleifte ihre Mauern. Er eroberte auch

E-Ninmar und schleifte seine Wälle und eroberte das ganze Gebiet von Lagash bis zum Meer. Und er reinigte seine Waffen vom Blut im Meer.[70]

Hier also, auf dem Höhepunkt der Stufe der Gruppenzugehörigkeit, wurde die moderne Kriegführung erfunden, so wie wir sie kennen – ein neuer Ausbruch des Atman-Projekts. Auf unserer Liste von Formen der Ersatzbefriedigung finden wir nun also die Anfänge der modernen Kriegsmaschinerie. Ich spreche hier von «Anfängen», weil mit dem Entstehen der mental-ichhaften Struktur alles noch viel schlimmer wurde.

Und wenn es auch schmerzhaft ist, müssen wir das Phänomen des Krieges jetzt ohne Ausflüchte betrachten, wie das Burke, Duncan, Rank, Becker und Lifton getan haben, und die einzig mögliche Schlußfolgerung ziehen: Trotz vieler schmähender Verurteilungen einerseits und verbrämender Worte über edle Ursachen und heilige Gründe andererseits *ist Krieg stets populär gewesen.* Er hat damit eine notwendige Funktion erfüllt, und er hat sie gut erfüllt. Der Krieg diente dem kulturellen Atman-Projekt mit dem Versuch, Egos zu Göttern zu machen, die von Macht durchdrungen und gegen den Tod immun sind. Wir alle kennen die Statistik: Für jeweils ein Jahr des Friedens in der Menschheitsgeschichte gab es vierzehn Jahre Krieg.

Woher kommt wohl die Popularität des Krieges? Weil er ebenso wie Geld ein einfaches und leicht zugängliches Unsterblichkeitssymbol ist. Im Verlauf der Geschichte waren der Krieg und das Geld gleichermaßen populär, weil man kein besonderes Talent braucht, ihn zu führen oder es anzuhäufen. An beides kommt man viel leichter heran als an andere Unsterblichkeitssymbole, etwa Pyramiden oder Mumien. Krieg und Geld waren also die kulturellen Formen des Atman-Projekts, die der überwiegenden Mehrheit normaler Menschen am ehesten zugänglich waren. Gold und Krieg verliehen dem Normalbürger Aussichten auf Unsterblichkeit und hielten so den kulturellen Zweig des Atman-Projekts des separaten Ich am Leben. Unsterblichkeit konnte man sich jetzt nicht nur auf dem Markt, sondern auch auf dem Schlachtfeld einhandeln. Aus historischer Sicht erwies sich *beides* als notwendig, um die komplexen Gesellschaften zusammenzuhalten. Die notwendige Rolle des Geldes in der Gesellschaft wurde bereits erwähnt. Jetzt können wir zusätzlich festhalten: «Die Fähigkeit, Krieg zu führen und kollektive

Menschenopfer zu erzwingen, ist das typische Kennzeichen jeder souveränen Macht im Ablauf der gesamten Geschichte geblieben.»[26]

9. Polis und Praxis

Zu der typischen Form der Beziehung des Uroboros gehörte Nahrung, zu der des Körper-Typhons emotionale Sexualität. Beides gilt jedoch in unterschiedlichem Maße auch für die übrige Natur, es sind also subhumane Charakteristika. Typisch für das Ich der Gruppenzugehörigkeits-Struktur aber ist *verbale Kommunikation*. Die verbale Gruppenzugehörigkeit und intersubjektive Kommunikation (über die Sprache) hat das ermöglicht und herbeigeführt, was die Griechen als *polis* lobpreisen. Die Polis war die erste Arena echt menschlicher Beziehungen. Es handelt sich um Beziehungen, die nirgendwo sonst in der Natur anzutreffen sind und die die neue Gattung des *Homo sapiens* definierten. Dementsprechend lauten die beiden berühmtesten Definitionen des Menschen: «Der Mensch ist das Tier der Polis» (Aristoteles), und «Der Mensch ist das *Animal symbolicum*» (Cassirer).

Ich verwende «Polis», das griechische Wort für Stadtstaat, in seinem ursprünglichen und idealistischen Sinn, als eine *menschliche Gemeinschaft von Teilhabenden* auf der Grundlage uneingeschränkter *Kommunikation* (mittels Sprache). Im besten Sinne ist Polis einfach die Arena der Gruppenzugehörigkeit, eine höhere Form der Einheit, die auf dem Austausch transzendierender Symbole beruht. Der Leser und Ich tauschen in diesem Augenblick Gedanken aus (wenn auch einseitig über das Medium Druckerzeugnis; wir sollten uns lieber vorstellen, wir unterhielten uns über alles). Dieser Austausch ist ein Akt verbaler Kommunikation und intersubjektiven Teilhabens jenseits der subhumanen Fähigkeiten der übrigen Natur und der subhumanen Fähigkeiten unserer eigenen Organismen. Die Polis ist also die Arena für das Ich im Stadium der Gruppenzugehörigkeit.

Die Aktivitäten in der Polis nennt man «Praxis». Im engeren Sinne bedeutet das griechische *praxis* das, was wir heute unter dem Wort Praxis verstehen. Seiner traditionellen Verwendung nach jedoch, etwa durch Aristoteles, bedeutet es viel mehr: zweckdienliches, vernünftiges, moralisches Verhalten innerhalb der Gemeinschaft der Polis, Es bedeutet *sinnvolle* und überlegte Tätigkeit, die nicht auf subhumanen Bedürfnissen und Begierden, sondern auf wechselseitiger menschlicher Anerkennung und unbeschränkter Kommunikation beruht. Abgesehen davon, daß es auch uroborische Nahrung und typhonische Sexualität umfaßt, ist unser Leben als wahrhaft menschliche Individuen vor allem ein Leben sozialer «Praxis» und sozialer Aktivitäten. Wir führen ein Leben, das uns über den animalischen Körper hinausführt in eine teilhabende menschliche Gemeinschaft der Symbole, der Rede, der Kommunikation, Ziele und Ideale. Nur in der Polis oder einer symbolischen Gemeinschaft kann ich wahrhaft Mensch sein, und ich kann meine Menschlichkeit nur innerhalb einer «Praxis» entfalten, im sozialen Engagement und der durch Kommunikation ermöglichten Teilhabe an der Gemeinschaft. *Alles* das wird durch die Sprache ermöglicht, die einen intersubjektiven Gedankenaustausch *erlaubt*, so daß Sie und ich, wenn wir wahrhaft kommunizieren, durch teilhabendes Verstehen in die Psyche des anderen Eingang finden. Die Arena für dieses Teilhaben ist die Polis; seine Ausübung ist «Praxis». Es ist eine Schande, daß Polis inzwischen zu «Politik» degradiert wurde und «Praxis» zur Moralität, denn beide Begriffe enthalten noch weitaus edlere Ideen als diese.

Für Aristoteles war *praxis*, also aufgeklärtes und moralisches Handeln, nicht mit *techne*, das heißt technologischen Aktivitäten zu verwechseln. Beide hängen von einer vernunftbegabten linguistischen Mentalität ab, sind darüber hinaus jedoch grundverschieden. Denn *techne* befaßt sich mit der Manipulation subhumaner Ebenen, mit materiellen Gütern, mit der Natur, der Nahrungserzeugung, mit empirischen, von den animalischen Sinneswahrnehmungen abhängigen Untersuchungen, mit technologischen Neuerungen. *Praxis* jedoch befaßt sich mit menschlicher Interaktion und dem Austausch gemeinsamen Verstehens; hier wird der Geist nicht dazu gebraucht, die Natur zu erkunden, sondern einem anderen Geist zu begegnen. *Techne* ist Ebene 3/4, die sich mit Ebene 1/2 befaßt. *Praxis* ist Ausübung von Ebene 3/4 gemeinsam mit einer anderen Ebene 3/4 – von Mensch zu Mensch, nicht vom Menschen zum Subhumanen. Die Katastrophe der modernen Zeit (und der modernen soziologischen und psychologischen Lehre) ist, wie Habermas gesagt hat, daß *praxis* zu *techne* reduziert wurde.[178]

Polis- oder Gemeinschaftsbewußtsein transzendiert die ihm in der Evolution vorangehenden subhumanen Stadien und bezieht sie zugleich ein. Mit der Polis-Praxis nimmt das Bewußtsein die ersten wahrhaft menschlichen Eigenschaften an und zeigt, daß es mehr ist als die Gesetze der Physik, Biologie, Natur, Pflanzen und Tiere (aber nicht getrennt von ihnen). Indem das Gruppenzugehörigkeits-Bewußtsein den Körper zu transzendieren begann, wurde ihm der Weg in einen völlig neuen und «superorganischen» Bereich geebnet, dessen Gesetze mit Symbolen geschrieben sind, die sich von denen der Physik und Biologie unterscheiden. Der Mensch lebte nicht länger nur in der Welt der Natur, sondern auch in der Welt der Kultur. Nicht mehr bloße Instinkte, sondern verbales Lernen; nicht länger Natur, sondern Geschichte. Das war ein völlig neuer Bereich, der der Polis, mit völlig anderen und höheren Gesetzen, denen der gesellschaftlichen «Praxis».

Man kann das folgendermaßen kombinieren: Der Unterschied zwischen Natur und Geschichte, Physik und Psychologie, Tier und Kultur, Impuls und Gespräch, biologischem Überleben und Ethik ist der Unterschied zwischen Körper (Ebene 1/2) und Geist/Verstand (Ebene 3/4). Und damit, mit der Entwicklung einer echten, wenn auch noch in den Anfängen befangenen Verstandestätigkeit, gelangte die Menschheit in den Besitz von Geschichte, Zielsetzungen, Kultur, des Gesprächs und der Ethik. Anders ausgedrückt – sie kam in den Besitz der Polis-Praxis. Man braucht mit der Philosophie von Rousseau nicht übereinzustimmen, um seine Feststellung würdigen zu können, «daß dieser Übergang vom Zustand der Natur zum Zustand der Gesellschaft *[polis]* einen sehr bemerkenswerten Wandel beim Menschen bewirkt, wobei in seinem Verhalten Instinkt durch Gerechtigkeit ersetzt wird und seinen Handlungen die Moralität gegeben wird *[praxis]*, die ihm vorher mangelte.»[112]

Wir nehmen einfach zur Kenntnis, daß das Polis-Praxis-Bewußtsein ein außergewöhnliches Potential enthielt. Es war derart außergewöhnlich, daß es stets dazu neigte, zwei extrem entgegengesetzte Anschauungen über das Wesen der Polis, des Staates und der sozialen Gemeinschaft ganz allgemein hervorzubringen. Einerseits hat seine bloße Existenz wegen des ungeheuren in der Polis-Praxis verkörperten Potentials stets utopische Anschauungen hervorgebracht, von denen einige sehr tiefschürfend, die meisten jedoch wildromantisch waren. Da jedoch die Polis-Praxis nirgendwo in der Geschichte das in

freier und unbeschränkter Kommunikation enthaltene Potential voll
entfalten konnte, hat ihr praktisches Versagen andererseits viel bei-
ßende Kritik an der Gesellschaft im allgemeinen und am Staat im
besonderen hervorgerufen. Diesen ganzen Bereich der Argumentation nennt man im allgemeinen «Politische Wissenschaft» oder «So-
zialwissenschaft».

Bertrand Russell hat einmal bemerkt, man solle in den Schulen
nicht Logik lehren, sondern wie man ihren Gebrauch vermeiden könne, da fast jedermann sie falsch verstehe. Ein ähnliches Gefühl habe
ich manchmal gegenüber den Sozialwissenschaften und der Politischen Wissenschaft, weshalb ich dazu neige, ihre Anwendung einfach
zu vermeiden. Statt dessen folge ich dem gesunden Gebot: «Du sollst
keine politische Wissenschaft begehen.»

Natürlich muß dazu etwas gesagt werden, so kläglich es auch sein
mag, weshalb auch ich einige Verallgemeinerungen und Platitüden
von mir geben muß; diese Vereinfachungen werden vollkommen ge-
nügen, die groben Umrisse der Bewußtseinsevolution nachzuzeich-
nen, was hier allein unsere Aufgabe ist.

Wir beginnen mit der Wiederholung der Feststellung, daß jede Evolutionsstufe ihre Vorgängerin transzendiert, aber einbezieht. Das gilt
auch für den Menschen. Jede Stufe der menschlichen Evolution muß,
obwohl sie ihre Vorgänger transzendiert, diese in eine höhere Einheit
einbeziehen und integrieren. Geschieht das nicht, kommt es zu einer
Neurose. Man könnte es auch so ausdrücken, daß das menschliche
Individuum ein *vielschichtiges Individuum* ist (Whitehead, Hartshorne) – zusammengesetzt aus allen Ebenen der Wirklichkeit, die sich vor
dem gegenwärtigen Stadium des Menschen entfaltet haben und vom
gegenwärtigen Stadium gekrönt werden. Gregory Palamas sagt: «Der
Mensch ist die Konzentration von allem, was ist, in ein Ganzes, die
Rekapitulation aller von Gott geschaffenen Dinge. Deshalb wurde er
als letzter geschaffen, etwa so, wie auch wir alles, was wir zu sagen
haben, mit einer Schlußfolgerung abschließen.»[375]

Zur Zeit der mythischen Gruppenzugehörigkeit ist das Ich bereits
ein aus allen früheren Evolutionsstufen zusammengesetzes Individuum. In diesem Stadium enthält der Mensch den Uroboros, den Typhon sowie den neuen, die anderen Stufen krönenden verbalen Geist
innerhalb eines Organismus. Äußerst wichtig ist, daß jede dieser Ebenen im Menschen weiter funktioniert und lebt, ihre eigenen Bedürfnisse zum Ausdruck bringt und ihre Existenz durch Systeme von Beziehungen und Austauschhandlungen mit den *entsprechenden* Ebenen

der äußeren Welt aufrecht erhält. Der physische Körper des Menschen hängt ab von einem System des Austausches mit anderen physischen, mineralischen oder vegetativen Körpern, was sich in Nahrungsaufnahme und Stoffwechsel ausdrückt. Sein höherer animalischer Körper (Typhon) ist ein System des Austausches mit anderen lebenden animalischen Körpern, was in der menschlichen biologischen Sexualität, aber auch im allgemeinen emotionalen Verkehr zum Ausdruck kommt. Sein linguistischer Geist (Gruppenzugehörigkeit) ist ein System des Austausches von Symbolen oder der Kommunikation mit anderen Geistern. Alle diese Austauschsysteme sind im Grunde nur die verschiedenen Ebenen der Großen Kette, wie sie, eingeschachtelt und eingefaltet, im vielschichtigen menschlichen Individuum in Erscheinung treten.

Jede folgende Stufe des Austausches stellt höheres evolutionäres Wachstum dar und damit einen Versuch höherer Ordnung, zur Einheit (oder einem Atman-Projekt höherer Ordnung) zu gelangen. Der Uroboros sucht die Einheit über physische Nahrung; der Typhon dadurch, daß er sich körperlich mit einem anderen Typhon vereinigt (d. h. biologisches Paaren sowie emotionaler Austausch im allgemeinen). Das sind jedoch noch subhumane Formen von Einheit. Die erste spezifisch menschliche Form ist die Gem-ein-schaft (Gemeinsame Einheit, Komm-unität) oder die verbale Kommunikation in einer Polis-Gesellschaft intersubjektiven Verstehens und sprachlicher Verständigung *(praxis)*.

Das menschliche Wesen ist also ein aus allen unteren Ebenen der Wirklichkeit zusammengesetztes und von der jeweils erreichten evolutionären Ebene gekröntes Individuum, und die Gesellschaft oder Polis ist eine Mischung aus diesen vielschichtigen Individuen. Dementsprechend ist Praxis die Aktivität vielschichtiger Individuen in dieser vielschichtigen Gesellschaft. Gesellschaft und ihre Individuen sind jedoch untrennbar, weil beide auf *Austauschsystemen* aufgebaut sind, die ihrerseits vielschichtig sind, und Austausch kann schon der Definition nach niemals in Isolierung erfolgen. Es wäre lächerlich, über die Geistesverfassung eines «edlen Wilden» zu spekulieren, der noch nicht «von der Gesellschaft verdorben ist», denn zum Geist gehört die dritte Austauschebene (die verbal-symbolische) – ohne gesellschaftlichen Austausch kann es erst gar keinen Geist geben. Der vom Bereich der Nahrung und Sexualität allein geprägte Wilde kann nun in den Augen des unheilbaren Romantikers «edel» sein.

Nunmehr können wir unsere erste Verallgemeinerung im Bereich der «Politischen Wissenschaft» formulieren: Nur in der Polis-Praxis und durch kommunikativen Austausch wird die Menschheit zum erstenmal wirklich human, erschließt sie auf dieser höheren Ebene ein Potential, das es in der Natur ganz allgemein nicht gibt. Dieses neue Potential der Polis-Praxis liegt den verschiedenen gesellschaftlichen Utopien, Idealismen und Traditionalismen zugrunde. Eine beachtenswerte Version des Potentials der Polis-Praxis stammt von Edmund Burke:

> Man sollte den Staat nicht als eine Partnerschaft beim Handel mit Pfeffer und Kaffee, Baumwolle und Tabak oder sonstigen weniger bedeutsamen Dingen ansehen. Man sollte ihm mit besonderer Achtung begegnen, da er nicht nur eine Partnerschaft in Angelegenheiten ist, die der groben animalischen Existenz einer zeitlichen und vergänglichen Natur dient. Es ist eine Partnerschaft in der gesamten Wissenschaft, in allem, was Kunst ist; eine Partnerschaft in allen Tugenden und in allem, was vollkommen ist ... Jeder Kontrakt jedes einzelnen Staates ist nichts als eine Klausel in einem ursprünglichen Kontrakt der Ewigen Gemeinschaft, der die niedere mit der höheren Natur verbindet, die sichtbare mit der unsichtbaren Welt, und zwar gemäß einer festen Übereinkunft, sanktioniert durch den unverbrüchlichen Eid, der alle physische und moralische Natur an dem ihr zugewiesenen Platz hält.[112]

Die gleiche idealistische Einschätzung dieses Potentials findet man in den Werken von Plato, Kant, Green, Bosanquet und Hegel – wenn sie sich auch in Einzelheiten beträchtlich unterscheiden. Hegel beispielsweise behauptete, das Individuum sei nur innerhalb einer Gemeinschaft wirklich es selbst. Bosanquet ging so weit (d. h. zu weit) zu behaupten, die Gemeinschaft sei realer als jedes ihrer Mitglieder.

Im Mittelpunkt dieser idealistischen Einschätzung steht die Erkenntnis, daß die Polis oder Komm-unität, also die Gemeinschaft, tatsächlich eine höhere Form von *Einheit* ist, weshalb sie die Fähigkeit besitzt, die Aufspaltung in verschiedene Gruppen zu überwinden. Erik Erikson hat diese These in einer inzwischen als klassisch angesehenen Formulierung bekräftigt:

> Die Geschichte weist uns einen Weg, die Pseudo-Gattungsmentalität miteinander Krieg führender Gruppen zu entschärfen, und zwar innerhalb einer *umfassenderen Identität*. Das kann durch territoriale

Zusammenschlüsse geschehen. Die *Pax Romana* befriedete ganze Rassen, Nationen und Klassen. Auch technologische Fortschritte im Bereich eines universalen «Verkehrswesens» tragen zur Vereinigung bei: Seefahrt, mechanisierte Ferntransporte, drahtlose Kommunikation haben jeweils dazu beigetragen, Veränderungen weithin zu verbreiten. Es geschah im Sinne einer erweiterten Identität, die geeignet ist, wirtschaftliche Konkurrenzangst, Furcht vor kulturellem Wandel und vor der Gefahr eines spirituellen Vakuums zu überwinden.[119]

In seinen extremeren Augenblicken jedoch scheint der Gesellschaftsidealismus etwas hervorzubringen, was ekstatischen Träumereien verwandt ist, vor allem wenn sein Verfechter der Ansicht ist, er selbst sei Teil der großartigsten Gesellschaft, die jemals existiert hat. So verfällt beispielsweise Hegel in fast manische Begeisterung, wenn er vom Staat im allgemeinen und dem deutschen im besonderen spricht. Hätte er doch lange genug gelebt, um Hitler zu erleben . . .

Das ist kein Kommentar über das Deutschtum, sondern verweist nur darauf, wie völlig unangemessen reiner Idealismus ist. Die idealistischen Gesellschaftslehren von Burke bis Hegel zeigten sich durch die Bank blind für die Tatsache, daß dem Potential des Staates zum Guten fast immer sein Potential zur Brutalität gegenübersteht.

Wir haben festgestellt, daß das vielschichtige Individuum aus verschiedenen Austauschsystemen besteht. Der Austausch selbst ist ein Zyklus von Empfangen, Assimilieren und Freisetzen. Als Zusammensetzung aus vielschichtigen Individuen ist die Gesellschaft eine Verschmelzung aller dieser Austauschvorgänge. Dafür bedarf sie verschiedener Institutionen, um das Leben jeder Ebene des vielschichtigen Individuums zu erhalten und zu reproduzieren, nämlich:

Ebene 1: technologische Erzeugung und wirtschaftlicher Austausch materieller Dinge, deren Paradigma Nahrung und dessen Sphäre körperliche Arbeit ist.

Ebene 2: Erzeugung und Austausch biologischen Lebens, deren Paradigma Gefühl und Sexualität und deren Sphäre emotionaler Verkehr miteinander ist (vom Fühlen über Sex bis zur Macht).

Ebene 3: Erzeugung und Austausch von Ideen, dessen Paradigma sprachliche Verständigung (Sprache) und dessen Sphäre Kommunikation *(praxis)* ist.

Auf höheren Evolutionsstufen kommen höhere Austauschformen hinzu. So ergibt sich auf der mental-ichhaften Ebene die gesellschaftliche Notwendigkeit, den gegenseitigen Austausch der jeweiligen Selbsteinschätzung zu erleichtern, mit dem Paradigma reflexiven Ichbewußtseins und der Sphäre gegenseitiger persönlicher Achtung.

Als eine Zusammensetzung aus vielschichtigen Individuen kann die Polis-Praxis, wie jede andere Zusammensetzung, natürlich auch falsch funktionieren, nicht nur gedeihen, sondern auch entarten, nicht nur dienen, sondern auch unterdrücken. Jedes beliebige Austauschsystem – sei es materielle Arbeit, gefühlsmäßiger Verkehr oder begriffliche Kommunikation – kann eingeschränkt, unterdrückt, verdrängt und entstellt werden, und zwar von der gesellschaftlichen Umwelt, in der dieser Austausch an sich auf ideale und freie Weise stattfinden sollte. (Mit «frei» meine ich hier «angemessen» und nicht «exzessiv».) Am häufigsten wird diese Entstellung von den Individuen angezettelt, die, seien sie einfache Bürger oder mächtige Anführer, eigentlich Hüter eines ungestörten Austauschs und ungestörter Beziehungen sein sollten. Solche Störungen haben die Tendenz, institutionalisiert zu werden, so daß sie sich ohne bewußte Absicht reproduzieren (Kraft der sozialen Trägheit).

Die archetypischen Vorkämpfer für nichtverdrängte Beziehungen in jeder dieser Sphären sind Marx (gemeinschaftliche Arbeit, Uroboros, Ebene 1), Freud (gefühlsbasierter zwischenmenschlicher Verkehr, Typhon, Ebene 2) und Sokrates (verbale Verständigung, Kommunikation in der Gemeinschaft, Ebene 3). Und natürlich würde eine vollständige Gesellschaftstheorie noch solche höheren Sphären und Vorkämpfer hinzufügen wie Selbstachtung (Ebene 4, Locke*), *psychische Intuition* (Ebene 5, Patañjali), subtiles Einssein (Ebene 6; Kirpal Singh), und Höchste Transzendenz (Ebene 7/8, Buddha/Christus/Krishna).

In diesem Rahmen ist unsere zweite Verallgemeinerung zur Politischen Wissenschaft ausreichend: Ist Polis-Praxis auch Ausdruck einer höheren evolutionären Leistung, so ist sie doch ebenfalls für jede potentielle Schädigung dieser Leistung verantwortlich, und zwar nicht nur auf der eigenen Ebene, sondern *auch auf allen anderen Ebenen.* Marx, Freud, Sokrates und Christus haben jeweils in ihrer eigenen

---

* Ich habe Locke wegen seiner Betonung der ichhaften Freiheit aufgeführt. Später erwähne ich Hegel wegen seiner Studien über die Beziehungen zwischen Herren und Sklaven. Das ist eine subjektive Auswahl. Andere Analytiker der Ebene 4 beziehen auch Kierkegaard, Sartre, Carl Rogers und Hobbes ein.

Sphäre erfahren, mit welch drastischen Mitteln der Unterdrückung der Staat auf allen Ebenen wirken kann, angefangen bei der Religion bis zu Ideen, Sexualität und Arbeitnehmern.*

Die Zahl der *Gründe* für Unterdrückung, der spezifischen *Mittel* der Unterdrückung und ihrer tatsächlichen *Strukturen* ist Legion und wechselt außerdem in jeder Austauschsphäre. Das Gebiet ist so komplex, daß da selbst Verallgemeinerung und Binsenwahrheit versagen. Da hierzu aber irgend etwas gesagt werden muß, will ich die Erörterung drastisch auf eine Institution verengen, die gewöhnlich in einem ganz bestimmten Individuum verkörpert ist – die Institution des *Königtums*. Zu allererst ist es ein typisches Modell (und eine Karikatur) der Polis (siehe den Ausspruch von Louis XIV «L'état c'est moi»). Zweitens ist das Königtum auch eine mögliche Konzentration jeder Form von Unterdrückung und Ausbeutung. Drittens ist die *Psychologie des Gehorsams* gegenüber dem Königtum ein Paradigma des Gehorsams ganz allgemein und daher ein Paradigma *freiwilliger* Unterwerfung, wie wir noch sehen werden.

Göttliches Königtum

Über die Ursprünge der ersten Könige ist wenig bekannt. Wirkliches Königtum – im Gegensatz zum einfachen Stammeshäuptling – begann in der Periode früher Gruppenzugehörigkeit, vielleicht schon im zehnten Jahrtausend v. Chr. Das Königsgrab in Eynan, etwa zwanzig Kilometer nördlich des Sees von Galiläa, ist der bisher früheste Fundort dieser Art und wird um das Jahr 9000 v. Chr. datiert.[215] In voller Blüte stand das Königtum in der Periode höherer Gruppenzugehörigkeit in den hierarchischen Stadtstaaten von Ägypten und Mesopotamien. Darüber hinaus fehlen genaue Daten, oder vielmehr fehlt Übereinstimmung darüber, wie man die verfügbaren archäologischen Daten verstehen soll. Man sollte begreifen, daß die Erfindung des Königtums ein Phänomen von beispiellosen Auswirkungen war. Politisch brachte sie vielleicht den größten singulären Wandel im Bewußtsein des Menschen, den es je gegeben hat. Die erschreckenden Auswirkungen spüren wir noch heute.

Das Königtum war nicht nur ein Zustand, um das Volk zu regieren, nicht nur eine rein praktische Maßnahme, um eine Gemeinschaft zu

---

* Religion: Ebene 5–8; Ideen: Ebenen 3–4; Sex: Ebene 2; Arbeit: Ebene 1.

organisieren und zu regieren. Der König war nicht nur ein besonders heller Bursche, der gewählt wurde, um Entscheidungen für die Massen zu treffen, und dem man daher die Macht gab, alle zu repräsentieren. Man schuldete ihm nicht nur Achtung und verlieh ihm Entscheidungsmacht – die Menschheit hatte zu diesem Zeitpunkt viel mehr zu vergeben, viel mehr an Besitz und angehäuftem Wohlstand. Durch die Erfindung des Ackerbaus verfügte die Menschheit jetzt über einen Überschuß an Nahrung, Gütern, Geld und Wohlstand. In den vorangegangenen typhonischen Gemeinschaften war das Wenige an Gütern und Wohlstand gleichmäßig unter alle verteilt worden – diese Gemeinschaften waren solche des Gebens und Teilhabens.

Jetzt aber, in den aufstrebenden Gesellschaften der Stadtstaaten, gab es massiven Überschuß, und dieser wurde nun ganz einfach zum großen Teil dem König und seiner Hofhaltung gegeben. Es begann eine massive Umverteilung von Gütern, die vom Volk in seiner Gesamtheit nun an eine kleine Gruppe Auserwählter übergingen, eine Umverteilung, wie es sie zuvor noch nie gegeben hatte. Die von der ganzen Gesellschaft erzeugten Güter wurden nicht mehr zu gleichen Teilen unter die verteilt, die sie produziert hatten, sondern landeten in den Händen einer habgierigen Elite. Nie zuvor in der Geschichte konnten einige wenige den von vielen erzeugten Reichtum akkumulieren. Nie zuvor hatte eine so weit verbreitete materielle Ausbeutung und Unterdrückung existiert. Die Wissenschaftler, die sich mit Fragen des politischen Unglücks der Menschheit und ihrer brutalen Ausbeutung befaßt haben, stimmen darin überein, daß dieser unauflösbare Wirrwarr, den wir politische Unterdrückung nennen, mit den ersten Königen in den großen Stadtstaaten begann. Hier war etwas Erschreckendes in Gang gekommen, von dem wir uns niemals richtig erholt haben, etwas, das sich möglicherweise als unser aller Ende erweisen kann.

Königtum: Was um Himmels willen geschah? Wie konnte es geschehen? Und warum?

Wie bereits erwähnt, sind über den Ursprung des Königtums nur Spekulationen möglich. Eines jedoch ist gewiß und allgemein anerkannt: Die ersten Könige waren Götter.[70, 153, 201, 215] Das ist an sich schon faszinierend, doch liegen in dieser Feststellung gleich zwei verschiedene Fragen verborgen, nämlich: Waren die ersten Könige *tatsächlich* Götter, tatsächlich im Hinblick auf Gottesbewußtsein und Überbewußtsein (etwa der subtilen Ebene)? Oder wurden die ersten Könige von den einfachen und arglosen Bauern nur als Götter oder göttergleiche Wesen angesehen? Waren sie Götter oder nur Göttergestalten? Waren sie Boddhisattvas oder Politiker?

Campbell glaubt, viele der ersten Gottkönige seien tatsächlich erleuchtet oder «von Gott absorbiert und in ihn versunken» gewesen. Diese Erleuchtung «charakterisierte die wirkliche Heiligkeit der Opferkönige der frühen hieratischen Stadtstaaten».[70] Ich halte das für möglich, aber nicht wahrscheinlich. Möglich ist es, weil während der Periode der Gruppenzugehörigkeit einige wenige höherentwickelte Individuen tatsächlich so erleuchtet waren, daß sie um das subtile Einssein wußten, und es gibt keinen Grund, warum nicht auch der König zu ihnen zählen sollte. Es ist jedoch nicht wahrscheinlich, weil Campbell als einzigen Beweis für die tatsächliche Heiligkeit der Könige die Tatsache nennt, daß sich fast alle echten Menschenopfern unterwarfen. Campbell hält das für einen Beweis für die Verehrung der Großen Göttin, während es jedoch typisch für die Verehrung der Großen Mutter ist. Ich bin überzeugt, daß die ersten Gottkönige in den Mythen als Gefährten der Großen Mutter angesehen wurden, und wir wissen ja, was mit diesen Gefährten geschieht. «Als die Zeit kam für den Tod des Gottes», schrieb Frobenius, «da wurden der König und seine Venus-Gemahlin erdrosselt und ihre Überreste in der Grabhöhle eines Berges bestattet. Von dort aus sollten sie dann als die erneuerten himmlischen Sphären auferstehen.»[153] Das ist ein perfektes Ritual der Großen Mutter – magische/mythische Auferstehungsrituale, menschliches Blutopfer, der tote und der auferstandene Gott. Das ist einfache magische Logik, keine Transzendenz.

Was an diesen ersten «göttlichen» Königen so bewundernswert ist, das ist nicht ihre Transzendenz, sondern ihre unerschütterliche Hingabe an die mythische Weltsicht. Diese ersten Könige, die sich häufig selbst rituellem Königsmord auslieferten, übten in der Gemeinschaft insgesamt eine integrierende Funktion aus und neigten dazu, sich dieser Funktion zu *unterwerfen*. Diese Unterwerfung findet ihren glanzvollen Höhepunkt in den Opferriten, bei denen sich, wie barbarisch sie auch sein mochten, der König freiwillig einer Handlung auslieferte, die von der mythischen Mentalität für eine notwendige Funktion gehalten wurde: Er starb für seine Polis. Nach der damals gültigen Ansicht *mußte* der göttliche Gefährte der Großen Mutter sterben, sonst würde das Leben selbst versiegen. Auch der König glaubte ergeben daran und unterwarf sich seiner staatsbürgerlichen Pflicht. Wenn also die ersten «göttlichen» Könige auch nicht im echten Sinne göttlich waren, so waren sie doch auch noch keine gerissenen Politiker.

Die ersten Gottkönige wurden nach einer Spanne von Jahren zum Wohle einer mythischen Polis rituell geopfert. Es steht aber einwandfrei fest, daß die großen politischen Führer der späteren Militärdynastien das nicht getan haben. Sie wollten ja genau das Gegenteil: *niemals* fortgehen, sondern Ersatzunsterblichkeit hier auf Erden erreichen und somit als «Gottkönige» verehrt werden. Und genau das geschah dann auch. Tatsächlich dauerte es nur eine relativ kurze Spanne von Jahren, bis die ersten Gemeinschaften und Stadtstaaten der rituell geopferten Gottkönige den dynastisch-militaristischen Stadtstaaten Platz machten, die von tyrannischen Politikern regiert wurden, die nichtsdestoweniger als «göttliche Könige» angesehen wurden. Nach Mumford war es gerade dieses «göttliche» Königtum, das im Verein mit Menschenopfern und einer Militärmaschinerie den höllischen Terror der mörderischen Megatonnenherrschaft vorbereitet hat, in deren Schatten wir heute alle leben.

Mumford steht nicht allein mit seiner Ansicht, daß genau an dieser Stelle der Menschheitsgeschichte – während des Aufkommens der allerersten dynastisch/politischen Staaten – die massive Kriegführung Gestalt und Gewicht erhielt. Und die Sklaverei? Sie hat vor dieser Zeit niemals in größerem Umfang existiert. Ebensowenig Ausbeutung, arrogant-elitäre Klassenunterschiede oder massive Unterdrückung der vielen durch einige wenige. Das zumindest sind historische Tatsachen. Das ist die Hinterlassenschaft des «Gottkönigtums» und des dynastischen Staates. Und das ist nichts weniger als «der wahnsinnig gewordene Koloß Macht, ein Koloß basierend auf der Entmenschlichung des Menschen, die nicht mit dem Newtonschen Materialismus, nicht mit dem Rationalismus der Aufklärung oder dem Kommerzialismus des neunzehten Jahrhunderts begann, sondern mit der ersten massiven Ausbeutung des Menschen in den großen Gottkönigtümern der antiken Welt».[26]

Man bedenke: Wie kann man als König danach streben, ein riesiges Reich zu schaffen, Macht und Wohlstand anzuhäufen, den Ackerbauüberschuß zu speichern und dann für den Krieg einzusetzen, einen Himmel auf Erden für sich selbst und eine Handvoll Königstreuer zu schaffen – wie soll man das tun können, wenn man weiß, daß man in ein paar Jahren sein Leben opfern muß? Mit der Aussicht, in einem Jahr unter das Messer des Opferpriesters zu geraten, sind militärische und politische Eroberungen, die eine ganze Lebensspanne erfordern, nicht gerade verlockend.

Damit Politiker den Rang «göttlichen Königtums» übernehmen

konnten, mußte als erstes dieses unangenehme Opferritual abgeschafft werden. Sich so ohne weiteres die Opferrituale vom Hals zu
schaffen, das wäre schwierig und vielleicht auch zu offenkundig gewesen; also mußte der erste Politikerkönig mit etwas Besserem aufwar-
ten. Er griff einfach eine Idee auf, für die jetzt die Zeit gekommen
war. Der «göttliche» König überzeugte seine Umgebung davon, daß
das Ersatzopfer *eines anderen* denselben Dienst leisten würde. Und so
geschah es dann auch. Etwa um das Jahr 2500 v. Chr. wurden in
Sumer bereits Priester als Substitute bei den auf Erneuerung des Lebens abzielenden Riten eingesetzt. Im Anschluß an seine vorhin zitierte Bemerkung über die Erdrosselung des Königs und seine spätere
Auferstehung schreibt Frobenius:

> Das ist sicherlich die früheste Form im mythologischen und rituellen
> Kontext . . . Schon im alten Babylon wurde sie abgeschwächt, inso-
> fern der König beim Neujahrsfest im Tempel nur seiner Kleider
> beraubt, gedemütigt und geschlagen wurde, während draußen auf
> dem Marktplatz ein zuvor mit pompösem Zeremoniell installierter
> Ersatzkönig durch die Schlinge zu Tode gebracht wurde.[153]

An dieser Stelle der Entwicklung fand die Vision des Königtums zum
erstenmal in der Geschichte Eingang in eine Welt temporaler Möglichkeiten. Von den Frommen immer noch als Gott angesehen, jedoch
mit den Trieben und Begierden jedes beliebigen Idioten ausgestattet,
war der «göttliche» König in der Lage, die wildesten Phantasien des
Atman-Projekts zu erfüllen: Macht, Unsterblichkeit, Kosmozentrismus, Allmacht. Und mit erstaunlicher Schnelligkeit wurde die grundlegende Gußform des politischen Standard-Tyrannen geschaffen. Die
Kriegerkönige drehten die Dinge um und entledigten sich ihres Dienstes an der Gemeinschaft; an dessen Stelle trat ungebremster persönlicher Ehrgeiz.

Da dieser persönliche Ehrgeiz genau im Zentrum des Netzwerkes
der Macht der Polis zu finden war, nämlich an den Entscheidung-
punkten der materiellen, emotionellen und kommunikativen Austauschsysteme, konnte er diesen Austausch zum persönlichen Vorteil
mißbrauchen, konnte er unterdrücken und ausbeuten. Und da haben
wir des Pudels Kern. Wir wollen uns hier zunächst auf die Verzerrung
der materiellen Austauschvorgänge (Ebene 1) beschränken. In diesem Zusammenhang sollten wir uns daran erinnern, daß die bedeutendste Aktivität jener Epoche im Erzeugen von Ackerbauüberschüs-

sen bestand, daß man mit diesen Überschüssen auch Zeit, also Überschußzeit für das separate Ich, kaufen konnte, und daß man schließlich künftigen Überschuß durch Geld symbolisieren konnte.

Nun ist seit langem bekannt, daß die ersten großen Überschüsse an Getreide, Gold und so weiter oft in den großen Tempelstädten des Nahen Ostens den «göttlichen» Königen als Opfergaben dargeboten wurden. Das war wohl zumeist als Ausweitung fetischistischer Ersatzopfer gedacht – man gab dem «Gott», um auf magische Weise Katastrophen zu vermeiden und sich einen Bonus zu erwerben («Gib mir im Austausch dafür etwas Gutes», hieß es im Ritual der Crow-Indianer). Auf diese Weise wichen die *Tempel* in ihrer exoterischen Funktion bald den *Banken* – und der geopferte Überschuß wich dem akkumulierten Überschuß und den Abgaben. Es ist unbestreitbar, daß die «ersten Banken Tempel, und die ersten, die Geld schufen, Priester oder Priesterkönige waren».[61]

Ein Bankier ist also einfach ein Ersatzpriester, denn er handelt mehr mit der Währung «Unsterblichkeitssymbole» als mit der zeitlosen Transzendenz selbst. Viele derjenigen, die wir heute Priester oder Prediger nennen, sind in Wirklichkeit Bankiers – sie versprechen nicht zeitlose Erlösung, sondern andauernde Ich-Erhaltung. Und die Bankiers arbeiteten für die «göttlichen» Könige.

Es ist eine Ironie der Geschichte, daß Königen und Priestern, als es ihnen gelang, die Kontrolle über die Überschüsse zu gewinnen, nicht nur der Überschuß an Nahrung und einigen glänzenden Metallmünzen gegeben wurde. Sie erhielten nichts weniger als die Kontrolle über die Unsterblichkeitssymbole der Gemeinschaft, denn genau das stellte der Überschuß dar: Unsterblichkeitsmacht. Den Königen und Priestern, den Politikern und Tyrannen gab man also die Zügel des Atman-Projekts jedes einzelnen Mitglieds der Gesellschaft in die Hände. Das, und das alleine, ist der Schlüssel und die Natur der sozio-politischen Macht. Und diesen Schlüssel besaß jetzt der «göttliche» König. Heute stimmen wir überein, daß das Bild etwa folgendermaßen aussah:

Als die Menschheit einst die Mittel erhielt, die Welt in erheblichem Maße zu manipulieren, begann die Gier nach Macht einen verheerenden Zoll zu fordern. Das erkennt man besonders auffallend beim Aufstieg der auf göttlichem Königtum beruhenden großen Zivilisationen. Diese neuen Staaten waren Herrschaftsstrukturen, welche das Stammesleben rings herum absorbierten und große Reiche schufen. Massen von Menschen wurden gezwungen, sich zu Werkzeugen für gigantische Machtoperationen machen zu lassen, die von einer machtvollen Ausbeuterklasse geleitet wurden . . . Die Macht glitt den einfachen Menschen aus der Hand; sie wurde einigen wenigen Händen dienstbar gemacht – und anstelle isolierter und gelegentlicher Ersatzopfer im Namen eines angsterfüllten Stammes wurden mehr und mehr Menschen überlegt und methodisch in eine «furchtbare Zeremonie» zugunsten einiger weniger hineingezogen . . . Dieses neue Arrangement lieferte die Menschheit ständigem und massivem Elend aus, von dem die primitiven Gemeinschaften nur gelegentlich und auch nur in viel kleinerem Umfang geplagt waren. Die Menschen zerstörten sich selbst mit den neuen Plagen, die durch ihren Gehorsam gegenüber den Politikern über sie kamen.[26]

Die psychologische Funktion des Königs

Warum unterwarfen Männer und Frauen sich freiwillig einer solchen Zwangsherrschaft? Warum diese Loyalität gegenüber autoritären Personen, die allzu oft tyrannische Wahnsinnige waren? Und selbst wenn die Herrscher gutwillig waren – warum solch sklavische Ergebenheit? Denn im gesamten Ablauf der Geschichte wurden diese Herrscher häufig als Götter verehrt, ohne Rücksicht darauf, ob sie dämonisch, gutartig oder absolut unfähig waren. Ich meine hier natürlich nicht Führergestalten von tatsächlichem Gottbewußtsein, beispielsweise den Dalai Lama und vielleicht einige der frühesten Gottkönige. Vielmehr frage ich mich, warum Menschen das Bedürfnis empfinden, sich Gottgestalten zu unterwerfen, ohne zu wissen, ob diese Gestalten tatsächlich gottgleich sind. Bisher haben wir uns mit den äußeren Formen der Unterdrückung befaßt, dem Machtzentrum in der vielschichtigen Gesellschaft, das ehrgeizig die verschiedenen Austauschebenen der vielschichtigen Individuen ausbeutet. Jetzt halten wir nach der inneren Form Ausschau, der persönlichen und fügsamen Ergebung in derartige Ausbeutung, ja sogar ihrer bewußten Hinnahme. Es zeigt sich nämlich, daß die Menschen bei ihrem Versuch, *Subjekt* zu sein, unwissentlich *Unterwerfung* suchten. Um das erste zu erlangen, tolerierten sie das zweite.

Warum gaben die Menschen eine Wirtschaftsform auf, in der alle gleiche Anteile an allen Gütern erhielten, und zwar zugunsten der Anhäufung alles Erarbeiteten unter der Autorität eines Menschen mit hohem Rang und absoluter Macht? *Weil der Mensch einen sichtbaren und stets präsenten Gott brauchte, dem er seine Opfergaben darbringen konnte. Dafür war er bereit, den Preis der eigenen Unterwerfung zu zahlen* ... Von dem Augenblick an, als der Mensch der Neuverteilung der erarbeiteten Güter durch eine Gottgestalt zustimmte, die das gesamte Leben repräsentiert, hatte er sein Schicksal besiegelt. Jetzt war die Monopolisierung des Lebens durch den jeweiligen König nicht mehr aufzuhalten.[26]

Ein Beispiel von Hocart: «Die Fidschi-Insulaner hatten unsichtbare Götter, die manchmal im Priester oder in einem Tier gegenwärtig waren. Sie zogen jedoch einen ständig anwesenden Gott vor, einen, den sie sehen und zu dem sie sprechen konnten. Solch ein Gott war der Häuptling. Das ist der eigentliche Grund für die Existenz von Häuptlingen bei den Fidschi-Insulanern.»[26]

Warum wollen Menschen eine sichtbare Gottgestalt? Denn wenn es immer wieder geschieht, daß zur Unterdrückung neigende Schurken diese Rolle übernehmen, dann *fordern* die Menschen ja im Grunde Unterdrückung. Brown hat einmal gesagt, die Menschen seien im Verlauf der Geschichte zwar oft politisch versklavt worden, aber auf tiefster psychologischer Ebene sei der Sklave in gewisser Weise in seine Ketten verliebt. Ist das auch nur teilweise wahr, dann kann keine noch so große Zahl von sozialen Reformen, ganz zu schweigen von der marxistischen Revolution, dieses Problem jemals lösen. Wenn Menschen sich unbedingt irgendwelchen Helden zu Füßen werfen wollen, dann werden sie es tun, was auch immer der Held an Versklavung von ihnen fordert – vor allem, wenn die Zeiten nicht gerade rosig sind. Während der amerikanischen Depression gab es ein Lied folgenden Inhalts: «Was kümmert es uns, ob deine Flagge weiß oder rot ist; komm, grausamer Erlöser, du Bote Gottes; Lenin oder Christus – wir folgen deinem glänzenden Schwert.» Ob man sich nun für das Schwert von «Vorwärts, Soldaten Christi» oder Lenins Hammer und Sichel entscheidet, die psychologische Motivation ist dieselbe: das Verlangen nach einer sichtbaren Gottgestalt.

Welcher Art ist denn nun dieses Bedürfnis? Folgende Antworten halte ich für die sachdienlichsten. Die Gottgestalt ist notwendig, um Geschenke und Opfergaben entgegenzunehmen, um die Führung zu übernehmen, um Wohlstand zu sichern, um die Einheit der Gemeinschaft herbeizuführen. Die meisten Psychologen behaupten, die Gottgestalt sei ein Behälter für Projektionen aus dem Unbewußten des Individuums (der «Schatten» Freuds). Dazu gehört, daß ein unbefriedigtes Bedürfnis nach elterlicher (väterlicher) Liebe auf die Gottgestalt übertragen wird. In unrealistischer Weise sehen Kinder ihre Eltern (magisch und mythisch) als Titanen, die in der Lage sind, sie zu beschützen, zu umarmen, aufzuziehen und zu unterstützen. Kann es da verwundern, daß der König den kindlichen Massen für einen derartigen Zweck diente (und noch dient)?

Es gibt auch die These, das Königtum als solches sei, abgesehen von seinen primitiveren Funktionen, als ein *anfänglicher* evolutionärer Fortschritt von Zivilisation und Bewußtsein anzusehen. Kenneth Clarke fragte beispielsweise, wie weit die Evolution der Zivilisation wohl fortgeschritten wäre, wenn sie vom Volkswillen abhängig gewesen wäre. Und er sagt: «Nur am Hof des Königs konnte der Mensch seine Grenzen und seine Potentiale testen.» Denn Königtum und Leben am königlichen Hof bedeutete eine Konzentration kultureller Aktivitäten; es war trotz allen Mißbrauchs ein potentielles Reservoir für Polis und Praxis. Aus dieser besonderen Sicht war der König die ursprüngliche Verkörperung eines *individualisierten* oder ichhaften Bewußtseins. Der König war die erste ichhafte Gestalt, hob sich aus diesem Grund verdientermaßen von seinen Mitmenschen ab und kündigte eine künftige Evolution in Umrissen an. In diesem Sinne wurde der König zu Recht als Held angesehen.

Diese Gründe schließen sich nicht gegenseitig aus und tragen zu dem ehrfürchtigen Respekt bei, der dem König häufig von den Massen gezollt wurde. Ich möchte jedoch noch einen anderen Grund hinzufügen. Wie hier schon mehrfach betont, erfassen alle bewußten Wesen intuitiv ihr ursprüngliches und wirkliches Atman-Bewußtsein oder ihr Buddha-Wesen. Das normale Individuum aber kann Atman nicht unmittelbar erleben, da dies Tod und Transzendenz voraussetzt. So schafft es sich ein Ersatz-Ich, das atman-ähnlich erscheint und läßt sich eine ganze Menge objektiver Ersatzbefriedigungen einfallen. Weil es dabei jedoch niemals vollkommen erfolgreich ist, überträgt es seine eigenen Atman-Ahnungen auf andere Menschen in seiner Umwelt. Der Mensch weiß, daß *irgend jemand* Gott ist; und da er selbst nicht Gott zu sein scheint, muß es jemand anders sein. Um seine Atman-Ahnung lebendig zu erhalten, braucht der Mensch sichtbare Gottgestalten. Er überträgt daher seine Atman-Ahnung auf einen inneren oder äußeren Ort, an dem sie überleben kann. Beim modernen Menschen residiert diese Ahnung symbolisch entweder im eigenen Ego oder in den eigenen Heroen – je kleiner das eine, desto größer das andere.

Kurz gesagt: Der Mensch *braucht* sichtbare Atman-Gestalten, weil er vergessen hat, daß er selbst Atman *ist*. Und bis die Menschen sich daran erinnern, werden sie stets Sklaven von Heroen sein, psychologisch und daher auch politisch.

Diese Übertragung der Atman-Intuition halte ich für eine der Hauptkräfte hinter der Schaffung «göttlicher» Könige. Der Gottkönig war ein geforderter sichtbarer Ersatz oder Symbol für Einheits- und Gottbewußtsein; die Menschen hat es stets danach verlangt, und der kluge König-Heros hat stets gewußt, wie sich dieses Verlangen manipulieren läßt: «Indem sie sich selbst zu Göttern des Reiches proklamierten, wollten Sargon und Ramses in ihrer eigenen Person jene mystische oder religiöse Einheit verwirklichen ... die allein das Band zwischen allen Völkern des Reiches bilden konnte. Alexander der Große, die Ptolemäer und die Caesaren verpflichten dann ihrerseits ihre Untertanen zur Verehrung des Herrschers. Und so hat das mystische Prinzip ... im Imperium überlebt.»[26]

Auf jeden Fall war das Bedürfnis nach einem Behälter für den Atman-Transfer ein Faktor zur historischen Untermauerung des «göttlichen Königs», der großen Mana-Gestalt, die bis zum heutigen Tage die politische Geschichte beherrscht. Und so wie das Kind aus seinen Eltern sichtbare Götter macht, selbst wenn es von ihnen geschlagen wird, so benötigen Männer und Frauen Herren über sich, selbst wenn sie von diesen versklavt werden. *«Historisch gesehen hat sich an der Struktur der massiven Beherrschung und Ausbeutung durch den Staat niemals etwas fundamental geändert.»*[26]

Natürlich ist das eine übertriebene Feststellung. Sie verweist dennoch auf die Tatsache, daß von unseren zwei Verallgemeinerungen über die Potentiale der Polis-Praxis die zweite, die einer beträchtlichen Unterdrückung, im großen und ganzen bis auf den heutigen Tag gültig geblieben ist. Das große noëtische Netz der gesellschaftlichen Praxis war fast von Anbeginn an an strategischen Stellen durch diabolische Macht infiziert. Diese Macht konnte aufgrund ihrer Stellung in der Hierarchie vielschichtiger Gesellschaften die materiellen, sexuellen und kommunikativen Austauschvorgänge der vielschichtigen Individuen stören oder unterdrücken. Mit diabolisch meine ich nicht nur das absichtlich Böse, sondern auch jene Form, die die Redewendung meint, um das Böse triumphieren zu lassen, sei es nur notwendig, daß gute Männer und Frauen nichts tun.

Im allgemeinsten Sinne also verlagerte sich durch diese diabolische Aktivität (und das «unschuldige» Nichtstun) das Zentrum der wirksamen gesellschaftlichen Praxis von den Clans, der Gruppe, der Gemeinschaft, der Polis auf den König, den Helden, das Staatsoberhaupt, den Staat selbst. Und diese Helden – einige von ihnen göttlich, die meisten dämonisch, einige kollektiv, die meisten Einzelgänger – begannen das Antlitz der Geschichte zu formen, mit stillschweigender Unterstützung der von ihnen verführten Massen.

Und damit sind wir beim eigentlichen Anfang der Geschichte.

Vierter Teil

Das solare Ego

10. Etwas noch nie Dagewesenes

Wir befinden uns jetzt am Rand der Morgendämmerung der modernen Ära. Alle wesentlichen Bestandteile sind nunmehr vorhanden: Ackerbaubewußtsein, der Staat, Gesellschaftsklassen, Geld, Krieg, Königtum, Mathematik, Literatur, der Kalender, eine Proto-Subjektivität. Um die moderne Welt zu schaffen, braucht man nur noch die entscheidende Bewußtseins-Transformation . . .

Es ist unglaublich, wenn man darüber nachdenkt: Irgendwann zwischen dem zweiten und ersten Jahrtausend v. Chr. begann die ausschließlich ichhafte Natur sich aus dem unbewußten «Ursprung» zu lösen und zur Bewußtheit zu kristallisieren. Diese unglaubliche Kristallisierung müssen wir jetzt unter die Lupe nehmen, ist sie doch das bisher letzte größere Stadium in der kollektiven historischen Evolution des Bewußtseinsspektrums (wenn auch einzelne Menschen für sich selbst durch Meditation bis zum Überbewußtsein vordringen können). Diese Transformation ließ die moderne Welt entstehen.

Bisher folgten wir der Evolution bis zur Periode der Gruppenzugehörigkeit, die wir ungefähr von 4500 bis 1500 v. Chr. datieren. Diese Daten sind jedoch nur sehr allgemein und ungenau. Denn die Wurzeln jeder beliebigen Bewußtseinsstruktur lassen sich bis weit vor ihrem vollständigen Auftreten zurückverfolgen. Jede Struktur selbst enthält ja nicht nur die Wurzeln der darauf folgenden Struktur, sondern übt auch weit über ihre eigene und evidente Periode hinaus starken Einfluß aus. Noch wichtiger ist: Selbst wenn eine bestimmte Struktur nicht mehr eine *Stufe* der Evolution ist, bleibt sie im vielschichtigen Individuum eine niedere *Ebene* der nächsten Stufe – so wie wir heutigen Menschen noch in unserer eigenen Schichtung den Uroboros, Magie und Mythos enthalten (eine Tatsache, die besonders gut in

unserer eigenen Gehirnstruktur zum Ausdruck kommt, wo der Neokortex das limbische und das Ganglien-Gehirn umhüllt).

Wir folgen hier nur den Spuren der historischen und prä-histori-
schen Perioden, in denen die *Durchschnitts*form des Ich eine besondere Bewußtseinsebene repräsentierte. Das soll nicht besagen, daß nicht
einzelne Individuen in jeder gegebenen Periode vom Durchschnitt
abwichen. So gab es zum Beispiel während der Periode mythischer
Gruppenzugehörigkeit immer wieder einen gewissen Prozentsatz von
Menschen, die sich nie über das uroborische oder typhonische Stadium hinaus entwickelt hatten; die erschienen dann als «zurückgeblie-
ben» oder «asozial». Und es gab solche, die in die typhonischen oder
uroborischen infantil-autistischen Stadien zurückfielen – die «Geistes-
kranken», die «Verrückten», die «Besessenen». Andererseits gab es
diejenigen, die in die Bereiche des Überbewußten, in das höhere Einheitsbewußtsein transzendierten. Und schließlich gab es auch Menschen, die frühreif Ego- oder Proto-Ego-Strukturen entwickelten.
Diese letzteren waren – um den Ausdruck jetzt anders als im letzten
Kapitel zu verwenden – *Heroen*, was in diesem Zusammenhang besagen soll, Menschen, *die als erste die nächste größere Bewußtseinsstruktur erkundeten.*

Genauso wie bei der umfassenden Gruppenzugehörigkeits-Periode
ist es nützlich, die ichhafte Stufe in größere Abschnitte zu unterteilen.
Da die ichhafte Struktur uns so nahe ist – wir *sind* diese Stufe –,
verfügen wir über unendlich mehr historische Einzelheiten als Ar-
beitsmaterial, weshalb wir sie unendlich oft auf unendlich viele Arten
unterteilen können, von Raumperspektiven zu Kunststilen oder Erkenntnisformen, von technologischen zu philosophischen zu politischen Stilen. Alle diese Unterteilungen sind gültig und wichtig. Wir
wollen uns für unseren viel einfacheren Zweck jedoch an eine chronologische Einteilung in nur drei Hauptperioden halten: Die frühe, die
mittlere und die späte Ego-Periode. Für das Abendland (Europa und
der Nahe Osten) gelten die folgenden Daten: frühe = 2500–500
v. Chr.; mittlere = 500 v. Chr. bis 1500 A. D.; späte = 1500 A. D. bis
in die Gegenwart.

Die frühe ichhafte Periode war eine Zeit des Übergangs; der Zusammenbruch der Gruppenzugehörigkeits-Struktur; das Auftauchen
der ichhaften Struktur; die daraus resultierende Neuordnung von Gesellschaft, Philosophie, Religion und Politik. Diese frühe Periode setzte sich bis in das erste Jahrtausend fort, als ein unverkennbar «moder-
nes Ego» allmählich in Erscheinung trat. Gebser datiert diesen zeit-

punkt, den Beginn des «wahren mentalen Ego», auf das Erscheinen der *Ilias*, Jaynes auf das der *Odyssee*. Andere mögen vielleicht Solon aus Griechenland als besonders hervorragende Gestalt erwähnen (sechstes Jahrhundert v. Chr. in Griechenland) oder auch Anaximander, Thales, Pythagoras – alles Persönlichkeiten, die wir Heutigen ohne besondere Schwierigkeit verstehen können. Auf jeden Fall war die Welt vom sechsten Jahrhundert v. Chr. an nie mehr dieselbe. Diese mittlere ichhafte Periode (mit der Renaissance und kurz danach Galilei und Kepler) dauerte bis etwa 1500 A. D. – und plötzlich sind wir in der Gegenwart, die noch zur späten ichhaften Periode gehört. Da wir uns mit dem Auftreten oder der Evolution von Bewußtseinsstrukturen befassen, werden wir uns natürlich auf die untrüglichen Kennzeichen der frühen Periode (2500–500 v. Chr.) konzentrieren, in der ichhafte Bewußtheit nach und nach in Erscheinung trat.

Dürfen wir einerseits jeden Schritt im Wachstum des Bewußtseins begrüßen, so müssen wir andererseits das gleichzeitige Ansteigen der Befähigung zu zerstörenden und bösen Aktivitäten beklagen. Es wurde schon mehrfach gesagt, daß man für jedes Wachsen des Bewußtseins einen Preis bezahlen muß. Es bieten sich neue Potentiale, Fähigkeiten, neue Einsichten – im Kielwasser aber folgen neue Schrecken und neue Verantwortung. Und nirgendwo tritt das deutlicher in Erscheinung als beim Aufkommen der mental-ichhaften Struktur. Einerseits war es ein unerhörtes Wachstumserlebnis, markierte es eine Transzendenz der verschwommenen, immer noch etwas präpersonalen, mythischen und diffusen Struktur der Gruppenzugehörigkeits-Stufe. Es eröffnete die Möglichkeit wirklich rationalen und logischen Denkens. (In der typhonischen Zeit wurde die Umwelt langsam Gegenstand der bewußten Wahrnehmung, weshalb man in der Lage war, «auf sie einzuwirken», gewöhnlich durch Magie; in der Zeit der Gruppenzugehörigkeit begann der Körper zum Objekt zu werden, weshalb es möglich wurde, mit ihm überlegt umzugehen, seine Impulse zu verzögern, die Instinkte zu beherrschen; in der ichhaften Periode begann der Denkprozeß selbst zum Objekt der bewußten Wahrnehmung zu werden – deshalb konnte man mit dem Denkprozeß «umgehen», was schließlich zu «formalem operationalem Denken» oder zur Logik führte, wie Piaget uns gezeigt hat.) Das Ego führte zum Blick nach innen und zur Selbstanalyse, zu tiefschürfender Naturwissenschaft und Philosophie. Ganz besonders aber markiert es das endgültige Heraustreten aus dem unbewußten Bereich, womit das Ich nunmehr auf eine Weise und in einem Ausmaß, wie es vorher nie richtig möglich gewe-

214 Das solare Ego

sen wäre, zum Überbewußten zurückkehren konnte. Obgleich es nur sehr wenige Individuen waren, die diese Rückkehr *tatsächlich versuchten*, war jetzt zumindest die Möglichkeit gegeben – wie Buddha, Shankara, Laotse und Christus bald unter Beweis stellen sollten.

Leider hat die Medaille auch ihre Kehrseite. Mit der Ego-Ebene erreichen wir eine Evolutionsstufe, auf der das separate Ich so komplex und so «stark» ist, daß es sich nach seinem Ausbrechen aus der früheren unbewußten Bindung an Kosmos, Natur und Körper mit einem bisher ungekannten Rachegefühl gegen diese früheren Stufen wendet, die doch ebenfalls Ebenen der eigenen vielschichtigen Individualität geworden sind. Auf halbem Wege zwischen dem Unbewußten und dem Überbewußten fühlte sich das Ego jetzt in der Lage, seine Abhängigkeit von beiden zu leugnen. Das Ego transformierte sich nicht nur aus der typhonischen und der Gruppenzugehörigkeits-Struktur heraus nach oben, sondern *verdrängte* beide mit Heftigkeit. Das Ego wurde aggressiv und arrogant. Vom Atman-Projekt in den Himmel gehoben, machte es sich daran, seine eigenen Wurzeln mit dem wahnwitzigen Versuch abzutrennen, seine absolute Unabhängigkeit unter Beweis zu stellen.

Die verheerenden Folgen dieses vom neuen Ersatz-Selbst geschaffenen Atman-Projekts werden noch oft zu beschreiben sein. Denn bis heute erkennen wir noch nicht richtig, was auch das typische Ich aller früheren Stufen zu begreifen versäumte: *Dieses hier* ist *nicht* die höchste Bewußtseinsform, die wir erreichen können. Vor uns liegen noch die Bereiche des Überbewußten, im Vergleich mit denen unser heutiges armseliges Ego nur ein Tüpfelchen Nichts ist. Dieses Tüpfelchen, das sich durch eigenes wirklich heroisches und lobenswertes Bemühen aus dem chthonischen Unbewußten löste, ließ sich danach dazu verleiten, seine Wurzeln im Unbewußten und seine Zukunft im Überbewußten zu negieren. Es versuchte, den Kosmos nach seinem eigenen Bild neu zu gestalten, indem es die Tatsache, zu beiden Bereichen Zugang zu haben, verdrängte und sich einbildete, damit Erfolg zu haben.

Die Geburt des Ego: Eine mythologische Betrachtung

Wie schon öfter, wollen wir uns zunächst einmal von Jean Gebser mit den Grundlagen vertraut machen lassen:

Wir wählen diese Bezeichnung «mental» aus zweierlei Gründen zur Kennzeichnung unserer heute noch vorherrschenden Bewußtseinsstruktur. Erstens enthält das Wort in seiner ursprünglichen Wurzel, die im Sanskrit «ma» lautet, aus welcher sekundäre Wurzeln wie «man», «met», «me» und «men» hervorgingen, nicht nur eine Fülle von Bezügen, sondern vor allem drücken die mit dieser Wurzel gebildeten Wörter sämtlich entscheidende Charakteristika der mentalen Struktur aus. Zweitens ist dieses Wort das Anfangswort unserer abendländischen Kultur, denn es ist das erste Wort des ersten Gesanges der ersten großen abendländischen Äußerung. Dieses Wort «mental» ist in dem . . . Akkusativ von «menis» enthalten, mit dem die «Ilias» beginnt, dem uns bekannten frühesten Bericht, der zum ersten Male innerhalb unserer abendländischen Welt nicht nur ein Bild evoziert, sondern eine geordnete, von Menschen und nicht ausschließlich von Göttern getragene Handlung in einem gerichteten, also auch kausalen Ablauf beschreibt . . .

Es handelt sich um das ansatzmäßige In-Erscheinung-Treten des *gerichteten Denkens*. War das mythische Denken, soweit man es als Denken bezeichnen darf, ein imaginierendes Bilder-Entwerfen, das sich in der Eingeschlossenheit des die Polarität umfassenden Kreises abspielte, so handelt es sich bei dem gerichteten Denken um ein grundsätzlich andersgeartetes; es ist nicht mehr polarbezogen, in die Polarität, diese spiegelnd, eingeschlossen, und gewinnt aus ihr seine Kraft, sondern es ist objektbezogen und damit auf die Dualität, diese herstellend, gerichtet, und erhält seine Kraft aus dem einzelnen Ich.[159]

«Dieser Vorgang», so folgert Gebser, «ist ein außerordentliches Geschehen, das buchstäblich die Welt erschütterte. Mit diesem Ereignis wird der bewahrende Kreis der Seele, die Eingeordnetheit des Menschen in die seelische, natur- und kosmisch-zeithafte polare Welt des Umschlossenseins gesprengt: Der Ring zerreißt, der Mensch tritt aus der Fläche hinaus in den Raum; ihn wird er mit seinem Denken zu bewältigen suchen. Etwas Unerhörtes ist geschehen, etwas, das die Welt grundlegend verändert.»[159]

Diese Veränderung, das heißt in unserer Terminologie besser «Transformation», war einfach diese: Entsprechend der Großen Kette des Seins ist die nächste Evolutionsstufe nach der mythischen Gruppenzugehörigkeit die endgültige Differenzierung und Kristallisierung des Geistes aus dem Körper. Um das zu ermöglichen, mußte das Ich gegen seine vorherige Einbettung in die Natur im Körper und in die Überbleibsel der mystischen Partizipation und uroborischen Auflösung ankämpfen. Es mußte gegen Faktoren ankämpfen (oder sie vielmehr *transformieren*), die darauf hinwirkten, das Bewußtsein auf präpersonale Impulse zu reduzieren.

Nach allgemeinen mythologischen Vorstellungen mußte das Ich sich von der chthonischen Großen Mutter losreißen und sich selbst als unabhängiges, mit eigenem Willen ausgestattetes und rationales Zentrum des Bewußtseins etablieren. Neumann hat das folgendermaßen formuliert: «Das Ego-Bewußtsein hat als das Letztgeborene [d. h. die letzte größere Bewußtseinsstruktur, die sich bisher entwickelt hat] um seine Position kämpfen und sie gegen die Angriffe der Großen Mutter nach innen und der Weltenmutter nach außen absichern müssen. Schließlich mußte es sein eigenes Territorium in einem langen und bitteren Ringen ausdehnen», einem Ringen, das zu nichts weniger führte als zum Auftreten und zur Emanzipation des mental-ichhaften Bewußtseins.

Sehen wir uns nun sämtliche Mythologien des Beginns der ichhaften Periode an, dann erkennen wir unbestreitbar: *Eine völlig unterschiedliche Form von Mythen beginnt zu entstehen*, Mythen, wie man sie vorher nie in größerem Ausmaß angetroffen hat. Der Unterschied wird am deutlichsten, wenn man sich die typische Struktur der Mythen um die Große Mutter ins Gedächtnis ruft. Dort fand das Individuum gewöhnlich ein tragisches Ende, wurde getötet, verstümmelt, kastriert, geopfert. Die Große Mutter war stets Siegerin – das Ich triumphierte niemals über die Große Mutter, sondern wurde stets zu einem ihrer bloßen Anhängsel, einem präpersonalen «Muttersöhnchen» reduziert.

In den neuen Mythen jedoch geschieht etwas Außergewöhnliches: Das Individuum triumphiert über die Große Mutter, reißt sich von ihr los, transformiert sie. Und das ist der «Heldenmythos», der Mythos, der diese Geschichtsperiode wirklich *ist*. «Gegen Ende des Bronzezeitalters (etwa 2500 v. Chr.) und stärker noch in der Morgendämmerung des Eisenzeitalters (etwa 1350 v. Chr. in der Levante) wurden die alten Kosmologien und Mythologien über die Muttergöttin radikal transformiert ... und zugunsten jener maskulin-orientierten patriarchalischen Mythologien von Göttern beiseite geschoben, die Donnerkeile schleuderten. Diese waren nach etwa tausend Jahren, also um 1500 v. Chr. zu den vorherrschenden Gottheiten im Nahen Osten geworden.»[71]

Aus diesem Grunde ist auch «die Literatur des arischen Griechenlands und Roms sowie die der benachbarten semitischen Levante im frühen Eisenzeitalter angefüllt mit Variationen über Siege durch strahlende Helden über das dunkle und verabscheute Monstrum, aus dessen Drachengewalt es einen Schatz zu befreien galt: ein schönes Land, eine schöne Jungfrau oder einen Haufen Gold. Oder es ging einfach darum, sich selbst von diesem Ungeheuer zu befreien.»[71]

Dieser historisch neue Heldenmythos hat einige faszinierende Aspekte. Es ist der Mythos des einzelnen Helden, der über die Große Mutter oder einen ihrer Gefährten triumphiert, oder über einen Nachkommen der Großen Mutter, etwa die Medusa mit dem Schlangenhaupt – oder den Typhon. Ein besonders wichtiger Aspekt ist, daß *der Heros die neue Ego-Struktur des Bewußtseins* darstellt, das bei seinem Erscheinen in der frühen ichhaften Periode natürlich lebendigen Ausdruck in der Mythologie dieser Periode findet. Vor dieser Periode gab es keine wahren Heldenmythen, weil es davor keine Egos gab. Campbell datiert den *Beginn* der Transformation der Großen Mutter auf die Zeit um das Jahr 2500 v. Chr., die wir als den Beginn der frühen ichhaften Periode erwählt haben.

Der zweite bedeutende Aspekt des ichhaften Heldenmythos ist die Natur des Ungeheuers, das erschlagen, gefangen oder unterjocht wird. Dieses Ungeheuer ist die Große Mutter, einer ihrer Gefährten oder eines ihrer Symbole. Und der «schwer zu erringende Schatz», den das Schlangenungeheuer bewacht, ist die Ego-Struktur. Das ist bedeutsam, weil die Schlange als Uroboros die Struktur ist, die gemeinsam mit der Großen Mutter das Ich ins Unbewußte eingehüllt und umschlungen hielt. Der Drache bewacht das Ich – und das ist es, was der Held befreien muß. Vor dieser geschichtlichen Zeit verschlang die Große Mutter die Egos als Opfer, beförderte sie zurück ins Unbewußte und verhinderte dadurch das notwendige Herauslösen des ichhaften Bewußtseins. Irgendwann jedoch in dieser Periode befreite der Held sein Ego aus den Klauen der Verschlingenden Großen Mutter und sicherte sich dadurch seine eigene Emanzipation.

Das also ist das Wesen des stolz individualistischen «strahlenden Helden, Sieger über das dunkle und scheußliche Ungeheuer der einstigen Gottheit». Es wird kaum noch bezweifelt, daß das griechische Gegenstück «der Sieg von Zeus über den Typhon war, das jüngste Kind der Erdgöttin Gaea [der biologischen und chthonischen Erdmutter], welcher die Herrschaft der patriarchalischen Götter vom Berge Olymp über die Titanenbrut der Großen Mutter sicherte».[71] Ferner heißt es: «Die Ähnlichkeit dieses Sieges mit dem von Indra, dem König des vedischen Pantheons, über die kosmische Schlange Vitra steht außer Frage.»[71] Und sie alle repräsentieren das knospende Prinzip des individuellen Helden, Sieger über «die alte Kraft der kosmischen Ordnung, das dunkle Geheimnis, das heroische [mental-ichhafte] Taten aufleckt wie Staub: Die Kraft der niemals sterbenden Schlange [Uroboros], die Leben wie Häute abstößt, sich immer und immer wieder im Kreislauf mythischer Wiederkehr windet und damit auf ewig fortzufahren gedenkt, wie sie es vom Anfang aller Zeiten an getan hat, ohne jemals anzukommen.»[71]

Das ist der mythische Kreis, der nach Gebsers Worten durch das Auftreten des heroischen Ego gesprengt wurde. Campbell schreibt hierzu:

> Im Abendland hat das Prinzip des freien Willens durch den nach seinem freien Willen handelnden, die Geschichte verändernden Helden nicht nur gesiegt, sondern auch das Feld behauptet, und dies bis zur Gegenwart. Darüber hinaus definiert dieser Sieg des Prinzips des freien Willens zusammen mit der moralischen Ergänzung durch die individuelle Verantwortung die ersten unterscheidenden Merkmale des spezifisch abendländischen Mythos. Und hier beziehe ich nicht nur die Mythen des arischen Europa ein (der Griechen, Römer, Kelten und Germanen), sondern auch die der semitischen und arischen Völker der Levante (semitische Akkadier, Babylonier, Hebräer, Phönizier und Araber; arische Perser, Phrygier, Thrako-Illyrer und Slaven). Denn ob wir an die Siege von Zeus und Apollo, Theseus, Perseus, Jason und der anderen über die Drachen des Goldenen Zeitalters denken oder an die des Jahwe über den Leviathan, die Lehre daraus ist stets die des Sieges einer auf sich selbst gestützten Macht über jeden erdgebundenen Drachen. Alle stehen *«an allererster Stelle für einen Protest gegen die Verehrung der ERDE und der Fruchtbarkeitsdämonen der ERDE».*[71]

Kurz gesagt: Das charakteristische Kernstück der neu entstehenden Heldenmythen dieser Periode war das persönliche, mit *freiem* Willen ausgestattete Ego. Denn «der Schwerpunkt derselben alten, grundlegenden mythischen Themen verlagerte sich dramatisch vom immer und immer wiederholten Archetyp zum einzigartigen Individuum . . . und nicht nur zu diesem besonderen Individuum, sondern auch zur gesamten Wertordnung, die man jetzt zu Recht als persönlich bezeich-

nen kann . . . Diese dramatische, epochale und beispiellose Verlagerung der Loyalität vom Unpersönlichen zum Persönlichen ist vergleichbar mit einer evolutionären psychologischen Mutation.»[71]

Campbell und Gebser stehen mit ihrer Deutung der anthropologischen, mythologischen und psychologischen Aufzeichnung der
Menschheitsgeschichte nicht allein. Neumann gibt sich größte Mühe
nachzuweisen, daß die Menschheit erst nach heroischem Kampf mit
dem Drachen und dem Entkommen vor der Verschlingenden Mutter
«als Persönlichkeit mit einem stabilen Ego geboren wurde». Er ist da
ganz spezifisch: «Durch die Vermännlichung und Emanzipierung des
Ich-Bewußtseins wird das Ich zum Helden. Seine Geschichte als Heldenmythos stellt die vorbildliche Geschichte der Selbstemanzipation
dar . . . Im Heldenmythos kommen nicht nur das Ich und das Bewußtsein zu ihrer Selbständigkeit, sondern die totale Persönlichkeit kommt
in Sicht in ihrer Abgehobenheit von der Natur, sei sie Welt oder
Unbewußtes.»[311]

Und natürlich hat Julian Jaynes in seinem Werk *The Origin of Consciousness in the Breakdown of the Bicameral Mind* eine etwas extreme
Neuformulierung dieser Transformation geliefert, die auf einer sorg-
fältigen Lektüre und brillanten Interpretation der Mythologie beruht.
Jaynes sagt, vor dem zweiten Jahrtausend v. Chr. habe die Menschheit
überhaupt keine Form von Ego besessen. Zwischen dem zweiten und
dem ersten Jahrtausend jedoch «erfolgte der große Sprung in der
Mentalität. Der Mensch war sich seiner selbst und der Welt bewußt
geworden. Das großartige Ergebnis für die Welt war das Entstehen
subjektiven Bewußtseins, das heißt (auf der Grundlage sprachlicher
Metapher) die Entwicklung eines Aktionsfeldes, in dem ein ‹Ich› al-
ternative Handlungen bis zu ihrem Ergebnis innerlich ausspinnen
konnte.» In Übereinstimmung mit Gelehrten der verschiedensten Fach-
richtungen können wir daher folgendes als sehr wahrscheinlich annehmen: Irgendwann im zweiten und ersten Jahrtausend v. Chr. löste
sich das, was wir die ichhafte Bewußtseinsstruktur nennen, aus der
Bewußtseinsebene mythischer Gruppenzugehörigkeit. Das heroische
Auftreten der Ego-Ebene – das war tatsächlich etwas Unerhörtes.

Mythische Dissoziation

Zu dieser Entstehungsgeschichte gibt es noch eine wichtige Fußnote
zu machen, eine Fußnote, die historisch gesehen fast ein eigener Text

wurde – und ein ziemlich problematischer dazu. Das Ego hatte eine große Leistung vollbracht, als es sich von seiner Bindung und Unterwürfigkeit gegenüber der Großen Mutter losriß und sein eigenes, unabhängiges, mit eigenem Willen ausgestattetes Bewußtseinszentrum etablierte. Das kommt in den Heldenmythen zum Ausdruck. In seinem Drang jedoch, seine Unabhängigkeit zu sichern, hat das Ego die Große Mutter nicht nur *transzendiert*, was durchaus wünschenswert war, sondern *verdrängt*, was sich als verheerend erwies. Dabei hat das Ego – nur das abendländische, denn im Osten verlief das etwas anders* – nicht nur seine erwachte Selbstsicherheit, sondern blinde Arroganz demonstriert.

Nicht mehr Harmonie mit dem «Himmel», sondern «Eroberung des Weltraums», keine Achtung mehr vor der Natur, sondern technologischer Angriff auf die Natur – das wurde die Devise. Um sich arrogant über die Schöpfung erheben zu können, mußte die Ego-Struktur die Große Mutter mythologisch, psychologisch und soziologisch unterdrücken und verdrängen. Und sie verdrängte sie in *allen* ihren Formen. Es ist eine Sache, sich Freiheit von den Fluktuationen der Natur, von Emotionen, Instinkten und Umwelt zu erringen, und eine ganz andere, sich diesen zu entfremden. Mit anderen Worten: Das abendländische Ego erlangte nicht nur seine Freiheit von der Großen Mutter, sondern es kappte seine tiefe Wechselbeziehung mit ihr. Daraus entwickelte sich eine ernsthafte Störung, nicht einfach zwischen dem Ego und der Natur, sondern zwischen Ego und Körper.

Diese Verdrängung hatte tiefgreifende und ernste Auswirkungen, auf die wir noch oft zurückkommen werden. Für den Augenblick wollen wir nur festhalten, daß die Große Mutter, nachdem sie durch den Heldenmythos transzendiert war, nicht in die nachfolgende Mythologie integriert wurde, wie es idealerweise hätte geschehen sollen. Vielmehr wurden Themen, Stimmungen und Strukturen des gesamten Komplexes der Großen Mutter in der nachfolgenden Mythologie einfach ausgelassen, und zwar so strikt, daß es des Genius eines Bachofen bedurfte, in erst verhältnismäßig jüngerer Zeit die Existenz

---

* Aus zwei Gründen: Erstens hat der Osten in großem Rahmen Techniken zur Transformation in die überbewußten Bereiche entwickelt und etabliert, die der Tyrannei des Ego entgegenwirkten und diese überwinden. Zweitens haben sich die meisten Völker des Ostens nie wirklich über die Gruppenmitgliedschaft-Gesellschaften mit ihrer starken Betonung vor-ichhafter Bindungen und von Gemeinschafts-Werten hinaus entwickelt.

Abb. 11 Kali, die Große Göttin in einer indischen Darstellung. In ihrer höchsten Form als Gemahlin von Shiva ist die Kali ein gutes Beispiel für die Assimilation des Bildes der Großen Mutter in den neuen und höheren Kontext der Mythologie der Großen Göttin – etwas, das (mit der wenig überzeugenden Ausnahme der Maria, die dann auch noch von den Protestanten ausradiert wurde) im Westen nie geschehen ist. Die Kali wird nämlich gewöhnlich mit allen Attributen der Verschlingenden Mutter dargestellt – Opfermesser, Totenschädel, Blut, Schlange –, aber in ihrer wahren metaphysischen Form, wie sie von den echten Heiligen und Erleuchteten verehrt wurde (z. B. Ramakrishna), war sie immer die Große Göttin, die niemals menschliches Blut als Ersatzopfer forderte, sondern das wahre Opfer des separaten Ichempfindens.

dieser älteren Mutter-Mythologie zu entdecken.[61] Das meinte Campbell, als er sagte: «Die alten Kosmologien und Mythologien der Muttergöttin wurden *transformiert* und in großem Umfang sogar unterdrückt.»

Selbst Neumann, der Erzchampion des Heldenmythos, hat klar erkannt, daß der heroische Vorwärtsdrang zu weit ging, und sagt: «Damit beginnt die große Neubewertung des Weiblichen, seine Umgestaltung ins Negative, die in den patriarchalischen Religionen des Abendlandes oft bis ins Extrem getrieben wurde.»[311] Das ging so weit, daß diese Religionen die Große Mutter nicht einmal mehr ausdrücklich erwähnen, geschweige denn ihre notwendigen, wenn auch niederen Funktionen würdigen. Und man kann nicht etwas integrieren, dessen Existenz man überhaupt nicht zur Kenntnis nimmt.

Wo das Ego von der mythischen *Identifizierung* mit der Großen Mutter zur mythischen *Differenzierung* hätte voranschreiten sollen – was eine anschließende Ingegration erlaubt hätte, weil man nicht integrieren kann, was man nicht vorher differenziert hat –, da betrieb es statt dessen eine mythische *Dissoziation*. Damit ging es zu weit und verwandelte Transzendenz und Differenzierung in Verdrängung und Abspaltung von der Großen Mutter.

Ich behaupte: Wird die Große Mutter verdrängt, dann wird auch die Große Göttin unsichtbar. Doch diese beiden sind *nicht* derselbe Archetypus. Die Große Mutter repräsentierte die Ebenen 2/3, die Große Göttin Ebene 6. Der Heldenmythos bezieht sich speziell auf den Sieg von Ebene 4 über die Ebenen 2/3 (die Große Mutter). Wird jedoch das Weiblichkeits-Imago *in toto* abgelehnt, dann verweigert man auch der Höheren Weisheit, der Sophia, die oft in der Großen Göttin ihren natürlichen Ausdruck findet, die Berechtigung, sich auszudrücken. In der gesamten jüdisch-christlich-islamischen Religion sucht man vergeblich nach authentischen Spuren der subtilen Göttin – und das sollte zum bezeichnenden und erschreckenden Charakteristikum einer ganzen Zivilisation werden.

11. Der Typhon wird erschlagen

Mit dem ersten Auftreten der Ego-Ebene war es dem Ich endlich gelungen, sich von der Großen Mutter und Mutter Natur zu differenzieren. Im Abendland wurde dieser Vorgang jedoch ins Extrem getrieben. Das Ergebnis war nicht nur eine Differenzierung zwischen dem Ego und der Natur, sondern eine Spaltung von beiden. Desgleichen ergab sich nicht nur die notwendige und positive Differenzierung von Geist und Körper, sondern eine Dissoziation von Geist und Körper. Und ich behaupte, daß beide Abspaltungen im Grunde eine sind: Die Entfremdung des Ich von der Natur ist die Entfremdung des Ich vom Körper.

Zur Erleichterung der weiteren Diskussion werde ich jetzt die typhonische und die Gruppenstruktur pauschal als «typhonische Bereiche» bezeichnen. Zwar sind beide Strukturen recht verschieden voneinander, doch *im Vergleich mit der mental-ichhaften Struktur* haben sie vieles gemeinsam. Beide werden von der Großen Mutter beherrscht; beide sind noch eng mit Natur und Instinkt verbunden; beide neigen zu Impulsivität. Und was das Wichtigste ist: In beiden wird noch nicht endgültig zwischen Geist und Körper unterschieden, das heißt, bei beiden ist der Geist noch «im» Körper (in der typhonischen Zeit total, in der Gruppenstruktur teilweise). Ich werde daher von jetzt ab beide kollektiv als die «typhonischen oder körperlichen Bereiche» bezeichnen, in denen Körper und Geist noch prä-differenziert sind.

Die typhonischen Bereiche und die Große Mutter wurden im Abendland gemeinsam zu Grabe getragen. Das neue Ersatz-Ich, das Ego, entwickelte sich in seiner neuen Vision von Kosmozentrizität und Immunität gegenüber dem Tod mit geradezu bösartiger Selbstsicherheit. Nach der Erörterung der Unterdrückung und Abtrennung der Großen Mutter wenden wir uns jetzt der Unterdrückung und Abtrennung des Typhons (typhonischer Bereich) zu.

Glücklicherweise hat jemand diese Arbeit schon für uns getan, und zwar L. L. Whyte in seinem bemerkenswerten Buch *Die nächste Stufe der Menschheit*.[426] Dieses von hervorragenden Gelehrten – von Mumford bis Einstein – gepriesene Werk befaßt sich vor allem mit einem Phänomen, das Whyte die «Europäische Dissoziation» nennt. «Die Europäische Dissoziation ist eine besondere Form von Desintegrierung des organisierenden Prozesses im Einzelmenschen, die ihre ausgeprägteste Form jedoch nur bei den europäischen und abendländischen Menschen im Zeitraum von etwa 500 v. Chr. bis heute erreicht hat, wenn sie auch aus einer Tendenz herauswächst, die in einem physiologischen Merkmal aller Rassen verborgen liegt. Während dieser zweieinhalbtausend Jahre wurde sie ein dauernder Bestandteil der europäischen Tradition und das Unterscheidungsmerkmal des europäischen und abendländischen Menschen.» Die Europäische Dissoziation ist im Grunde die Dissoziation von Geist und Körper.

Nach Whyte beruht die Europäische Dissoziation von Geist und Körper auf einer dualistischen Spezialisierung des ganzen Organismus. Denn der Organismus kann einerseits spontan in der Gegenwart handeln, andererseits aber Erinnerungen an vergangenes Handeln bewahren. Diese beiden Fähigkeiten brauchen sich nicht zwangsläufig zu widersprechen, aber sie können dazu neigen, auseinanderzudriften:

> Die erinnernden Fähigkeiten des Gehirns neigen dazu, die Aufzeichnungen aus der Vergangenheit zu betonen, während die übermittelnden Nervenprozesse den Organismus mit den Herausforderungen seiner gegenwärtigen Umwelt verbinden. So entwickelt sich eine Tendenz zur Abspaltung der Systeme absichtlichen Verhaltens, die größeren Gebrauch von den strukturierten Aufzeichnungen der Vergangenheit machen, von den unmittelbaren Reaktionen . . . Diese doppelte Spezialisierung ist nützlich und schadet der Integrität des Organismus nicht, solange diese beiden einseitigen Funktionen in ihrem Wirken ausgeglichen bleiben.

Whyte erläutert diese «doppelte Spezialisierung» von mehreren Gesichtspunkten. Auf der einen, der erinnernd-aufzeichnenden Seite, liegt die Welt mentaler Begriffe, verzögerten Verhaltens, kontrollierter Reaktionen, überlegter und absichtlicher Handlungen, des Nach-

denkens – alles, was wir allgemein als mental-ichhaft bezeichnen. Auf
der anderen Seite haben wir die Welt der unmittelbaren Reaktionen,
dynamischer Vorgänge, spontaner gegenwärtiger Aktivität, der Instinkte, des gegenwärtigen und augenblicklichen Empfindens – also
alles, was wir im allgemeinen dem Körper zueignen. «In den frühen
Stadien dieser doppelten Spezialisierung war der Gegensatz zwischen
beiden Modi nicht übermäßig ausgeprägt, und das Gleichgewicht blieb
angemessen erhalten.»
Halten wir fest, daß im zweiten und ersten Jahrtausend v. Chr. nach
und nach das große Ungleichgewicht und die schließliche Trennung
der beiden Systeme zustande kam. Durch eine Verstärkung der doppelten Spezialisierung des Organismus und einen plötzlichen Wachstumsschub der mentalen Komponente trieb der Organismus in zwei
antagonistischen Systemen auseinander; das mental-verzögert-stati-
sche auf der einen, das körperlich-spontan-dynamische auf der anderen Seite. «Der Gegensatz zwischen beiden Funktionen führt allmählich zu einer organischen Schädigung. Das überlegte Verhalten wird
mittels statischer Begriffe organisiert, während das spontane Benehm-
men weiterhin einen gestaltenden Prozeß darstellt; derjenige besondere Teil der Natur, den wir Denken nennen, wird so der übrigen
Natur der Form nach entfremdet; eine Spaltung zwischen der Organisation des Denkens und der Natur bildet sich aus.» Dazu führt Whyte
aus:

Die Erfordernisse der Kommunikation brachten den Menschen zunächst dazu, dauerhafte Elemente zu betonen, doch ist der Mensch,
wie die Natur, ein System von Prozessen. Dieser unausweichliche
Gegensatz beeinträchtigte die organische Harmonie. Das auf die
Natur als Ganzes ausgerichtete Verhalten des primitiven Menschen
und des Menschen der Antike spaltete sich schließlich in zwei miteinander unvereinbare Systeme auf, von denen keines das ganze
menschliche Wesen erfaßt: das System spontanen Verhaltens oder
unmittelbarer Reaktionen auf gegenwärtige Situationen, relativ unberührt von der rationalen Organisation vergangener Geschehnisse;
und das System überlegten Verhaltens, verzögerter Reaktionen auf
der Grundlage systematisierter Erfahrungen in der Vergangenheit
bei gleichzeitiger relativer Vernachlässigung augenblicklicher Sti-
muli.
Überdies versucht der Verstand, während er seinen Wirkungsbereich erweitert, das Gesamtsystem zu beherrschen und auf die eine

Seite zu ziehen. Damit verzerrt er jedoch die Formen des spontanen Verhaltens. Da der unreife Verstand eine Vorliebe für das Statische hat und dadurch von den Prozessen des Organismus teilweise abgetrennt ist, kann er selber die allgemeine Koordination nicht erbringen, die überlegtes und spontanes Verhalten vereinen könnte. Das Bewußtsein und das Unbewußte, Vernunft und Instinkt sind geschieden, und dadurch verzerren sie einander gegenseitig.

Kurz gesagt: «In der Europäischen Dissoziation stehen Verstand und Instinkt miteinander im Krieg.» Nicht die *Existenz* von Verstand und Instinkt sind das Problem, sondern der *Konflikt* zwischen ihnen. Neumann meinte dazu: «Unser kulturelles Unbehagen kommt daher, daß die Trennung der Systeme [Körper und Geist] – die als solche *ein notwendiges Produkt der Evolution ist* – zu einem Schisma degeneriert ist [einer Dissoziation] und auf diese Weise eine psychische Krise heraufbeschworen hat, deren katastrophale Auswirkungen sich in der zeitgenössischen Geschichte widerspiegeln.»[311] Nicht die Existenz des Ego als solche ist also bedauerlich, sondern die Unfähigkeit, das neu heranwachsende Ego mit den früheren typhonischen Bereichen zu integrieren, den Bereichen des Instinkts, der Emotionen, des Fühlens und der Aktivitäten des Körper-Ich.

Nach Whyte ist diese Europäische Dissoziation historisch auf folgende Weise zustande gekommen: «Während der ersten Periode war der Mensch unzivilisiert. In kleinen Gemeinschaften lebte er von der Hand in den Mund. Er nomadisierte oder suchte in Höhlen Schutz. Er war Jäger oder sammelte seine Nahrung [die Zeit des Typhon]. Der Zeitraum umfaßt einen Teil der Altsteinzeit und schließt mit dem Auftauchen der ersten neolithischen Pfeilspitzen und Töpfereien. Die Differenzierung des individuellen Verhaltens und der gesellschaftlichen Organisation war noch nicht weit gediehen . . . Wortsymbole spielten nur eine minimale Rolle. Am Ende dieses Zeitraums besaßen selbst die fortgeschrittensten Gemeinschaften nur eine beschränkte Fähigkeit der Sprache und wenige allgemeine Begriffe.» Man beachte, das Whyte (wie Jaynes) der Sprache beim typhonischen Ich noch keine bedeutsame Rolle beimißt.

Diese Periode «nichtverbalen» Jagens und Sammelns endete nach Whyte um das Jahr 9000 v. Chr. Wyhte betrachtet die Periode von 8000 bis 4000 v. Chr. (unsere Stufe früher Gruppenzugehörigkeit) als Vorbereitungszeit für das Entstehen der Hochzivilisationen von etwa 4000 bis 1000 v. Chr. (unsere Stufe später Gruppenzugehörigkeit). Über die gesamte Gruppenzugehörigkeits-Stufe schreibt Whyte:

Die Jahrtausende von 8000 bis 1000 v. Chr. enthalten zu mannigfaltige Gesellschaftsformen, von den neolithischen Gemeinwesen bis zu den alten Hochkulturen, als daß eine einzige allgemeine Kennzeichnung alle zu umfassen vermöchte. Betrachtet man diese Gemeinschaften vom biologischen Standpunkt aus, so läßt sich nichtsdestoweniger durch die ganze Periode eine bestimmte Tendenz verfolgen. Verglichen mit den relativ statischen einfachen Lebensformen des Primitiven entwickelt sich nun der Prozeß schneller zu einer komplizierten Differenzierung des Verhaltens sowohl im Leben des Einzelnen wie auch seinen verschiedenen Tätigkeiten innerhalb der Gemeinschaft. Die Reaktionen des Primitiven auf seine Umwelt erfolgen verhältnismäßig schnell, das heißt sie erfolgten unmittelbar auf den Reiz oder nach nur kurzer Verzögerung. Sein Gedächtnis war zu kurz und seine Aufmerksamkeit zu ablenkbar, um ihm Planung auf lange Sicht zu ermöglichen. Seine Beherrschung der Umwelt war entsprechend unvollkommen . . . Mit dem Aufkommen des städtischen Lebens bekam der altertümliche Mensch Gelegenheit, Fähigkeiten auszuüben, die vorher wenig Sinn gehabt hätten. Er entwickelte neue Werkzeuge und erfand neue Wörter . . . und so entstanden schrittweise die zusammengesetzten und ausgedehnten Arten des überlegten Verhaltens, die für kultivierte Gesellschaften kennzeichnend sind . . . Im Gegensatz zu den schnellen Reaktionen des Primitiven besteht jetzt ein beträchtlicher Teil der menschlichen Aktivität aus den Systemen des absichtlichen Handelns . . . sie umfaßten überlegtes Planen sowie Riten, die sich über Monate, ja Jahre erstreckten (im Vergleich zu den Planungen der Primitiven, die Tage, höchstens Wochen erfaßten) . . .

Sprache, Schrift und begriffliches Denken bekamen rasch wachsenden Einfluß auf die Organisation der Gemeinschaft, die Vorstellung oder Idee wurde ein Hauptwerkzeug in der sozialen Koordination. Man begann, Ideen in langer Folge zu verbinden, um neuen Situationen bedachte Aufmerksamkeit schenken zu können. Das führte zu lange verzögerten absichtlichen Reaktionen, die aus zusammenhängendem Denken entsprangen.

Genau das war die Hauptunterscheidung, die auch wir getroffen haben: Das Ich der Gruppenzugehörigkeit war gekennzeichnet durch

Sprache und zeitliche Ausdehnung mit entsprechend verzögerten Befriedigungen und überlegten, langfristig angelegten Aktivitäten im Gegensatz zu den impulsiven und sofortigen Reaktionen, die für das frühere typhonische Ich so charakteristisch waren. Aber Whyte bemüht sich auch klarzustellen:

> Obgleich die gesellschaftliche Tradierung schon sehr komplex war und weitgehend die älteren, instinktiven, überkommenen Lebensformen verändert hatte . . . waren die allgemeine Kontrolle des persönlichen Verhaltens und die auswahlbestimmenden Faktoren in Schwierigkeiten und Konflikten noch nicht zum Gegenstand der Aufmerksamkeit geworden. Deshalb konnten sie nicht in Worten formulierte, anerkannte Bestandteile der Überlieferung werden. Es war noch nicht notwendig, eine allgemeine Auffassung vom Menschen als einer unabhängigen Persönlichkeit auszubilden, die die Möglichkeit freier Wahl in Übereinstimmung mit seinem individuellen Charakter hat. Der Mensch bleibt ein Teil der Natur, wenn auch schon einer mit Gedanken; voller Gedanken, doch ohne solche über sich selbst; ein Individuum, doch noch in einer normalen, organischen Integrierung.

Dann aber entwickelte sich historisch jenes unglaubliche «noch nie Dagewesene». Whyte schreibt: «Ein folgenschwerer Umschwung kennzeichnet den Beginn der dritten Periode: Die alte Welt vergeht, und das rationale Selbstbewußtsein entwickelt sich. Diese Umwandlung fällt zusammen mit dem Ende des Bronzezeitalters und der Bereicherung des Lebens durch den Gebrauch des Eisens. Während der Jahrhunderte von 1600 bis 400 v. Chr. nimmt der historische Prozeß ein völlig neues Gesicht an . . .»

Hier haben wir also einen weiteren Gelehrten, der das vernunftbegabte ichhafte Selbst-Bewußtsein irgendwann zwischen dem zweiten und dem ersten Jahrtausend v. Chr. beginnen läßt. Auch Whyte zweifelt nicht daran, daß das Wachsen des Ichbewußtseins und der Rationalität eine höchst wünschenswerte Leistung war. Aber auch er erkannte eindeutig dessen schicksalhafte Konsequenzen. Whyte beendet nämlich den Satz, den ich oben unterbrochen habe, mit der unglaublichen Feststellung, «denn jetzt [1600–400 v. Chr.], wenn überhaupt, findet der Sündenfall des Menschen statt».

Was geschah? Whyte's Antwort ist der von Jaynes im Wesentlichen auffallend ähnlich. Die Tatsache, daß beide unabhängig voneinander geschrieben haben (Whyte dreißig Jahre früher; Jaynes erwähnt ihn nicht einmal in einer Fußnote), läßt ihre These noch wahrscheinlicher erscheinen. Und diese These läßt sich in einem Satz zusammenfassen: Das Ego entwickelte sich während des «Zusammenbruchs» der Mentalität der Gruppenzugehörigkeit.

Whyte schreibt: «Wer innehält, um die Bedeutung dieses Augenblicks in der Geschichte der Menschheit zu überdenken, wird von Ehrfurcht ergriffen vor der Größe der Wandlung, die sich in so kurzer Zeit vollzog.» Und diese Transformation zur mental-ichhaften Ebene wurde durch eine bedeutsame Tatsache ermöglicht oder sogar erzwungen: «Der Prozeß, der das Verhalten der Menschheit organisiert, war reif für eine schnelle Neuorganisierung. Die Struktur war unstabil geworden und schlug plötzlich in eine neue Form um.» Whyte führt dazu aus:

Im heidnischen Zeitalter konnte der Mensch praktische Probleme ausdenken, ohne sich in irgendeinen allgemeinen oder dauernden Konflikt zu verwickeln. Denken und Handeln entfernten sich nie weit von den unmittelbaren instinktmäßigen Bedürfnissen. Noch hatte der Dualismus unvereinbarer Gegensätze nicht die Vorherrschaft in der menschlichen Natur oder in den Gedanken der Menschen über sich selbst angetreten. Wenn die Entscheidung über einen bestimmten einzuschlagenden Weg des Handelns manchmal schwierig war, so schien diese Schwierigkeit mehr im Wesen der Dinge zu liegen als in der menschlichen Natur. Dieser primitive Zustand mußte früher oder später ein Ende finden durch die wachsende Differenzierung des Denkens und bewußten Verhaltens sowie durch die Gegensätze der verschiedenen Lebenshaltungen, die durch die verbesserten Verkehrsmöglichkeiten miteinander in Berührung kamen. Die instinktiven [typhonischen] und die überkommenen [Gruppenzugehörigkeits-]Systeme reichten nicht mehr aus, das Verhalten zu organisieren. Der Mensch war unschlüssig, was er tun sollte, und wurde so unsicher über sich selbst.

Das aber war, wie Jaynes später schrieb, das Zögern, das alles profanierte. Whyte schreibt weiter:

Da Instinkt und Tradition unzulänglich geworden waren, mußte sich der Einzelmensch von seinem eigenen geistigen Prozeß leiten lassen. Instinktive Reaktionen auf äußere Anlässe und Nachahmung der festen gesellschaftlichen Überlieferungsformen halfen nicht mehr; in Entscheidungsmomenten wurde der Mensch mehr und mehr durch die besonderen Formen seines eigenen Denkprozesses beherrscht und kontrolliert. Diese Vorherrschaft des individuellen geistigen Prozesses bedeutet im unitären Denken, daß die Aufmerksamkeit des Einzelnen auf diese Prozesse gelenkt wurde. Da instinktive und traditionelle Reaktionen auf die Umwelt nicht mehr genügten, um das ganze Verhalten zu organisieren, mußten Entscheidungen immer häufiger in Übereinstimmung mit den eigenen inneren Formen getroffen werden. So entstand im Menschen das Bewußtsein seiner selbst. Das Individuum wurde sich seines eigenen Denkens . . . seiner selbst als Person bewußt.

Das gesellschaftliche und kulturelle Leben wurde zu komplex für die ziemlich starre Gruppenzugehörigkeits-Struktur, die sie daher nicht mehr angemessen handhaben konnte. Daher versagte die Veränderung auf der Ebene der Gruppenzugehörigkeit zunächst bei einzelnen Heroen und dann zunehmend auch beim Durchschnittsmenschen und es kam zur Transformation zu ichhaften Strukturen, so daß gegen Ende der frühen ichhaften Periode ganze Gesellschaften ichbewußter, mit «freiem» Willen ausgestatteter individueller Persönlichkeiten entstanden.

Whyte kommt zu der Schlußfolgerung: «Dieses Bewußtsein der eigenen Persönlichkeit kann erst allgemein auftreten, wenn die Zeitumstände die hergebrachten Verhaltensweisen unzulänglich gemacht haben . . . Aber erst im ersten vorchristlichen Jahrtausend wurde das Wissen um sich selbst so allgemein verbreitet, daß es die gesellschaftliche Ordnung beeinflußte.»

Sehen wir uns jetzt einmal die Natur dieses neuen Ersatz-Ich etwas näher an, das mental-ichhafte «Ego». Denn nach Whyte ist ein Charakteristikum für eine beträchtliche Zahl der ichhaften Aktivitäten bezeichnend, und zwar ein sehr einfaches: Viele mental-ichhafte Aktivitäten basieren weitgehend auf der *Vergangenheit*, das heißt auf den Gedächtnisaufzeichnungen vergangener Handlungen, vergangener Erfahrungen, vergangener Ereignisse. Auch in dem Augenblick, in dem Sie jetzt über das hier Geschriebene nachdenken, arbeiten Sie weitgehend mit dem Gedächtnis – denn aus dem Gedächtnis, aus der Vergangenheit, beziehen Sie Ihre Wörter, Namen und Begriffe.

Das ist an sich noch nichts Schlechtes – denn der Gebrauch des Gedächtnisses versetzte die Menschheit in die Lage, sich aus ihrem

Schlummer im Unbewußten zu lösen. Es mag seltsam klingen, aber das Gedächtnis ist eine Form der Transzendenz, da es dem Menschen erlaubt, sich über die Fluktuationen des Augenblicks zu erheben. Als die Menschheit begann, sich vom Körper in Richtung Geist wegzubewegen, in Richtung auf Denken und Sprache, begann sie gleichzeitig eine Verlagerung in Richtung Gedächtnis. Das Ego ist zum Teil ein Erinnerungs-Ich, und das erlaubt es ihm, sich über die Fluktuationen des Körpers zu erheben. Selbst Bergson hat klar erkannt, daß mentales «Bewußtsein zu allererst Gedächtnis bedeutet».*

Alles das ist schön und gut. Es gibt nur zwei grundlegende Probleme mit dem Ego. Das erste: Sobald das Ego sich einmal herausgebildet hat, ist es sehr schwer zu transzendieren. Das Ego ist so stabil, so «dauerhaft», so «stark», daß es nicht nur dem Unbewußten entflieht, sondern auch dazu neigt, das Überbewußte zu leugnen. Das Ego muß vom Leben schon ziemlich böse herumgestoßen werden, ehe es sich der Transzendenz öffnet. Zweitens neigt das Ego von Natur aus (seine Gedächtniskomponente) zu allerlei Komplikationen, unter denen die Europäische Dissoziation an erster Stelle zu nennen ist. Denn das Denken operiert weitgehend mit der Vergangenheit, die ein ganz besonderes Charakteristikum hat: Sie ist statisch.** Das Denken hat ständig Schwierigkeiten mit der einfacheren Welt instinktiver Impulse und neigt deshalb dazu, sich von der Natur abzuspalten. Als das Individuum begann, sich mit den aufzeichnenden, denkenden und erinnernden Aspekten des Organismus zu identifizieren, begann es auch

---

* Es trifft zu, daß die überbewußten Zustände *jenseits* («trans-») des mentalen Gedächtnisses sind; sie kommen jedoch nicht *vor* («prä-») dieser Stufe. Wenn Weise wie Krishnamurti das Gedächtnis insgesamt kritisieren, versäumen sie, zwischen Prä-Gedächtnis und Trans-Gedächtnis zu unterscheiden und sehen nicht, daß das Gedächtnis eine notwendige Zwischenstufe auf dem Wege zu einem Bewußtsein-an-Sich *jenseits* aller Gedächtnisinhalte ist.

** Ich will hier nicht implizieren, das Denken arbeite *nur* mit der Vergangenheit. Denn in seiner edelsten Anwendung ist der Geist ein *schöpferisches* Werkzeug künftiger Potentiale. Kreativität transzendiert schon der Definition nach das Gegebene (Vergangenheit und Gegenwart). Solche Kreativität ist im allgemeinen jedoch nur einem ziemlich fortgeschrittenen und reifen Intellekt gegeben; der anfängliche, frühreife, gewöhnliche Intellekt sinnt nur über Vergangenes und Gegenwärtiges nach und spielt dann wieder und wieder seine alten Platten ab. Das entspricht auch Whytes Unterscheidung zwischen dem «unreifen und statischen Intellekt» und dem «reifen, prozeßorientierten Intellekt». Er meint, nicht das Denken als solches verursache die Europäische Dissoziation, sondern nur das unreife statische Denken tue dies.

von sich selbst eine Vorstellung als eines statischen, andauernden und beharrenden Ich zu formen. Und dieses Gedanken-Ich neigte dazu, sich nicht nur von der impulsiven Umwelt, sondern auch von den spontanen Aspekten seines eigenen Körpers getrennt zu fühlen. Whyte schreibt dazu:

> Das ist der Fluch des *Homo sapiens*; als vernunftbegabter Mensch konnte er [in der frühen Phase der Entwicklung von Geist (Verstand) und Intellekt, d. h. auf der frühen ichhaften Ebene] dem Dualismus nicht entrinnen, bevor dieser sich nicht selbst erschöpft hatte . . . Es bleibt dem denkenden Menschen keine andere Wahl, als den Weg zu gehen, der die Entwicklung seiner Denkfähigkeit fördert; geklärt werden konnte das Denken aber nur durch die Aussonderung statischer Begriffe, die, indem sie statisch wurden, den Einklang mit ihrem Ursprung oder der Form der Natur verloren . . . Derjenige besondere Teil der Natur, den wir Denken nennen, wird so der übrigen Norm der Form nach entfremdet.

Das Ego also, das sonst ein großartiges Bewußtseinswachstum darstellt, neigte (anfänglich) auch dazu, eine aufspaltende Beeinträchtigung der Bewußtheit herbeizuführen. Whyte legt jedoch größten Wert darauf aufzuzeigen, daß das Denken nicht nur mit statischen Vorstellungen operieren *muß*, das Denken kann auch *Prozeß*-Vorstellungen gestalten (was im Grunde das Hauptthema des Buches von Whyte ist). Whyte will nichts zu tun haben mit dem romantischen Irrtum und seiner Glorifizierung des Körpers gegenüber dem Geist – auch wenn sein Werk von modernen Gestaltpsychologen, Anhängern der «Sensory Awareness» und der «erfahrungsorientierten» Therapien so gedeutet wurde. Es ist einfach so, daß das Denken zumindest anfänglich dazu *tendiert*, sich mittels statischer Formen zu klären.

Es ist gar nicht so schwer zu begreifen, warum das alles geschehen ist. Wir brauchen nur daran zu denken, daß das Ego das neue Ersatz-Ich war und wie alle Ersatz-Ich so tun mußte, als erfülle es das Verlangen nach irgendeiner Form von Kosmozentrizität, Unsterblichkeit und immerwährender Existenz. Und genau das tat das Ego *mit seinen eigenen Denkprozessen*.

Whyte ist sich der tieferen Probleme durchaus bewußt, die das Auftreten des Ego in der Europäischen Dissoziation mit sich bringt. Denn die Schaffung permanenter, statischer, fixierter Wesenheiten – ganz besonders die statische Ich-Vorstellung – beruht auf der Furcht vor

Wandel, Fluß, Dynamik und Prozeß-Wirklichkeit. Der Schaffung der «existierenden Wesenheit ‹Ich›» liegt nach Whyte «das Verlangen nach permanenten Wesenheiten, nach Substanzen, die sich nicht verändern, zugrunde. Da der unreife Intellekt noch nicht imstande ist, mit dem Prozeß umzugehen, schafft er sich diese ihm angenehmen andauernden Wesenheiten.»

Whyte kommt dann auf den Kern der Sache. Denn hinter diesem Verlangen nach «permanenten Wesenheiten» steht ein Grund, und Whyte kennt ihn genau: «Dieses Bewußtwerden führte auch zu einer lebhafteren Empfindung der Fragwürdigkeit des individuellen Daseins. Seiner selbst gewahr werden, heißt, der ständigen Bedrohung des Ich durch die Natur und der unentrinnbaren Tatsache des Todes gewahr werden ... Einmal vereinsamt und verängstigt, scheut der Mensch das Wirken des Ganzen [wahres Einheitsbewußtsein, das den ‹Tod› des Ego voraussetzt] und begehrt statt dessen ewiges [immerwährendes] Leben.»

Da haben wir eine klare Definition des Atman-Projekts. Und mehr noch: Da das Ego «dem Gefühl des Getrenntseins nicht entkommen kann», so sagt Whyte wörtlich, sucht es etwas, «das ihm zum Ausgleich *Unsterblichkeit verspricht*». Diese Suche nach Dauer und Unsterblichkeit ist also nur ein Ersatz für die wahre Einheit mit dem Ganzen. «Sich mit einem solchen unechten Ersatz zu bescheiden, war der zwangsläufige Preis, den der Mensch für das Mißverstehen seines eigenen Wesens und seiner Rolle in der Natur zahlen mußte.»

Nun beginnen wir zu sehen, warum der Denkprozeß, die Begriffe, Gedanken und die Erinnerungen so wichtig waren: In seinem Drang zur versprochenen Unsterblichkeit bemächtigte sich das neue Ichgefühl auf großartige Weise der Eigenschaften der Welt des Denkens. Denn das Denken, das ursprünglich statisch war, schien etwas zu bieten, was weder die Natur noch die Körperlichkeit bieten konnte: *Dauer*. Das Wort «Baum» zum Beispiel bleibt stets dasselbe, während der tatsächliche Baum sich verändert, wächst und stirbt. Denken verspricht Ewigkeit, weil es einen unveränderlichen Ersatz bietet. Kein Wunder, daß Rank sagen konnte, alle Ideologien seien Unsterblichkeitsprojekte. Deshalb wurde das menschliche Denken zum Hauptträger des Atman-Projekts, zum Versuch, kosmozentrisch, unsterblich zu werden und den Tod ein für allemal zu betrügen – durch die unwandelbare Welt der Begriffe. Und das Denken, das statische Ego, dissoziierte einfach – als Ersatzopfer – die wandelbare und impulsive Welt des Körpers – daher also die Europäische Dissoziation. «Der

Gott seiner eigenen Gedanken war künftig die Hauptquelle der Inspiration des Menschen», schrieb Whyte. Auf der Flucht vor dem Tode gab die Ich-Empfindung ihren Körper auf, diesen allzu sterblichen Körper, und fand in der Welt der Gedanken ein Ersatzrefugium. Und da verstecken wir uns noch heute.

Nachdem wir das Denken gebraucht haben, um den Körper zu transzendieren, haben wir noch nicht gelernt, das Denken durch Bewußtheit zu transzendieren. Darin wird, meines Erachtens, der nächste evolutive Schritt des Menschen bestehen.

12. Neue Zeit, neuer Körper

Es scheint, als sei das durch das Ego repräsentierte großartige Wachstum des Bewußtseins auch so etwas wie eine Explosion gewesen. Außerdem hat man das Gefühl, als sei die Menschheit wie ein Kind, dem man sein erstes Fahrrad schenkt – es kann sich jetzt zwar schneller bewegen, fällt jedoch ständig links und rechts in den Straßengraben. Das Ego brachte so viele Veränderungen, so viele Potentiale und so viel Unglück mit sich, daß die von der Explosion hochgewirbelten Trümmer noch immer auf uns herabregnen. Ein Teil dieser Explosion war *eine neue Art von Zeit und eine neue Art von Körper*. Die Zeit war historisch, linear, begrifflich; der Körper seiner Lebenskraft beraubt und entstellt.

Die Entdeckung der Geschichte

Wir wollen mit der Zeit beginnen. Denn die Ego-Ebene brachte beim Aufsteigen aus den typhonischen Bereichen eine Form linearer und historischer Zeit mit sich, die nie zuvor existiert hatte. Die Struktur mythischer Gruppenzugehörigkeit besaß, vor allem durch das Vehikel des Nicht-Gegenwärtigen (die Sprache), eine ziemlich lebhafte Vorstellung von einer ausgedehnten zeitlichen Welt aus Vergangenheit, Gegenwart und Zukunft. Sie war jedoch von besonderer Art, die die Zeit daran hinderte, immerwährend, «linear», ohne erkennbares Ende zu sein (wie die historische ichhafte Zeit es ist). Die Zeit der mythischen Gruppenzugehörigkeit war sicherlich eine ausgedehnte Abfolge, aber sie war *periodisch wiederkehrend*, zyklisch. Sie war eingebettet in den Naturmythos zyklischer Wiederkehr von Ebbe und

Flut, Winter und Sommer und wieder Winter und erneut Sommer, sich ständig im Kreise drehend, «nirgendwo ankommend», wie Campbell sagte.

Das war zweifellos eine temporale Welt – temporal genug, um die benötigten zukünftigen Zeiten für die Ackerbau-Unsterblichkeit zu versprechen – nächste Saison und nächste Saison und wieder nächste Saison. Es war jedoch eine temporale Welt, die letzten Endes richtungslos war, höchstens sich ewig im Kreise drehend. Sie war in Bewegung, aber ohne ein bestimmtes Ziel, ohne echten Sinn. Die Zeit war wie ein Karussell, ähnlich den Himmelskörpern, die in der Zeit ihre Kreise ziehen und schließlich wieder dort ankommen, wo sie ihre Kreisbewegung angefangen haben. «Man erlebte die Natur in ihrer vorgestellten Reinheit endloser Zyklen von Sonnenaufgängen und -untergängen, voll werdenden und abnehmenden Monden, wechselnden Jahreszeiten, Tieren, die sterben und die geboren werden. Diese Art von Kosmologie eignet sich nicht für die Anhäufung von Schuld oder Eigentum, da alles mit Opfergaben wieder ausgelöscht wird und die Natur sich mit Hilfe ritueller Wiedergeburtszeremonien erneuert.»[26]

So war das offensichtlich in den Kulturen mythischer Gruppenzugehörigkeit. Die jährlichen Erneuerungsrituale wirkten wie ein Eintauchen in den Naturmythos zyklischer Wiederkehr und als Ersatzsühne für die Furcht und das Schuldgefühl, das jeder Art von separatem Ich inhärent ist. Es war ein herrliches Gefühl, wie manche Leute es heute noch haben, wenn sie Neujahr feiern – das Gefühl, daß man alles reinwaschen, das Karma auf magischem Wege umgehen kann, daß ein neuer Anfang möglich ist. In der Frühzeit jedoch waren diese Erneuerungsrituale (deren Relikte wir noch in den heutigen Silvesterfeiern erkennen) so etwas wie eine völlig neue Taufe der Seele und totale (wenn auch vorübergehende) Befreiung von dem Schuldgefühl, das jedem Ichempfinden so hartnäckig anhaftet. Die Bewußtheit dieser Welt war zyklisch und drehte sich *im Kreis*; in ihr wurde nichts bewußt akkumuliert; die Bewußtheit der Fehler des abgelaufenen Jahres wurde einfach weggewaschen und mit Gedächtnisschwund getauft. Aber das Karma des vorangegangenen Jahres hat sich natürlich trotzdem akkumuliert, so daß die zweifellos verlockende Unschuld dieser Situation, die schon so manchen Philosophen und Gelehrten betört hat, letztlich nur auf dem Prinzip beruhte, daß es Torheit ist weise zu sein, wo Unwissenheit ein Segen ist. Diese Unwissenheit jedoch war nicht gewollt oder geplant, sondern einfach die Grenze des Begreifens, die der Mensch im Rahmen der sich im Kreise drehenden natürlichen Bewußtheit erreichen konnte. Irgendwann während der frühen ichhaften Periode jedoch begann das Bewußtsein, sich von dieser einfachen natürlichen Form saisonaler Zeitlichkeit zu trennen und darüber zu erheben. «Daher führte die neue Mythologie zur rechten Zeit zu einer Entwicklung weg von der früheren statischen Sicht wiederkehrender Zyklen. Es entstand eine fortschreitende, zeitlich orientierte Mythologie von einer Schöpfung... am Beginn aller Zeiten, einem darauffolgenden Sündenfall und einer noch andauernden Aktivität [hierarchischer oder evolutionärer] Wiedererlangung.»[71]

Unbestritten ist, daß es vor der frühen ichhaften Periode Geschichte als chronologische Aufzeichnung von Ereignissen innerhalb der Gesellschaft nicht gegeben hat. Ein während der Periode mythischer Gruppenzugehörigkeit lebendes Individuum zu fragen «Was ist die Geschichte deines Volkes?» wäre gleichbedeutend mit der Frage gewesen «Was ist die Geschichte des Winters?» Die Anthropologen wissen seit langem, daß nur progressive Kulturen eine Geschichtsschreibung haben. Die früheste Form solcher Geschichtsschreibung datiert um 1300 v. Chr., und der «Vater der Geschichtsschreibung», Herodot, lebte im fünften vorchristlichen Jahrhundert – zu Beginn der mittleren ichhaften Periode.

Exaktere Beweise finden sich in den Inschriften auf Gebäuden. In der typischen Inschrift vor diesem Datum [1300 v. Chr.] nannte der König seinen Namen und Titel, pries den Gott oder die Götter, die er persönlich verehrte, erwähnte kurz die Jahreszeit und die Umstände, unter denen der Bau begonnen wurde und beschrieb dann den Bauvorgang. Nach 1300 v. Chr. wird nicht nur das dem Baubeginn unmittelbar vorausgehende Ereignis beschrieben, sondern auch ein Überblick über alle militärischen Unternehmungen des Königs bis zu diesem Zeitpunkt gegeben. In den folgenden Jahrhunderten werden diese Informationen dann systematisch in der Reihenfolge der jährlichen Feldzüge aufgezählt; schließlich kommt man zu der ausgeklügelten Kalenderform, wie man sie in den Aufzeichnungen der assyrischen Herrscher des ersten vorchristlichen Jahrtausends ganz allgemein antrifft. Solche Annalen werden immer umfangreicher; sie gehen über die bloße Aufzählung von Fakten hinaus und umfassen Erklärungen über Motive, Kritik bestimmter Handlungsabläufe, Lobpreisungen bestimmter Charaktere.

Schließlich beziehen sie auch politische Veränderungen ein, Feldzugstrategien, historische Bemerkungen über einzelne Regionen . . . Nichts davon findet sich in den früheren Inschriften.[215]

«Das ist die Erfindung der Geschichtsschreibung», sagt Jaynes.

Wie jede Art von Bewußtseinswachstum war die Entstehung der Auffassung von geschichtlicher Zeit gut und schlecht zugleich. Sie war gut, weil sich die Evolution des Bewußtseins zwangsläufig vom Prätemporalen über das Temporale zum Transtemporalen bewegen muß. Das Verständnis für geschichtliche Realitäten war als solches ein unzweifelhafter Fortschritt des Bewußtseins, eine Tatsache, die nur Theoretiker der Dekadenz leugnen könnten. Historisches Bewußtsein als heutiges Nachdenken über gestern ist das Paradigma reflexiven Denkens ganz allgemein, von Philosophie, Naturwissenschaft, Psychologie. Historisches Bewußtsein ist das typische Merkmal der Polis-Praxis.

Schlecht war die Auffassung historischer Zeit, weil diese riesige neue Welt historischer Horizonte weit jenseits der jahreszeitlichen Zyklen dem Machthunger des heroischen Ego entgegenkam. Macht sucht ja nichts anderes als sich auszudehnen und diese Ausdehnung laufend zu *akkumulieren*. Jahreszeitlich/zyklische Zeit ist solcher Akkumulation nicht günstig, weil in der nächsten Saison «alles wieder von vorn anfängt». Für Menschen mit unersättlichem Machthunger stellt die sich linear über alle Jahreszeiten erstreckende Zeit jedoch die beste Heimat dar. «Hier bietet sich eine machtvolle mythische Formel für die Neuorientierung des menschlichen Geistes an, die ihn auf dem Weg der Zeit vorantreibt und den Menschen dazu aufruft, die autonome Verantwortung für die Erneuerung des Universums im Namen Gottes zu übernehmen; dadurch wird eine neue, potentiell politische Philosophie des Heiligen Krieges gefördert.»[71] Will man dann später den Namen Gottes ganz aus dem Spiel lassen, wird säkularer Krieg denselben Dienst leisten – und genau das ist ja auch geschehen.

Diese gefahrvolle Situation wurde noch dadurch verschlimmert, daß der ichhafte Heros oft Körper, Natur und Große Mutter gewaltsam unterdrückte. Da Körper/Natur der *Bezugspunkt* für zyklische Zeit ist, Geist der für historische Zeit, ergab die Trennung von Körper und Geist auch die Trennung von Natur und Geschichte. Der eigentliche Zweck der Geschichte ist die Transzendenz der Natur. Nun aber kam es zur Dissoziation zwischen beiden, die dahin tendierte, beide zu deformieren. Sobald nämlich das Ego sich von der jahreszeitlich bestimmten Natur und vom Körper abgeschnitten hatte, besaß es keine *spürbaren* Wurzeln mehr, durch die seine an sich höherrangige Bewußtheit geerdet worden wäre. Daher scheute das Ego sich nicht, einen wohlüberlegten Angriff auf die Natur selbst einzuleiten, ohne Rücksicht auf die historischen Konsequenzen.

Geschichte und Natur waren nicht mehr integriert. Das Ego begriff von Anfang an nicht, daß ein Angriff auf die Natur bereits ein Angriff auf den eigenen Körper, das ganze Projekt also im wahrsten Sinne des Wortes selbstmörderisch war. Daß diese wechselseitige ökologische Abhängigkeit von menschlichem Körper und natürlicher Umwelt erst in diesem Jahrhundert augenfällig wurde – also 4000 Jahre nach dem Aufstieg des Ego! –, zeigt nur, wie tief verwurzelt dieses Vorurteil war.

Seine Hoffnung auf dissoziiertes Denken und «unverwurzelte» Geschichte setzend, projizierte das neu entstehende Ego sein Atman-Projekt in eine dem Körper entfremdete Zukunft. So wurden Geschichte, Geist, Kultur und Denken allesamt durch die Europäische Dissoziation entstellt. Auf seiner Suche nach Ersatzbefriedigungen und Unsterblichkeitsentwürfen forderte und akzeptierte das Ego *nur* eine Zeit, die unablässig linear voranschritt und dabei seine Unsterblichkeitsträume mit sich führte. Das Begreifen der historischen Form der Zeit war zwar ein Wachstumsprozeß, wurde aber sofort und *ausschließlich* auf die dissoziierte Ego-Struktur angewendet. Für dieses Ego war Geschichte eine chronologische Aufzeichnung der von Macht beflügelten Taten des Ego und nicht der Evolutionsstufen zum Atman – wobei eine dieser Stufen natürlich der Tod und die Transzendenz des Ego selbst sein muß.

Wurde durch die alljährliche Regeneration in mythischen Zeiten alles «weggewaschen», so galt das natürlich auch für die Unsterblichkeitsprojekte des Ich. Nun, nachdem der Tod immer stärker ins Bewußtsein trat, brauchte das Ego *mehr* Zeit. Zielvorstellungen mußten herhalten, um sein immerwährendes Fortbestehen sicherzustellen, und die Verfolgung dieser Zielvorstellungen wurde angetrieben durch die ruhelose Suche nach wahrer Befreiung im Atman, die jedoch an der falschen Stelle ansetzte. Indem es sich von seinen Wurzeln abschnitt und in eine linear fortschreitende Welt der Zeit aufmachte, die nicht nur die Natur transzendierte, sondern anti-natürlich, anti-ökologisch und für alle Zeiten endlos war, erhielten die *per definitionem* unauslöschlichen und unerfüllbaren Begierden des Ego Raum, unaufhörlich vorwärts zu drängen.

Aus allen diesen Gründen hegte das heroische Ego die Illusion, es werde seine Zukunft nicht nur erleben, sondern auch beherrschen. Und damit begann es, seine gesamte *Vergangenheit* in diesem Licht zu sehen. Kein Wunder, daß die historische Wirklichkeit schon seit dem frühesten Punkt ihrer Entdeckung mit der egozentrischen Vorstellung verbunden wurde, Geschichte sei in erster Linie eine *chronologische Aufzeichnung der Leistungen und Heldentaten des Ego.* Die erste aufgezeichnete Geschichte schilderte, wie wir gesehen haben, *ichhafte* (königliche) Siege und Triumphe sowie wagemutige, gewöhnlich im Krieg vollbrachte Heldentaten – und zwar immer auf prahlerische Weise.

Wir sind heute noch in dieser egozentrischen Anschauung der Geschichte befangen. Doch die eigentliche Wahrheit, die in der neuen Form der historischen Zeit verborgen war, war die Wahrheit, daß Bewußtsein unser Ziel und Erwachen unsere Bestimmung ist, daß die Welt tatsächlich *sinnvoll* ist, sich auf ein Ziel zubewegt – daß sie auf dem Weg zum Atman ist. Das Problem liegt darin, daß das Ego als solches *nicht* dorthin geht – es stellt nur einen von vielen Schritten auf diesem Weg dar. Je eher das mentale Ego erkennt, daß Geschichte der Bericht über sein eigenes Abdanken ist, desto eher wird es aufhören, diesen Bericht fälschlich als eine bloße Chronik seiner eigenen Errungenschaften zu interpretieren.

Ein neuer Körper

Das separate Ich besaß jetzt also eine neue Form von Zeit, aber auch eine neue Form von Körper. Wir haben gesehen, daß die typhonischen Bereiche sich im Verlauf der Geschichte nicht nur in Geist und Körper differenzierten, sondern auch in Geist und Körper spalteten.

Der Organismus dissoziierte in den ichhaften und den somatischen Pol, und *beide* Pole wurden *deformiert.*

L. L. Whyte hat den entscheidenden Punkt klar herausgestellt: «Die grundlegende Spaltung erfolgt zwischen der mittels statischer Begriffe organisierten bedachten Tätigkeit [frühes Ego] und dem instinktiven und spontanen Leben [dem impulsiven Körper]. Die Europäische Dissoziation dieser beiden Komponenten des Systems führt zur Deformation beider. Das instinktive Leben verlor seine Unschuld, sein ureigener Rhythmus wurde durch zwanghaftes Verlangen ersetzt. Andererseits wurde vernunftbeherrschtes Verhalten teilweise auf Ideale abge-

Abb. 12 Der Teufel. Wir werden im gesamten Verlauf dieses Buches sehen, daß der Gott/die Götter oder die geheiligten Vorbilder eines Entwicklungsstadiums zu Dämonen, Teufeln, Höllengeistern oder von ihren Sockeln gestürzten Göttern der nächsten Evolutionsstufe werden. Das ist meines Erachtens das oberste Gesetz mythologischer Entwicklung; und nicht nur dieser, denn dasselbe Prinzip gilt für jedes beliebige System psychischen Wachstums. Der Grund: Das, was in einem Stadium natürlich und angemessen ist, wird im nächsten archaisch, rückschrittlich, infantil. Aus der Sicht des höheren Stadiums gilt das zuvor verehrte niedere Stadium als etwas, das bekämpft, unterdrückt, ja geschmäht werden muß.

Wir kommen jetzt zum Teufel, wie ihn die späte abendländische Mythologie porträtierte, und es überrascht nicht, daß der Teufel einfach die alte typhonische Struktur ist – halb Mensch, halb Tier, wobei der Akzent auf dem Tier liegt. Er erinnert auffallend an den Zauberer von Trois Frères. Jener Zauberer, der seinerzeit der oberste Gott der typhonischen Jäger war, ist jetzt der oberste Dämon des mentalen Ego. Außerdem zeigt diese Figur auch den Schlangen-Uroboros, der korrekt so dargestellt wird, daß er nur durch die drei unteren Chakras evolviert ist – Nahrung, Sex und Macht –, was perfektes Typhonentum ist. Zudem ist er Hermaphrodit oder von der Großen Mutter durchdrungen. Während die Schlange als solche oft als teuflisch beschrieben wird, erreicht Satan seine Erz-Personifizierung im Typhon, weil der Typhon sowohl den Schlangen-Uroboros als auch die unteren Aspekte der menschlichen Natur enthält (emotionale Sexualität und Magie).

Im Idealfall sollten die unteren Stadien transzendiert und in und durch die höheren Stadien integriert werden. Die höheren Stadien müssen anfänglich gegen die niederen ankämpfen, um sich aus ihnen zu befreien. Dieser Kampf ist aber im Abendland zu weit gegangen, wo er nicht nur Differenzierung, sondern Dissoziation, nicht Transzendenz, sondern Verdrängung erzeugte. Auch der Mensch im Osten entwickelte das mentale Ego, kämpfte mit dem Uroboros und Typhon (siehe Indras Triumph über Vitra), doch endete dort das Ringen mit Differenzierung und Transformation. Im Osten wurden daher alle alten Mythen von der Großen Mutter, der Schlange und dem Typhon aufgenommen und in eine neue und höhere Mythologie integriert. Zugegeben, die alten Götter und Göttinnen wurden zu Dämonen und geringeren Göttergestalten. Doch wurde ihre Existenz anerkannt und dann höheren Gottheiten dienstbar gemacht, oder sie wurden sogar als deren Manifestationen angesehen. Auch der Osten hat seine Satansgestalten. Diese galten jedoch als niedere Manifestationen Gottes und als Beschützer des Dharma, solange man sie nicht um ihrer selbst willen verehrte.

Nur im Abendland, wo die Dissoziation von Ego-Geist und Körper zustande kam, nahm der jetzt von bewußter Teilnahme abgeschnittene Typhon wirklich bedrohliche Formen an (als Satan) und wurde schließlich zur höchsten Verkörperung des Bösen. Der Satan wurde der personifizierte Körper-Typhon. Wachstum erforderte Kampf gegen den permanenten Versuch, den Menschen ins reine Körper-Bewußtsein zurückzuzerren. Die Verehrung des Satan um seiner selbst willen bildete zwangsläufig ein Hindernis für das Auftreten höherer Strukturen. Was das Abendland übersah, war die Maxime «Gib dem Teufel, was des Teufels ist». Satan wurde nicht in die neue Mythologie der Sonnengötter integriert (ebensowenig wie die Große Mutter), eine Parallele zur Entfremdung des Körpers durch das heroische Ich. «Gib dem Teufel, was des Teufels ist», bedeutete in Wirklichkeit, daß dem Typhon eine eigene, wenn auch begrenzte Funktion zukommt. Wenn diese auf angemessene, funktionelle und nicht dominierende Weise ausgeübt wird, dient sie der Reproduktion der pranischen Ebene des vielschichtigen menschlichen Individuums. Der dissoziierte Typhon jedoch zeigt sich einerseits in übertriebener Nachsicht, andererseits in repressivem Puritanismus und Blockierung des Lebens. Die bekanntesten, jedoch keineswegs einzigen Manifestationen davon sind die Hexensabbate (Abb. 13) und Hexenjagden (Abb. 14). Psychologisch manifestiert sich das als Hedonismus, besessene Genitalsexualität und Perversionen, übertriebene Ästhetik, Vorherrschaft des Lustprinzips, degeneriertes Gefühlsleben. Auf der anderen Seite jedoch stehen Hyper-Intellektualität, schizoide Mentalität, trockene Abstraktion, von der Natur getrennte Geschichte, ein vom Körper in Angst versetztes Ego.

lenkt, denen das Individuum wegen ihres Anscheins der Vollkommenheit ebenso zwanghaft nacheiferte, und die den Rhythmus von Spannung und Entspannung störten.»[426] Dieser von Whyte so hervorgeho-
bene Rhythmus von Spannung und Entspannung ist einfach jener
Zyklus des Austausches (Aufnehmen, Assimilieren, Ausscheiden),
den wir als grundlegende Aktivität *jeder Ebene* des vielschichtigen
Individuums definiert haben – von der Nahrungsaufnahme über Sex
zum Denken, zum *Psychischen*, zum Subtilen, zum Kausalen. Whyte
sagt, in meine Terminilogie übertragen, die Dissoziation der mentalen
und körperlichen Ebenen des Austausches störe und deformiere beide
Austauschsysteme. Sie belaste sie mit quälenden und überkompensie-
renden Aktivitäten, das heißt mit Aktivitäten, die durch die Dissoziation der Systeme selbst angetrieben werden, nicht durch Eigenschaften, die den einzelnen Systemen innewohnen.

Die folgende Schlußfolgerung von Whyte möchte ich besonders
hervorheben:

Dieses Zusammentreffen ist nicht zufällig. Wird ein organisches
System in einer bestimmten Art aufgespalten, so erscheint die gleiche Form der Verzerrung in beiden dissoziierten Bestandteilen. In
diesem Fall wird aus dem Rhythmus des ganzheitlichen Prozesses
eine doppelte Besessenheit; es kommt dabei nicht darauf an, ob es
sich um den Willen zur Vereinigung mit Gott oder mit einem Weibe,
um das ekstatische Streben nach Einheit [als Ersatz] oder Wahrheit,
nach Macht oder Vergnügen handelt. Die ständige Spannung und
die Nichterfüllung tragen den Stempel Europas [der Europäischen
Dissoziation] . . .
Nie verliert sich die europäische Seele [das Ego] völlig in Gott.
Nie findet der Geist die letzte Wahrheit; nie ist die Macht uner-
schütterlich; nie befriedigt das Vergnügen vollkommen. Bezaubert
von diesen trügerischen Zielen, die das Absolute zu versprechen
scheinen, läßt sich der Mensch von dem ureigenen Rhythmus des
organischen Prozesses abbringen um nach einer flüchtigen Verzük-
kung zu jagen. Frömmelnde Religiosität, überzüchteter Intellektua-
lismus, raffinierte Sinnlichkeit und kalter Ehrgeiz sind einige Spielarten des Versuchs der dissoziierten Persönlichkeit, ihrer eigenen
Spaltung zu entgehen. Die Umschläge von gefühlsbetontem Mysti-
zismus zum Rationalismus, und vom Rationalismus zum Materialismus der Gewalt, die die Geschichte Europas kennzeichnen, machen
keinen wesentlichen Unterschied aus. Sie bezeichnen lediglich die

einander ablösenden Schwankungen auf der Suche nach neuen
Reizen in den durch die grundlegende Dissoziation vorgezeichne-
ten Grenzen.[426]

Der Grundgedanke ist der, daß *sowohl* die zwanghafte Betonung der
Körperempfindungen und der Sexualität *als auch* der besessene
Drang des Ego nach Macht oder abstrakter Wahrheit oder Zukunfts-
zielen oft typisch für das dissoziierte Ich sind – wie sehr sie sich auch
zu unterscheiden scheinen –, da sie Ausfluß derselben Spaltung sind.
Das impliziert, daß das entfremdete Ego auf der einen und hyper-
genitale Sexualität und Sinnlichkeit auf der anderen Seite korrelative
Entstellungen des Organismus sind. Aus historischer Sicht – und der
Leser möge daran denken, daß diese Erörterung sich letztlich auf
anthropologische Daten und historische Geschehnisse gründet – sind
für Whyte das Aufkommen des ichhaften Idealismus und bewußter
Sinnlichkeit zwei Aspekte derselben Europäischen Dissoziation, die,
wie wir gesehen haben, in der frühen ichhaften Periode auftrat.

Die instinktiven Verhaltensweisen waren von der primitiven Tradition zu einem Lebensstil verwoben worden, der in den frühen Kulturen verhältnismäßig stabil blieb ... Als die früheren Kulturen
wirksamere technische Methoden entfalteten und für die Gemeinschaft oder wenigstens einige ihrer Angehörigen der unmittelbare
Fortbestand gesichert war, trat ein neuer Unsicherheitsfaktor auf.
Da Befriedigung der Instinkte Lust hervorbringt, konnten begün-
stigte Einzelne ihren Überschuß an materieller Sicherheit und
technischen Hilfsmitteln dazu verwenden, bewußt dem instinktiven
Vergnügen nachzugehen. Das organische Instinktgleichgewicht,
das unter primitiven sozialen Bedingungen die zweckmäßige Koor-
dinierung des Verhaltens gewährleisten konnte, versagte doppelt in
der neuen, komplizierteren Lage. Es mißlang ihm nicht nur, geeignete Reaktionen auf ungewohnte Zwangslagen zu finden, es konnte nicht einmal einen geeigneten Ausgleich im instinktiven Leben
herstellen, als der einzelne erkannt hatte, was ihm Lust bereitete,
und die Mittel besaß, diese Lust bewußt zu erreichen und zu verstärken.
    Aber gleichlaufend mit dieser bewußten Sinnlichkeit, die infolge
der Koordinierungsstörung mit dem Masochismus und Sadismus
gepaart war, entwickelte sich auch ein neuer, bewußter Idealismus,
der sich in allen Formen des geistigen Strebens ausdrückte. Sinn-

lichkeit wie Geistigkeit waren neuartig, sie waren dualistische, also verzerrte Ersatzmittel für die verlorene organische Integrität.[426]

Mit der Dissoziation von Körper und Geist «degeneriert Eros zu dem, was man allgemein unter dem Begriff Sex versteht, dem spezialisierten Lustprinzip der isolierten inneren Neigungen [die charakteristisch für die typhonische Ebene sind]. Egoismus und Sex, die normalerweise innerhalb des Lebens des Ganzen entwickelt werden und Erfüllung finden, werden nun als isolierte Tendenzen herausgekehrt, die ihre letzte Erfüllung im Tod [dem Ersatzopfer] suchen.» Die in der Periode mythischer Gruppenzugehörigkeit aufgekommene Mythologie von Sex und Mord wird infolge ihrer Verdrängung nicht nur beibehalten, sondern intensiviert und zu einer Mischung verbunden. In der ichhaften Zeit bricht sie dann mit einem unübersehbaren Drang nach Rache geradezu explosiv hervor. Die Besessenheit von Sex und Gewalt ist dem Menschen bis heute geblieben, da das dissoziierte Ego immer noch in ihm steckt. Den verheerenden Konsequenzen sind wir immer noch nicht entwachsen.

Abb. 13 Eine sehr krasse Form der Teufelsverehrung, die Teil eines Hexensabbats war. Das Interessante an dieser besonderen Darstellung ist, daß die Teilnehmer an dieser Szene alle gutangezogen, zivilisiert, kultiviert sind – ja in der Tat *zu kultiviert*. Hier zeigt sich, daß der Übereifer, mit dem man sich die mentalen Bereiche aneignete und die animalischen Aspekte des vielschichtigen menschlichen Individuums negierte, zur Entfremdung der typhonischen Bereiche führte, was sie daraufhin wieder zwanghaft anziehend machte.

Norman O. Brown hat die Tatsache, daß das gespaltene Ego und die Hypersensualität korrelative Verformungen des Körpers sind, zum Angelpunkt seiner Neuformulierung der Psychoanalyse gemacht. Er konzentrierte sich darauf, die radikalen Veränderungen im Ego und im Körper aufzuspüren, die aufgetreten sind, seitdem das separate Ich sich seiner eigenen Sterblichkeit bewußt geworden ist. Denn im Zurückweichen vor dem Tod beginnt das separate Ich auch vor dem Leben zurückzuweichen. Es versucht, das Leben zu verwässern, seine Vitalität abzuschwächen und seine Energien im Zaum zu halten. Und gerade das bewirkt eine Deformation des ganzen Organismus.

«Kinder im nach Freud entscheidenden Kleinkindalter können nicht zwischen Seele und Körper unterscheiden.»[61] Das ist Browns Ausgangspunkt. Anthropologisch entspricht das dem infantilen Typhon, der Periode, in der Geist und Körper noch nicht differenziert sind, ja, der Geist existiert noch kaum, alle schon vorhandenen mentalen Aspekte sind noch in den Körper eingebettet. Doch Brown preist in hohen Tönen den primitiven Zustand der Prä-Differenzierung und tut so, als seien hier Geist und Körper vollkommen eins, während es zu jener Zeit jedoch noch gar keinen nennenswerten Geist gibt. Es gibt weder Sprache noch Logik, noch Begriffe, und das Ich ist *nichts weiter* als ein Körper-Ich. Wenn wir feststellen, Körper und Geist seien in diesem Stadium noch undifferenziert, besagt das einfach, daß der Geist sich noch nicht entwickelt hat und daß das wenige an Geist, das schon vorhanden war, noch fest im Körper verankert ist. Wie dem auch sei: Auf jeden Fall muß das Individuum sich aus diesem prädifferenzierten Zustand, dem infantilen Typhon, lösen, was ein mühseliger und folgenschwerer Akt ist. Den dramatischen Konsequenzen ist Brown nachgegangen.

Obwohl Körper und Geist in diesem frühen typhonischen Stadium prä-differenziert sind, beginnt der Typhon selbst sich aus der Umwelt (und dem alten uroborischen Stadium) zu lösen. Dadurch wird er mit primitiven Formen von Furcht, Schrecken und Todesangst konfrontiert. Brown sieht das Körper-Ich (den Typhon) sowohl auf der Flucht vor dem Tod (Thanatos) als auch unter dem Einfluß dessen, was er *Causa-sui*-Projekt nennt – der Versuch, der eigene Vater, die eigene Ursache, der eigene Gott zu sein, also das, was wir das Atman-Projekt nennen. Der Typhon muß sich also gegenüber der furchtbaren Vision seiner Verwundbarkeit, Sterblichkeit und Hilflosigkeit abschirmen, muß den Schrecken verdrängen. Man könnte sagen, an diesem Punkt müßte die Verdrängung erfunden werden, wenn es sie nicht schon

gäbe. Das separate Ich hatte keine andere Möglichkeit, seine Heraus-
lösung aus dem uroborischen Schlummer zu bewältigen, als durch
Verdrängung des Todes und seines Reflexes, der Furcht, sowie *aller*
Aspekte des Lebens, in denen der Tod droht.

In dem Maße, in dem die Ebene der Gruppenzugehörigkeit mit
ihrem neuen Vehikel ausgedehnter Zeit in Erscheinung tritt, beginnt
der Alptraum sich nach allen Richtungen auszudehnen, sowohl in die
Vergangenheit als auch in die Zukunft. Um also mit einem Minimum
an Furcht überleben zu können, muß das Ich daran gehen, die Augen
zu schließen, sich zu betäuben und seine eigene Vitalität zu bremsen.
Um den Tod zu vermeiden, muß das Individuum das Leben beschnei-
den. Dieser Gedanke stammt übrigens nicht von mir, sondern von den
existentialistischen Psychologen, vor allem von Brown und Becker.

Das Kind befand sich in einer unmöglichen Situation. Es mußte
zwangsläufig seine eigenen Waffen gegen die Welt schmieden, um
sich in ihr überhaupt durchsetzen zu können . . . Wir erhalten ein
bemerkenswert getreues Bild von dem, was das Kind wirklich be-
drückt, und davon, wie das Leben ihm zuviel zumutet, wie es sich
vor allzu viel Grübelei, allzu viel Wahrnehmung, kurz allzu viel
Leben abschirmt. Gleichzeitig aber muß es sich gegen den Tod, der
unterhalb und hinter jeder sorglosen Aktivität lauert, schützen.
Dem kindlichen Ich bleibt also nur eine Wahl. Es muß global und
aus der ganzen Skala seiner Erfahrungen verdrängen, um sich selber
ein wärmendes Gefühl inneren Wertes und fundamentaler Sicherheit zu bewahren . . . Der einzelne Mensch muß die Analität verdrängen, die beschämenden Körperfunktionen, die seine Sterblichkeit, seine grundlegende Entbehrlichkeit in der Natur zum Ausdruck bringen . . . Mit anderen Worten – und dies ist wesentlich
genug, um es noch ein allerletztes Mal zu betonen –, das Kind
‹verdrängt sich selbst›. Es übernimmt die Kontrolle über den eigenen Körper als Reaktion auf die Gesamtheit seiner Erfahrungen,
nicht immer auf die seiner eigenen Wünsche. Wie Rank so erschöp-
fend und definitiv argumentiert hat: Die Probleme des Kindes sind
existentieller Art.[25]

Das kindliche Ich weicht unter dem Eindruck des Todes einfach zurück. Es schreckt zurück vor der Großen Umwelt und vor seiner inneren Vitalität, mit der es nicht umzugehen versteht. Es tut das ganz von
selbst. Es ist dies eine Selbstverdrängung, die später durch die aufge-

zwungenen «zusätzlichen Verdrängungen» der Gesellschaft nur noch vielschichtiger und ausgedehnter wird. Das ähnelt sehr dem von Sri Aurobindo und Bubba Free John beschriebenen Begriff des «Erschreckens vor dem Leben» *(vital shock)*.

Das Zurückschrecken vor der Vitalität des Körpers bedeutet, daß das separate Ich auf dieser Stufe vor sich selbst zurückzuschrecken beginnt. Es fängt an, sich von sich selbst zu trennen, sich in «sichere» und «gefährliche» Bruchstücke aufzuspalten oder zu dissoziieren. Das ist der Beginn der Europäischen Dissoziation, die Scheidung zwischen dem «dauerhaften» Ego und dem sterblichen fleischlichen Körper. Das alles läuft auf etwas ganz einfaches hinaus: Das separate Ich muß beginnen, die Vitalität des Körpers zu begrenzen und abzuschwächen, das Leben so weit zu drosseln, daß der Tod nirgends durchscheint. Es muß die *Energien des Organismus selbst* auf ein unverfängliches Maß niederer Intensität herunterschrauben.

Abb. 14 Die Hinrichtung von Hexen in England. Die Hexenverfolgung ist das genaue Gegenteil, das Spiegelbild des Hexensabbats. Sowohl die Hexe als auch der Hexenjäger leiden unter der gleichen Dissoziation von Körper und Geist, beziehen jedoch auf verschiedenen Seiten der Grenze Stellung (tatsächlich liegt diese Grenze natürlich in ihrem eigenen Organismus). Die Hexe ist besessen vom Typhon, der Hexenjäger fürchtet ihn über alles. Unfähig, seine eigenen typhonischen Triebe zu transformieren und zu integrieren, fürchtet er ihre bloße Existenz und ist dazu entschlossen, alle Individuen auszurotten, die – tatsächlich oder vermeintlich – vom «Satan» (Typhon) besessen sind.

Diese organische Energie hat viele Namen. Bergson nannte sie *élan vital*; für den Hindu ist sie *Prana*; für Lowen ist sie Bioenergie; Freud nannte sie Libido. In weiterem Sinne ist sie einfach emotional-sexuelle Energie (Stufe 2), die Energie der typhonischen Ebene. Dieses Prana, diese typhonische Bioenergie muß durch Selbstverdrängung einge-schränkt werden, was laut Brown zu einem bemerkenswerten Ergeb-nis führt:

Bei dem Versuch, seine eigene Vitalität einzuschränken, konzen-triert und begrenzt der Organismus seine Libido auf einige wenige Bereiche des Körpers – vor allem den Genitalbereich. Als Folge da-von empfindet das normale Ego echte Vitalität und Intensität nur während eines genitalen Orgasmus (und manchmal nicht einmal da, man denke an Impotenz und Frigidität). Das ist die einzige Gelegen-heit, bei der das Ego einmal «loslassen» und der Zirkulation von echter Vitalität, Intensität und Lust freien Lauf lassen kann. In diesem speziellen Sinne ist Sexualität das, was Freud eine «wohlorganisierte Tyrannei» nannte, weil sich die volle Vitalität und Intensität des Kör-pers *nur* auf diese eine Aktivität beschränkt. Mit dem Festhalten an ausschließlich genitalem Prana über die normale und notwendige Ent-wicklungsperiode hinaus weigert sich der Mensch, dessen Tod zu ak-zeptieren und jenseits der genitalen Ekstase *höhere* Stufen der Ge-samtkörper-Ekstase zu entdecken. «Die Konzentration der Libido ausschließlich im genitalen Bereich wird beim Menschen auf jeden Fall durch den rückwärts gewandten Todestrieb bewirkt; sie ist ein Überbleibsel der menschlichen Unfähigkeit, den Tod zu akzep-tieren.»[61]

«Eines der ersten Dinge, die ein Kind zu tun hat, ist zu lernen, ‹seine Ekstase aufzugeben›», faßt Becker das Problem zusammen. *L'enfant abdique son extase*, sage Mallarmé. Sonderbarerweise gibt es die Ekstase auf, verringert es seinen *élan vital* und seine Libido einfach deswegen, weil diese den Tod durchscheinen lassen. Sie sind einfach «*too much*», wie Maslow sagte. Damit kommen wir zu einer Haupt-these von Brown: «Die sexuelle Organisation [die Beschränkung der Vitalität auf gewisse Aktivitäten und Bereiche des Körpers] wird vom kindlichen Ego aufrechterhalten, um seine eigene Vitalität, mit der es nicht fertig wird, durch Verdrängung unter Kontrolle zu halten.»[61]

Das aber ist nur ein Teil des Problems. Da das Ich sich auf der Flucht vor dem Tod befindet, muß es nach und nach die Intensität des Organismus dämpfen und neutralisieren. Das Ego kann sich selbst vom Körper abspalten, indem es den Zugriff des Körpers auf das Ego abschwächt. Mit dem Versuch, den Körper abzutöten, kann das Ich vorgeben, mit dem Fleisch nichts zu tun zu haben, frei von dessen Sterblichkeit und Todesstigma zu sein. Nach Brown ist es gerade diese «Negation, die uns eine vom Körper dissoziierte Seele gibt».[61]

Die Identität des Ich wird daher aus dem Gesamtkörper abgezogen und ausschließlich auf das Ego beschränkt. Der Organismus ist gespalten, der Körper ist *«out»*. «Durch einen Vorgang ‹narzistischer Ich-Aufspaltung› wird nach Schilders Terminologie das intellektuelle Ego vom Körper-Ich abgespalten.»[61] Auch Brown ist sich dessen bewußt, daß das entleibte Ego und der deformierte Körper korrelative Störungen des Gesamtorganismus sind: «Der in seiner Vitalität eingeschränkte Körper ist nur das körperliche Gegenstück zu der Unordnung im menschlichen Geist.»

Brown verweist auf etwas, das wir als einzigen Punkt dieser ganzen Diskussion im Gedächtnis behalten sollten: Die unvermeidliche Hinterlassenschaft all dieser Dinge «ist die radikale Deformation des menschlichen Ego und des menschlichen Körpers». Das führt uns zur Hauptthese von Whyte zurück wonach «die Dissoziation dieser beiden Komponenten [Ego und Körper] eines organischen Systems zu einer gemeinsamen Verformung beider führt». Natürlich sprechen Brown und Whyte in ihren Schriften nicht nur davon, was heute in Kindern vorgeht, *sondern auch was der Menschheit insgesamt vor etwa 4000 Jahren geschah.* Ist alles das auch nur annähernd korrekt, dann kommen wir zu einer außergewöhnlichen historischen Schlußfolgerung: Gab es zu Beginn unserer modernen ichhaften Ära eine Veränderung des Geistes – und die hat es gegeben –, dann hat es auch eine Veränderung des Körpers gegeben. Und Norman O. Brown behauptet genau das: «Zu Beginn der Neuzeit gibt es eine Revolution im Körper.»[62]

Die Menschheit war bis zu einem Punkt fortentwickelt, an dem das rasche Wachsen des Bewußtseins es erlaubte, weit über die physischen Grenzen des Körpers hinauszugreifen. Gleichzeitig sah sie sich mit einer immer intensiveren Bewußtheit des Todes und ihrem Reflex darauf konfrontiert. In Griechenland entstand die Redewendung: «Der Körper, ein Grab.» So weit uns bekannt ist, hat dieser Satz vor der Morgendämmerung der ichhaften Periode nie existiert. Ich will natürlich nicht behaupten, vor der ichhaften Ära habe keine der oben genannten Bedingungen in irgendeiner Form existiert. Auch will ich nicht sagen, es habe damals keinen genitalen Sex gegeben – natürlich gab es ihn. Worauf es ankommt ist, daß das Ego auf seiner verstärkten

Flucht vor dem Tod den Körper und seine Energien entkräftet und geschwächt hat. Es verdrängte und deformierte ganz allgemein den Körper – «der Körper, ein Grab» –, womit es auch seine eigene Mentalität beschränkte und deformierte (weil der Geist ein Teil des vielschichtigen Individuums ist und jede Verformung einer seiner Ebenen sich auf das Ganze auswirkt). Das Ego schreckte also angstvoll vor dem Körper zurück oder beutete ihn zwanghaft zur Gewinnung von Lust und orgasmischer Entspannung aus.

Die Konsequenzen waren einfach katastrophal. «Die Scheidung zwischen Seele und Körper», schreibt Brown, «nimmt dem Körper das Leben und reduziert den Organismus zum Mechanismus.» *Das rationale Ego und der mechanistische Körper* – hier sind wir tatsächlich auf der Spur der ersten Anfänge der modernen Psychologie, Naturwissenschaft und Philosophie, die sich nicht nur auf den Wandel des Geistes zu Beginn unserer Ära gründeten, sondern auch auf die «Revolution im Körper zu Beginn der Neuzeit».

In diesem Zustand verliert der Mensch die Beziehung zu seinem eigenen Leib, genauer zu seinen Sinnen, zu seiner Sinnlichkeit und dem Lustprinzip. Dieser entmenschlichten menschlichen Natur entspringt ein nichtmenschliches Bewußtsein, das nur mit Abstraktionen rechnet, abgeschnitten vom wirklichen Leben – betriebsam, kühl rational, sparsam, prosaisch.»[61]

Auftritt: das rationale Ego, der mechanistische Körper, die Neuzeit.

13. Solarisierung

Wir gelangen jetzt zu einem faszinierenden Punkt: Der Übergang vom Körper zum Geist wurde fast allgemein als ein Übergang von der Erde zum Himmel[311] und auch vom Dunkel zum Licht dargestellt.[76] Warum? Außerdem fand parallel dazu oft ein Übergang vom Matriarchat (und der Großen Mutter) zum Patriarchat (und den Sonnengöttern) statt. Warum? Diese beiden Fragen stehen im Mittelpunkt dieses Kapitels.

Ein interessantes und kontroverses Nebenthema in diesem Zusammenhang ist die Tatsache, daß diese beiden Fragen unweigerlich in jener mythischen Gestalt zusammenfließen, die heute weltweit in der modernen Psychologie verankert ist und deren Einfluß sich nicht leugnen läßt, obwohl sie heute noch genau so schwer zu fassen ist wie je zuvor. Ich meine die außergewöhnliche Gestalt des Ödipus, Sohn des Laios, König von Theben, und dessen Ehefrau Jokaste – jener Jokaste, die bald darauf Ehefrau des Ödipus sein würde, mit mythischen, die Welt verändernden Konsequenzen.

Ontogenetische Anhaltspunkte

Beginnen wir mit der zweiten Frage. Warum fand der Übergang vom Körper zum Geist so oft eine Parallele im Übergang vom Matriarchat zum Patriarchat? Die Antwort scheint mir vielen Wissenschaftlern allzu offenkundig zu erscheinen. Feministinnen sprechen von einem klaren Fall sexistischer Unterdrückung: Eine derart abrupte Bewegung vom Matriarchat zum Patriarchat *muß* ihrer Meinung nach im Kern sexistisch gewesen sein. Wenn aber das Patriarchat sexistisch war

– war dann nicht das ihm vorangehende Matriarchat ebenfalls sexistisch, und zwar aus genau denselben Gründen? War das erste sexistisch, dann war es auch das das zweite, womit Sexismus als bestimmender und kausaler Faktor ausfällt. Andererseits war für viele (männliche) Historiker der Übergang eine Sache der (im Stillen vorausgesetzten) Überlegenheit des maskulinen Prinzips: Die Gemeinschaft der Großen Mutter war präpersonal, instinktiv und oft subhuman, wenn sie sich selbst überlassen blieb. Es bedurfte daher eines maskulinen Prinzips, um sie zu überlagern. Aber selbst wenn das teilweise zutrifft, warum dann das feminine Prinzip in diesem Prozeß *leugnen*? Gab es denn kein anderes feminines Prinzip als das der Großen Mutter? Gab es nicht eine höhere, «solare» Feminität, die ein Gegengewicht zur solaren Maskulinität des Patriarchats hätte bilden können? Wenn ja, warum hat man *diesem* höheren femininen Prinzip im Patriarchat die Existenzberechtigung verweigert, wie das einwandfrei der Fall war? Die Frage ist also komplexer, als die allzu einfachen Antworten vermuten lassen.

Suchen wir zunächst in der modernen ontogenetischen Entwicklung nach Anhaltspunkten – nicht nach Determinanten – für das, was bei diesem Übergang zum Patriarchat geschehen sein *könnte*. Einen haben wir bereits erwähnt, nämlich die untrennbare Verbindung der Großen Mutter mit dem typhonischen Bereich. Das scheint vor allem biologisch gegeben. Das erste Merkmal des Lebens ist Geburt aus dem Mutterschoß und Stillen an der Brust. Beginnt dann das Kleinkind, sich ontogenetisch aus seinem präpersonalen, uroborischen Verschmelzungsstadium zu lösen, dann ist das erste, was ihm begegnet, die Mutter – nicht einfach die leibliche Mutter, sondern die Große Mutter, die Welt-Mutter. Die Außenwelt ist «der Körper der Mutter im erweiterten Sinne», sagte Melanie Klein.[233] «Anfänglich ist die ganze Welt die Mutter, und die Mutter ist die ganze Welt», sagt Brown.[62]

Die moderne Entwicklungspsychologie (z. B. Loewald, Margaret Mahler, Jane Loevinger, Louise Kaplan) sagt uns: Das Ich ist anfänglich eingebettet in das, was es *später* objektiv als die Große Mutter wahrnimmt und ist unbewußt eins mit ihr. Sobald das Ich (als Typhon) aus einer primitiven uroborischen Verschmelzung erwacht und sich von der Großen Mutter differenziert, wird die Große Mutter ebenfalls zu einer objektiven Existenz. Deshalb führt das Ego auf dieser Stufe einen intensiven Kampf mit der Großen Mutter (weshalb die Große Mutter im typhonischen Bereich dominiert, während sie im uroborischen nicht objektiv *erkannt* wird).

Das kindliche Ich wird einerseits von starkem Verlangen (Eros) angetrieben, sich zur Einheit mit der Großen Mutter *zurückzuentwik-keln* und in das verhältnismäßig ungestörte «narzistische Vergnügen» des uroborischen Zustandes zurückzusinken (in dem beide, das Ich und die Große Mutter, in unbewußter Verschmelzung aufgehen).[126] Andererseits kann das Ich, je stärker und reifer es als Typhon wird, dieser rückschrittlichen Form des Einsseins um so stärker widerstehen. Auf jeden Fall ist es ein schweres Ringen. Jane Loevinger beschreibt das so: «Diese ursprüngliche Einheit zwischen (Großer) Mutter und Kind ist angenehm. Doch ist die frühe starke Bindung an die Mutter und vor allem der spätere Rückfall in dieses Stadium auch bedrohlich, impliziert es doch auch den Rückfall in ein früheres, weniger differenziertes Entwicklungsstadium.»[262]

Wichtig ist hier, daß die Reaktionen des kindlichen Ich auf die Große Mutter bei beiden Geschlechtern im wesentlichen die gleichen sind. Das weibliche Kind strebt anfänglich genau so nach Wiedervereinigung mit der Großen Mutter wie das männliche.[311] In diesem frühen Zustand ist das offensichtlich kein genitales Verlangen, sondern schlichtweg ein Streben nach Rückkehr in den ursprünglichen, so anziehenden uroborischen Schlummer. In der Fachsprache der Psychoanalytiker sind die ersten Beziehungen der männlichen und der weiblichen Libido zur prä-ödipalen Mutter im wesentlichen dieselben.[232] Um auch die negativen Aspekte zu erwähnen: Die Große Mutter ist für beide Geschlechter gleichermaßen eine Quelle der Furcht, der Bedrohung und der Todesgefahr. Wo ein Anderes ist, da ist auch Angst – und das erste Andere ist die Große Mutter.[384] Die Beziehung beruht also im Grunde auf dem Verlangen nach Rückkehr ins Einssein mit der Großen Mutter, vermengt mit echtem existentiellem Kampf, mit Leben und Tod, Verwundbarkeit und Todesdrohung, Liebe und Verlangen – alles wird von beiden Geschlechtern gleichermaßen empfunden.

Natürlich ändert sich diese ursprüngliche Situation sehr bald. Während das Kind heranreift und sich über das Stadium der Gruppenzugehörigkeit in Richtung der Ich-Ebenen bewegt, macht die Große Mutter nach und nach der individuellen Mutter Platz. Sie wird im Gegensatz zur Großen Mutter, die gewissermaßen ein Teil der äußeren Welt war, als separates Individuum wahrgenommen. Sie erhält einen eigenen Namen, wird von anderen Individuen getrennt und besitzt individuelle Eigenschaften. Die Große Mutter war die ganze Welt («ganze» meint hier Ebene 1/2, denn in diesem frühen Stadium gibt es noch keine anderen Ebenen). Die individuelle Mutter ist die wichtigste

Gestalt unter zahlreichen Gestalten, die jetzt langsam ins Bewußtsein dringen. Außerdem – und das ist besonders wichtig – ist die individuelle Mutter *verbal.* Sie tritt zum Kind auf mentaler Ebene in Wechselbeziehung, während die Große Mutter eine prä-verbale Stimmung war. Mehr noch – und da beginnt das eigentliche Drama –, die individuelle Mutter pflegt in der Regel Beziehungen zu einem besonderen und individuellen männlichen Wesen, dem Vater.

Das Geschehen verlagert sich also von einer Zweiheit – Ich und Große Mutter – zu einer Dreiheit: Ich, individuelle Mutter und Vater. Nun gibt es also nicht mehr nur zwei, sondern drei Mitspieler auf der Bühne. Damit beginnt das Drama von der «Trennung der Eltern» – mit den klassischen Ödipus- und Elektra-Komplexen. Freud und Jung betonen, diese Trennung der Eltern mit echten Ödipus/Elektra-Momenten beginne ernsthaft erst während der verbalen Gruppenzugehörigkeit und finde in der frühen ichhaften Periode (in der modernen Gesellschaft im Alter zwischen vier und sieben Jahren) ihren Höhepunkt.[126, 311] Erst an dieser Stelle hinterläßt das Vaterbild (als kulturelle Autorität) feste Spuren in der Psyche.[311] Drastisch vereinfacht läßt sich sagen, daß es hier zu einer Verlagerung von der Beziehung Typhon-Große Mutter zu der von Ego-Mutter-Vater kommt.

Und das ist in der Tat ein erheblicher Wandel. Schließlich ist die Große Mutter die phallische oder hermaphroditische Mutter – die Mutter, die männlich und weiblich zugleich ist, die Schlangenmutter, die uroborische Mutter. Und das gilt nicht nur für die Mythologie. Die moderne Tiefenpsychologie hat herausgefunden, daß die gesamte Entwicklung des Kleinkindes von einer hermaphroditischen Atmosphäre und bisexuellen Gefühlen durchdrungen ist. In der Bewußtheit des Kleinkindes wird die Große Mutter schließlich von der individuellen weiblichen Mutter *und* dem individuellen Vater abgelöst. Es *erscheint* ihm, als kämen der männliche (Penis) Vater und die individuelle (weibliche) Mutter beide *aus* der Großen Mutter. Das heißt, der magische primäre Vorgang der typhonischen Ebene stellt sich vor, die Große Mutter besitze tatsächlich *sowohl* die männlichen als auch die weiblichen Genitalien. Das ist wahrscheinlich der Grund dafür, daß die Große Mutter überall mythologisch (und ontogenetisch) als die *Phallische Mutter*, die hermaphroditische Mutter dargestellt wird (wobei die Große Mutter *auch* ihre ursprüngliche Verschmelzung mit dem Uroboros offenbart, nämlich als Phallische Schlangenmutter).

Zugleich findet man im kindlichen Typhon frühreife Begierden und Impulse, die noch nicht zwischen männlichen und weiblichen Genitalien unterscheiden (d. h. männliche und weibliche sexuelle Neigungen sind noch nicht differenziert).[141]

Das besagt: Das frühe Körper-Ich, der Typhon, ist wie die Große Mutter, der es jetzt gegenübertritt, hermaphroditisch; das Ich und die Große Mutter sind anfänglich und im primitiven Zustand bisexuell.

In der Entwicklung des Kleinkindes beginnt diese hermaphroditische Situation sich bald zu differenzieren und zu klären – auf beiden Seiten. Auf der subjektiven Seite erwacht das Kind zu seiner oder ihrer tatsächlichen sexuellen Identität – männliche *oder* weibliche Genitalien. Auf der objektiven Seite spaltet sich die phallische Große Mutter in einerseits die individuelle Mutter und andererseits den phallischen Vater. Dieser ursprüngliche und primitive Zustand der Bisexualität ist jedoch schwer zu überwinden, denn wenn eine Person zu einem getrennten sexuellen Wesen erwacht (männlich *oder* weiblich), dann erwacht er oder sie als eine «halbe Person», die eine andere «halbe Person» *braucht*, um die körperliche Einheit zu vervollständigen (genau das ist der typhonische Geschlechtstrieb). Man beachte, daß für Plato wie für die Genesis die Trennung der Geschlechter mit dem Sündenfall verbunden war.

Dieses schwierige, aber notwendige Erwachen zur Wirklichkeit sexueller Differenzierung führt schließlich (und ist *teilweise* der Antrieb) zu den klassischen Ödipus- und Elektra-Komplexen. Dies gehört zu dem, was allgemein die «Trennung der Ureltern» genannt wird, wobei das junge Kind sich in den Elternteil des entgegengesetzten Geschlechts «verliebt» und im allgemeinen Rivalität gegenüber dem Elternteil gleichen Geschlechts empfindet. Daher sein Versuch, die beiden zu «trennen». Denn die phallische MUTTER hat sich in die weibliche Mutter und den phallischen Vater differenziert; die ursprüngliche hermaphroditische Einheit hat sich in ein *höheres* Gewahrsein der tatsächlichen Geschlechtsunterschiede differenziert, und die individuellen Ödipus/Elektra-Komplexe werden von dem Versuch angetrieben, auf dieser neuen Ebene der Differenzierung eine *entsprechende höhere* Form der Einheit (Atman-Projekt) zu finden. So stellt sich das Kind ganz auf den Elternteil des entgegengesetzten Geschlechts ein, um dort seine «fehlende Hälfte» zu finden und auf diese Weise eine neue und höhere Einheit der Gegensätze zu erreichen. Jetzt geht es nicht mehr um Körper plus Große Umwelt (Ebene 2 plus Ebene 1), sondern um männlicher Körper plus weiblicher Körper (Ebene 2 plus Ebene 2) – und ein halber Schritt nach oben auf der Großen Kette des Seins ist getan, eine höhere Ebene des Atman-Projekts erreicht.

Das Kind beginnt auf diese Weise seine emotionell-sexuelle Seins-ebene zu entwickeln (die typhonische Ebene). Nun ist diese Entwick-lung jedoch nicht *ausschließlich* auf den entgegengesetzten Elternteil ausgerichtet – es ist tatsächlich eine umfassende Entwicklung. Es handelt sich um ein *allgemeines* Wachstum und Ausübung emotiona-ler Sexualität – oder einfach der allgemeinen *Gefühle* –, die für die Körperbereiche generell charakteristisch ist. Dennoch spricht vieles dafür, daß der Elternteil anderen Geschlechts ein vorrangiger Kon-zentrationspunkt dieser emotional-sexuellen Entwicklung ist. Das ist offenbar auch der Grund dafür, daß starke Frustrationen oder eine Zurückweisung durch diesen besonderen Elternteil in diesem ent-scheidenden Stadium sämtliche emotional-sexuellen Beziehungen ei-nes Menschen schädigen können, manchmal für den Rest seines Le-bens. Die emotionale Sexualität des Kindes beginnt also, sich insge-samt zu entwickeln, oft aber konzentriert sie ihr ganzes Verlangen auf den Elternteil entgegengesetzten Geschlechts – so sehr, daß sich daraus oft spezifisches genitales Verlangen nach tatsächlicher körper-licher Vereinigung ergibt. Und diese Komplikation führt, mehr oder weniger, sowohl zum Unglück als auch zur Möglichkeit weiteren Wachstums.

Das Kind erkennt ja oft, daß eine *tatsächliche* körperliche Einheit nicht möglich ist. Jetzt befinden sich also drei Personen auf der Büh-ne (Ego-Mutter-Vater) und nur zwei entgegengesetzte Geschlechter. Einer muß also von der körperlichen Vereinigung ausgeschlossen bleiben. Die sogenannte Urszene – wobei das Kind die Eltern beim Geschlechtsverkehr sieht (oder sich vorstellt) – steht aus diesem Grund mit so vielen Gefühlsproblemen in Zusammenhang. Diese Urszene ist so erschreckend, weil das Kind jetzt als die überflüssige Person ausgeschlossen bleibt. Das Verlangen des Kindes, für sich selbst die körperliche Einheit zu erlangen, wird vor seinen Augen vereitelt. Mami und Papi sind wie ein einziger Körper in Liebe ver-eint – und das Kind bleibt stets draußen. Das Kind muß bis zu einem späteren Augenblick im Leben warten, um die langersehnte körperli-che Vereinigung dann mit seinem/seiner Gefährten/Gefährtin end-lich zu vollenden. Ein unbewußtes Festhalten an der Familienroman-ze jedoch, mit zwangsläufig ungestilltem Verlangen und tiefen Res-sentiments wegen des Ausgeschlossenseins, gilt als Kernstück vieler Neurosen.

Das mag tragisch und grausam klingen – das arme Kind, das von allem ausgeschlossen bleibt. Entscheidend ist jedoch, daß das Kind gerade *durch diesen Ausschluß* von der körperlichen Vereinigung gezwungen wird, eine Einheit *höherer Ordnung* herzustellen, eine Einheit, die nicht körperlicher, sondern geistiger Art ist.

Das männliche Kind möchte seine Mutter besitzen, um die körperliche Einheit zu vollenden, sich neben seiner Mutter sehen und daher den Vater «ausstoßen». Das ist die «Trennung der Ureltern», mit Eifersucht, Wut und Aufsässigkeit gegenüber dem Vater. Das Kind möchte seine Eltern auseinanderbringen, sich selbst an die Stelle neben der Mutter setzen und damit den Körperkreis schließen. Da das natürlich unmöglich ist, greift es auf einem sehr komplizierten Umweg, dessen Einzelheiten uns hier nicht zu interessieren brauchen, nach der nächstbesten Möglichkeit und *identifiziert* sich mit dem Vater, da der Vater die Mutter ja bereits *besitzt*. Der Knabe gibt mehr oder weniger seinen Wunsch auf, die Mutter zu *besitzen*, und strebt statt dessen danach, *so wie* der Vater zu sein («Identifizierungen ersetzen die Objektwahl»).[126]

Die Identifizierung ist jedoch eine *mentale* Leistung. Das Kind kann sich nur mit dem Vater identifizieren, wenn es Begriffe, Rollen und dergleichen benutzt. Das bedeutet: Es hat eine fundamentale Transformation von der körperlichen zur mentalen Vereinigung stattgefunden. Das Kind nimmt ja nicht den wirklichen Vater in seinen Körper auf, sondern das Vaterbild in sein Ego. (Das ist auch Teil der Bildung des Superego, des internalisierten Elternteils.) Diese umfassende Identifizierung hilft dem Kind, ein Ich höherer Ordnung zu bilden, ein wirklich mentales Ich und ein stärkeres Ego, das in der Lage ist, über mehr als körpergebundenes Verlangen zu verfügen.

Im wesentlichen dasselbe geschieht im weiblichen Kind, nur daß die Rollen natürlich vertauscht sind. Als Ergebnis eines zunehmend differenzierten Bewußtseins möchte das weibliche Kind eine neue (und höhere) Einheit durch Inbesitznahme des Vaters bilden. Wie das männliche Kind gibt sich das kleine Mädchen nicht mehr damit zufrieden, unbewußt mit der hermaphroditischen Großen Mutter zu verschmelzen. Es möchte vielmehr die echten Eltern differenzieren und trennen und sich in der neuen Körpervereinigung an die Stelle der Mutter setzen. Nachdem sich das als unmöglich erweist, schlägt das Mädchen den nächstbesten Weg ein und *identifiziert* sich mental mit der individuellen Mutter, da die Mutter den Vater bereits besitzt. Das ist ebenfalls eine Bewegung von der körperlichen zur mentalen Vereinigung (oder Identität) und trägt bei zur Schaffung eines wahrhaft mentalen Ich, eines starken Ego und eines Superego. Es wirkt auch mit, eine *mentale Feminität* zu schaffen, als Gegenstück zur chthonischen Großen Mutter, weil die individuelle Mutter ein *verbales* und mentales Wesen ist. Das ist von ganz entscheidender Bedeutung: Die chthonische (körpergebundene) MUTTER macht im Idealfall der mentalen Feminität Platz (was wir «solare Feminität» nennen wollen). Denken wir jedoch daran, daß das Kind ursprünglich hermaphroditisch und bisexuell war. Der Knabe hat beispielsweise auch eine körperlich-feminine Seite (d. h. romantische Hinneigungen zu anderen männlichen Wesen). Ein Teil des Knaben ist daher darauf aus, den Vater zu *besitzen*, und so *identifiziert* sich ein Teil des Knaben mit der Mutter. Und so ist es auch beim Mädchen: ein Teil verlangt nach der Mutter und identifiziert sich mit dem Vater. Das ganze Szenario scheint sehr kompliziert, doch läßt sich das Endergebnis leicht feststellen: Jedes Kind gelangt schließlich dazu, die Vorstellungsbilder und Ideen beider Elternteile in seine mentale Ich-Struktur einzugliedern. Dabei ist folgendes wichtig: Während der Körper dazu *neigt*, von der Großen Mutter beherrscht zu werden, wird der Geist eindeutig von beiden, der mentalen Mutter und dem mentalen Vater, oder vom Mental-Femininen und dem Mental-Maskulinen, strukturiert.

Während alles das vor sich geht, wird auch das Superego endgültig festgelegt («das Superego ist der Erbe des Ödipus Komplexes»): Die Elternfiguren von Mutter und Vater (beides *mentale* Vorstellungsbilder) werden als autoritäre Abteilungen ins Ego internalisiert. Im positiven Sinne trägt diese Internalisierung zur Bildung eines höheren und mentalen Ich bei. Auf der negativen Seite enthält das Superego potentiell (und gewöhnlich) übermäßig harte Einschränkungen und Verbote, Forderungen und Tabus. Hält das Superego gewisse körperliche Impulse für unannehmbar, dann hat es auch die Macht, sie zu *verdrängen* und gleichzeitig dem Ego Schuldgefühle dafür einzugeben, daß es sie überhaupt gehabt hat. Einen Elternteil ins Ego aufzunehmen bedeutet, einen Teil des Ego im kindlichen Stadium zu belassen; das Individuum kann sich jetzt nicht nur selbst loben, sondern auch tadeln, kann nicht nur Stolz, sondern auch Schuld empfinden. Es stünde uns gut an, uns dieser Seite des neuen Superego zu erinnern: es ist eine Hauptquelle für körperliche Verdrängung und für morbides Schuldgefühl.

Hinweise aus der Mythologie

Führen wir jetzt eine einfache, aber universale mythologische Gleichung ein: Der Körper ist die Erde, der Geist ist der Himmel. Diesen besonderen «Himmel» soll man nicht mit einem wahrhaft transzendenten Himmel (Ebene 6/7) verwechseln, ebensowenig wie man die Große Mutter mit der Großen Göttin verwechseln darf. Dieser Himmel ist nicht so erhaben wie ein Dharmakaya- oder Buddha-Reich oder das christliche Paradies. Dieser Himmel stellt einfach das Aufsteigen des Geistes (Ebene 4) über den Körper hinaus (Ebene 1/2) dar – es ist genau der *Himmel der apollinischen Vernunft* (nicht höchste Transzendenz). In diesem speziellen Sinne war der Geist Himmel, der Körper Erde; und die Transzendenz des Körpers durch den Geist wurde überall im Heldenmythos dieser Periode gerühmt. Der Held war also Ego-Geist-Himmel, alle repräsentativ für Ebene 4 der Großen Kette.

Von dieser Gleichung ausgehend, können wir unsere Feststellungen aus dem ontogenetischen Bereich folgendermaßen formulieren: Die Erde wird grundlegend und auf höchst bedeutsame Weise von der Großen Mutter beherrscht, der Himmel jedoch potentiell vom Mental-Femininen *und* dem Mental-Maskulinen. Nun wurde aber der neue, mental-ichhafte Himmel, der um das zweite oder dritte vorchristliche Jahrtausend in Erscheinung trat, nur vom Vater, dem Maskulinen, Männlichen beherrscht. Warum?

Die Lösung vom Chthonischen

Merken wir zunächst an, daß in dem Maße, in dem die chthonische Große Mutter für Körper, Erde, Nahrung, magische Fruchtbarkeit und emotionale Sexualität repräsentativ war, ihre *Transzendenz* notwendig und wünschenswert war. Wir sprechen *nicht* von der Transzendenz des weiblichen Prinzips als solchem – es gibt solare Femininität (oder mentale Femininität), es gibt die Große Göttin und so weiter. Wir sprechen von der Großen Mutter, wie sie im Mythos und Ritual dargestellt wurde, sogar während des Matriarchats (was männlichen Sexismus in diesem Zusammenhang ausschließt). Es ist eine mythologische Tatsache, daß die natürliche Verbindung der Großen Mutter mit den körperlichen Bereichen sie zwangsläufig assoziiert zeigt mit dem Chthonischen, Dunklen, dem Pflanzlichen und Tierischen, dem Feuchten.

Daß die Verehrung der Erd- und Todesmutter oft an Moorbrüche geknüpft ist, haben wir durch Bachofen verstehen gelernt als Symbol der düsteren Daseinsstufe, in der uroborisch der Drache haust, der zugleich verschlingt und gebiert. Krieg, Geißelung, Blutopfer und Jagd sind die milderen Formen ihres Dienstes. Die Gestalt der Großen Mutter ist nicht nur urzeitlich. Sie reicht bis zu den eleusischen Mysterien des späten Griechentums, und noch Euripides kennt die Demeter als zornig-böse Göttin auf dem Löwenwagen mit Bacchusklappern, Pauken, Zymbeln und Flöten. Sie steht in ihrer Zweideutigkeit dicht neben der asiatischen Artemis und Kybele, dicht auch bei den ägyptischen Göttinnen. Menschenopfer und Knabenpeitschung verlangt die Artemis Orthia Spartas, auch die taurische Artemis fordert Menschenopfer, und die alphäische wird von den Frauen in nächtlichen Tänzen gefeiert, bei denen sie sich das Gesicht mit Schlamm [Blut] beschmieren.[311]

Die Schlußfolgerung ist, daß hier «keine ‹barbarischen› Göttinnen mit ‹asiatisch-sinnlichen› Gebräuchen gefeiert wurden, sondern hier handelt es sich um die tieferen Schichten der Rituale der Großen Mutter. Sie ist die Liebesgöttin, der die Fruchtbarkeit der Erde und des Viehs, der Menschen und der Saaten unterstellt ist, aber auch die Herrin der Geburt und damit zugleich auch Schicksals- und Weisheits-, Todes- und Unterweltsgöttin. Überall ist ihr Kult sinnverwirrend und orgiastisch, als Herrin der Tiere steht sie über allem Männlichen, das als Stier und Löwe ihren Thron trägt.»[311]

Das ist auch bei den griechischen Ritualen der Demeter und Persephone ganz offenkundig.

Bei einem Fest zu Ehren von Demeter und Persephone wurden Ferkel auf eine Weise als Opfer dargebracht, die nicht nur an die früheren Menschenopfer erinnert, sondern auch an die grausige Art, die wir in Afrika und bei den Marind-anim Eingeborenen in Melanesien beobachtet haben [die rituelle Opferung eines jungen Mädchens und ihres Gefährten, die dann als Opfer für die Große Mutter von den Stammesangehörigen aufgefressen wurden]. Das griechische Fest Thesmophoria wurde ausschließlich von Frauen begangen. In ihrer Studie *Prolegomena to the Study of Greek Religion* hat Jane Harrison nachgewiesen, daß solche Frauenriten in Griechenland aus der Zeit vor Homer stammen; sie waren Überbleibsel aus einer früheren Periode, als die bronzezeitlichen Zivilisationen von Kreta und Troja in voller Blüte standen und die [Sonnen-]Götter Zeus und Apollo der später patriarchalischen Griechen es noch nicht geschafft hatten, die Macht der Großen Mutter zu mindern.[69]

Diese Riten sind ursprüngliche Beispiele für die Natur und Funktion der Großen und Verschlingenden Mutter. Man kann sie in ihrem historischen Rahmen studieren, oder auch, was interessanter, wenn auch weniger aufschlußreich ist, in den Romanen moderner Schriftsteller, die sich mit dieser Periode beschäftigt und die Ergebnisse ihrer Studien dann für die dramatische Aufarbeitung des Stoffes verwendet haben. (Siehe vor allem von John Farris, *All Heads Turn When the Hunt goes By*, und Thomas Tryon, *Harvest Home*, die ich beide sehr empfehlen kann. Beide Bücher sind besonders interessant, da in ihnen deutlich gemacht wird, daß die Große Mutter und nicht der Vater für körperliche Kastration und Zerstückelung verantwortlich ist.)

Die Riten in ihren unterschiedlichen historischen Formen sind doch überall typisch; zu ihnen gehören Opferungen von Menschen oder Tieren (gewöhnlich Schweinen), schlangen-phallische Verehrung, Aufessen abgehackter Körperteile (oder von deren Symbolen), sowie orgiastische Hysterie. Die spätere Assoziierung der Großen Mutter mit emotional-sexueller Energie ist vor allem in den Riten selbst besonders evident, auch noch in den späteren und abgemilderten Versionen. «Bei diesen Festen steigerten die Priesterinnen der Aphrodite sich in einen wilden Wahnsinnszustand, und der Ausdruck Hysterie wurde mit dem Zustand emotionaler Geistesverwirrung gleichgesetzt, der mit derartigen Orgien verbunden war ... Das Wort Hysterie wurde auf dieselbe Weise benutzt wie Aphrodisia, das heißt, als Synonym für die Feste der Großen Mutter.»[311]

Man braucht sich daher nicht zu wundern, daß «die Ersetzung des Stadiums der Großen Mutter nicht ein zufälliges, sondern ein psychologisch notwendiges Geschehen war»[311] – notwendig, wenn ein derartiges körpergebundenes, chthonisches, orgiastisches Bewußtsein durch eine höhere Mentalität ersetzt werden soll. Zumindest aber war die Situation so, wie sie in Jane Harrisons klassischer Studie beschrieben wird: «Eine Verehrung der Fruchtbarkeitsmächte, die das gesamte pflanzliche und tierische Leben einschließt, ist zwar umfassend genug, um natürlich und gesund zu sein, da aber die Aufmerksamkeit des Menschen sich zunehmend auf seine eigene Menschlichkeit konzentriert, ist eine solche Verehrung eine einwandfreie Quelle von Gefahren und Erkrankungen, weshalb die neue und höhere Mentalität in allererster Linie als Protest gegen die Verehrung der ERDE und die Fruchtbarkeitsdämonen der ERDE in Erscheinung trat.»[71, 186]

Die neue Mentalität

So war die Transformation in die neue Mentalität des heroischen Ego zumindest eine angemessene Bewegung fort vom Chthonischen, von der Erd-Mutter, dem subhumanen Körper. Diese entscheidende Wahrheit sollten wir niemals übersehen. Die neue Mentalität bedeutete jedoch nicht nur eine Lösung von der chthonischen Mutter hin zu einer neuen und höheren mentalen Femininität und mentalen Maskulinität. Es war vielmehr eine ausschließlich vom Mental-Maskulinen beherrschte Bewegung, und damit wollen wir uns beschäftigen.

Es gibt nämlich keinen überragenden strukturellen Grund, warum die neue Mentalität, das heroische Ego, nicht ebenso feminin wie maskulin sein könnte, keinen Grund, warum der Himmel nicht ebenso von mentaler oder solarer Femininität wie von solarer Maskulinität regiert werden könnte. Es kommt ja nur darauf an, daß das Feminine ebenso wie das Maskuline aus der Einbettung in die chthonische Erdmutter befreit und dem mentalen Himmel geöffnet wird. Die zentralen Formen des Heldenmythos stehen gerade dieser Deutung offen, weil «der schwer zu erringende Schatz» – im Grunde die befreite Ego-Struktur – trotz allen patriarchalischen Beiwerks gewöhnlich in *weiblicher Gestalt* dargestellt wird. Zugegeben, es ist ein Mann, der das weibliche Wesen befreit – so lautet zumindest die patriarchalische Version. Entscheidend ist jedoch, daß die männliche wie die weibliche Gestalt aus ihrer Einschließung in den chthonischen Drachen und das verschlingende Erd-Matriarchat befreit werden.

Mit der Befreiung der *anima*, der Gefangenen, aus der Gewalt des uroborischen Drachen wird ein weibliches Element in die Persönlichkeitsstruktur des Helden einbezogen. Ihm wird ein wesentlich gleichartiges Weibliches zuordnungsfähig, sei es als Frau oder als Seele, und die Bezogenheit und die Beziehungsfähigkeit des Ich zu diesem Weiblichen bildet den Kerninhalt der Eroberung. Darin gerade besteht der Gegensatz der Prinzessin zur Großen Mutter, zu der eine menschlich gleichgewichtige Beziehung unmöglich ist.[311]

Mit anderen Worten: Die neue Heldenmentalität, die sich siegreich von der chthonischen Mutter löste, war im Idealfall eine Solar-Maskulinität/Solar-Femininität. Aber dort, wo wir im Idealfall die Söhne und Töchter des Himmels antreffen sollten, trafen wir nur die Söhne des Himmels. Warum?

Das natürliche Patriarchat

Warum kam es zum Patriarchat? Es war weder purer Sexismus noch reine männliche Überlegenheit, sondern eine komplexe Mischung aus männlich-sexistischem Verhalten und männertypischem Verhalten gekoppelt mit einer sogar noch seltsameren Mischung aus Unterdrükkung der Frau und freiwilliger weiblicher Ergebenheit in das den Frauen zugewiesene Schicksal der Verantwortungslosigkeit. Es ist nämlich höchst unwahrscheinlich, daß ein so weitverbreitetes Phänomen wie das Patriarchat *ausschließlich* ein Produkt brutaler Gefühllosigkeit und bösartiger Unmenschlichkeit gewesen ist, das – und dazu noch weltweit koordiniert – die Hälfte der Menschheit gleichzeitig in Sklaverei stürzte. Sicherlich war es das Ergebnis einer Mischung natürlicher Tendenzen und unnatürlicher Neigungen.

Welche natürlichen Tendenzen hätten die heroische Mentalität dazu bringen können, anfänglich maskulin zu sein? Eine beliebte These der traditionellen Psychologie besagt, männliches und weibliches Verhalten sei von Natur aus unterschiedlich, wobei das männliche Wesen als aggressiver (sonst aber nicht gefühlsbestimmt), selbstbehauptend und aktiv galt, das weibliche Wesen dagegen als passiver, friedlich und nicht-aggressiv (sonst aber gefühlsbestimmt). Neuerdings ist es in Mode gekommen, in das andere Extrem zu verfallen: Es gibt nicht wenige gebildete Leute, die behaupten, *alle* Unterschiede der sexuellen Rollen seien rein kulturell bedingt, und Männer und Frauen seien in ihrer wesentlichen Psychologie gleichwertig. Ich halte beides für richtig; es kommt nur darauf an, ob man männlichen und weiblichen Körper oder männlichen und weiblichen Geist meint.

Demnach glaube ich, daß der männliche und der weibliche Körper aufgrund ihrer unterschiedlichen Strukturen und Funktionen biologisch von Natur aus auf genau die Geschlechtsunterschiede angelegt sind, die man stereotyp als «typisch männlich» (aktiv, aggressiv usw.) und «typisch weiblich» (passiv, nicht-aggressiv usw.) bezeichnet. Der menschliche Geist jedoch neigt dazu, diese Geschlechtsunterschiede zu transzendieren, und zwar in dem Maße, in dem er sein ursprüngliches Eingebettetsein in den Körper transzendieren kann. Je mehr Männer und Frauen innerlich wachsen und sich entwickeln, desto mehr transzendieren sie ihre ursprünglichen Körperunterschiede und entdecken eine mentale Gleichwertigkeit und ausgeglichene Identität. Das ist in gewissem Sinne eine Form höherer mentaler Androgynität (nicht physische Bisexualität, die ein Rückfall in den polymorphen Typhon ist). Umgekehrt, je weniger entwickelt eine Person ist, desto mehr stellt sie die stereotypen männlichen oder weiblichen Eigenschaften zur Schau, definiert durch den animalischen Körper, von dem das Ich sich noch nicht differenziert hat. Meines Erachtens zeigen neueste Forschungsergebnisse eindeutig, daß die am höchsten entwickelten Persönlichkeiten ein Gleichgewicht und eine Integration maskuliner und femininer Prinzipien aufweisen, weshalb sie «mental androgyn» sind, während die weniger entwickelten Individuen dazu neigen, die stereotypen Eigenschaften ihres speziellen Geschlechts an den Tag zu legen.[344] Je höher man sich entwickelt, desto weniger ist man männlich oder weiblich, bis es am äußersten Rand des Wachstums «in Christus weder Männliches noch Weibliches gibt».

Eine solche Androgynität hätte jedoch die anfängliche Entwicklung einer wahrhaft solaren Femininität zusätzlich belastet, die Entwicklung eines echten weiblichen heroischen Ego. Da der Ego-Geist sich ja erst aus dem Körper differenzieren muß, kann es nicht anders sein, als daß die eingeborene körperliche Konstitution ihre Prägung auf dieser beginnenden mentalen Entfaltung hinterläßt. Und da die weibliche Konstitution zu Passivität und Gefühlsleben neigt, mußte der anfängliche weibliche Geist zu emotionaler Mentalität neigen, zu «intuitiven» Erkenntnisformen, zur Paläologik und so weiter. (Daher auch der weitverbreitete Glaube an die «weibliche Intuition», die nicht transzendente Einsicht, sondern emotionales Ahnen bedeutet. Frances Vaughan bestätigt in ihrem Buch *Awakening Intuition* die Existenz einer weiblichen Intuition, weist aber darauf hin, daß es sich um gefühlsmäßige und nicht um geistige Intuition handelt.) Diese Art von Mentalität beinhaltet im allgemeinen eine schnelle Beherrschung der Sprache, *nicht* jedoch von Logik und höherer Rationalität. Selbst heute noch lernen Mädchen Sprachen schneller als Knaben, tun sich aber schwerer bei Logik, Mathematik, formalem operationalem Denken und ähnlichem.[344] So wertvoll diese gefühlsbetonte Mentalität auch für andere Zwecke sein mochte, so war sie wahr-

scheinlich für die Entwicklung einer logischen, rationalen und trans-
chthonischen Mentalität der Frauen eher hinderlich als hilfreich.

Andererseits hatte das maskuline Prinzip, dessen ursprüngliche körperliche Grundlage sich so leicht zu Krieg und aggressiver Ausbeutung benutzen ließ, es aus genau diesen nicht gerade bewundernswer-
ten Gründen leichter, die segensreicheren Formen aktiver Mentalität
herauszubilden, die man als Logik, Vernunft und begriffliches Denken
kennt, also ein freies, nicht-chthonisches Ego. Trifft das zu, dann wäre
es doch eine vorrangige natürliche Tendenz für das heroische Ego,
sich als *männliches* heroisches Ego zu entwickeln, was meines Erachtens auch teilweise der Fall war.

Die Anthropologen kennen seit langem eine weitere natürliche
Tendenz. Für Ruth Underhill sind «die Geheimnisse der Geburt und
der Menstruation *natürliche* Manifestationen der Macht. Die Riten
schützender Isolierung, mit denen sowohl die Frau als auch die Gruppe, zu der sie gehört, verteidigt werden, wurzeln in einem Gefühl und
einer Vorstellung mysteriöser Gefahr, während die Riten der Knaben
und Männer eher eine Angelegenheit *der Gemeinschaft* sind.»[69] Da
das Bild der Mutter ganz natürlich in den Bereich Geburt-Körper-
Erde eingebettet war, fiel die Entwicklung der mentalen Kultur dem
Bereich der Väter zu. Das weibliche Prinzip war von Beginn an der
ERDE verbunden, weshalb die Transformation zum Himmel weitgehend dem männlichen Prinzip überlassen blieb. «Hieraus ergibt sich
die grundlegende Korrelation zwischen Himmel und Maskulinität.»[311]
Aus dieser Sicht zumindest kann es nicht überraschen, «daß die gesamte menschliche Kultur von Griechenland und der jüdisch-christli-
chen Kultursphäre bis zum Islam und Indien maskulinen Charakters
war».[311]

Das trägt auch dazu bei, die an sich erstaunliche Tatsache zu erklären, «daß starke Ähnlichkeit zwischen den Muttergestalten der primitiven, klassischen, mittelalterlichen und modernen Zeiten besteht,
während sich dagegen die Vaterfigur mit der Kultur, die sie repräsentiert, wandelt. Die ‹Väter› sind die Vertreter der Gesetze und der
Ordnungen, von den Tabugesetzen der Frühzeit bis zur Rechtspre-
chung der Moderne; sie übermitteln die höchsten Güter der Zivilisation und Kultur im Gegensatz zu den Müttern, welche die höchsten,
d. h. tiefsten Werte der Natur und des Lebens verwalten. So ist die
Väterwelt die Welt der Kollektivwerte, sie ist historisch und bezogen
auf den relativen Stand der Bewußtseins- und Kulturentwicklung der
Gruppe. Der Kanon von Werten, der einer Kultur ihr Gepräge und

ihre Festigkeit gibt, hat sein Fundament in den Vätern, welche die religiöse, ethische, politische und soziale Struktur des Kollektivs repräsentieren und durchsetzen . . . Die Vertretung des durch die Väter vermittelten und in der Erziehung durchgesetzten Wertkanons innerhalb der seelischen Einzelstruktur ist das, was im Individuum als ‹Gewissen› [Superego] auftritt.»[311]

Das bringt uns zu einem bezeichnenden Merkmal des Ego zurück: Da es weithin durch sozial-mentale Kommunikation mit anderen geformt wird, ist es auch mit den deutlichen Prägungen seiner frühesten und bedeutsamsten sozialen Transaktionen behaftet, einer Prägung, die man gemeinhin als Superego kennt (Gewissen und Ego-Ideal). Und da die Sozio-Kultur nunmehr in allererster Linie die Welt der Väter war, war jetzt auch das Superego weitgehend patriarchalisch. Aus historischer Sicht kann daher nicht bezweifelt werden, daß «‹Himmel› und die Welt der Väter nunmehr das Superego konstituieren, eines der wichtigsten Hilfsmittel im Ringen des Ego um Unabhängigkeit».[311]

Nun muß aber auch gesagt werden, daß das Superego eine neue Kapazität für innere Dissoziation mit sich brachte. Es ist Teil des neuen und höheren mentalen Ich, und gerade deswegen kann es helfen, die niederen Bereiche (vor allem den Uroboros und den Typhon, die Aggression und die gefühlsmäßige Sexualität) zu verdrängen, zu leugnen und zu dissoziieren. Die Transzendenz der niederen Bereiche ist notwendig und wünschenswert; ihre Verdrängung jedoch ist pathologisch, ungesund und bedeutet nichts weiter als das Versäumnis, die Wurzeln des Bewußtseins zu integrieren. Verdrängung bedeutet das fanatische Leugnen der Evolution, das Leugnen der Tatsache, daß das eigene Gehirn aus dem reptilischen Gehirnstamm (Uroboros), dem limbischen System (Typhon) wie auch der Gehirnrinde (Ego-Geist) zusammengesetzt ist; das Leugnen, daß die eigenen Füße irdisch sind und der eigene Körper sich aus dem Schlangen-Typhon entwickelt hat. Verdrängung ist schließlich eine Schmähung und Grausamkeit gegenüber jenen primitiven, aber notwendigen Stadien, auf deren anfänglichen Erfolgen unser heutiges Bewußtsein beruht.

Die Verdrängung dieser primitiven Energien führt nicht zu ihrer Vernichtung, sondern dazu, daß sie beleidigt und zornig als Symptome in pathologischer und krankhafter Form ins Bewußtsein zurückkehren. Die von der Teilnahme am Bewußtsein abgeschnittene Schlange und der Typhon schlagen wie verwundete Tiere wild zurück. Und es wird sich herausstellen, daß die Geschichte von diesem Augenblick an nicht mehr durch einfache Irrationalität, sondern durch gewalttätige Einbrüche von Irrationalität charakterisiert ist.

Die Gesellschaft ist aber nicht zwangsläufig auf Verdrängung aufgebaut. In dieser Hinsicht irrt Freud meiner Meinung nach zutiefst. Sie ist aufgebaut auf das Hervortreten, die Transformation und echte Evolution des Bewußtseins, also eine natürliche Entfaltung der höheren Potentiale, und nicht auf die Zwangsarbeit der uroborisch-typhonischen Schlange. Die Gesellschaft repräsentiert eine höhere Aufgabe, die das Reptil unter keinem noch so großen Zwang erfüllen könnte. Zu behaupten, das mentale Leben beruhe auf der Verdrängung tierischen Lebens, wäre gleichbedeutend mit der Behauptung, das tierische Leben beruhe auf der Verdrängung des pflanzlichen, und das pflanzliche Leben basiere auf der Verdrängung von Staub. Damit kehrt man die gesamte Große Kette des Seins um. Freuds These erscheint nur deshalb sinnvoll, weil er ein einzelnes Glied der Kette – die typhonische gefühlsmäßige Sexualität – herausgriff und als das einzig reale Glied der Kette definierte, während ihm alle anderen Glieder, vor allem die höheren wie Geist, Ego, Gesellschaft und Kultur (ganz zu schweigen von der Religion), nichts weiter zu sein scheinen als die heimliche Neuanordnung dieses niederen Kettenglieds. Natürlich *kann* das Höhere, sobald es sich aus dem Urbewußtsein gelöst hat, das Niedere verdrängen. Das Ego/Super-Ego *kann* den Typhon verdrängen, und das ist es, was uns hier interessiert. Festzuhalten ist, daß die Verdrängung der gefühlsmäßig-sexuellen Energien diese in krankhafter Form in Erscheinung treten läßt. Von entscheidender Bedeutung für das Verständnis der zu dieser Zeit beginnenden historischen Ära sind in diesem Zusammenhang die übermäßige und ungehemmte Aggression einerseits sowie krankhafte und unnachgiebige Schuldgefühle andererseits. Aus historischer Sicht hat das Patriarchat beides mit sich gebracht.

Das unnatürliche Patriarchat

Die oben geschilderten Faktoren haben auf mehr oder weniger natürliche Weise dazu geführt, daß der erste ichhafte Held ein männlicher war. Das waren jedoch funktionelle Eigenschaften, die nicht den Status bestimmten. Dennoch wurde die vorübergehend zu bevorzugende *Funktion* des maskulinen Prinzips durch Unterdrückung und Ausbeutung zu einem bevorzugten *Status* des maskulinen Prinzips gesteigert. Ein rein funktioneller Unterschied wurde zu einem Unterschied im Status. Das führte schließlich zu dem erniedrigenden Satz «*taceat mulier in ecclesia*», dem täglichen jüdischen Dankgebet dafür, daß man nicht als Frau geboren wurde. Für diese unglaubliche Beleidigung rächt sich die berüchtigte chthonische Große Mutter der Juden täglich in Form krankhafter Schuldgefühle. Diese sexistische Unterdrückung ist unnatürlich und verbrecherisch.

Es gibt fundamental unterschiedliche Arten von Unterdrückung – Unterdrückung körperlicher Arbeit, gefühlsmäßiger Sexualität, kommunikativen Austausches, der Spiritualität – und entsprechend unterschiedliche Motive. Die Form der Unterdrückung läßt sich dadurch bestimmen, daß man nach sorgfältiger Prüfung der Gegebenheiten feststellt, welche Austauschebene welcher an sich qualifizierten Gruppe von Individuen verweigert wird.

Zweifellos war hauptsächlich die Sphäre der sozio-kulturellen Kommunikation die Bewußtseinsphäre, zu der das aufkommende Patriarchat dem weiblichen Prinzip den Zugang verwehrte. Mit der Verweigerung freien mentalen Austausches, freier Ideenentfaltung und freien Zugangs zum Himmel wurde dem weiblichen Prinzip der Zugang zum neu entstehenden Geist verwehrt.

Nach dem Motiv für diese besondere Form von Unterdrückung braucht man nicht lange zu suchen. Wir haben gesehen, daß das natürliche evolutionäre Geschehen, das an sich zur Differenzierung von Geist und Körper hätte führen sollen, in der Europäischen Dissoziation von Geist und Körper schon eine gefährliche Richtung eingeschlagen hatte. Unter der Last der mannigfachen Formen von Verantwortung, die das neu entstehende mentale Ego zu bewältigen hatte, brachen die beiden Systeme Geist und Körper auseinander. Dazu trugen bei die Einwirkung einer neuen und schärferen Bewußtheit der Sterblichkeit, der Streß zunehmender Verwundbarkeit, die Bevorzugung statischen Denkens sowie das Aufwallen von Machttrieben und verstärkter Aggression. Es war dies ein neuer Trick des Atman-Projekts, das Unsterblichkeit in abstraktem Denken und Kosmozentrizität in ungehemmter ichhafter Expansion suchte. Und damit stoßen wir auf das, worauf ich hinaus will. Historisch gesehen wurde der Körper mit Weiblichkeit und der Geist mit Männlichkeit gleichgesetzt. Das bedeutete, daß die innere psychologische Dissoziation von Körper und Geist nach außen gerichtet eine soziologische Unterdrückung des Femininen durch das Maskuline bewirkte.* Da der Körper als Bedrohung des ichhaften Atman-Projekts galt, betrachtete man das Feminine als Gefahr für den maskulinen, ichhaften, kommunikativen Himmel. Kurz gesagt: Als Adam fiel, da zerfiel er in zwei Wesenheiten: Adam der Jüngere und Eva, männlich und weiblich, Himmel und Erde, Psyche und Soma. Und Adam Junior war ein Sexist.

Die biblische Schöpfungsgeschichte verbirgt dies sorgfältig, indem das erste Menschenwesen «Adam» genannt wird, so als wäre dieses proto-humane Wesen männlichen Geschlechts gewesen. Da aber Eva aus Adam gemacht wurde und ursprünglich in ihm enthalten war, ist die einzig mögliche Schlußfolgerung, daß der *ursprüngliche* Adam nicht männlich war, sondern Hermaphrodit oder bisexuell. Adam Senior war also in Wirklichkeit der Ur-Hermaphrodit, die phallische MUTTER, die chthonische Große Erdmutter, aus der dann die individuelle weibliche Mutter und der individuelle phallische Vater entstanden. Die schließliche Befreiung des weiblichen und des maskulinen Prinzips aus der Chthonischen Mutter erfolgte beim Auftreten des mentalen Ego: einem freien Adam und einer freien Eva. In der Genesis ist nur die Rede vom Auftreten des freien Adam; die freie Eva trat nicht in Erscheinung.

Man begreift das besser, wenn man bedenkt, daß das neue Ego sich unter dem starken Einfluß der Europäischen Dissoziation befand – der Spaltung von Körper und Geist. Da es den Körper nicht transzendiert, sondern nur verdrängt hatte, wurde auch das Mütterlich-Chthonische nicht transformiert, sondern unterdrückt. Diese Unterdrückung des Mütterlich-Chthonischen schien (mittels Projektion) sein Auftreten allenthalben nur noch zu verstärken, weshalb die Bemühungen vervielfacht wurden, es zu beseitigen. Damit wurde das weibliche Prinzip *insgesamt* unterdrückt. Das heißt, allein das maskuline, nicht auch das weibliche Prinzip, wurde aus seinen chthonischen Ursprüngen befreit. Adam kam frei von der Großen Mutter, während Eva *ausschließlich* mit der Großen Mutter, mit dem Körper, mit gefühlsmäßiger Sexualität identifiziert wurde. «Weg vom mütterlichen Unbewußten» wurde verwechselt mit «weg vom Weiblichen insgesamt».

---

* Gemeint ist, daß Unterdrückung, Verdrängung und/oder Ausbeutung der Natur, des Körpers und der Frau *aus denselben Gründen* erfolgten. Natur, Körper und Frau wurden als *eine Ganzheit* gesehen, eine Ganzheit, die unterdrückt werden sollte. Anders ausgedrückt, alle drei waren Ersatzopfer des männlichen Ego, *dasselbe* Ersatzopfer.

Das wird sogar im biblischen Schöpfungsmythos deutlich. Im Garten Eden befindet sich Adam unter dem beherrschenden Einfluß chthonischer Maskulinität – das heißt, er ist im Grunde die phallische Mutter. Er gesellt sich Pflanzen und Tieren; er arbeitet nicht, baut keine Feldfrüchte an; er hat keine Kultur, keine mentalen Bemühungen, keinen Geist. Während Romantiker diesen Zustand für das höchste Paradies halten, wissen wir jetzt, daß dies ein Zustand prä-personaler Befangenheit in Natur und Instinkt war. Als Eva dann in Erscheinung tritt, ist auch sie chthonisch oder in die Natur eingebettet und führt im wesentlichen dasselbe instinktmäßige Leben wie Adam. Nach dem Sündenfall jedoch eignet Adam sich Wissen an, Mentalität, Ackerbau, Disziplin, Kultur und Selbst-Bewußtheit – er ist befreit vom Schicksal der Gänseblümchen, der Früchte und vom subhumanen Schlummer und gewinnt wahrhaft menschliches Profil. Eva jedoch tut nichts dergleichen – sie bleibt chthonisch. Nach der Vertreibung aus dem Garten Eden wird sie daran gehindert, sich kulturell zu betätigen. Sie ist *nur* dazu da, Mutter zu sein, sexuell tätig zu sein, zu kochen, Kinder auf die Welt zu bringen, körperlich zu verführen, körperlich zu arbeiten, für körperliches Wohlergehen zu sorgen. Sie soll *nicht* denken, planen, mitreden, beraten, philosophieren, rechnen, den Boden beackern. Das meinte ich mit meiner Bemerkung, ein freier Adam sei dem chthonischen Eden entstiegen, nicht aber eine freie Eva.

Es ist eine historische Tatsache – die nicht einmal mythologisch verhüllt ist –, daß das feminine Prinzip *insgesamt* von der sich neu herausbildenden Welt rationalen Geistes, der Kultur, freien kommunikativen Austausches, des apollinischen Himmels ausgeschlossen wurde. Das erste Gebot für das Weibliche war, daß es sich sehen lassen, aber nicht Gehör verschaffen durfte, nicht sprechen, nicht an mentaler Kommunikation teilhaben. Solare Femininität, bewußte Femininität, mentale Femininität – das war nicht erlaubt. Die Töchter der Sonne traten also niemals in Erscheinung, und die Frau wurde gesellschaftlich identifiziert nur als Tochter der Erde, chthonisch, mysteriös, gefährlich, eine Gefahr für den Verstand, eine Bedrohung des Himmels. Daher war es die grundlegende Rolle der Frau, neben der chthonischen Mutter auch die große Verführerin zu sein. Sie mußte lernen, die eine oder die andere Rolle gut zu spielen (oft auch beide zugleich, eine unmögliche Aufgabe). In der Ehe war sie nach der Geburt eines Kindes automatisch die chthonische Mutter, und der Ehemann sah sich häufig anderswo nach einer großen Verführerin um – daher auch die sogenannte doppelte Sexualmoral.

In der Schöpfungsgeschichte erscheint Eva, die im Gegensatz zu Adam gezwungen wird, chthonisch gebunden zu bleiben, ausschließlich in der Form der Chthonischen Mutter, der phallischen Mutter, des uroborischen Typhon, der Drachenbraut. Ihre Charakterisierung entspricht absolut der chthonischen Form: eine emotional-sexuelle Frau, die *strukturell* mit einem heimlichen Phallus ausgestattet ist (Schlange), ohne Erwähnung tatsächlicher Maskulinität. «Und die Schlange war listiger denn alle Tiere auf dem Felde, die Gott der Herr gemacht hatte, und sprach zu dem Weibe: Ja, sollte Gott gesagt haben: Ihr sollt nicht essen von allerlei Bäumen im Garten?» (Genesis 3, 1)

Und so ergab es sich in dieser teilweise entstellten patriarchalischen Geschichte, daß unter den ersten aufgezeichneten Worten, die der Mensch jemals zum Herrn seinem Gott sprach, die folgenden waren: «Das Weib, das du mir zugesellt hast, gab mir von dem Baum, und ich aß.» (3. 12) Die große Verführerin, sie brachte ihn dazu. Und zu den ersten aufgezeichneten Worten des Herrn zu der Frau gehörten die folgenden: «Ich will dir viel Schmerzen schaffen, wenn du schwanger wirst; du sollst mit Schmerzen Kinder gebären; und dein Verlangen soll nach deinem Manne sein, und er soll dein Herr sein.» (3.16) Er sagte wohl die Wahrheit, dieser Gott. Und zu Adam sagte er: «Dieweil du hast gehorcht der Stimme deines Weibes ... mit Kummer sollst du dich nähren dein Leben lang.» (3.17) Adam wurde dafür bestraft, daß er auf Evas *Stimme* gehört hatte, das heißt, *daß er dem Weiblichen gestattet hatte, in den mental-kommunikativen Bereich einzutreten.*

Wie schnell und wie gewalttätig diese Unterdrückung erfolgte, können wir nur erraten. Daß sie nicht nur psychologisch erzeugt, sondern auch physisch verwirklicht wurde, ist gewiß. Die gesamte auf Unterdrückung ausgerichtete Seite des Patriarchats wurde in bestimmten Männerbünden und geheimen Gesellschaften vorgeformt. Dies waren Organisationen, in denen, wie Neumann gezeigt hat, das mentale Ego zuerst in Erscheinung trat, die aber auch, wie Pater Schmidt behauptet, die sexistische Unterdrückung zum ersten Male institutionalisierten. «Diese den Männern vorbehaltenen Feiern waren nicht nur auf ein schändliches und unmoralisches Ziel gerichtet, sondern versuchten auch, es durch schändliche und unmoralische Mittel zu erreichen. Dieses Ziel bestand darin, durch Einschüchterung und Unterwerfung der Frauen die brutale Überlegenheit der Männer zu etablieren.»

Das Mittel dazu waren Burlesken zu Allerheiligen, an die die Ausübenden selbst nicht glaubten, und die daher von Anfang bis Ende Lüge und Betrug waren. Die üblen Folgen waren nicht nur Störungen des gesellschaftlichen Gleichgewichts der Geschlechter, sondern auch Verrohung und Egoismus der Männer, die mit derartigen Mitteln solche Ziele zu erreichen suchten.[69]

Und so kann es nach Campbells Meinung durchaus sein, daß «ein erheblicher Teil dessen, was als der Wille des ‹Alten Mannes› dargestellt wurde, in Wahrheit nichts als die Hinterlassenschaft einer Menge alter Männer war, denen es nicht so sehr darauf ankam, Gott zu ehren, sondern sich das Leben dadurch einfacher zu machen, daß man die Frauen in die Küche verbannte».[69]

Patriarchalische Unsterblichkeit

Aber ob gut oder schlecht, recht oder unrecht, natürlich oder unnatürlich – das Patriarchat muß dem Atman-Projekt gedient haben, und hat ihm wahrlich gut gedient.

«Die gesellschaftliche Organisation konzentrierte sich auf die patriarchalische Familie unter dem rechtlichen Schutz des Staates. Es war zu dieser Zeit, als die biologische Vaterschaft von vorrangiger Bedeutung wurde, weil sie zum universalen Weg wurde, sich persönliche Unsterblichkeit zu sichern.»[26] Phallisches Patriarchat: eine neue und entscheidende Form des gesellschaftlichen Atman-Projekts. Bekker schreibt dazu:

Rank nannte dies die «sexuelle Ära», weil physische Vaterschaft voll und ganz als der Königsweg zur Ich-Verewigung auf dem Weg über die eigenen Kinder angesehen wurde – ja sie war sogar bindende Pflicht. Die Institution der Ehe erweiterte sich vom König auf sein Volk, und jeder Vater wurde zu einem eigenständigen König, und sein Heim wurde seine Burg. Nach dem römischen Recht hatte der Vater tyrannische Rechte über seine Familie; seine Herrschaft über sie war gesetzlich festgelegt. Wie Rank sehr bald feststellte, ist *famulus* gleich «Dienstbote, Sklave».[26]

Das Patriarchat wurde zu einem neuen und leicht zugänglichen Symbol der individuellen Unsterblichkeit, zu einem neuen Einfall des Atman-Projekts. Nach dem römischen Erbrecht galt, daß «obwohl die physische Person des Verstorbenen zerfallen ist, seine rechtliche Person weiterlebt und sich unbeeinträchtigt auf seinen Erben oder die Miterben überträgt, in denen seine Identität sich fortsetzt.» So war, wie Norman O. Brown weiterhin bemerkt, «im alten römischen Erbrecht die Vorstellung eines letzten Willens oder Testaments unauflöslich mit der Theorie einer posthumen Fortexistenz des Menschen in der Person seines Erben verknüpft, man könnte fast sagen verwechselt. Damit wird die Tatsache des Todes eliminiert.»[62]

Der Vater besaß Unsterblichkeitssymbole nicht nur in Form von Geld, Gold und Gütern, die er anhäufen konnte, sondern auch in seinen Nachkommen, vor allem seinen Söhnen, seinen Erben. Denn solange er lebte, waren seine Erben seine *Untertanen*, und wenn er «starb», seine «posthume Existenz». Das Gesetz machte seine Erben zu seinem Besitz und seinen Untertanen. «Heute sind wir schockiert, wenn wir von dem antiken Griechen lesen, der seine Söhne wegen Ungehorsams blendete, weil sie in den Krieg zogen. Aber ihr Leben war buchstäblich sein Eigentum. Er hatte die Verfügungsgewalt über sie, und er nutzte sie. «Zwischen der Ideologie der patriarchalischen Familie und der des Königtums besteht eine innere Einheit.»[61] Und das aus einem sehr einfachen Grund: Da mit den verschiedenen Formen des Atman-Projekts mehr und mehr Menschen als ichhafte, individuelle, heroische Persönlichkeiten in Erscheinung traten, brauchten sie neue Formen des Kosmozentrismus und der Unsterblichkeitssymbole – und *die fanden sie, wenn sie sich das Leben der Könige ansahen.* Die riesigen Vermögen und Ansammlungen von Schätzen der Könige, ihre gehorsamen Untertanen und ihr Hofstaat kündeten vom «guten Leben». Daher «verfielen mit dem Aufkommen des Königtums Menschen auf die Idee, die Könige nachzuahmen, um Macht zu erlangen».[26]

So war das Heim von Herrn Jedermann auch seine Burg, und er selbst deren oberster Herrscher. Er besaß Unsterblichkeitssymbole nicht nur in seinem Besitz und seinem Gold, sondern auch in seiner Familie, seiner Ehefrau, seinen Nachkommen – seinen Untertanen und Erben. «Wie Heichelheim gezeigt hat, hat die Eisenzeit, an deren Ende wir gegenwärtig leben, die Leistungen der Bronzezeit (Städte, Metalle, Geld, Schriftwesen) demokratisiert und dem Durchschnittsbürger die Nachahmung der Könige (Geld [und Untergebene/Erben] und Unsterblichkeit) ermöglicht.»[61] Und natürlich «übertrug das neue Patriarchat nicht nur die Familienunsterblichkeit auf den Sohn, sondern auch Gold, Besitz und Zinsen – verbunden mit der Verpflichtung, alles das seinerseits zu mehren».[61]

Eine neue Struktur des Ich und eine neue Gruppierung von Ersatzobjekten – Besitz, Gold und Untergebene (Erben) – ermöglichten dem Durchschnittsbürger, besser gesagt dem Durchschnitts-Adam, auf breiter Front die Nachahmung der Könige. Eva jedoch verblieb in der Küche, ohne Besitz, ohne Gold, ohne Untergebene. Vielmehr war sie als eine der Untergebenen ein Teil der unterdrückten Basis, auf der die Unsterblichkeitsprojekte des männlichen Ego jetzt aufbauten. Wie tiefsitzend ist dieser männliche Terror doch heute noch! Das Weibliche bedrohte nicht nur die maskuline Mentalität, sondern die ichhafte Unsterblichkeit. Man braucht gar nicht weiter nach den Ursachen der maskulinen Furcht vor der «weiblichen Macht» zu suchen, nach Ursachen, die noch heute wie Wildwuchs vorhanden sind, die in ihren Mitteln und Zielen weiterhin «schändlich und unmoralisch» sind.

Sol invictus

Aus verschiedenen Gründen, sexistischen und anderen, blieb also der monumentale Übergang zum heroischen mentalen Ego weitgehend dem männlichen Prinzip überlassen. Schütten wir aber nicht mit dem Badewasser des Sexismus zugleich das Kind tatsächlicher Transformation aus. Im Patriarchat war nämlich eine echte Errungenschaft verborgen: das mentale Ich, ein durch Selbstbewußtsein charakterisiertes Ich höherer Ordnung, zustandegekommen durch eine wahrhaft evolutionäre Mutation des Bewußtseins. Diese Tatsache müssen wir freudig begrüßen, so sehr wir auch ihre negativen Seiten verdammen.

Diese höhere Wahrheit – das Entstehen eines freien Geistes (Ebene 4) – ist das, was in der gesamten Mythologie als Himmel mit seinen Heldengöttern in Erscheinung tritt. Da das beherrschende Himmelsgestirn die Sonne ist, waren die neuen Heldengötter in allen Fällen Sonnengötter. Die Sonne stand stellvertretend für das *Licht der Vernunft*, für die apollinische Vernunft. (Sie war *nicht* repräsentativ für das «Klare Licht» der «Leere», so wie der Himmel, in dem die Sonne stand, nicht den Dharmakaya, sondern den Geist darstellte.) Die Sonne repräsentierte die «Aufklärung» (engl.: *enlightenment*) im europäischen Sinne, Voltaires Vernunft, nicht die «Erleuchtung» im östlichen Sinne, Buddhas Transzendenz.

Der Held dieser Mythen bringt den Menschen nicht nur Ego-Geist, *sondern auch Licht.* Es war kein physikalisches Licht, sondern das Licht mentaler Klarheit, das durch den prachtvollen Glanz der im mentalen Himmel scheinenden SONNE symbolisiert war. Wir können unserer zuvor erwähnten Gleichung noch ein Glied anfügen: Held = Ego = Geist = Himmel = Licht = Sonne.

Der am weitesten verbreitete Archetyp des Heldenkampfes mit dem Drachen ist der Sonnenmythos, in dem der Held vom Nacht-meer-Ungeheuer abends im Westen verschluckt wird und in die-ser Uterushöhle mit dem dort auftretenden, gewissermaßen ver-doppelten Drachen siegreich kämpft. Im Osten wird er dann als neue siegreiche Sonne, als *Sol invictus*, wiedergeboren; oder bes-ser, er vollzieht, indem er sich aus dem Uterus hinausschneidet, seine eigene Wiedergeburt. In dieser Reihe von Gefahr, Kampf und Sieg ist das Licht, dessen Bewußtseinsbedeutung wir immer wieder betonten, das Kernsymbol der Heldenwirklichkeit. Der Held ist immer der Lichtträger und der Repräsentant des Lichtes.[311]

In diesem Sinne können wir auch die Orestie verstehen: «Es ist der Sieg des Sohnes, der Muttermörder ist als Rächer des Vaters, und der mit Hilfe dieser Vater-Sonnenseite die neue Epoche des Pa-triarchats einleitet. Patriarchat heißt hier im besten *Bachofenschen* Sinne Vorherrschen der Geist-Sonne-Bewußtseins-Ich-Welt, das heißt einer männlich betonten Kulturwelt, während im Matriarchat das Unbewußte und das Stadium einer vorbewußten, vorlogischen, vorindividuellen Denk- oder besser Gefühlsart herrscht.»[311]

Ein ähnlicher Gedanke findet sich bei Campbell: «Der Himmels-körper, mit dem der Monarch verglichen wird, ist nicht mehr der silbrige Mond ... sondern die goldene Sonne, deren strahlender Glanz ewig dauert und vor dem Schatten und Dämonen fliehen. Das neue Zeitalter des Sonnengottes dämmert auf, und ihm folgt eine äußerst interessante mythologische Entwicklung, die wir als Verherrlichung der Sonne kennen, wobei das ganze System des vor-hergehenden Zeitalters ... transformiert, neu interpretiert und in großem Umfange sogar unterdrückt wird.»[71] Die Transformation der alten chthonischen und tellurischen Mythologien war Teil des Bewußtseinswachstums – jedoch war die Unterdrückung dieser My-thologien und der von ihnen repräsentierten Bereiche eine Kata-strophe, die uns noch heute beeinflußt. Wir alle stehen heute noch vor der Aufgabe, zu unseren chthonischen Wurzeln ein angemessenes Verhältnis zu finden. Und das führt uns zu unserem nächsten Thema.

Ödipus

Mit den oben erörterten Fakten und Thesen als Hintergrund kehren wir jetzt zur Ausgangsposition dieses Kapitels zurück – zur grundlegenden Natur und Bedeutung des Ödipus(Elektra)-Mythos. Er lastet schwer auf unserer Kollektivpsyche, und Freud hat ihn als *den* Mythos erwählt, der das menschliche Bewußtsein definiert. Auch wer kein dogmatischer Freudianer ist, muß von der Tatsache beeindruckt sein, daß der größte Psychologe unseres Jahrhunderts *einen einzigen* Mythos als von *zentraler* Bedeutung für die menschliche Natur bezeichnet hat. Freud hat diesen Faktor zweifellos übertrieben, aber trotzdem geschieht in diesem Mythos etwas von tiefgreifender Bedeutung. Nachstehend meine persönliche Rekonstruktion und Reinterpretation der Bedeutung des Ödipus-Mythos.

Die tatsächlichen Vorkommnisse sind einfach: Ödipus begeht unwissentlich Blutschande mit seiner Mutter und tötet seinen Vater. Als er entdeckt, welche Verbrechen er begangen hat, blendet er sich aus Schuldgefühl selbst. Die Bedeutung dahinter ist im Grunde klar: Oberflächlich gesehen ist Ödipus ein unschuldig Suchender und Leidender, der auf seinem Lebensweg einen ihm Unbekannten tötet und der in eine gar nicht so ungewöhnliche Liebesaffaire verwickelt wird. Unter der Oberfläche jedoch, im Unbewußten (oder «hinter den Kulissen») liebt Ödipus nicht irgendeine Frau, sondern seine Mutter, und er tötet nicht irgendeinen Feind, sondern seinen Vater. Als Ödipus sein Verbrechen entdeckt – als er sich dessen zum ersten Mal bewußt wird –, treibt ihn das Schuldgefühl dazu, sich selbst das Augenlicht zu nehmen.

Ödipus ist der Mythos vom Bewußtsein, das zwischen dem alten chthonischen Matriarchat und dem aufkommenden Sonnen-Patriarchat hin und her gerissen wird. Ödipus rebelliert gegen das Sonnen-Vater-Prinzip einer höheren und größere Anforderungen stellenden Form der Bewußtheit. Statt dessen sucht er eine Vereinigung mit der alten Geborgenheit in der chthonischen Erde, einen emotional-sexuellen Inzest mit der Großen Mutter, ein Eintauchen in ihren Herrschaftsbereich. Ödipus ist also *nicht* ein wahrer Ego-Held. Er siegt *nicht* über die alte chthonische Anziehungskraft, sondern unterliegt ihr. Ihm gelingt *nicht* die endgültige Transformation vom tellurischen Körper zum Sonnen-Geist, vom Instinkt zum Ego, vom Vergnügen zur Vernunft. Statt dessen rebelliert er gegen das höhere Sonnenprinzip und ermordet es schließlich, wodurch er in die Umarmung durch die Mutter Erde zurückfällt.

Durch seinen Rückfall in den Status eines Sohn-Liebhabers der Großen Mutter erleidet Ödipus das tragische Geschick *aller* phallischen Gefährten der Großen Mutter: Kastration, Opferung und Zerstückelung. Ödipus nimmt sich selbst das Augenlicht, wobei er sich der das alte matriarchalische System symbolisierenden Spange als Waffe bedient. Man beachte jedoch: Hier handelt es sich nicht so sehr um eine körperliche Kastration als um eine höhere Kastration des Augenlichts, das überall symbolisch ist für Wissen, Licht und solaren Verstand. Ödipus zerstört, kastriert seinen eigenen individuellen Ego-Geist und kehrt zurück zum präpersonalen Körper-Ich der Mutter Natur, für die er nicht mehr als ein Staubkorn ist. Um der Geschichte den perfekten Abschluß zu geben, verschwindet Ödipus, blind und krank als Greis auf geheimnisvolle Weise im Innern der Erde. Bachofen kommt auf seine einzigartig brillante Weise zu der Schlußfolgerung: «Ödipus ist eine der großen Menschengestalten, deren Agonie und Leiden die Menschen zu gütigerem und zivilisierterem Verhalten geführt haben, und die, obwohl noch in die alte [chthonische] Ordnung eingebettet, deren Produkt sie sind, dastehen als deren letzte große Opfer, zugleich aber auch als Begründer eines neuen Zeitalters.»[16, 311]

Was die Sophoklessche Fassung der Ödipussage so genial macht, ist, daß die *tatsächlichen* Wünsche und Taten des Ödipus zu eindeutig und drastisch sind, als daß sie bei Ödipus *bewußt* auftreten können. Deshalb sickern sie in das Geschehen ein, ohne daß er es weiß. Auf diese Weise wird mit einem großartigen Sinn für Dramatik die Tatsache dargestellt, daß seine Wünsche unbewußt sind. Als sie dann schließlich bewußt werden und Ödipus erkennt, was er getan hat, ist das daraus entstehende Schuldgefühl verheerend. Kein Wunder, daß Freud von dieser Botschaft völlig überwältigt war und ihre universale Bedeutung erkannte. Denn der Mythos verdankt seine Universalität der Tatsache, daß jedes einzelne Individuum in seiner/ihrer persönlichen Entwicklung dieses Ödipus/Elektra-Drama durchleben muß. Im ersten Teil dieses Kapitels habe ich darauf hingewiesen, daß der Ödipuskomplex unmittelbar mit einer Verlagerung des Atman-Projekts *vom* Körper *zum* Geist zu tun hat: eine Transformation von der Suche nach Einheit durch den Körper (durch emotional-sexuellen Verkehr) zur Suche nach Einheit durch den Geist (mittels kommunikativen Verkehrs), eine Mini-Version der Bewegung vom chthonischen Matriarchat zum Sonnen-Patriarchat. Wem diese Transformation nach oben mißlingt, der erleidet das Geschick des Ödipus: krankhaftes Schuldgefühl, gefühlsmäßig-sexueller Inzest und Begierde, Selbstverstümmelung, masochistischer Tod.

Wenn Sie die zutreffendste, aber drastische Vereinfachung durch Freud hören wollen, hier ist sie: ein «Neurotiker» hat ein «ödipales Problem». Ein «ödipales Problem» bedeutet, daß der *Geist* auf gewisse Aspekte des *Körpers* fixiert ist (oral, anal, phallisch), und daß er daher unter dieser Fixierung/Verdrängung in der Form von Symptomen leidet. Wir wissen bereits, daß es zu Neurosen kommt, wenn es dem Menschen nicht gelingt, die unteren Ebenen der Evolution zu transformieren und zu integrieren. Freud hat einfach alle niederen Ebenen als *Körper* (Libido) zusammengefaßt und sah in dessen Verdrängung das Kernstück aller Neurosen. Das ist nicht die einzige Quelle von Ängsten und Neurosen, aber doch zentral und herausragend genug, um Freuds These wesentlich für alle umfassenden Theorien über die vielschichtige menschliche Natur zu machen.*

Freud konnte den Ödipuskomplex deshalb im Kern jeder Psyche finden, weil er den Drehpunkt der universalen, aber schwierigen Transformation vom Körper zum Geist bildet, vom Schlangen-Typhon zum Ego, von der Sphinx zum Menschen. Das Rätsel der Sphinx ist überhaupt kein Rätsel – die Sphinx ist halb Mensch, halb Tier, also ein Typhon. Und genau diese typhonische Sphinx war es, die Jokaste dem Ödipus zum Weibe gab – das heißt, sie half Ödipus, sich mit seiner eigenen Großen Mutter zu vereinigen und damit sein subhumanes Schicksal zu besiegeln.

Zu sagen, jemand habe ödipale Probleme, bedeutet, daß er/sie *unbewußt* Vereinigung sucht (Atmanbefreiung) durch den Körper, durch Sex, durch gefühlsmäßige Entladung. In ihrer Rebellion gegen eine höhere solare Mentalität gehört solch eine Person bis zum heutigen Tage zu «den Gestalten, die, immer noch in die alte Ordnung eingebettet, als deren letzte große Opfer dastehen».

---

* Natürlich hat der Freudsche Ödipuskomplex nichts zu tun mit dem Wesen der höheren Sphären (Ebenen 4 bis 8). Er ist nur für den Übergang vom Körper zum Geist, von Ebene 1/2 zu Ebene 3/4, von zentraler Bedeutung, wobei der wesentliche Anteil der Ebene 2 betont wird. Wie schon gesagt, bin ich dort, wo es um die höheren Ebenen geht, kein Freund von Freud.

14. *Ich und der Vater sind eins*

Wir kommen jetzt zum zweiten Strang der Evolution während der mental-ichhaften Periode, der nicht die durchschnittliche, sondern die *fortgeschrittenste* Form des Bewußtseins darstellt. Denn einige der am höchsten entwickelten Seelen dieser Periode, etwa Buddha, Krishna, Christus und Laotse, sind zu dem höchsten kausalen Bereich vorgedrungen, dem des Dharmakaya und Svabhavikakaya (die wir hier zusammenfassen wollen), dem Bereich sogar jenseits des persönlichen Gottes, dem Bereich der unmanifestierten LEERE. Die dabei gewonnene Einsicht reichte weit über alles hinaus, was es vor der mentalen ichhaften Periode jemals gegeben hatte. Das *Bewußtsein als ganzes* hatte sich so weit entwickelt, daß die wahrhaft fortentwickelten Helden der damaligen Zeit den restlichen Weg zum Atman mit einem Sprung bewältigten. Man beachte, daß die ersten großen «axialen Erleuchteten» wie etwa Buddha und Laotse um das sechste vorchristliche Jahrhundert in Erscheinung traten, also zu Beginn der mittleren ichhaften Periode, und selten, wenn überhaupt, davor.

Mit anderen Worten: Diese hochentwickelten Weisen verliehen der rasch wachsenden Pflanze Bewußtsein einen Wachstumsschub, der sie von der Sambhogakaya-Religion (Ebene 6) zur Dharmakaya-Religion (Ebene 7/8) führte. Die erheblichen Unterschiede zwischen diesen beiden Religionen mit ihren jeweiligen Bewußtseinsebenen sind leicht erkennbar.

Im Sambhogakaja, dem subtilen Bereich, entdeckt die Seele ein transzendentes Einssein – Ein Gott/Eine Göttin – und kommuniziert in opferbereiter Bewußtheit mit diesem archetypischen Einssein. Im Dharmakaya, also im kausalen Bereich, geht der Weg der Transzendenz noch weiter, denn die Seele kommuniziert nicht mehr mit diesem

Einssein oder verehrt es, sondern sie *wird zu* diesem Einssein, in einem Zustand, den die islamischen Mystiker «Höchste Identität» nennen. Das heißt, im subtilen Bereich gibt es noch einen Rest des Subjekt-Objekt-Dualismus, eine subtile Unterscheidung zwischen dem Schöpfer und seiner Kreatur, zwischen Gott und der Seele. Im Dharmakaya jedoch werden Subjekt und Objekt ganz und gar identisch; der Schöpfer und die Kreatur werden so sehr eins, daß beide als separate Einheiten verschwinden. Beide, Gott und die Seele, werden aufgelöst und kehren in den strahlenden Urgrund der ursprünglichen Leere zurück, zum unverstellten und alles durchdringenden «Bewußtsein-an-Sich», das wir vorher Überbewußtsein und das Höchste Ganze genannt haben.

Kurz gesagt: Ist der subtile Bereich der Bereich des Einen Gottes, dann ist der kausale der Bereich «jenseits Gottes», der Bereich einer ursprünglichen Gottheit, eines Urgrundes, einer Quelle, aus der der persönliche Gott/die persönliche Göttin hervortritt. Wurde der Eine Sambhogakaya-Gott zu Recht als Schöpfer der Welten angesehen, dann konnte die Dharmakaya-Leere sagen, was Osiris/Ra gesagt hätten: «Ich bin die göttliche verborgene Seele (der Atman), die den Gott/die Götter geschaffen hat.» Und wenn der Sambhogakaya «Unser Vater, der Du bist im Himmel» war, dann konnte die Stimme der Dharmakaya-Leere sprechen: «Ich und der Vater sind eins.»

Mosaische und Christus-Offenbarung

Diese Übergänge sind leicht zurückzuverfolgen, selbst im Abendland. Als beispielsweise Moses vom Berg Sinai herabstieg (das Bergmotiv ist repräsentativ für transzendente Höhe), brachte er das Wissen vom Sambhogakaya mit sich, eine Offenbarung, die ihm durch eine Stimme oder Nada-Erleuchtung auf subtiler Ebene (der brennende Busch, die Stimme Gottes usw.) vermittelt wurde. Diese Religion erkannte ganz klar, daß es einen *Schöpfer* gibt (in diesem Falle Gott den Vater), der die materiellen Welten vollkommen transzendiert und ihnen dennoch Gestalt verleiht. Das war die Religion Mosis und vor ihm (in weniger ausgeprägter Form) von Abraham und Isaak und Jakob. Es war eine Religion des subtilen Bereichs, kurz gesagt, es war *Monotheismus*, oder die Offenbarung des Einen Gottes. Wir haben inzwischen gesehen, daß dieses subtile Einssein (Ebene 6) gelegentlich auch in mythischen Zeiten erahnt wurde, gewöhnlich in Form der Großen Göttin, daß diese frühen Ahnungen aber noch ziemlich unreif waren. So hielt man beispielsweise die Große Göttin für eine hervorragende «Eine unter vielen», nicht die «Eine ohne ein Zweites». Das heißt, in dieser Religion gibt es noch polytheistische Schnörkel, Überreste aus dem naturhaften Bereich. Das deutliche Aufkommen des Monotheismus signalisierte jedoch das Ende aller Formen des exklusiven Polytheismus (und Animismus) und brachte die erste eindeutige Offenbarung der Einen Gottheit.

Der erste eindeutig monotheistische Gott trat in Ägypten auf. Es war nicht Ptah, Ra, Osiris oder Isis, sondern Aton, der sich dem Iknaton, König von Ägypten (etwa 1372–1354 v. Chr.), offenbarte, einem Angehörigen der XVIII. Dynastie. Er war Sohn und Nachfolger von Amenhotep III. Nach der übereinstimmenden Meinung von Wissenschaftlern von Freud bis Campbell wurde Aton – oder wenigstens die monotheistische Vorstellung – durch die unter dem Namen Moses bekannte historische Persönlichkeit von Ägypten zum Sinai gebracht. Moses ist an sich ein ägyptischer Name, und es ist so gut wie sicher, daß er als ägyptischer Adeliger geboren wurde, gleich welche Lebenszeit man ihm letztlich zuschreibt. Freud meint, Moses sei selbst ein Mitglied des Hofstaats von Iknaton gewesen, obgleich sich daraus Unstimmigkeiten bei den Daten ergeben.[149] Auf jeden Fall brachte Moses die monotheistische Idee auf dem Weg nach Israel und ins Gelobte Land in die Wüste, wo – auf einem Berg namens Jabal Musa (arabisch: «Berg Mosis») oder auch Berg Sinai – diese Inspiration des Aton durch tatsächliche Kommunion mit dem Göttlichen Gott selbst ergänzt oder gekrönt wurde (genau so wie es im Exodus berichtet wird) – mit Begleiterscheinungen wie Feuer, Licht, engelhaftem Archetyp und einer Stimme (Nada, Mantra). Dann aber – aus Gründen, die alles andere als klar sind (einige Wissenschaftler führen es darauf zurück, daß Moses, wahrscheinlich wegen der strengen Disziplin, die er seinem Volk auferlegte, ermordet wurde) – wurde der Name eines lokalen Vulkangottes, Jahwe (Jehova) an die Stelle des Namens Aton gesetzt, und damit war der allgemeine Gott der abendländischen Zivilisation geschaffen.

Diese monotheistische Religion war, im Rahmen der ihr eigenen Beschränkungen, ein genaues Spiegelbild des Sambhogakaya-Bereichs: Es existiert ein höherer Gott, der Feuer und Licht ist, mit dem man durch Offenbarung und prophetische Ekstase in Kontakt treten kann, durch den dem persönlichen Schicksal ein Sinn verliehen wird; ein Gott, zu dem man durch Disziplin und ernstes Bemühen in Beziehung treten kann, der aber letzten Endes ein *Anderes* bleibt – ein von der Schöpfung getrennter Schöpfer, ein von der Welt und von der Seele getrennter Gott. Es ist zwar möglich, mit diesem Gott tief zu kommunizieren, aber nicht mit ihm absolut eins zu werden.

Man beachte auch folgendes: Nach der biblischen Geschichte war das erste, womit Moses nach der Rückkehr vom Berge Sinai zu seinem Volk konfrontiert wurde, die alte heidnische Religion, die Religion der Zauberei und der Naturgötter, der chthonischen MUTTER (Goldenes Kalb), der emotional-sexuellen Rituale und der Körpertrance. Diese Riten erlauben, selbst auf ihrem Höhepunkt, nur Einblicke in den psychischen oder Nirmanakaya-Bereich, wie wir es bei der schamanischen Religion gesehen haben. Mit anderen Worten: Moses, der seinem Volk die evolutionär höhere Religion des Sambhogakaya brachte, mußte die alten Nirmanakaya-Religionen bekämpfen und transdzendieren. Dem Alten Testament nach war das keine leichte Konfrontation – sollte man Moses wirklich ermordet haben, dann wäre das für mich der naheliegendste Grund.

In ähnlicher Weise war die Offenbarung Christi ein evolutionärer Fortschritt, eine Offenbarung des Dharmakaya: «Ich und der Vater sind eins». Das war auch die Offenbarung der Upanishaden in Indien: *«Tat tvam asi»*, «Du bist Das» – Du bist letztlich eins mit Gott. In den frühen Veden, deren Offenbarungen denen des Moses ähneln, ist das noch nicht so klar ausgedrückt. Christus jedoch stand jetzt gegen das alte mosaische Gesetz des *äußeren* Einen Gottes des Sambhogakaya. Da er dieses als Teilwahrheit kritisierte, wurde er gekreuzigt: «Weil Du, als ein Mensch, Dich selbst zum Gott erhoben hast.» Er wurde gekreuzigt, weil er es wagte, vom Sambhogakaya zum Dharmakaya zu evolvieren.

Nach der außergewöhnlichen Auffindung und schließlichen Freigabe der gnostischen Evangelien (Nag Hammadi Bibliothek) scheint jetzt gewiß, daß der wesentliche Inhalt der Lehre Christi, ihr esoterischer Gehalt, reine Gnostik war – der im Sanskrit Jñāna entspricht, welches dieselbe Sprachwurzel, *gno – jna*, hat. Jñāna oder Prajña *(pro-gnosis)* ist das, wodurch Buddha Erleuchtung fand; Jñāna schenkte Shankara die Einsicht in das Brahman-Atman. Kein Wunder, daß wir in den christlichen gnostischen Texten Belehrungen finden wie: «Gib die Suche auf nach Gott, der Schöpfung und anderen Dingen. Suche ihn, indem du dich selbst als Ausgangspunkt nimmst. Erfahre, wer du im Innersten bist . . . Dich selbst kennen, heißt Gott kennen.» Aus diesen Texten geht auch klar hervor, daß die primäre religiöse Tätigkeit Jesu nicht darin bestand, sich in seinen und als seine

Jünger zu verkörpern – und zwar als der *einzige* historische Sohn Gottes (eine monströse Vorstellung) –, sondern sich als wahrer spiritueller Führer zu zeigen, der allen Menschen hilft, Söhne und Töchter Gottes zu werden. «Jesus sprach: ‹Ich bin nicht Euer Herr, weil Ihr getrunken habt. Ihr seid trunken von dem sprudelnden Strom, den ich durchmessen habe ... Wer jedoch von meinem Munde trinken wird, wird werden, wie Ich bin.›»

Elaine Pagels sieht in den gnostischen Evangelien drei Leitlinien der esoterischen Botschaft Christi offenbart: 1. «Sich selbst erkennen, heißt Gott erkennen; das [höchste] Ich und das Göttliche sind identisch.» 2. «Der ‹lebendige Jesus› dieser Texte spricht von Illusion und Erleuchtung, nicht von Sünde und Buße.» 3. «Jesus wird nicht als der Herrgott dargestellt, sondern als spiritueller Führer.»[321] Das sind genau die Grundsätze der Dharmakaya-Religion.

Christus hinterließ offensichtlich einen esoterischen Kreis gnostischer Jünger, zu denen dann auch Johannes, Maria Magdalena, Theudas, Marcion und der große Valentinus gehörten. «Und während die Anhänger des Valentinus öffentlich ihren Glauben an den Einen Gott bekannten, bestanden sie bei ihren eigenen privaten Treffen auf der Unterscheidung zwischen dem volkstümlichen Bild von Gott – als Herr, König, Schöpfer und Oberster Richter – und dem, was dieses Bild repräsentierte: Gott als die letzte Quelle allen Seins. Valentinus nennt diese Quelle [Ebene 7] die ‹Tiefe› [Abgrund oder LEERE]; seine Nachfolger beschreiben sie als ein unsichtbares, unbegreifliches Urprinzip. Die meisten Christen halten bloße Vorstellungen von Gott für dessen Wirklichkeit, sagen die Valentinianer.»[321]

Das gnostische Verständnis war jedoch noch tiefschürfender. Die normale christliche Vorstellung von Gott dem Schöpfer war nicht *falsch*, erfaßte aber nur *einen Teil*. «Was die frühchristlichen Bischöfe Klemens und Ignatius irrtümlich Gott zuschreiben, bezieht sich in Wirklichkeit auf den *Schöpfer* [Ebene 6]. Valentinus folgt Plato und verwendet für Schöpfer das griechische Wort *demiurgos*, womit er andeutet, das sei ein weniger göttliches Wesen, das den höheren Mächten als Werkzeug dient.»[321]

Da haben wir ein klares Verständnis für einen der Unterschiede zwischen Gott dem Schöpfer (Sambhogakaya) und der LEERE/QUELLE (Dharmakaya). Marcion, einer der ersten Gnostiker, hatte Recht mit seiner These, es müsse zwei verschiedene Götter geben. Und wie Christus vor ihm, wußte auch Valentinus: «Es ist nicht Gott [Ebene 7], sondern der Demiurg [Ebene 6], der als König und Herr [Schöpfer] regiert, der die Gesetze erläßt und jene richtet, die sie brechen. Er ist der ‹Gott Israels›.» – der Gott Mosis, der «Gott Vater» des subtilen und archetypischen Bereichs des Sambhogakaya. Das alles scheint den frühen Gnostikern völlig klar gewesen zu sein, und es ist Ausdruck einer eindrucksvollen Höhe der Entwicklung und Klarheit der spirituellen Einsicht. Es zeigt auch, daß diese Gnostiker die Hierarchie der überbewußten Bereiche sehr wohl kannten.

Gnosis zu erreichen bedeutete für Valentinus, noch *jenseits* von Gott dem Schöpfer zu sein, jenseits des Demiurg-Gottes des subtilen Bereichs. Wer die Ebene 7 erreichen will, muß über die Ebene 6 hinausgehen; um Gottheit zu erreichen, muß man Gott völlig hinter sich lassen. Dies bedeutete in der Tat eine *Befreiung (apolytrosis)* von Gott dem Schöpfer. «In diesem Ritual wendet er sich an den Demiurg, von dem er sich unabhängig erklärt, den er wissen läßt, daß er nicht mehr zur Sphäre seiner Autorität und seines Urteils gehört, sondern zu dem, was diese transzendiert.» Dazu gehört das Empfangen transzendenten Wissens oder von Gnosis: «Gnosis zu erlangen, bedeutet in unmittelbaren Kontakt mit der wahren Quelle göttlicher Macht zu kommen, nämlich ‹der Tiefe› allen Seins. Wer es geschafft hat, diese QUELLE zu kennen [Ebene 7], lernt gleichzeitig sich selbst kennen.»[321]*

Der christliche Mystiker Jakob Böhme hat sich ausführlich dazu geäußert, und zwar auf eine Weise, die deutlich macht, wie ähnlich die christliche Gnosis *allen* Dharmakaya-Religionen ist, den Buddhismus eingeschlossen: «Wer es [das Höchste, Ebene 7/8] findet, findet Nichts und alle Dinge. Aber wie findet er *Nichts*? Derjenige, der es findet, der findet einen übersinnlichen Abgrund [die LEERE], der keinen Grund hat, auf dem man stehen könnte; und er findet auch, daß nichts ihm gleicht, weshalb man es zu Recht mit *Nichts* vergleichen kann, denn es ist tiefer als jedes *Ding*. Und weil es *Nichts* ist, ist es frei von *Allen Dingen* und ist es jenes einzige Gut, das ein Mensch weder ausdrücken noch aussprechen kann, weil es Nichts gibt, mit dem man es, um es auszudrücken, vergleichen könnte.»

Es ist dies jedoch kein transzendentes Vakuum. LEERE bedeutet nahtlos, nicht formlos; sie transzendiert *jede* Manifestation und

---

* «Mein Sein ist Gott, nicht durch einfache Teilhabe, sondern durch eine wahre Umwandlung meines SEINS. Mein *mich* ist Gott.» (Katharina von Genua) «Seht! Ich bin Gott; Seht! Ich bin in allen Dingen; Seht! Ich wirke alle Dinge!» (Juliana of Norwich) Und deutlicher noch als diese: «Der Urgrund Gottes und der Urgrund der Seele sind ein und dasselbe.» (Meister Eckhart)

schließt sie gleichzeitig ein. Daher sagt Böhme weiter: «Damit aber will ich letztlich sagen: *Wer immer Es findet, der findet alle Dinge.* Es war der Anfang aller Dinge; Es ist auch das Ende aller Dinge. Alle Dinge kommen Daraus, sind Darin und Dadurch. Findest du Es, dann kommst du zu dem Urgrund, aus dem alle Dinge hervortreten, und in dem sie bestehen.»

Um eine lange und komplizierte Geschichte drastisch zu verkürzen: Diese evolutionär höhere Religion hat im Abendland niemals wirklich Fuß gefaßt. Angefangen bei Christus, über Valentinus bis zu St. Denys, zu al-Hallaj, Giordano Bruno und Eckart wurden solche Erkenntnisse fanatisch bekämpft und möglichst ausgerottet, oft durch Hinrichtung derer, die sie verkündeten. Dafür gibt es zwei wesentliche Gründe:

Erstens: Die neue und höhere Dharmakaya-Religion erschien den Gläubigen der Sambhogakaya-Religion schlichtweg falsch. Wie konnte man jemanden auffordern, «über Gott hinaus zu gehen» oder gar «auf Gott zu verzichten»? War das nicht Blasphemie, Ketzerei, Teufelszeug? Natürlich waren die Sambhogakaya-Anhänger im Irrtum (zumindest teilweise), doch war es ungeachtet seiner vielfach grausamen Folgen oft ein ehrlicher Irrtum.

Zweitens: Die mehr politisch motivierten Individuen – die ersten Bischöfe und Bankier-Priester – erkannten richtig, daß ein Gott jenseits von Gott das Ende ihrer Macht bedeutete, die ja auf Gott Numero Eins beruhte. Das zeigt sich schon bei Klemens, Presbyter von Rom (etwa 90 A.D.). «Klemens argumentiert, Gott, der Gott Israels, herrsche allein im Himmel als göttlicher Herr und Oberster Richter. Aber wie wird Gottes Herrschaft in der Praxis ausgeübt? Gott, so sagt Klemens, delegiere seine ‹herrschaftliche Autorität› an ‹Herrscher und Regierende auf Erden›. Wer sind diese designierten Herrscher? Klemens antwortet, sie seien Bischöfe, Priester und Diakone. Wer sich weigert, ‹den Nacken zu beugen› und den Kirchenführern zu gehorchen, macht sich der Gehorsamsverweigerung gegenüber dem göttlichen Herrscher selbst schuldig.»[321] Und so nimmt dann die unglückselige Geschichte der exoterischen Religion im Abendland ihren Lauf . . .

Die Sphären des Göttlichen und des Menschlichen haben sich im Abendland niemals bis zu dem Punkt entwickelt, wo sie ganz natürlich hätten eins werden können. Die orthodoxe abendländische Religion machte beim Sambhogakaya-Bereich halt und hat den Dharmakaya niemals richtig erfaßt. Daher wurde die auf den unteren Ebenen der

Abb. 15 Kambodschanische Plastik des Gautama Buddha aus dem 11. Jh.

Gautama Buddha (6. Jh. v. Chr.) war einer der ersten östlichen Erleuchteten – und vielleicht der größte der historischen Weisen des Ostens –, die den Dharmakaya klar und unmißverständlich erfaßten. Seine tiefe Einsicht war der von Christus praktisch analog, auch wenn sich die kulturellen Ausdrucksformen und die philosophische Ausdeutung natürlich unterschieden. Beide entdeckten die Tiefenstruktur des Dharmakaya, doch die Oberflächenstrukturen, mit denen sie ihre Einsicht ausdrückten, reflektierten ihre unterschiedliche Persönlichkeit, ihre kulturelle Konditionierung, ihre Sprache, ihren historischen Hintergrund usw. Man beachte die sieben Schlangen; sie repräsentieren die sieben größeren Ebenen des Seins, die Buddhas Bewußtsein als Vorbedingung zu seiner vollkommenen Erleuchtung durchschreiten mußte. Hier ist die absolute Sublimierung und Rückkehr des Kundalini-Bewußtseins zu seinem höchsten und ursprünglichen «Ort» jenseits von Körper und Geist, Welt und Ich dargestellt. Anders als in der pharaonischen Zeit gehören die Schlangen nicht mehr zum sechsten oder siebten Chakra. Sie greifen vielmehr in einen Bereich jenseits des Gehirnzentrums aus – das ist nicht mehr die subtile, sondern die kausale Ebene.

Evolution ganz natürliche und unvermeidliche *Trennung* von Gott und Mensch oder Schöpfer und Kreatur niemals durch höhere Synthese und Transformation überwunden, weder in der Theorie noch in der Praxis. Die Entfaltung der Dharmakaya-Religion wurde im großen und ganzen dem Osten überlassen, dem Hinduismus, Buddhismus, Taoismus, Neo-Konfuzianismus. Es sollte nicht überraschen, wenn die Anhänger der Dharmakaya-Religionen verwundert oder gar bestürzt darüber sind, daß die Sambhogakaya-Religionen des Abendlandes noch an dualistischen Anschauungen über die Wirklichkeit festhalten. Kombiniert man die dualistische Spaltung zwischen Gott und Mensch mit der Europäischen Dissoziation von Mensch und Natur (Geist und Körper), dann erhält man die orthodoxe abendländische Weltanschauung, die der Zen-Gelehrte D. T. Suzuki spöttisch, aber treffend folgendermaßen beschreibt: «Der Mensch ist gegen Gott, die Natur ist gegen Gott, und Mensch und Natur sind gegeneinander.»

Die Evolution der religiösen Erfahrung

Fassen wir zusammen, was wir bisher über das Wesen und die verschiedenen Ebenen des jeweils am höchsten entwickelten Bewußtseins in Erfahrung gebracht haben, dann erhalten wir einen groben Umriß der hierarchischen *Evolution der religiösen Erfahrung*, der zugleich ein Abriß der aufeinanderfolgenden Ebenen der überbewußten Sphäre ist. Das sieht dann folgendermaßen aus:

Nirmanakaya-Ebene (5): schamanische Trance, Shakti, *psychische* Fähigkeiten, Siddhis, Kriyas, elementare Kräfte (Naturgötter/-göttinnen), emotional-sexuelle Transmutation, Körperekstase, Kundalini- und Hatha-Yoga.

Sambhogakaya-Ebene (6): subtiler Bereich; Vision von Engeln und Archetypen; Ein Gott/Eine Göttin, Schöpfer aller niederen Bereiche (Ebenen 5–1); der Demiurg oder archetypische Herrgott; Religion der Heiligenverehrung – subtiles Licht und subtile Klänge (Nada, Mantra); Nada- und Shabda-Yoga, Savikalpa-Samadhi, Saguna-Brahman.

Dharmakaya-Ebene (7): kausaler Bereich; nichtmanifeste LEERE; Leere, Urgrund, Gottheit; Einheit von Seele und Gott, Transzendenz des Subjekt/Objekt-Dualismus, Vereinigung von Menschlichem und Göttlichem; die Tiefe, der

Abgrund, der Urgrund Gottes und der Seele; Ich und der
Vater sind Eins; Jñana-Yoga, Nirvikalpa-Samadhi, Nir-
guna-Brahman.

Svabhavikakaya-Ebene (8): Höhepunkt der Dharmakaya-Religion;
Identität von Manifestem und Nichtmanifestem, des gesamten Weltprozesses und der LEERE; vollkommene und
radikale Transzendenz in das und als das Höchte Bewußtsein-an-Sich oder in das absolute Brahman-Atman; Sa-
haja-Yoga, Bhava-Samadhi.

Zu diesem Umriß noch einige klärende Bemerkungen. Zunächst einmal habe ich es bisher vermieden, ausführlicher auf die Unterschiede
zwischen den Ebenen 7 und 8 beziehungsweise zwischen dem Dharmakaya und dem Svabhavikakaya einzugehen. Statt dessen habe ich
sie als eine Ebene behandelt (Ebene 7/8) und diese Ebene mit den
Namen Atman, GEIST, Höchstes Ganzes, das Überbewußte ALL,
Höchstes Einheitsbewußtsein, Gottheit, gelegentlich auch «Gott» im
absoluten Sinne und manchmal einfach Dharmakaya bezeichnet. Der
Grund: Obwohl die Unterschiede zwischen den Ebenen 7 und 8 be-
deutend und tiefgreifend sind, liegen diese beiden Ebenen jenseits
dessen, was in diesem Buch zur Diskussion steht. (Ich habe die Unterschiede jedoch in *The Atman Project* erläutert). Hier genügt die
Feststellung, daß der Dharmakaya die asymptotische *äußerste Grenze*
des Bewußtseinsspektrums ist, der Svabhavikakaya aber der stets gegebene *Urgrund jeder Ebene* des Spektrums. Das erste ist die QUEL-
LE aller Ebenen, das zweite ist das SOSEIN *(tathata)* aller Ebenen. Das
erste ist die höchste aller Ebenen, das zweite die BEDINGUNG aller
Ebenen.

Sehen wir uns an, wie die Gestalten der Großen Göttin, von Gott dem
Vater und der LEERE/GOTTHEIT im Laufe der Geschichte gesehen wurden, dann scheinen sie auf ganz eindeutige Weise den verschiedenen
Ebenen religiöser Erfahrung zu entsprechen. Wie wir gesehen haben,
wurde die erste Schau des subtilen EINSSEINS oft durch die Große
Göttin repräsentiert. Sie war aber noch ziemlich unreif, in einem frühen Stadium und dazu von Polytheismus durchsetzt, also noch an
niedere Ebenen im allgemeinen und Ebene 5 im besonderen gebunden. Noch heute verehren Yogis der Ebene 5 überwiegend die Große
Göttin. Diese aber repräsentiert gewöhnlich den *Höhepunkt* der Ebene 5 und den *Anfang* von Ebene 6.

Mit dem Aufkommen des Patriarchats wurde dieses subtile EINSSEIN deutlicher gesehen – Aton, Jehovah usw. – und fand in den monotheistischen Religionen Ausdruck. Mit der Reife des Patriarchats selbst – um die Mitte der ichhaften Periode – wurde der subtile Eine Gott transzendiert in der Schau der LEERE/GOTTHEIT, in der «Ich und der Vater eins sind». Somit repräsentierte der patriarchalische «Gott Vater» den *Höhepunkt* von Ebene 6 und den *Beginn* von Ebene 7.

Fassen wir zusammen: *Historisch gesehen* beginnt die Große Göttin im Nirmanakaya und verschwindet in den Sambhogakaya; Gott der Vater beginnt im Sambhogakaya und verschwindet in den Dharmakaya; die LEERE beginnt im Dharmakaya und verschwindet in den Svabhavikakaya (und der Svabhavikakaya ist der URGRUND und die Bedingung von ihnen allen). Wir können das in einem Diagramm so darstellen:

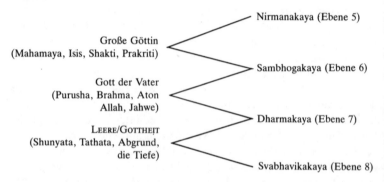

Große Göttin
(Mahamaya, Isis, Shakti, Prakriti)

Gott der Vater
(Purusha, Brahma, Aton
Allah, Jahwe)

LEERE/GOTTHEIT
(Shunyata, Tathata, Abgrund,
die Tiefe)

Nirmanakaya (Ebene 5)

Sambhogakaya (Ebene 6)

Dharmakaya (Ebene 7)

Svabhavikakaya (Ebene 8)

Ich will nicht behaupten, die Religion evolviere zwangsläufig von der Großen Göttin zu Gott dem Vater zur Gottheit; vielmehr evolviert sie aus dem Nirmanakaya über den Sambhogakaya zum Dharmakaya und schließlich zum Svabhavikakaya; *historisch* gesehen jedoch haben sich die Große Göttin, Gott der Vater und die Gottheit auf deutlich erkennbare und ebenso hierarchische Weise in diese hierarchische Evolution eingereiht. Diese Reihung mag sexistische, natürliche, zufällige oder sonstige Gründe gehabt haben. Da ich jedoch herausgefunden habe, daß diese Parallelen sich fast universal wiederholen, bietet sich diese Einteilung jedoch als generelle Richtschnur an.

Schließlich ist diese Hierarchie religiöser Erfahrung – von Ebene 5 zu 6 zu 7 zu 8 – nicht nur historisch interessant. Sie hat noch zwei andere damit zusammenhängende Bedeutungen: Zum einen ist sie der Weg der künftigen Evolution insgesamt, zum anderen der Weg der

heutigen Meditation. Um mit dem zweiten anzufangen: Ein sorgfälti-
ges Studium der Berichte über die Meditation, wie sie heute betrieben
wird, zeigt uns, daß fortgeschrittene Meditation in derselben Reihenfolge genau die höheren Bewußtseinsebenen* enthüllt, die erstmalig
im historischen Ablauf von den ehemaligen *transzendenten Helden* der
verschiedenen Epochen entdeckt wurden. Das heißt: Der heutige
Mensch (Ebene 4), der eine gut geleitete meditative Praxis beginnt
und «erfolgreich» abschließt, erfährt im allgemeinen zunächst schamanische Intuition (5), dann subtiles EINSSEIN (6), dann kausale LEE-
RE (7), dann endgültige und vollständige Erleuchtung.[11, 48, 59, 64, 67,
164, 226, 275, 436]

Zweitens: Da wir alle uns zur Zeit *kollektiv* genau an dem Punkt der
Geschichte (Ebene 4) befinden, an dem die exoterische Kurve (1–4)
in die esoterische Kurve (5–8) einzumünden *beginnt*, läßt unsere Analyse darauf schließen, daß die zukünftige Evolution in ihrer Gesamtheit in dieselben höheren Strukturen einmünden wird, die zuerst von
den esoterischen Helden der Vergangenheit geschaut wurden. Trifft
unsere Analyse zu, dann wird diese Tatsache zwangsläufig ein höchst
wichtiges, allgemeines Werkzeug soziologischer Prognose sein. Auf
jeden Fall werden die Ergebnisse dieser Analyse nicht nur von der
hierarchischen Ordnung früherer transzendenter Helden gestützt,
sondern auch von den hierarchischen Einsichten heutiger Meditieren-
der bestätigt. Demnach wird die künftige Evolution in ihrer Gesamtheit (d. h. die Evolution des *Durchschnittsbewußtseins*) wahrscheinlich
denselben hierarchischen Weg gehen, den die transzendenten Helden
der Vergangenheit wie heutige Meditierende Stufe für Stufe erschaut
haben. Alle drei – die transzendenten Helden, die heutigen Meditierenden und die künftige Evolution als Ganzes – folgen einfach *den
höheren Ebenen der Großen Kette des Seins.*

Das Vaterbild

An dieser Stelle bleibt noch etwas nachzutragen. Wollen wir sorgfältig
zwischen dem Durchschnittsbewußtsein und dem besonders hochentwickelten Bewußtsein unterscheiden, dann müssen wir uns mit der
Existenz des durchschnittlichen «Vaterbildes» im Sonnen-Patriarchat

---

* Dies bezieht sich auf die *Tiefenstruktur* dieser Ebenen, wobei die *Oberflächen*-
strukturen nicht unbedingt (oder sogar nur selten) genau gleichartig sind.

befassen und es vom Begriff «Gott der Vater» oder gar der Gottheit selbst unterscheiden. So wie wir zunächst zwischen dem Magischen und dem *Psychischen* unterschieden haben (in der typhonischen Periode) und dann zwischen dem Bild der Großen Mutter und der Großen Göttin (in der mythischen Epoche), müssen wir jetzt sorgfältig unterscheiden zwischen dem Vaterbild kultureller Autorität (im ichhaften Patriarchat) und der Verursachenden Quelle (als Gott der Vater oder die Gottheit selbst).

Das grundlegende «Vaterbild» selbst entstand als einfaches Korrelat *mentaler* Existenz, weil «die Väter» – sowohl aus sexistischen als auch natürlichen Gründen – Kultur, mentale Kommunikation, Gesetz und Autorität repräsentierten. Aus denselben Gründen waren männliche und weibliche Individuen von den Vätern abhängig, wenn es um die Weitergabe mentaler Kultur und mentaler Sicherheit ging. Das Durchschnittsindividuum suchte in schweren Zeiten ganz natürlich und sehnsüchtig in der Vorstellung eines großen Vaters/Beschützers, eines persönlichen Gottvaters, Zuflucht.

Also waren die kulturellen Rituale und exoterischen religiösen Aktivitäten während dieser Periode zwangsläufig auf «Gott den Vater» gerichtet. Die gesamte exoterische religiöse Atmosphäre war ein Ersatz-Fußfall vor dem «König der Könige», dem «Shah der Shas», dem «Großen Ayatollah», dem fetischistischen Vaterbild, das Erlösung von Schuld, Sterblichkeit und separater Ich-Existenz versprechen (aber nicht wirklich geben) konnte. Es spielte keine Rolle, daß es eine wahrhaft transzendente Göttlichkeit gab, die die Heiligen und Weisen jener Periode «Gott der Vater» (oder höhere noch die «Gottheit») nannten. Tatsache ist, daß die Massen gar kein oder nur wenig Verständnis für eine subtile oder gar kausale Göttlichkeit hatten und deshalb einer mentalen Manipulation des *kulturellen Vaterbildes* verfielen, einem zu kosmischen Proportionen aufgeblähten Bild eines «Großen Lieben Papa», der persönlich über alle Egos wacht. Daß die große Mehrheit der frühen mentalen Egos zu «Gott dem Vater» betete und vor ihm kniete, war für die meisten jedoch kein direkter Weg zum Atman, sondern nur eine neue Form des Atman-Projektes. Es war ihr Versuch, Schuld zu sühnen, einen Bonus zu erwerben und den Sensenmann zu verdrängen. Viele unreife Egos setzen noch heute diese fetischistischen Praktiken fort, und zwar in der Form von Protestantismus, Bekehrungswahn, politischen Machtspielen und so weiter.

Den unmittelbaren Anstoß dazu lieferte die gewaltige psychologische Wirkung der autoritären Vatergestalt. Zweifellos war und ist der

Gott der Massen damals wie heute eine einfache *Projektion des väterlichen Superego*. «Ich könnte auf kein Verlangen in der Kindheit hinweisen, das stärker wäre als das nach väterlichem Schutz», sagte schon Freud. Bis zu diesem Punkt lassen sich die Existenz und Funktion des Gottvaters – wie die der biologischen Muttergöttin und die der emotionellen Magie – mehr oder weniger naturalistisch erklären. Und bis zu diesem Punkt stimme ich mit solchen Erklärungen völlig überein, bin sogar gewillt, sie gegen andere Erklärungen zu verteidigen.

Jenseits dieses väterlichen und ichhaften Durchschnitts-Ego jedoch hatten einzelne, besonders hochentwickelte Erleuchtete Zugang zu höheren Bereichen des Überbewußten, die in der Vollkommenheit des Dharmakaya/Svabhavikakaya kulminieren. Es gelang ihnen durch besondere gnostische Disziplinen die Veränderungen auf der ichhaften Ebene zu überschreiten, den Tod des Ego zu akzeptieren und eine Transformation ins Überbewußte einzuleiten, die intensiv genug war, um mit ihrer Vorstellung entweder zur Offenbarung Gottes oder zur tatsächlichen Vereinigung mit ihm zu führen. Aus eben diesem Grunde führte Buddha den Begriff der *Anatta* ein, was «kein Ego» oder «Ego-Tod» bedeutet, und machte ihn zum Grundpfeiler seines Systems. In ähnlicher Weise sagt Christus, wer seine eigene Psyche, sein Ego, nicht hasse, könne nicht sein wahrer Jünger sein. Der symbolische Sinn der Kreuzigung Christi war die Kreuzigung oder der Tod des separaten Ich in allen seinen Formen, gefolgt von der Auferstehung des Höchsten Einheitsbewußtseins (Ich und der Vater sind eins) und der Himmelfahrt zur radikalen Erlösung in der und als die Gottheit.

Aus vielen, zumeist metaphorischen Gründen haben die Heiligen und Erleuchteten oft von diesen höheren Bereichen als von «Gott der Vater» oder «die Gottheit» gesprochen. Dahinter steckt der Gedanke (wie Kant ihn formuliert hätte): Das Absolute verhält sich zu allen Menschen wie ein Vater zu seinen Söhnen und Töchtern. Die Tatsache, daß einige Erleuchtete, Christus, Eckhart oder Therese von Avila, von «Gott der Vater» gesprochen haben, bedeutet jedoch nicht, daß dies nur eine Projektion ihres Superego war. Denn dann gäbe es keinen Unterschied zwischen Christus, Krishna oder Buddha und jeder beliebigen ichhaften Person, die sich selbst ein Vaterbild schafft und ihm anhängt. Da es aber einen *strukturellen* Unterschied zwischen Erleuchteten und Egos gibt, fällt das reduktionistische Argument in sich zusammen. Es besteht also ein radikaler Unterschied zwischen der mentalen Vaterfigur (Ebene 4) und dem Transzendenten Gott oder der Gottheit (Ebene 6 oder 7).

Die beiden kann nur verwechseln, wer die damit zusammenhängenden feinen und sehr komplexen Unterschiede der Erfahrungsebenen ignoriert. Man kann die buddhistisch/christliche Sicht *nicht* auf väterliche Superego-Projektion reduzieren, da beide vollkommen unterschiedliche Strukturen haben (endlich im Gegensatz zu unendlich, mental im Gegensatz zu kausal, temporal im Gegensatz zu ewig, riesig im Gegensatz zu dimensionslos, individuell im Gegensatz zu ichlos usw). Und dennoch ist das reduktionistische Argument das einzige, das in unserer modernen Welt immer wieder vorgebracht wurde. Es ist auch das einzige, das man innerhalb eines szientistischen, physikalistischen oder empirizistischen Bezugrahmens vorbringen *kann*, wenn man die universale Vorstellung von einer Transzendenten Urquelle irgendwie «erklären» will. Nachdem sich dieses Argument als vollkommen haltlos erwiesen hat, ist der Weg frei für wahrhaft transzendente Deutungen. Nach dem Zusammenbruch des Reduktionismus existiert kein ernstzunehmendes intellektuelles Argument mehr gegen eine Deutung im Rahmen der Ewigen Philosophie. Und dennoch übernehmen Naturwissenschaftler wie Sagan, Monod und andere implizit und unbewußt das Freudsche reduktionistische Argument, ohne es im geringsten beweisen zu können. Wenn sie gefragt werden «Warum gibt es die universalen Verkündigungen von Christus, Buddha, Laotse und anderen über einen Höchsten Transzendenten Urgrund?» dann antworten sie umgehend mit Freudschen, auf Wunschdenken reduzierenden Erklärungen, die den strukturellen Unterschieden, die sie erklären sollen, widersprechen und sie in einen Topf werfen.

Als Zusammenfassung habe ich alle in diesem Band untersuchten «Mythos-Gestalten», von der niedrigsten bis zur höchsten, in einer Graphik zusammengestellt.

Wie wir schon feststellten, gibt es eine eindeutige Wechselwirkung esoterischer und exoterischer Formen, vor allem aus soziologischer Sicht. Einerseits haben viele Erleuchtete einfach deshalb metaphorisch von «Gott der Vater» gesprochen, *weil* dies der patriarchalischen Mentalität entsprach. Andererseits haben gerade diese Aussagen das Patriarchat gestützt (nicht unbedingt absichtlich). Sprachen die mystischen Weisen von «Gott der Vater», oder sagten sie «Ich und der Vater sind eins» oder «Purusha (maskuliner Vater/Schöpfer) ist der Allerhöchste», dann wurde das von den Massen der ichhaften Zuhörer sofort auf normale Dimensionen und Alltagssymbole reduziert und in die typische ichhafte Struktur kanalisiert, wo es das vä-

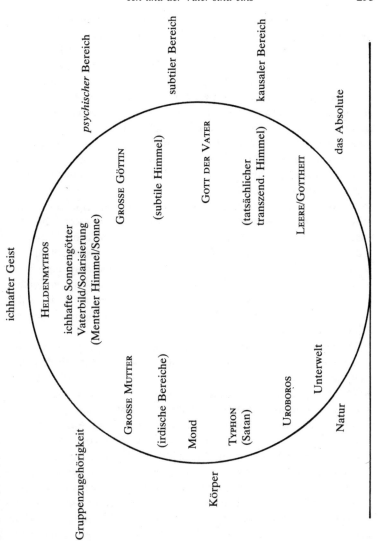

Abb. 16 Mythische Gestalten und ihre Lokalisierung
in der Großen Kette des Seins

terliche Superego noch stärkte. «Unser Vater im Himmel« tendierte unausgesprochen dazu, die Macht des leiblichen Vaters, des despotischen und sexistischen Herrschers über seine private Burg zu vermehren.

Viele Formen der Unterdrückung (ökonomisch, sexuell, kommunikativ) wurden unterstützt und verstärkt, weil die herrschenden kulturellen «Väter» ohne weiteres die Autorität des echten Gottvaters für sich in Anspruch nahmen und heute noch nehmen. Die Inanspruchnahme der göttlichen Autorität des transzendenten Gottes erleichtert es den kulturellen Vätern, die eigene politische Autorität und ihren politischen Ehrgeiz zu festigen. Sie schüren noch die Ängste und Vaterprojektionen der ichhaften Massen und verstärken sie, indem sie mit dem «göttlichen Recht der Könige» ihre Machtansprüche zu kosmischen Dimensionen aufblähen. Wissenschaftler von Reich bis Marcuse haben gezeigt, daß diese Autorität dem väterlichen Superego jedes einzelnen Bürgers von Geburt an eingebleut wird, solange das Superego in einer Atmosphäre politischer Beherrschung ausgebildet wird. Reich sah die Ideologie in der Charakterstruktur verankert. Und so kam es, daß das «Gewissen» des Superego nicht die wahre Stimme Gottes im Menschen wurde, sondern nur die internalisierte Stimme anderer Menschen.

Meine ganze Hoffnung geht in folgende Richtung: So wie das männliche Prinzip einst das Bewußtsein aus dem chthonischen Matriarchat errettet hat, könnte heute das weibliche helfen, das Bewußtsein aus dem Patriarchat zu erretten. So wie der angeborene, aber noch primitive maskuline Modus des Bewußtseins für die erste Aufgabe geeignet schien, so scheint der weibliche Modus für die zweite geeignet. Wir heutigen Menschen stehen vor einem neuen Kampf mit dem Drachen und brauchen einen neuen Heldenmythos. Der Drache, den wir jetzt bekämpfen müssen, ist die ichhafte Struktur selbst, und der neue «Nibelungenschatz» ist zentaurische und *psychische* Bewußtheit. Um dieses Ziel zu erreichen, brauchen wir einen neuen Heldentyp, einen Helden, den man in einigen Jahrhunderten so preisen wird, wie ich das Sonnen-Ego gepriesen habe. Heute müssen wir Intuition und wache, aber passive Bewußtheit entwickeln, so wie wir gestern unbedingt selbstbehauptende Logik und aktive Mentalität entwickeln mußten. Der neue Held wird zentaurisch sein (das heißt, Körper und Geist vereint, nicht dissoziiert), mit einem ganzheitlichen Körper, mental-androgyn, *psychisch*, intuitiv *und* rational, männlich *und* weiblich. Auf dem Weg dorthin könnten die Frauen die Führung übernehmen, da unsere Gesellschaft bereits maskulin angepaßt ist. Das Patriarchat, das mentale Ego, hat seine notwendige Zwischenfunktion erfüllt. Es wird sich jedoch buchstäblich als unser aller Tod erweisen, wenn sich die Zustände nicht bald grundlegend ändern.

15. Eine Persönlichkeit entsteht

Störung des Austauschs

Wir haben gesehen, daß das menschliche Wesen ein *vielschichtiges Individuum* ist, zusammengesetzt aus Materie, Prana, verbaler Gruppenzugehörigkeit, dem Ego, der Seele und dem GEIST. Der materielle Körper übt sich bei der Arbeit, der pranische beim Atmen, Geschlechtsverkehr und Fühlen; das Betätigungsfeld der Mentalität der verbalen Gruppenzugehörigkeit ist die Kommunikation (und der Beginn der «Praxis»), das des Ego ist der Bereich wechselseitiger persönlicher Anerkennung und des Austauschs von Wertschätzung (der Höhepunkt der «Praxis»). Der Wirkungsbereich der Seele ist *psychische* und subtile Transzendenz, der des GEISTES absolutes Aufgehen im Atman. Jede Ebene des vielschichtigen Individuums hat ihre Funktion in einem komplexen System von im Idealfall unbehinderten Austauschvorgängen mit den entsprechenden Ebenen des gesamten kosmischen Prozesses.

Außerdem pflanzt sich die Menschheit auf jeder Ebene durch entsprechenden Austausch von Elementen dieser Ebene fort. Sie pflanzt sich materiell fort durch den Austausch von Nahrung, die durch körperliche (technische) Betätigung aus der natürlichen Umwelt gewonnen wird, biologisch durch pranische Energie (Atem) und Sexualität, kulturell durch verbale und symbolische Kommunikation. Doch sind nicht alle diese Ebenen im menschlichen Individuum von Geburt an *manifest*. Vielmehr beginnt das vielschichtige menschliche Individuum sein Wachstum und seine Entwicklung damit, daß es sich erst an die physische, dann an die gefühlsmäßige, dann die verbale und danach die selbstreflexive Welt anpaßt, und so weiter bis das Wachstum im jeweiligen Einzelfall aufhört.[436] Diese Entwicklungen verlaufen zwar oft parallel oder überlappen einander; dennoch beruht jede auf der unmittelbar vorausgegangenen Ebene und baut auf ihr auf.

So ruht also das Höhere auf dem Niederen – doch wird das Höhere *nicht* durch das Niedere *verursacht* oder besteht allein aus ihm.[375, 435] Das Höhere kommt nicht *aus* dem Niederen, sondern auf dem Weg *über* das Niedere aus dem Unbewußten Urgrund.[436] Der Geist/Verstand zum Beispiel steigt auf dem Wege über den Körper aus dem Unbewußten Urgrund auf und lernt erst später, sich vom Körper zu differenzieren und ihn zu transzendieren. Diese Differenzierung wäre unmöglich, würde der Geist nur aus dem Körper bestehen. Das Höhere könnte das Niedere nicht transzendieren, das heißt es könnte nicht höher sein, wäre es nur eine Anordnung des Niederen. Und da das Höhere das Niedere wirklich transzendiert, kann das Höhere das Niedere auch «verdrängen». Ein Beispiel: Sexualität kann nicht ohne weiteres Sexualität verdrängen, aber Geist kann Sexualität verdrängen, weil Geist mehr und höher ist als Sexualität und sie daher beherrschen kann.

Die Fähigkeit des Verdrängens (oder generell die Abwehrmechanismen) existiert in stärkerem oder geringerem Maße auf fast jeder Ebene des Spektrums, kommt aber erst auf der Ebene verbaler Gruppenzugehörigkeit wirklich zum Tragen; wahrhaft «mächtig» wird sie jedoch erst auf der ichhaften Ebene.[128, 139] Sagt man, das Höhere kann das Niedere verdrängen und entstellen, dann könnte es den Anschein erwecken, als sei das Niedere unfähig, das Höhere zu stören. In einer Hinsicht trifft das zu. Sexualität zum Beispiel kann Geist nicht verdrängen. Doch kann das Niedere das Höhere auf zweierlei Arten «infizieren»: 1. kann es eruptiv hervorbrechen und dadurch höhere Funktionen stören; ist 2. das Niedere selbst fundamental gestört, kann es diese Störung teilweise an das Höhere weitergeben.

Da das Niedere in der Entwicklung zuerst aufzutreten pflegt, kann ein verzerrtes oder gestörtes Niederes das Höhere durch einen Vorgang, den wir «aufsteigende Kontamination» nennen könnten, dahingehend beeinflussen, daß es diese Störung oder Verzerrung in seinem eigenen Bereich reproduziert. Da das Höhere aus dem Fundament des Niederen nach oben steigt und dann auf ihm aufbaut, kann eine Schräglage im ersten Stock eine ähnliche auch im zweiten verursachen und so weiter. Hier besteht jedoch keine absolute Kausalität. Die Störungen auf der niederen Ebene werden ja nur teilweise weitergegeben, und außerdem kann die höhere Ebene das Ungleichgewicht durch

Transzendenz oft wieder zurechtrücken.* Dennoch ist es in den meisten Fällen so, daß eine Störung auf der niederen Ebene die höhere zu ähnlichen Störungen prädisponiert, sie zumindest aber nötigt, sehr viel Zeit darauf zu verwenden, die Mängel der niederen Ebene auszugleichen. (Z. B. Adlers «Organunterlegenheit», maskuliner Protest usw.)

Nun stehen wir jedoch vor einem Dilemma. Wir haben gesagt, ein Individuum entwickle im allgemeinen Ebene 1, dann 2, dann 3, dann 4 und so weiter. Ferner sagten wir, Störungen einer niederen Ebene (sagen wir Ebene 2) könnten an eine höhere weitergegeben werden. Wir haben aber auch gesagt, die Fähigkeit zur Störung und Verdrängung der niederen Ebenen existiere «machtvoll» erst auf der ichhaften Ebene (Ebene 4). Wie kann dann Ebene 2 ihre Störungen an Ebene 4 weitergeben, wenn sie erst gestört werden kann, nachdem Ebene 4 existiert?

Die Antwort ist teilweise einfach. Sobald das Ego sich entwickelt, kann es die unteren Ebenen verdrängen und stören, und diese Störungen kommen dann wie ein Bumerang zum Ego zurück. Das Ego kann sein Fundament beschädigen, das dann dazu tendiert, seinerseits das Ego zu schädigen. (Außerdem können die unteren Ebenen natürlich auch durch andere Faktoren als das Ego gestört werden – durch umweltbestimmte Notsituationen, schweres und wiederholtes Trauma, frühe Formen der Ich-Verdrängung und frühe Abwehrmechanismen, wie sie von der psychoanalytischen Ego-Psychologie aufgezeigt werden.

Der andere Teil der Antwort ist jedoch interessanter. Wie wir sagten, ist das mentale Ego der herausragende Verursacher von Verdrängungen. Bis das Ego in einem Individuum entsteht (d. h. solange das Individuum noch ein Säugling oder Kleinkind ist), ist es also nur für geringere und frühe Formen selbstverursachter Verdrängung anfällig. Aber selbst wenn dieses kindliche Individuum noch keine ichhafte Struktur besitzt, so ist es doch von Individuen umgeben und wird von solchen erzogen, die Egos besitzen. Und diese Egos können die Austauschfunktionen auf den niederen Ebenen in dem noch egolosen

---

* So beeinflußt zum Beispiel eine Störung auf der dritten Ebene die vierte Ebene am direktesten, während die fünfte und sechste Ebene davon zunehmend weniger beeinträchtigt werden. Es ist nicht nur so, daß jede weitere Ebene immer weiter von der ursprünglichen Störung entfernt ist, sie hat auch mehr Möglichkeiten, diese zurechtzurücken. Doch können alle Ebenen (mit Ausnahme von 7/8) verzerrt werden, und je näher eine Ebene der Störung auf einer niederen Ebene ist, desto wahrscheinlicher ist es, daß sie diese Störung reproduziert.

Individuum stören und unterdrücken. Tritt das Ego schließlich auch in diesem jungen Individuum in Erscheinung, *entsteht es auf Fundamenten, die bereits von den Egos seiner Umwelt beschädigt wurden*, und wird diese Störungen nun im eigenen Bereich teilweise reproduzieren.

Das soll nicht bedeuten, ein Individuum könne ein anderes unmittelbar verdrängen. Es besagt, daß ein Individuum ein anderes *unterdrücken* kann. Diese Unterdrückung hat Konsequenzen. Erstens kann die Unterdrückung die niederen Ebenen des Individuums stören, so daß das mentale Ego bei seinem Erscheinen ein schon beschädigtes Fundament durchdringen und auf ihm aufbauen muß. Zweitens kann das in einer Atmosphäre der Unterdrückung entstehende mentale Ego von sich aus die ursprünglich externe Unterdrückung internalisieren. Die internalisierte Unterdrückung führt *dann* zur Verdrängung.

Nicht jede Verdrängung hat jedoch ihren Ursprung in Unterdrückung. Die Situation ist weitaus komplexer. Sobald das neue Ego in Erscheinung tritt, ist es nämlich schon bereit und darauf aus, sich selbst in dem Bemühen zu verdrängen, Tod und Thanatos zu meiden. *Mehr oder weniger tun dies alle Ebenen*, «machtvoll» wird diese Selbstverdrängung jedoch erst beim Ego. Die *meisten* Verdrängungen im ichhaften Stadium sind Selbstverdrängungen. Auch in einer ganz und gar idyllischen Umgebung wird ein Ego Verdrängungen schaffen und darunter leiden, weil *alle* Egos auf der Flucht vor dem Tod sind und ihn verdrängen müssen. Kommt aber zu dieser fundamentalen Selbstverdrängung noch spezifische Unterdrückung hinzu, dann erleidet das Ego *überschüssige Verdrängung*. Damit können wir unsere obige Formel jetzt erweitern: Internalisierte Unterdrückung ist überschüssige Verdrängung.

Das funktioniert folgendermaßen: Das mentale Ego enthält als wichtige Komponente das Superego oder die «internalisierten Eltern». Nach der geltenden Theorie setzt sich das Superego aus dem Ego-Ideal und dem Gewissen zusammen. Das Ego-Ideal enthällt alle positiven Gebote, Zielsetzungen, Wünsche, Regeln und Annahmen, die das junge Ego in seinen Beziehungen zu verbal bedeutsamen Anderen (vor allem der patriarchalischen Autoritätsfigur) ausgebildet hat. Dazu gehört ein ganzes *Netzwerk von Erlaubnissen* hinsichtlich dessen, was man denken darf (Geist), fühlen (Emotionen) und tun (Körper) darf, um diese *begehrten Beziehungen zu bewahren*. Die Gebote zu befolgen heißt, Stolz zu empfinden.[436]

Auf der anderen Seite setzt sich das Gewissen zusammen aus allen negativen Geboten und Verboten, die sich das junge Ego in seinen

Beziehungen zu verbal bedeutsamen Anderen (vor allem der patriarchalischen Autoritätsfigur) eingeprägt hat. Dazu gehört ein *Netzwerk von Tabus* hinsichtlich dessen, was man *nicht* denken, fühlen oder tun darf. Das Tabu verletzen heißt, *die Beziehung* zu dem bedeutsamen Anderen *verletzen*, was zu Schuldgefühlen führt.[436]

So werden die ursprünglich *externen* Beziehungen zwischen dem jungen Ego und bedeutsamen Anderen zu *internalisierten Strukturen* des Ego selbst – das heißt (teilweise) zum Superego, also dem Ego-Ideal und dem Gewissen.[262, 263] Diese internalisierten Beziehungen, Gebote und Tabus werden dann vom Ego in alles hineingetragen; sie sind Bestandteile seiner Gesamtkonstitution, ganz gleich ob der bedeutsame Andere dieses Verhalten zur Kenntnis nimmt oder nicht, noch am Leben ist oder nicht.[36] Die Eltern – an diesem historischen Punkt vor allem der patriarchalische Vater – werden zu einer internen Struktur des Ego. Deshalb das vor allem väterlich geprägte Superego.

Nun setzt das Ego schon ganz von selbst ein beträchtliches Maß an Verdrängung in Gang. Ein strenges Superego wird das Problem nur noch komplizieren. Wird strenge väterliche (gesellschaftliche) Unterdrückung internalisiert, veranlaßt das das Ego zu zusätzlicher Verdrängung, zu «Überschußverdrängung». Es ist dies eine Verdrängung weit über das Maß hinaus, das das bestimmte Ego von sich aus für notwendig halten würde. Auf diese Weise findet eine Person, die Mitglied einer unterdrückenden Gesellschaft ist – die «in» dieser Gesellschaft ist –, auf einmal heraus, daß die Gesellschaft jetzt «in» ihr ist. Sie verewigt dann in der eigenen Person genau die Entfremdungen, die ursprünglich außerhalb waren. Auf diese Art werden die Sünden der Väter und Mütter auf die Töchter und Söhne übertragen, «sogar bis ins dritte und vierte Glied». Es kann beispielsweise keinen Zweifel geben, daß das väterliche Superego mit seiner übertriebenen Last an Schuldgefühl und körperlichen Tabus zur Europäischen Dissoziation beigetragen hat.

In Kapitel 9 haben wir gesehen, daß die verschiedenen Ebenen des Seins mit dem Aufstieg der Polis extern *unterdrückt* werden konnten. Hier nun zeigt sich, daß die verschiedenen Ebenen des Seins mit dem Aufsteigen des Geistes innerlich *verdrängt* werden können. Im vielschichtigen menschlichen Individuum gibt es *korrelative* Potentiale für Störungen und Verzerrungen, deren Wege sich besonders deutlich (wenn auch nicht ausschließlich) im Superego kreuzen, wo die Internalisierung der Unterdrückung durch die Gesellschaft das Individuum zu Überschußverdrängung verleitet.

Marx und Freud in neuer Sicht

Bisher haben wir folgende Verallgemeinerungen formuliert:

1. Das Höhere entwickelt sich *durch* das Niedere hindurch, aber nicht *aus* dem Niederen;

2. ein gestörtes oder verzerrtes Niederes macht das Höhere *geneigt*, ähnliche Störungen in der eigenen Sphäre zu reproduzieren;

3. es *verursacht* aber keineswegs eine derartige Reproduktion (das Höhere kann bis zu einem gewissen Grad etwas umkehren, reparieren, kompensieren);

4. das Individuum kann jede einzelne oder alle seiner Austauschebenen mehr oder weniger stark defensiv verdrängen (die physische, emotionale, mentale usw.);

5. ein externes (machtvolles) Anderes kann die Austauschebenen eines Individuums *unterdrücken* und stören;

6. internalisierte Unterdrückung ist Überschußverdrängung.

Diese Verallgemeinerungen reichen aus, um wesentliche Thesen von Theoretikern wie Marx und Freud zu rekonstruieren, ohne dabei deren reduktionistische Tendenzen zu übernehmen. Hier einige kurze und vereinfachte Beispiele:

Die entscheidenden Untersuchungen von Karl Marx konzentrierten sich «auf die Produktionsverhältnisse, die einem bestimmten Stadium der Entwicklung der Produktionsmittel angemessen sind. Ihre Gesamtheit konstituiert die reale Grundlage der Gesellschaft.»[292] Das heißt, Karl Marx war in erster Linie an den verschiedenen Austauschformen der Ebene 1 interessiert, an materiellem Austausch, bei dem es um Produktion, Nahrungsmittel, Kapital, Boden, Eigentum, allgemeine wirtschaftliche Aktivität und körperliche Arbeit geht. Marx folgerte, «daß die Produktionsform materiellen Lebens den allgemeinen Prozeß des gesellschaftlichen, politischen und geistigen Lebens bedingt.»[292]

Insbesondere glaubte Marx, die wirtschaftliche Ausbeutung in der einen oder anderen Form bedeute eine Entfremdung der natürlichen Arbeit, die eine Entfremdung des Denkens und Fühlens bewirke, was zu einem «falschen Bewußtsein» führe. In gewissem Sinne war Rousseau einer der ersten «Marxisten» mit seiner Feststellung: «Der erste Mensch, der nach Abstecken eines Stückes Land auf die Idee kam auszurufen ‹Das gehört mir› und dann Menschen fand, die einfältig genug waren, ihm zu glauben, war der wahre Begründer der bürgerlichen Gesellschaft.»[358] (Hier ist «Gesellschaft» im «schlechten Sinne» gemeint, es heißt ja auch «einfältig», d. h. «dumm» genug). Becker schreibt: «Die ursprüngliche Gleichheit wurde durch das Privateigentum beendet, das zu unterschiedlichem Besitz von Wohlstand führte.»[26] Robinson bemerkt dazu: «Für Hegel wie für Marx war die historische Tatsache der Entfremdung direkt mit der Institution [und Ausbeutung] privaten Eigentums verbunden. In seiner *Philosophie des Rechts* hat Hegel auf absolut marxistische Weise die Verbindung zwischen der Anhäufung von Kapital und der wachsenden Verarmung der Arbeiter herausgestellt, die schließlich eine ‹riesige Industriearmee› entstehen ließ.»[351] Denn «diese neuen Staaten waren Herrschaftsstrukturen, die das Stammesleben um sich herum absorbierten und große Reiche errichteten. Menschenmassen wurden zu gehorsamen Werkzeugen für wirklich gigantische Machtoperationen geschmiedet, die von einer mächtigen Ausbeuterklasse gelenkt wurden. Das war die Zeit, in der Individuen in die engen Schubladen spezialisierter Arbeitsvorgänge gezwängt wurden, die sie dann monoton ausführten; sie wurden zu automatenähnlichen Objekten der tyrannischen Herrscher.»[26]

Menschenwesen als «automatenähnliche Objekte», *angepaßt* an eine unterdrückende und falsche gesellschaftliche Wirklichkeit, das ist ungefähr das, was Marx mit «falschem Bewußtsein» und «entfremdeten Individuen» meinte. Dabei kommt es auf folgendes an: *Wird physischer Austausch gestört* (und zwar durch massives und nicht selbst erarbeitetes Privateigentum in den Händen einiger weniger, durch die Konzentration riesiger Mengen von Geld, Kapital, Gütern in den Händen einer reichen Elite usw.), dann *entsteht daraus eine Grundlage verzweifelter Not, auf der das Denken und Fühlen aufbaut* (bei arm und reich gleichermaßen, wenn auch in entgegengesetzter Richtung: bei den Armen in Richtung Verelendung, bei den Reichen in Richtung Dekadenz). Und da sich Fühlen und Denken an diese falsche Basis anpassen, so wie die Ebenen 2 und 3/4 sich nach unten an die Verzerrungen auf Ebene 1 angleichen, neigen sie dann dazu, dieses Falsche in den eigenen Sphären zu reproduzieren. So wird, um ein einfaches Beispiel zu geben, die *Mentalität* des Armen zur Depression neigen, die des Reichen zum Elitarismus. Im allgemeinen erzeugt eine in dieser Falle gefangene Philosophie das, was Marx «Ideologie» nannte – eine Philosophie, die aus Unterdrückung, Ausbeutung und fehlender Emanzipation entspringt und diese Dinge noch verstärkt. Das veranlaßte Marx zu seiner berühmten Festellung, die meisten Philosophen dächten nur über die Welt nach, während es in Wirklichkeit darauf ankomme, sie zu verändern.

Wesentlich ist in diesem Zusammenhang folgende Erkenntnis: Physische Ausbeutung beraubt nicht einfach jemanden seines ihm zustehenden materiellen Austausches, sondern hat auch die Tendenz, die Form der oberen Ebenen im vielschichtigen Individuum zu prägen. Entfremdete Arbeit wird leicht von entfremdeten Gefühlen und Gedanken überlagert, und zwar bei Armen und Reichen gleichermaßen. Das halte ich für eine der bleibenden Erkenntnisse von Karl Marx.

Die allgemeine marxistische Theorie ist jedoch in vierfacher Hinsicht unzulänglich. Da ist erstens die Überbetonung des Materialismus (von Feuerbach übernommen), die Marx veranlaßte, in der Geschichte nichts anderes als die Entfaltung materieller Kräfte zu sehen («dialektischer Materialismus»), deren Ziel unverzerrter und unbehinderter materieller Austausch ist, frei von Gier nach privatem Eigentum und materieller Ausbeutung. Für die Ebene 1 mag das zutreffen. Für die Motivationen der Ebene 2 hat es nur geringe direkte Auswirkung, noch weniger für Ebene 3 und so fort.* Die Geschichte auf den dialektischen Materialismus zu reduzieren, ist gleichbedeutend mit der Reduzierung der Großen Kette des Seins auf die Ebene 1.

Zweitens läßt die Überbetonung des Materialismus Marx zu der Vorstellung tendieren, die untere Ebene des Seins (Nahrung, Materie, wirtschaftliche Tätigkeit und Produktion) *beeinflusse* nicht nur die höheren Ebenen (Geist, Philosophie, Religion), sondern *verursache* und *schaffe* sie. Daher seine oft zitierte Bemerkung, nicht das Bewußtsein der Menschen determiniere ihre Existenz, sondern ihre materielle und wirtschaftliche Existenz determiniere ihr Bewußtsein. Marx hat nicht erkannt, daß das Höhere zwar *durch* das Niedere nach oben steigt und dabei oft von ihm beeinflußt wird, daß das Höhere aber nicht *aus* dem Niederen kommt und von ihm kausal erzeugt wird.

Drittens begreift Marx oft nicht, daß die Auswirkungen materieller Störungen durch eine höhere Ebene weithin überwunden werden können, wenn auch mit einigen Schwierigkeiten. Es hat zum Beispiel eine große Zahl materiell stark benachteiligter Individuen gegeben, die diesen Zustand überwunden und hervorragende philosophischmentale Erkenntnisse gewonnen haben, nicht zu vergessen wirkliche spirituelle Durchbrüche. Homer soll Sklave und dazu noch blind gewesen sein. Marx selbst hat einen großen Teil seines Lebens in bitterer Armut verbracht. Damit soll nicht die Ausbeutung entschuldigt, son-

---

* Auf diesen Ebenen macht sich die materielle Ebene nur durch «aufsteigende Kontamination» bemerkbar.

dern nur gezeigt werden, daß materielle Produktion das Bewußtsein nicht determiniert, nicht absolut und nicht einmal vornehmlich.

Viertens: Der überlieferte Marxismus versteht zwar gut die Brutalität äußerer Unterdrückung, schenkt aber der Mechanik und Brutalität des inneren Verlangens nach Unterdrückung viel zuwenig Beachtung. Es wäre lächerlich zu behaupten, für extreme Fälle von Ausbeutung wie zum Beispiel die Sklaverei sei insgeheim das Opfer verantwortlich. Aber in vielen Fällen mit subtileren Formen von Ausbeutung sind die Unterdrückten tatsächlich «in ihre Ketten verliebt». Die Frankfurter Schule hat mit Hilfe psychoanalytischer Erkenntnisse gerade dieses Ungleichgewicht wieder zurechtgerückt und aufgezeigt, daß bei vielen Aspekten der Unterdrückung die Unterdrückten sich selbst die Ketten anlegen und die Schlüssel ihren künftigen Unterdrückern aushändigen. Marcuse spricht von den «verborgenen unbewußten Banden, die die Unterdrückten mit den Unterdrückern verbinden».[351] Das Ich ist ja, wie wir sahen, bereits darauf aus, sich selbst zu verdrängen. Und da die Internalisierung der Unterdrückung dazu beiträgt, zusätzliche Verdrängung zu erzeugen, ist das Ich von Anfang an zumindest ein *teilweise* williges Opfer. Eine treffende Zusammenfassung dieser Gedanken liefert uns Marcuse: «Es gibt so etwas wie ein Selbst [was wir Atman nennen] – es existiert noch nicht [oder ist im kollektiven Bewußtsein noch nicht hervorgetreten], aber es muß geschaffen werden im Kampf gegen alle diejenigen, die sein Auftauchen verhindern wollen, und die ein *illusorisches Ich* [das Ersatzsubjekt] *an seine Stelle setzen*, nämlich das Subjekt freiwilliger Sklaverei in Produktion und Konsum. Es ist das Subjekt, das sich seine Herrn frei erwählt.»[282]

So weit meine vereinfachende Rekonstruktion der Gedanken von Karl Marx. Die von Marx geschilderte materielle Unterdrückung ist jedoch nicht das einzige Mittel der von innen oder außen aufgezwungenen Manipulation und Ausbeutung. Sie ist nur die ontologisch ursprünglichste und daher sichtbarste. Die «nächsthöhere Ebene» im vielschichtigen Individuum ist die emotionaler Sexualität, und auch ihr können vom Betreffenden selbst und von anderen Enstellungen und Narben zugefügt werden, mit gleichermaßen tiefgreifenden Auswirkungen.

Damit sind wir im bevorzugten Forschungsbereich von Sigmund Freud – den Störungen der Sexualität. Freud neigte zu derselben Art von Reduktionismus wie Karl Marx. Doch wo Marx die Ebene 1 (Materie) für allumfassend hielt und materielle Produktion zum Para-

digma machte (Nahrung war für ihn paradigmatisch), war für Freud die
Ebene 2 entscheidend: Nur das Es (Prana) ist *fundamental*, und *aus ihm*
kommen alle höheren mentalen Strukturen. Für Freud war Sexualität
paradigmatisch. Aus dem Es kommen mittels Verdrängung, Sublima-
tion und so weiter das Ego, die Psyche und die Zivilisation. Denselben
Irrtum hat Marx begangen: In der Theorie verbog er das Niedere und
manipulierte es in der Hoffnung, daraus das Höhere zu gewinnen.

Tatsache ist: Wenn die Mentalität der Gruppenzugehörigkeitsstufe
aus dem Unbewußten Urgrund hervortritt, bedient sie sich des Emotio-
nal-körperhaften (Es) und benutzt es als Fundament. Das heißt, emotionale Triebe liegen dem Geist und der Kultur tatsächlich «zugrunde»,
wie Freud sich ausdrückte, verursachen und erzeugen beides jedoch
nicht. Und da weder Geist noch Kultur durch Verdrängung oder Entstellung der emotionalen Sexualität erzeugt werden, ist, wie Reich und
Marcuse es später auf ihre eigene und sehr unterschiedliche Weise
ausdrückten, *«Kultur als als solche mit Sexualität nicht unvereinbar».*[351]

Da der Gruppenzugehörigkeits-Geist auf dem Wege über emotionale Sexualität entsteht, kann er durch Störungen in der sexuellen Sphäre
beeinträchtigt werden. Diese Störungen werden häufig (aber nicht
immer) durch unterdrückende Kräfte in der Gesellschaft bewirkt und
dann als Überschußverdrängung internalisiert. Das heißt, unterdrük-
kende (und internalisierte verdrängende) Störungen *im Gefühlsaus-
tausch* können sich teilweise im kommunikativen Austausch reproduzieren. Gestörte Emotionalität wird leicht von einer verzerrten Gruppenzugehörigkeits-Struktur überlagert.

Nehmen wir schließlich an, die Gruppenzugehörigkeit selbst werde
von innen her verzerrt und verdrängt und von außen belastet und
unterdrückt, und die Internalisierung der Unterdrückung verursache
überschüssige Verdrängung, dann würden der kommunikative Austausch und die Gruppenzugehörigkeit gestört und die «Praxis» beeinträchtigt. Auf der nächsthöheren Ebene bestünde dann die Tendenz,
daß eine verfälschte Selbsteinschätzung oder ein falsches Ego diese
gestörte, entfremdete und falsche Gruppenzugehörigkeit überlagern,
wenn auch das Ego, wie alle höheren Ebenen, die Störungen der
unteren Ebenen teilweise umkehren oder überwinden kann. Batesons
Arbeiten über die Beziehungsfalle *(double bind)* und auch die gesamte
theoretische Einstellung der «Kommunikations-Psychiatrie» liefern
sehr viele Beweise dafür, wie eine gestörte Gruppenzugehörigkeit ein
verfälschtes Ego entstehen lassen kann.[23, 359]

Schließlich kann auch das Ego selbst – sei es nun anfänglich verfälscht oder nicht – verdrängt, unterdrückt und/oder zusätzlich verdrängt werden. Das Ergebnis ist seine Spaltung, die Dissoziation des Ego in «Personen» im Gegensatz zum «Schatten» oder die einfache Spaltung der Persönlichkeit (die am dramatischsten in der multiplen Persönlichkeit zum Ausdruck kommt, auch wenn ähnliche, jedoch mildere Dissoziationen bei fast allen Charakterstörungen vorkommen). Im allgemeinen werden dann die Austauschhandlungen von Selbstachtung, ichhafter Integrität und richtiger Selbsteinschätzung gestört.

Die verschiedenen Arten von Austauschstörungen, die *auf jeder Ebene* (ausgenommen 7/8) des vielschichtigen Individuums und als Folge seiner Existenz in einer vielschichtigen Gesellschaft auftreten können, verlaufen so: Ich-Verdrängung, externe Unterdrückung, internalisierte Überschußverdrängung.

Der Begriff der ichhaften «Selbstachtung» und der auf Gegenseitigkeit beruhenden Selbsteinschätzung, den ich eben eingeführt habe, bringt uns zu unserem nächsten Thema.

Eine echte Person

Im neunten Kapitel wurde erwähnt, daß mit der mental-ichhaften Struktur historisch und ontogenetisch eine *neue Austauschebene* entsteht: der gegenseitige Austausch von Selbsteinschätzung mit dem Paradigma reflexiven Selbstbewußtseins, dessen Sphäre gegenseitige persönliche Achtung gibt.

Das ist eine entscheidende und weitreichende Entwicklung, die *historisch* während der frühen ichhaften Periode begann und sich während der mittleren festigte. Statt die historische Entfaltung dieser Entwicklung ausführlich zu erörtern, verweise ich auf die Werke von Hegel und Habermas. Ich halte die Habermassche Hegel-Neubewertung für absolut entscheidend zum Verständnis nicht nur dieser Geschichtsperiode, sondern der gesamten Austauschebene, die heute den ontogenetischen Entwicklungs- und Reifeprozeß des vielschichtigen Individuums bestimmt. Es ist die Ebene ichhafter Wertschätzung und des Austausches auf Gegenseitigkeit beruhender Selbsteinschätzung auf der Grundlage einer nicht manipulierten und ungestörten freien Kommunikation.

Ich möchte in diesem Abschnitt kurz die vier für unsere Erörterung relevantesten Themen von Habermas/Hegel darstellen. Da wäre erstens die Erkenntnis «daß die Identität des Selbstbewußtseins dem

Menschen nicht von Anfang an mitgegeben wurde, sondern nur als eine verstanden werden kann, die sich entwickelt hat.»[292] Heute mag das selbstverständlich erscheinen; vor Hegel hätte das kein Philosoph verstanden.

Zweitens: Die ichhafte Selbstachtung ist tatsächlich ein *System gegenseitigen Austausches*, kein in sich abgeschlossener Akt der Unverwundbarkeit, noch weniger eine Absicherung narzißtischer Gefühle, wie die Freudianer es behaupten. Denn ohne andere kann man keine ichhafte Selbstachtung erwerben. Vielmehr ist es der *Austausch* von Achtung mit anderen, der die wahre Selbstachtung konstituiert. Das heißt, wahre Selbstachtung «vollzieht sich auf der Grundlage gegenseitiger Anerkennung in der Erkenntnis, daß die Identität des «Ich» nur möglich ist durch die Identität des anderen, der mich anerkennt und der seinerseits von der Anerkennung durch mich abhängig ist.»[292]

Selbstachtung ist tatsächlich das *Gegenteil* von «Selbstbehauptung», denn «Selbstbehauptung trennt sich von der moralischen Gesamtheit ab», widerruft und leugnet die Komplementarität unbeschränkter Kommunikation und der wechselseitigen Befriedigung von Interessen. Und derjenige, der seinen Austauschprozeß *abtrennt*, erfährt in «der Verdrängung des Lebens anderer die Mängel seines eigenen Lebens und in der Abwendung von den Leben anderer seine eigene Entfremdung von sich selbst». Daraus ergibt sich die Schlußfolgerung: «Persönliche Identität läßt sich nur auf der Grundlage gegenseitiger Anerkennung erreichen.»[292] Und damit sind wir bei der nächsthöheren Austauschebene (Ebene 4).

Drittens: Die gegenseitige Anerkennung und der kommunikative Austausch können nicht auf die niederen Ebenen reduziert werden, wie Empiristen, Marxisten, Freudianer und Szientisten es versuchen. Habermas unterscheidet sorgfältig zwischen dem, was wir die Ebene 1/2 nennen würden – Natur, Arbeit, Körper, Eigentum, *techne* –, und Ebene 3/4 – Kommunikation, *praxis*, Sprache, Interaktion, auf Gegenseitigkeit beruhende Anerkennung.[177] Dabei verweist Habermas auf scharfe Unterschiede in der Epistemologie, Methodologie und Struktur kognitiven Interesses:

Habermas entwickelt diese Unterscheidung auf mehreren Ebenen. Auf einer «quasi transzendentalen» Ebene unterscheidet die Theorie des kognitiven Interesses zwischen dem technischen Interesse bei der Vorhersage und Kontrolle objektivierter Vorgänge [1/2] und dem praktischen Interesse an der Aufrechterhaltung einer ungestörten Kommunikation [3/4]. Auf methodologischer Ebene wird unterschieden zwischen empirisch-analytischer Untersuchung [die nur zu 1/2 paßt] und der hermeneutischen oder kritischen Untersuchung [die spezifisch 3/4 zum «Objekt» nimmt]. Auf der soziologischen Ebene wird unterschieden zwischen Untersystemen zweckbewußter rationaler Handlungen und dem institutionellen Rahmen, in den sie eingebettet sind. Und auf der Ebene der gesellschaftlichen Evolution unterscheidet man zwischen dem Wachstum der Produktivkräfte sowie der technologischen Kapazität [Ebene 1] und der Ausweitung der von jeglicher Beherrschung freien Interaktion [3/4].[292]

Einfacher ausgedrückt: Wenn Habermas sagt, *praxis* könne nicht auf *techne* reduziert werden, Hermeneutik nicht auf empirisch-analytische Untersuchung, symbolische Interaktion nicht auf bloße körperliche Arbeit, kommunikativer nicht auf materiellen Austausch, dann besagt das alles nur, daß die Ebene 3/4 nicht auf die Ebene 1/2 reduziert werden kann. Geist läßt sich nicht auf den Körper reduzieren.

Die vierte These besagt, daß die niederen Ebenen nichtsdestoweniger den Untergrund für die höheren Austauschvorgänge bilden und mit ihnen interagieren und verbunden sind. Um nur ein Beispiel zu geben, wollen wir unsere Diskussion auf physische Arbeit (Ebene 1) und persönliche Selbstachtung (Ebene 4) begrenzen.

Die Habermas/Hegel-These besagt, die gegenseitige persönliche Anerkennung werde bei ihrer formalen Stabilisierung auf der Unterstruktur von Arbeit und Eigentum stabilisiert. «Hegel stellt einen inneren Zusammenhang her zwischen Arbeit [Ebene 1] und Interaktion [gegenseitige Anerkennung, Ebene 3, vor allem jedoch Ebene 4] und zwar ‹mittels der gesetzlichen Normen, auf denen der auf gegenseitiger Anerkennung beruhende gesellschaftliche Verkehr zuerst formal stabilisiert wird›. Die Institutionalisierung gegenseitiger Anerkennung zwischen *Rechtspersonen* ist eine Angelegenheit ‹von Personen, die einander als Eigentümer von Besitz anerkennen, der durch ihre Arbeit oder durch Handel erworben wurde›.»[292] Mit anderen Worten: *Gesetzliche* und institutionell/konventionelle Anerkennung oder Achtung ichhafter *Personalität* waren eng mit privatem Besitz und dessen Anerkennung verknüpft und anfänglich (aber nicht ausschließlich) darauf aufgebaut. «Damit wurde der im Arbeitsprozeß [Ebene 1] erworbene Besitz zum Fundament der rechtlichen Anerkennung [der Personalität].»[292]

Worauf es hier ankommt: «Der Austausch von Gegenwerten [Ebene 1, Besitz], formal institutionalisiert durch [rechtlichen] Kontrakt, wird zum Modell für die Gegenseitigkeit, auf der die Interaktion [der Austausch gegenseitiger Anerkennung] beruht. Auf diese Weise bezieht das Ergebnis des ‹Ringens um [persönliche] Anerkennung›, *das rechtlich anerkannte Selbstbewußtsein*, die Ergebnisse des Arbeitsvorganges ein, durch den wir uns vom unmittelbaren Diktat der Natur befreien.»[292] Das tritt auf *jeder* Bewußtseinsebene in Erscheinung: Jede neue Ebene umschließt und transzendiert alle ihre Vorgänger, gliedert sie ein und geht über sie hinaus. Dementsprechend stellen auch Hegel und Habermas fest, daß der ichhafte Austausch auf Gegenseitigkeit beruhender Selbsteinschätzung «die Ergebnisse des Arbeitsprozesses einbezieht, mittels dessen wir uns selbst *vom unmittelbaren Diktat der Natur befreien*» (es transzendieren).

Verbinden wir jetzt das Wesentliche der Habermasschen Hegel-Neubewertung mit den historischen Entwicklungen der ichhaften Periode. So wie gewaltfreie Anerkennung und Schutz von *Eigentum* nur vom Gesetz garantiert wurde, so wurden schwerwiegende Verletzungen der *Personalität* durch gesellschaftliche Konvention verboten. Eigentum an Gütern war nicht mehr nur den stärksten oder aggressivsten Menschen vorbehalten, sondern jede Rechtsperson hatte legales Recht auf Besitz, den sie durch eigenen physischen Austausch (oder sekundär durch Handel) erworben hatte. Sollte das Gesetz nicht verletzt werden, *mußten* die Individuen sich gegenseitig durch Austausch gegenseitiger Achtung anerkennen. Eine Person besaß Eigentum, und die Achtung vor diesem Eigentum erforderte die Anerkennung und Achtung der Personalität.* Vor der ichhaften Periode gab es kaum so etwas wie Personen und legalisiertes Eigentum.[85, 215, 252, 417]

Alle Fakten weisen darauf hin, daß der Vater (wir befinden uns noch im Patriarchat) zu Beginn der frühen und konkreter dann in der mittleren ichhaften Periode der erste bedeutende und weitverbreitet anzutreffende Besitzer persönlichen Eigentums wurde.[26] Das Eigentum des Vaters wurde geschützt, nicht durch seine Muskeln, sondern durch ein vom Gesetz verkörpertes *kollektives Bewußtsein*.[292] Dem

---

* Fichte schrieb: «Das Recht auf exklusiven Besitz entsteht durch gegenseitige Anerkennung; ohne diese Vorbedingung existiert es nicht. Alles Eigentum beruht auf der Vereinigung vieler Willen zu einem Willen.»[99]

König «gehörte nicht mehr die Welt» – der individuelle Vater, als «Herr über sein Heim/seine Burg», rang dem Kriegsherrn wieder einen Teil seines Besitzes ab.

Wichtiger war noch, daß der Vater, der nunmehr legal Eigentum besaß, zum erstenmal in der Geschichte *eine Rechtsperson* wurde, ein «Gesetzlich anerkanntes Selbstbewußtsein» oder Ego.[26] Damit wurde erstens sein individuelles Selbstbewußtsein – das heroische Ego, dessen Evolution so mühsam erkämpft worden war – gesetzlich anerkannt und geschützt. Alle, die das Gesetz anerkannten, erkannten auch das persönliche Selbstbewußtsein an und nahmen am gegenseitigen Austausch dieses Bewußtseins teil. Zweitens: Eine Rechtsperson konnte nicht mehr *Sklave* oder materielles *Eigentum* einer anderen Person sein. Anders ausgedrückt, eine Rechtsperson war unter anderem *ihr eigenes Eigentum*. Wie Locke es formulierte: «Jeder Mensch hat Eigentum an seiner eigenen Person» – oder, wie die Umgangssprache es heute formuliert: Jedermann durfte «er selbst» sein.

Jede Rechtsperson, jedes ichhafte *«Ich»*, war sein eigenes Eigentum, sein eigenes «mich», und konnte angemessenes externes Eigentum, also «mein» besitzen. Jedes *Ich* hatte sein eigenes *mich* und *mein*. Das muß spirituell eingestellten Menschen sehr egoistisch und egozentrisch erscheinen; doch sollten wir daran denken, daß die Evolution sich gerade erst vom Präpersonalen zum Personalen, vom Animalischen und Subhumanen zum Individuellen und Persönlichen bewegte. Das «Ich-mich-mein» war das notwendige Korrelat dieser Evolution. (Es verschwindet wieder im Überbewußtsein, aber erst *nachdem* es seine Übergangsrolle gespielt hat.)

Das Bewußtsein rang zu dieser Zeit heldenhaft darum, sich aus seiner infantilen Einbettung in die instinktive Natur zu befreien und sich über den Bereich zu erheben, in dem Besitz nach dem Prinzip erworben wurde «Jeder frißt jeden» und der Grundsatz «Macht geht vor Recht» das Gesetz des Stärkeren begründete. Bedauernswert, jedoch anfänglich wohl nicht vermeidbar, war nicht so sehr, daß das ichhafte «Ich-mich-mein» gesetzlich anerkannt und geschützt wurde, sondern daß dieses Recht nicht auf mehr Individuen ausgedehnt wurde. Es war nicht zu bedauern, daß der Vater nun eine Person war, wohl aber, daß die Mutter es nicht war. Der Vater war gesetzlich geschützt, nicht aber die Sklaven – darin lag die Tragödie. Sie wird nicht dadurch korrigiert, daß man einige ihrer Personalität beraubt, sondern daß man Personalität zunächst einmal *allen* zuerkennt.

Die Tatsache, daß eine Rechtsperson ihr eigenes Eigentum war und sich selbst gehörte, bedeutete, daß ihr Selbstbewußtsein gesellschaftlich sanktioniert und im Austausch von Achtung wechselseitig anerkannt wurde. Es bedeutete auch, daß dieses Zentrum von Bewußtheit nicht länger mit der Natur verschmolzen und in ihr verloren war oder ganz offen einem anderen als Herrn überantwortet wurde. Auch konnte diese Personalität im Rahmen der Anerkennung der Gesetze nicht von anderen Personen verletzt werden. (Es braucht kaum hervorgehoben zu werden, daß es noch heute zahlreiche Völker, Regierungen und Institutionen gibt, die noch nicht einmal diese einfache, auf den kleinsten Nenner gebrachte Definition von Menschlichkeit verwirklicht haben.)

In derselben Weise war eine Rechtsperson die *sanktionierte Quelle ihrer eigenen Handlungen*. «Eine Person ist dasselbe, was ein Schauspieler ist», sagt Hobbes. Bekanntlich bedeutet das lateinische Wort *persona* «Maske oder Rolle eines Schauspielers». Das Ego ist anfänglich eine Anhäufung gesellschaftlicher Rollen für entsprechende Interaktionen, die allseits als bedeutsam, angemessen und «legal» anerkannt werden. Daher hatte nach römischem Recht ein Sklave keine *persona* – er war nicht seine eigene Person. Er war überhaupt keine Person (oder seine Person war Eigentum seines Herrn).

Ebenso wie eine Rechtsperson sich selbst besitzen kann, hat sie auch das Potential, die eigenen Handlungen *zu autorisieren*. Weder die instinktive Natur noch konformistische Gruppenzugehörigkeit, weder ein König noch mystische Naturgötter hatten Besitzanspruch auf das neue rechtliche Ego, weshalb keine dieser Gewalten der ausschlaggebende Autor der Handlungen des Egos sein konnte. Hobbes formulierte: «Denn das, was in bezug auf Güter und Besitztümer ein ‹Besitzer› genannt wird, wird in bezug auf Handlungen ein ‹Autor› genannt.» Dementsprechend besaß ein Sklave nach römischem Recht nicht nur keine *persona*, sondern konnte auch keine rechtlichen Handlungen begehen oder eigenes Handeln autorisieren (er konnte nicht abstimmen usw.). Als Urheber seiner eigenen Handlungen verfügte das neue rechtliche Ego über das *Potential*, seinen eigenen Tätigkeitsbereich bis zu einem gewissen Grad zu organisieren. Es konnte frei auswählen, sich vom Diktat der Natur (Es) und vom Diktat des Königs (Superego) befreien, die Verantwortung für die eigenen Handlungen übernehmen. Im heutigen Sprachgebrauch würde man sagen, es hatte das Potential, eine echte Person zu sein.

Eine echte Person – aus historischer Sicht bedeutete das: 1. Sie besaß Eigentum und war ihr eigenes Eigentum; 2. sie war der potentielle Urheber der eigenen Handlungen; 3. sie existierte als System des Austausches gegenseitiger Anerkennung und Achtung mit anderen Personen/Handelnden/Urhebern. *Nichts von alledem existierte in größerem Umfang vor der mittleren ichhaften Periode*, und alles das signalisierte eine bedeutsame evolutionäre Leistung. Es repräsentierte Austauschvorgänge des neu entstehenden reflexiven Bewußtseins, eine intersubjektive Einheit und Teilhabe am legal anerkannten Selbstbewußtsein – eine neue und höhere Form der Einheit auf dem Wege zum Einssein.

In gewissem Sinne muß heute jedes heranwachsende Kind den gleichen Prozeß des Aufbaus eines «Ich-mich-mein» durchlaufen. Das Kind muß seine eigene Person, sein eigenes Eigentum, sein eigener Autor oder verantwortlicher Urheber seiner eigenen Handlungen werden. Zunächst einmal muß es sein eigenes Eigentum werden, indem es sein Ich aus dessen ursprünglicher Einbettung in die materielle Umwelt herauslöst, aus der Verschmelzung mit der Mutter, mit Animismus, Magie und Mythos. Es muß den Besitz seines Bewußtseins von anderen auf sich selbst übertragen, die Verantwortung für dieses Besitzrecht übernehmen, Autor seiner eigenen Handlungen werden und damit aufhören, die Autorität über sein Leben der Mutter, dem Vater, dem König und dem Staat zu überlassen. Eine wirkliche Person sein heißt, Verantwortung und Urheberschaft übernehmen und dadurch von der prä-personalen Sklaverei zur personalen Autonomie übergehen. Es ist, kurz gesagt, die Begründung eines freien ichhaften Austausches.

Die Unterbrechung oder Störung ichhaften Austausches (historisch oder ontogenetisch) durch Verdrängung oder Überschußverdrängung führt zu einer Spaltung des Ego in solche *personae*, die akzeptabel, und solche, die nicht akzeptabel, nicht benötigt oder gefürchtet sind.[222] Die nichtakzeptablen *personae* werden als «Schatten» oder «unbewußte *personae*» entfremdet. Eine unbewußte *persona* oder ein Schatten wird zu einem «versteckten Gesicht», einer «geheimen Persönlichkeit», die sich ständig in die bewußten Kommunikationen des Ego einschleicht, sie verzerrt und zensiert. Eine Schattenpersona ist die Art und Weise, wie ein Individuum Kommunikation vor sich selbst verbirgt; es ist ein persönlicher Text, dessen Autorenschaft abgeleugnet wird, eine Stimme, zu der man sich nicht bekennt, ein unerlaubtes Antlitz. Eine Schattenpersona ist die Art und Weise, auf die ein Individuum sich weigert, den Text des eigenen Lebens, sein eigenes Ich, zu besitzen und zu verantworten. Der Schatten ist eine Quelle der unbewußten Bearbeitung, der Fehldeutung und Fehlübersetzung von Teilen des eigenen *linguistischen* Ich und seiner *erzählenden* Geschichte.[436] Der Schatten ist ein hermeneutischer Alptraum, der Sitz absichtlicher, wenn auch unbewußter Fehldeutung.*

Deshalb repräsentiert der Schatten persönliche Handlungen und Kommunikationen, deren Sinn das Individuum selbst nicht bewußt begreift; sein Schatten erscheint daher als ein *Symptom*.[436] Diese Schattensymptome verblüffen das Individuum, verwirren es – sie «kommen ihm Spanisch vor». Es weiß nicht, was sie bedeuten, weil es den Text seines eigenen Lebens und dessen erzählende Geschichte unbewußt falsch gedeutet hat. Das ist der Grund, warum ich den Schatten unmittelbar mit hermeneutischen Betrachtungen in Verbindung bringe. Hermeneutik ist, wie Sie sich erinnern werden, die Wissenschaft der Deutung: Was ist die *Bedeutung* von *Hamlet*? Oder von *Schuld und Sühne* oder Ihres eigenen Verhaltens, Ihrer Handlungen, Ihres Lebens? Man wird sofort erkennen, daß es keinerlei empirische Methoden gibt, die Antworten darauf zu verifizieren.[316, 433] Geben Sie mir einen wissenschaftlich-empirischen Beweis dafür, daß Sie *die* präzise Bedeutung von *Hamlet*, von *Endstation Sehnsucht* oder Ihres Traumes der letzten Nacht kennen. Das geht aus folgendem Grund nicht: Sobald wir die Ebenen erreicht haben, die über das sinnlich Erfaßbare hinausgehen (1/2), sobald wir zum Stadium der Gruppenzugehörigkeit oder des Geistes (3/4) gelangen, haben wir es mit Bedeutungsstrukturen zu tun, für die kein empirischer, auf Sinneswahrnehmungen beruhender Beweis mehr möglich ist. Deshalb sind wir genötigt (oder vielmehr dazu privilegiert), uns symbolischer, mentaler und kommunikativer Diskussion und *Deutung* zu bedienen, um uns über die wesentlichen Dinge klar zu werden – und das ist Hermeneutik. Kein Wunder, daß Habermas und andere eine so starke Trennungslinie zwischen empirisch-analytischer Untersuchung und hermeneutischer Untersuchung ziehen – es ist der Unterschied zwischen Forschung auf der Grundlage einerseits subhumaner und andererseits wahrhaft menschlicher Formen.[156, 177] Die meisten Schulen der ortho-

---

* Warum verbirgt ein Individuum Kommunikation vor sich selbst? Es verbirgt jene Aspekte kommunikativen Austauschs, die die Existenz des Ego oder der verbalen Ich-Vorstellung zu bedrohen scheinen. Es «opfert» diese Aspekte, «bringt sie um», stößt sie aus, entfremdet sie, um das eigene ichhafte Unsterblichkeitsprojekt zu bewahren. Der Schatten ist also ein Ersatzopfer der mental-ichhaften Form des Atman-Projekts.

doxen abendländischen Psychologie können Ihnen nicht ein einziges interessantes Faktum über den Sinn Ihres Lebens nennen, weil sie sich stolz auf empirisch-analytische Untersuchungen beschränken, das heißt auf Untersuchungen auf der Grundlage von Sinneswahrnehmungen, objektivierten subhumanen Formen und Vorgängen. Die befreiende Erkenntnis ist aber, daß das Leben eines mentalen Individuums ein Leben trans-empirischen, hermeneutischen Austausches ist.

Sobald also eine Person den Schatten benutzt, um Kommunikation vor sich selbst zu verbergen, verbirgt sie vor sich selbst auch den *Sinn* verschiedener Aspekte des eigenen Lebens, Verhaltens und Denkens. Darum erzeugt der Schatten auch «Symptome» – Aktionen und Gefühle, die das Individuum nicht begreift und nicht richtig interpretiert. Es ergeben sich also Handlungen und Gefühle, die ihm fremd erscheinen, bedrohlich, beängstigend, beunruhigend.[436]

Man darf den Schatten nicht mit dem Es (Typhon) verwechseln. Das Es ist emotional-sexuelle Energie, der Schatten weitgehend eine verbale und syntaktische Struktur.* Während jede Verdrängung des Es korrelative Schattenstrukturen stützt und verstärkt, kann der Schatten ohne nennenswerte Wirkung auf das Es verdrängt werden. (Ich kann Sexualität vor mir selbst nur verbergen, wenn ich auch einige Aspekte der Kommunikation vor mir selbst verberge. Ich kann jedoch bedeutende und umfangreiche Aspekte mentaler Kommunikation vor mir selbst verbergen, ohne Sexualität vor mir selbst zu verbergen.) Sobald eine Persona-Geschichte dem Ego entfremdet und von ihm dissoziiert ist (um zum Schatten zu werden), wird sie unweigerlich mit uroborischen und typhonischen Ausflüssen *vermengt*, und der ganze Komplex bildet dann den Kern von Neurosen oder, genauer ausgedrückt, von Charakterstörungen.

Wir gelangen jetzt an einen entscheidenden Punkt. Selbstachtung kann nicht entstehen, wenn das Ego in akzeptable *personae* und Schatten-*personae* dissoziiert ist, denn dann kann man sich selbst und auch andere nicht richtig und ehrlich (an)erkennen. Wer sich selbst nicht in allen Einzelheiten klar sieht, kann auch nicht vollwertig und

---

* Hier nehme ich entschieden Stellung für Jung, Lacan und andere und gegen den frühen Freud: Das «Unbewußte» besteht nicht nur aus nichtverbalen Energien und Vorstellungsbildern. Es kann hochstrukturierte und linguistische Systeme enthalten, von denen der Schatten eines ist. Das Es (Typhon) ist prä-verbal und besteht aus sexuellen und aggressiven Trieben; der Schatten ist linguistisch und hermeneutisch und besteht aus sinnvollen, aber dissoziierten erzählenden Einheiten.

ehrlich am wechselseitigen ichhaften Austausch teilnehmen. Man versteckt sich vor sich selbst und damit auch vor den anderen, und die anderen werden auch noch verborgen. Der ganze Fluß auf Gegenseitigkeit beruhender Selbsteinschätzung, aus dem praktisch die Selbstachtung besteht, wird unterbrochen und gestört. Es ist fast so, als komme man in einem fremden Land in Begleitung eines beschwichtigenden und betrügerischen Dolmetschers an (dem Schatten) und bemühe sich dann, sinnvolle Beziehungen zu anderen aufzubauen – Beziehungen, auf denen bald die eigene Selbstachtung beruht. Es ist zudem ein Dolmetscher, dem man nie mißtraut und mit dem man sich nie auseinandergesetzt hat – *und* der Dolmetscher ist man selbst.

Das unbewußt in dieser Falle gefangene Ego glaubt, es kommuniziere wahrheitsgemäß und offen mit anderen und sich selbst, während es in Wirklichkeit den Schatten vor sich selbst versteckt; es kommuniziert nicht so sehr Lügen als vielmehr halbe Wahrheiten. Der ganze Strom kommunikativen Austausches wird auf diese Weise mit «geheimen Texten» durchsetzt und durch unbewußtes Bearbeiten, Auslassen und Entstellen sabotiert. Das Individuum ist für sich selbst und andere nicht mehr transparent. Diese Undurchsichtigkeit bringt alle Versuche zu Selbstachtung, Integrität und genauer Selbsterkenntnis wie auch gegenseitiger Anerkennung durcheinander. Indem das Individuum seinen Ich-Text in Halbwahrheiten erzählt, liest es in sich selbst auch nur halbe Achtung.

Dieser Stand der Dinge läßt sich nur umkehren, wenn das Individuum in den Text seines Lebens die Erzählung des Schattens einbezieht – wenn es sich mit dem Schatten anfreundet und seine «Story» als eine legitime Episode des gesamten Textes des Ego akzeptiert. Oder, um es anders auszudrücken, wenn man den Schatten von einem Ausgestoßenen zu einer legalen Person macht, zu einem Teil des «rechtlich anerkannten Selbstbewußtseins».

Das bedeutet aber auch, daß das Ego willens und in der Lage ist, den Schatten richtig zu interpretieren, seinen Sinn bewußt zu erfassen und ihn in den umfassenderen Sinn der eigenen persönlichen Lebensgeschichte zu integrieren.[436] Ich will darauf nicht weiter eingehen, sondern es für völlig offensichtlich halten, daß hermeneutische Interpretation das Kernstück jeder sinnvollen Psychotherapie ist. Selbst die psychoanalytische Therapie beruht ganz auf dem, was sie ausdrücklich «Interpretation» nennt – das Ego beginnt seine Versöhnung mit dem Schatten, indem es lernt, die Symptome (Depressionen, Angstgefühle usw.) richtig zu interpretieren, *in denen* der Schatten sich jetzt verbirgt. Der Therapeut könnte zum Beispiel sagen: «Ihre depressiven Gefühle sind in Wirklichkeit maskierte (verborgene) Gefühle des Ärgers und der Ablehnung.» Er hilft dem Klienten, seine Symptome neu zu interpretieren, um dadurch herauszufinden, wie vor allem die Störung durch den Schatten die Symptome verursacht. Sind die Interpretation und das «Durcharbeiten» abgeschlossen, dann ist die *Bedeutung* des Schattens für das Ego transparenter, wodurch es in die Lage versetzt wird, diese Bedeutung seinem schon bestehenden hermeneutischen Fundus hinzuzufügen – es kann sich mit dem Schatten anfreunden, weil es den Schatten jetzt *versteht*. «Wir sind dem Feind begegnet, und siehe da, wir waren es selbst!»

Diese Interpretation des Schattens setzt oft voraus, daß man «in der eigenen Vergangenheit gräbt», einfach weil man in der erzählten Geschichte des eigenen Lebenstextes graben muß, um herauszufinden, auf welcher Seite dieses sich entfaltenden Textes man zuerst begonnen hat, diesen Text auf dem Wege über Schattenautorenschaft (unbewußt) zu bearbeiten, falsch zu interpretieren und zu entstellen. Diese Seite dann deutlich zu *sehen*, heißt die Entstehungsgeschichte des Schattens zu sehen, zu erkennen, wie die Zeilen des trügerischen Textes von da ab durch einen Schattenautor geschrieben wurden. Von diesem Ausgangspunkt aus kann man leichter die Fehlinterpretationen und versteckten Texte jener Schattenpersona rekonstruieren und re-interpretieren, so daß sich schließlich die beiden Erzählungen – die ichhafte und die des Schattens – zu einer umfassenderen und genaueren Interpretation der Bedeutung des eigenen ganzen Lebenstextes vereinen lassen. Kein Schatten mehr, keine Symptome mehr. Freud war so sehr von der «Erinnerung an die Vergangenheit» eingenommen, weil er sich der Notwendigkeit, die Schatten-Urheberschaft aufzudecken, bewußt war: «Wir werden uns der Vergangenheit erinnern, oder wir werden dazu verdammt sein, sie zu wiederholen.»

Das Ego muß also akzeptieren, daß es der Autor der Texte des Schattens und der Besitzer der vom Schatten kommenden Kommunikationen ist. Das Ego muß zu einer echten Person werden, muß Eigentumsrecht und Urheberschaft übernehmen und sich so in Richtung Autonomie und Integrität bewegen – zur höheren Einheit auf dem Wege zum EINSSEIN. Im vereinfachten Sinne ist das der wesentliche Gehalt und das Ziel der humanistisch/existentiellen Therapie: «Wie man eine Person wird» (Rogers). Was eine kollektive Menschheit vor dreitausend Jahren zu tun begann, muß jedes seither geborene Individuum ebenfalls versuchen: Ein ichhaftes «Ich-mich-mein» aufbauen, um ein verantwortungsbewußter Handelnder, Besitzer und Urheber zu werden.

Beenden wir dieses Kapitel damit, daß wir die «ichhafte Person» in die rechte Perspektive rücken, das heißt in den Zusammenhang der Großen Kette des Seins. Das Problem mit dem persönlichen Ego ist nämlich: Wie alle Formen des separaten Ich erkennt es nicht, daß es selbst nichts als ein flüchtiger Augenblick in einem viel weitergespannten Bogen der Evolution ist; zweifellos ein notwendiger und wünschenswerter Augenblick, nichtsdestoweniger ein nur vorübergehender, ein Zwischenspiel. Denn das neue Ego und seine neuen Besitztümer sind letztlich doch nur ein neues Ersatzsubjekt und neue Ersatzobjekte, neue Spielarten des Atman-Projekts. Die mystischen Weisen haben das stets verstanden; am besten ist es vielleicht in den Schriften des modernen Weisen Krishnamurti beschrieben. Er weist darauf hin, daß die Höchste Wirklichkeit (GEIST) in einem «nicht-wählerischen Gewahrsein» besteht, einem überbewußten Gewahrsein, das in keiner besonderen oder exklusiven Beziehung zu irgendeinem Subjekt oder Objekt steht.[240] Im Zen wird dieser höchste Zustand der Bewußtheit *wu-hsin (mushin)* genannt. Das bedeutet «nicht blockiertes» oder «nicht fixiertes» Bewußtsein, ein Bewußtsein, das wie ein dahinfließender Strom nicht zögert, stolpert oder sich aufhalten läßt, sondern frei und gleichmäßig über alle Manifestationen dahinströmt.[387] Im *Diamant-Sutra* heißt es: «Das erwachte Bewußtsein ist nirgendwo fixiert, noch weilt es an irgendeinem festen Ort.» Es entspringt ungehemmt dem Dharmakaya und kehrt mühelos dorthin zurück.

Eigentum und Person sind – über ihre vorübergehende Nützlichkeit hinaus – nichts als «Stolpersteine» oder «Blockierungen» auf dem Weg zum höheren Bewußtsein. Es sind Weisen, das separate Ich gegen die Transzendenz zu verteidigen und zu stärken, oder vielmehr Versuche, Transzendenz auf eine Weise zu erlangen, die sie im Grunde verhindert und nur Ersatzbefreiung liefert. Als Hui-neng den wesentlichen Gehalt des Zen mit den Worten zusammenfaßte «Nach innen keine Identität, nach außen keine Bindung», verwies er auf diese beiden Säulen des Atman-Projekts – das Ersatzsubjekt und das Ersatzobjekt. Das Individuum, das im Grunde auf der Suche nach der Wiederauferstehung des überbewußten ALL (Atman) ist, ersetzt es durch die innere Welt des Ego und die äußere Welt des Eigentums und beutet beide in dem irregeleiteten Streben nach Rückkehr ins ALL aus.

Für viele Individuen – gestern wie heute – war und ist das Ego mit seinen Besitztümern (Ich, mich, mein) nicht nur ein vorübergehender

Augenblick im Atman-Projekt, sondern dessen *einzige* Form. Für sie hat die Evolution aufgehört, und sowohl die Person als auch das Eigentum wurden durch das Atman-Projekt völlig überfordert. Die an sich so notwendige *persona* wurde zum *permanenten Ich*: «Die *persona* nimmt schließlich die moderne Bedeutung der Persönlichkeit als des *wirklichen Ich* an.»[62] Die Ego-*persona* blieb die Rolle eines Schauspielers, doch konnte dieser die Maske nicht mehr abnehmen. *The show must go on.* Deshalb sind die Worte «Nicht ich, sondern Christus» als treffender Hinweis auf die Höchste Urheberschaft bedeutungslos geworden. Eine «echte Person» zu sein, bedeutet daher, «das Überbewußtsein vermeiden».

Dies ist Ranks letzte, die «psychologische Ära». Es ist die Ära, die im modernen Amerika ihren fieberhaften Höhepunkt erreicht hat, wo Psycho-Geschwätz zum *«newspeak»* und das Handeln «aus dem Bauch» die große Masche geworden ist, wo einem die idiotischsten Heucheleien abgenommen werden, wenn man sie einleitet mit «Hier und jetzt fühle ich . . .».

Die psychologische Ära ist einfach die Ära des fixierten Ego, in der das persönliche Ich allein regiert. Es ist die Ära, in der wir gegenwärtig leben, in der wir bei einem tiefen Blick in die Seele nichts finden und nichts finden können als uns selbst. Unsere Person. Unser Eigentum.

Schuld, Zeit und Aggression

An anderer Stelle haben wir behauptet, daß was immer an Aggression dem Menschen eingeboren ist, durch Begriffe und Vorstellungen noch verstärkt wird. Erst diese nicht genetisch begründete Verstärkung führt zu der krankhaften und übermäßigen Aggression, die man nur beim Menschen antrifft. Der bedeutsamste Aspekt dieses kulturellen und begrifflichen Verstärkers ist das Todesstigma; denn die erhöhte Bewußtheit des Todes treibt das Ich-System in wild-defensive Machenschaften, deren verbreitetste ist, die Todesfurcht *nach außen* zu kehren und *andere* umzubringen. Das neue und erhöhte Selbstbewußtsein des Ego schien diesen Weg in vielfacher Hinsicht fortzusetzen: mehr des eigenen Ich bewußt und deshalb auch verwundbarer, deshalb auch potentiell stärker zum unbekümmerten Morden befähigt.

Das Ganze beginnt mit Schuldgefühlen und Zeit. Zu verschiedenen Bewußtseinsformen gehören, wie wir gesehen haben, verschiedene

Formen von Zeit. Außerdem enthält jede Bewußtseinsebene eine besondere Form des separaten Ichempfindens. Jede Form des separaten Ich wird von einer neuen Art der Todesfurcht (Thanatos) bedroht. Die Verdrängung dieser verschiedenen Formen der Gewißheit des Todes bringt auf jeder Ebene die ihr angemessene Form von Zeit hervor.

Da das Schuldgefühl im weitesten Sinne nur entstanden ist, weil der Mensch sich aus Eden gelöst hat und zu einem separaten Ich geworden ist, Schuld verbunden mit dem Begreifen des Todes, konnte Brown schreiben: «Deshalb mußte Zeit von einem Tier erschaffen werden, das Schuld empfindet und sühnen will.»[61] Von einem Tier, das den Tod fürchtet und ihm zu entkommen sucht – denn *das* erfordert Zeit. Tod, Schuld und Zeit – drei Seiten der einen Existenzangst.

Browns historische These besagt, daß der Übergang von der archaischen (magisch-mythischen) zur modernen (ichhaften) Periode eine Veränderung der Struktur der Zeit wie der Struktur der Schuld gebracht habe, und daß dies korrelative Veränderungen gewesen seien.[61] Inzwischen scheint uns diese Korrelation ziemlich einleuchtend zu sein, doch hat vor Brown niemand diesen außerordentlichen Zusammenhang von Zeit, Schuldgefühl, Tod und Verdrängung des Todes zur Kenntnis genommen.

«Der archaische Mensch erfährt Schuld und daher Zeit», heißt es bei Brown. Also auch bei ihm findet sich die Verknüpfung von Schuldgefühl sowie Angst und Furcht mit dem Tod und die Aussage, daß das Leugnen des Todes die Zeit ins Spiel bringt. «Der archaisch-mythische Mensch war bereits selbstbewußt genug, um Schuldgefühle zu haben, den Tod zu fürchten und ihn zu verdrängen. Deshalb projizierte er sein Ich in seiner Einbildung in die Zeit, um es zu schützen und zu bewahren.»

Brown unterscheidet jedoch zwischen dem Schuldgefühl und der entsprechenden Zeit der archaisch-mythischen Periode und denen der modernen (ichhaften) Zeit. Zunächst einmal verweist er auf Eliades weithin akzeptierte Unterscheidung zwischen mythischer und moderner Zeit. «Mythische Zeit ist zyklisch, periodisch, unhistorisch; während moderne Zeit historisch fortschreitend, kontinuierlich und unumkehrbar ist.» Brown stellt dann die notwendige Verbindung her: «Eliades Unterscheidung zwischen archaischer und moderner Zeit ... ist zu verstehen als *Darstellung verschiedener Strukturen von Schuld.*» Daher: «Im modernen Menschen ist die Schuld so angewachsen, daß es nicht mehr möglich ist, sie in alljährlichen Wiedergeburts-Zeremonien zu sühnen. Daher häuft sich die Schuld an und auch die Zeit. Die alljährliche Sühne der Schuld beweist, daß die archaische Gesellschaft keine Geschichte hat. Die Häufung der Schuld belädt die moderne Gesellschaft mit einem historischen Schicksal.» Ich würde es nicht ganz so negativ formulieren. Geschichte war schließlich nicht nur Steigerung von Schuld, sondern auch Steigerung des Bewußtseins. Was Brown jedoch klar hervorhebt: Unterschiedliche Strukturen von Schuld bedeuten unterschiedliche Strukturen von Zeit.

Darüber hinaus ist Brown der Ansicht, daß diese Transformation von der archaisch-mythischen Zeit/Schuld zur modernen ichhaften Zeit/Schuld innerhalb patriarchalischer Gesellschaften und vor allem patriarchalischer Religionen geschah. Er stellt auch eine eindeutige Verbindung her zwischen der neuen Zeit/Schuld-Struktur und dem gleichzeitigen Aufkommen von privatem Eigentum. «Die kumulative historische Zeit, die die alte Lösung des Schuldproblems durch mythisch-jahreszeitliche Riten zunichte machte, bringt eine neue Lösung hervor. Sie besteht darin, die Sühnezeichen, d. h. den wirtschaftlichen Überschuß, zu akkumulieren.» Hier werden wir darauf hingewiesen, daß die Transformation von mythischen zu ichhaften Antrieben auch eine neue Form wirtschaftlichen Antriebs mit sich brachte, den «zur Schau gestellten Konsum», der die neu entstehende Selbstachtung unterstützen sollte.

Das neue Ego brachte eine neue Zeit sowie eine neue Schuld (und eine neue Wirtschaft) in die Welt. Brown beschreibt die fatalen Folgen: «Die neue, gleichmäßig schuldbeladene Form des Besitzes setzt den Beginn des räuberischen Systems, das Veblen beschreibt, und verwandelt den archaischen Masochismus in modernen Sadismus.» Das heißt, die neue ichhafte Struktur enthielt auch die Möglichkeit einer neuen und intensiveren Form der Aggression als Reaktion auf eine intensivere Form von Schuldgefühl.

Aggression und Massenmord in Form von Krieg begannen in der frühen Struktur mythischer Gruppenzugehörigkeit. Und die Kriegsmaschinerie selbst wurde gegen Ende der Periode der Gruppenzugehörigkeit geschaffen, ungefähr im dritten vorchristlichen Jahrtausend in den Stadtstaaten von Sumer – in Kish, Lagash, Ur und wie sie hießen. Was wir über die Natur mörderischer Aggression in der damaligen Zeit sagten, hat immer noch Gültigkeit und kann auch auf die ichhafte Periode angewendet werden, nur in noch stärkerem Maße. Zweifellos ist die Kriegsmaschine während der ichhaften Periode in vieler Hinsicht total außer Kontrolle geraten. Die Schranken «heiliger» Werte sind gefallen oder in «heilige Kriege» pervertiert. Heute werden Kriege mehr und mehr wegen Ideen und nicht um Güter und Besitz geführt. Auf diese Weise wird die bloße und sinnlose Zerstörung von Sachen, Menschen und Eigentum vollkommen akzeptabel – nicht Güter, sondern Abstraktionen sind jetzt Gegenstand des Krieges. Das neue Ich-Gefühl, machttrunken und von seinen organischen und typhonischen Wurzeln abgetrennt, marschiert unbekümmert über Berge verstümmelter endlicher Objekte und sichert sich dadurch seine symbolischen Atman-Gefühle. Natürlich sind nicht alle Egos so, nicht einmal die meisten. Aber *nichts*, absolut nichts dieser Art hat vor der ichhaften, heroischen, individualistischen Periode existiert. Sehen wir uns an, was vom Herrscher Tiglatpileser I. (1115–1077 v. Chr.) berichtet wird. «Er fügt den Namen seines Gottes nicht mehr dem eigenen Namen hinzu . . .» beginnt der schauderhafte Bericht:

Seine Eroberungen sind durch die monströsen Prahlereien auf einer großen Tontafel gut bekannt. Seine grausamen Gesetze sind uns auf einer Sammlung von Gedenktafeln überliefert. Forscher haben seine Politik eine «Politik des Schreckens» genannt. Und das mit Recht. Die Assyrer fielen wie Schlächter über harmlose Dorfbewohner her, versklavten die Fliehenden, deren sie habhaft werden konnten, und schlachteten andere zu Tausenden ab. Auf Basreliefs sieht man, daß man die Bevölkerung ganzer Städte lebendig pfählte, so daß die Pfähle den Menschen zwischen den Schultern wieder heraustraten. Seine Gesetze verkündeten die blutigsten Strafen, die man in der Weltgeschichte je gekannt hat, und zwar selbst für relativ harmlose Vergehen. Sie stehen in auffallendem Gegensatz zu den gerechteren Verwarnungen, die der Gott von Babylon sechs Jahrhunderte früher dem Hammurabi diktierte.[215]

«Warum zum erstenmal in der Geschichte der Zivilisation diese Grausamkeit?» fragte Jaynes. Seine Antwort entspricht im wesentlichen meiner These. «Grausamkeit als Versuch, durch Furcht zu regieren, ist eine Randerscheinung des subjektiven (ichhaften) Bewußtseins.»[215]

Die mörderischen Impulse der Tyrannenkönige wurden der Welt insgesamt nicht aufgezwungen, denn diese Welt nahm sie allzu oft willig hin. Das neue Ego, selbstbewußter als sein Vorgänger in der Periode mythischer Gruppenzugehörigkeit, war auch verwundbarer, schuldiger, noch mehr von Todesangst erfüllt. Deshalb war es auch eher bereit, sich auf massive Ersatzopfer einzulassen. Es war ja gar nicht so, daß nur der König kriegerische Raubzüge organisierte, sondern das Volk unterstützte seine Schlächtereien ekstatisch. «Da haben wir eine Ursache für die freudige Begeisterung, die oft bei Ausbruch eines Krieges zu verzeichnen war», bemerkt Mumford. Rank meinte, das *Unsterblichkeitskonto* einer Gemeinschaft stehe auf dem Spiel, und je mehr Unsterblichkeit man einem anderen rauben könne, indem man ihn umbringt, desto größer würde das eigene Unsterblichkeitskonto.

Und warum revoltieren wir nicht heftig wegen des Verlustes derer, die aus unseren eigenen Reihen im Krieg getötet werden? «Wir bedauern unsere Gefallenen ohne übermäßige Niedergeschlagenheit, weil wir in der Lage sind, uns über eine gleich große, wenn nicht größere Zahl von Gefallenen in den Reihen des Feindes zu freuen», sagt Zilboorg. Indem wir auf diese Weise unser Unsterblichkeitskonto auffüllen, wird der Druck für einige Zeit von uns genommen, und im Kielwasser dieser Freude wächst unsere «Liebe» für das jeweilige Ego anderer. Duncan hat mit seinem bösartigen Kommentar recht: «In dem Maße, in dem wir unsere Feinde auf dem Schlachtfeld verwunden oder töten und ihre Frauen und Kinder in ihren Heimen abschlachten, vertieft sich unsere Zuneigung zueinander. Wir werden zu Waffenbrüdern. Unser Haß aufeinander wird in den Leiden unserer Feinde geläutert.»[26] Und so versucht das neue Atman-Projekt, einerseits kosmische Selbstachtung zu erlangen und andererseits die Defizite unseres Unsterblichkeitskontos aufzufüllen oder zu rächen – mit allen verfügbaren Mitteln.

Zusammenfassung: Austauschstörung und das ichhafte Atman-Projekt

Die neue ichhafte Struktur hat also als wahre Evolution des Bewußtseins dem Menschen neue und erweiterte *Potentiale* gebracht. Sie gab ihm die neue Austauschebene auf Gegenseitigkeit beruhender Selbsteinschätzung und Achtung. Sie brachte eine höhere Mentalität, die Möglichkeit rationalen Begreifens, Selbstbetrachtung, das Erfassen historischer Zeit, die endgültige Transzendenz von Natur und Körper, formales operationales Denken, die Befähigung zur Innenschau, eine neue Form der Moral und deren potentielle Wertschätzung sowie schließlich den Beginn der Unversehrbarkeit der Personalität. Alles das mag noch nicht universal in die Tat umgesetzt worden sein, doch war das *Potential* für solche Austauschvorgänge nun eindeutig vorhanden.

Die neue ichhafte Struktur brachte zwangsläufig auch neue Ängste.

Und diese im Ego inhärenten neuen Ängste führen im Verein mit den neuen Kräften des Ego zur *Möglichkeit* eines vom Ego ausgeübten noch brutaleren Terrors. So wie das Ich (bis heute) die höchste Ebene des vielschichtigen Durchschnitts-Individuums ist und die Macht hat, nicht nur seine eigene Ebene, sondern *alle* niederen Ebenen zu stören, zu unterdrücken und zu verdrängen, so konnte das ichhafte Atman-Projekt nicht nur seine eigene Ebene ausbeuten, sondern alle niederen Ebenen des Seins mit dem Versuch ausbeuten, Ersatzbefriedigung, Scheintranszendenz und symbolische Unsterblichkeit zu erlangen. Das ichhafte Atman-Projekt konnte folgende Vorgänge ausbeuten (und damit auch stören):

1. Materieller Austausch: der Versuch, unbegrenzten Wohlstand und Eigentum zu besitzen, Geld und Gold, Güter und Kapital als Unsterblichkeitssymbole.
2. Gefühlsmäßig-sexueller Austausch: der Versuch, aus orgasmischer Entspannung und hedonistischer Ausschweifung oder ganz allgemein gefühlsmäßigem Überschwang transzendente Befriedigung zu erlangen.
3. Austausch verbaler Gruppenzugehörigkeit: der Versuch, die eigene Ideologie und die eigene Version symbolischer Unsterblichkeit verbal zu propagieren, den im Idealfall freien kommunikativen Austausch zu stören, das Bewußtsein der Gruppenzugehörigkeit zu kontrollieren und symbolische Allmacht zu erlangen; kommunikative Störung durch Abwehr- und Ersatzmanöver.
4. Austausch ichhafter Selbstachtung: der Versuch, anderen ihre gleichberechtigte Anerkennung und Achtung zu nehmen, indem man erzwingt, daß das eigene Ego die «Nummer Eins» ist und anerkanntermaßen über allen anderen steht, kosmozentrisch und von allen verherrlicht.

Zweifellos wäre das vorrangige und unmittelbare Ziel jeder gesunden und humanen Gesellschaftstheorie, auf jeder Austauschebene des vielschichtigen Individuums die Unterdrückung und Verdrängung zu verringern und zu beseitigen. Ohne daß ich von diesem Ziel ablenken möchte, will ich doch darauf hinweisen, daß – obwohl *einige* dieser Übel (der Unterdrückung und Verdrängung) auf der ichhaften Ebene nur potentiell und nicht zwangsläufig gegeben sind – sie nichtsdestoweniger *mögliche Tendenzen* der ichhaften Ebene sind, in jedem Menschen. Ich gebe zu, daß sie vermindert und humanisiert werden können. Der entscheidende Punkt ist jedoch, daß immer dort, wo es ein exklusives Ego gibt, auch das ichhafte Atman-Projekt anzutreffen ist – und gerade das ist das überragende Problem.

Solange die ichhaften Formen des Atman-Projekts gegenwärtig sind, garantieren sie gerade diese Art von Austauschstörung, Unterdrückung, Verdrängung, Ungleichheit und Ungerechtigkeit – denn sowohl der Herr als auch der Sklave bedürfen ihrer. Kein Wunder, daß Otto Rank feststellt «Wirtschaftliche Gleichheit ist jenseits der Strapazierfähigkeit des demokratischen Typs» der Person. Was übrigens auch auf den sozialistischen Typ zutrifft. Das demokratische Ego und das sozialistische Ego bleiben Egos, und ihrer Struktur nach beherbergen Egos die *Tendenz* und die *Macht* zur Ausbeutung, Verdrängung, Unterdrückung. Ein Tschechoslowake hat einmal den beängstigenden Ausspruch getan: «In der Demokratie beutet der Mensch den Menschen aus, im Kommunismus ist es umgekehrt.»

Und warum ist Gleichheit für das Selbstverständnis des Ego nicht akzeptabel? Ganz einfach: Besitzt *jedermann* die gleiche Menge und Art sichtbarer Unsterblichkeitssymbole, dann verfehlen diese Symbole unweigerlich ihren tröstenden Zweck, dann sind wir alle gleichermaßen unsterblich, was so viel heißt, daß keiner von uns unsterblich ist. Da wir keine wahre Transzendenz und Zeitlosigkeit erlangen können, werden wir dazu verleitet, anderen so viel Unsterblichkeits- und Transzendenzsymbole wie möglich zu stehlen. Das ist einer der Faktoren, die zu Ausbeutung führten (der König und der Staat können stets schneller zugreifen als ein Einzelner); er führte zu sozialer Ungleichheit (einige Bürger können schneller zupacken als andere) und zu radikalen Klassenunterschieden (die schnellen Zugreifer oben, die langsamen unten). «Der moderne Mensch kann wirtschaftliche Gleichheit nicht ertragen, weil er nicht an ichtranszendierende Symbole glaubt [das heißt an *wirkliche* Transzendenz]; sichtbare physische Werte sind für ihn das einzige, was ihm ersatzweise oder symbolisch ewiges Leben gibt.»[26] Das trifft für alle Austauschebenen zu – entweder wir finden wahres Atman, oder wir liefern den Austausch aller Ebenen dem Atman-Projekt aus.

Buddha hätte das aufgrund seiner tiefen Einsicht in die notwendigen Beziehungen zwischen Anhaften, Furcht und Haß sehr einfach darstellen können. Denn laut Buddha entstehen Haß und Aggression überall dort, wo es Anhaften (Festhalten und Ergreifen) gibt, weil der Mensch alles mobilisiert, um die eigenen Bindungen oder Anhänglichkeiten zu verteidigen. In diesem Sinne ist Aggression *Verteidigung des*

Eigentums. Selbst in der Welt der Tiere erfolgt Aggression fast immer zur Verteidigung des eigenen Territoriums. Als einziges aller «Tiere» besitzt der Mensch *Eigentum an seiner Person* und damit eine neue Form der Aggression. Der Mensch alleine schlägt blindlings um sich, um seinen ichhaften Unsterblichkeitsstatus zu verteidigen und «das Gesicht zu wahren» (seine Maske, *persona*, zu bewahren). Jedes Anhaften, jeder Besitz, sei es innerlich als Ich oder äußerlich als Eigentum, wirkt wie ein Nadelstich oder eine Verletzung der nicht-wählerischen Bewußtheit, die mit dem Gestank von Feindseligkeit eitern wird.

Die Menschheit wird diese Art mörderischer Aggression, von Krieg, Unterdrückung und Verdrängung, Anhaften und Ausbeutung, nie, ich wiederhole nie, aufgeben, ehe sie nicht den Besitz aufgibt, den man Persönlichkeit nennt – das heißt, ehe sie nicht zur Transzendenz erwacht. Bis dieser Zeitpunkt gekommen ist, werden Schuld, Mord, Eigentum und Person stets Synonyme bleiben.

16. *Morgendämmerung des Elends*

Einige Aspekte des Bildes, das ich von der mental-ichhaften Struktur gezeichnet habe, sind nicht gerade schön. Noch weniger angenehm ist die Erkenntnis, daß Ihr eigenes Gesicht und mein Gesicht nun als winzige Flecken in einer Ecke dieses Bildes erscheinen. Denn wir alle, wir modernen Menschen, leben in der Welt ichhafter Struktur; sie bildet den Rahmen für unser jeweiliges Verhalten und setzt die Grenzen unserer Perspektiven fest.

Nicht die Existenz der ichhaften Struktur selbst ist unser Gefängnis, sondern die exklusive Identifizierung unserer Bewußtheit mit dieser Struktur. Die Struktur selbst enthält viel Gutes – eine logische und syntaktische Brillanz, die die Medizin, Naturwissenschaft und Technologie hervorbrachte. Wir lassen diese Struktur jedoch nicht *für* uns arbeiten, weil wir diese Struktur selbst *sind*. Vielmehr haben wir uns völlig mit ihr identifiziert, dadurch dem Ego das Atman-Projekt aufgebürdet und die Erzeugnisse des Ego mit Forderungen korrumpiert, die sie nicht erfüllen können. So haben wir beispielsweise an die Technologie die unsinnige Forderung gestellt, sie solle unsere Erde zum Himmel machen, was im Grunde bedeuten würde, sie solle das Endliche zum Unendlichen machen. In diesem verzweifelten und wilden Bemühen, das Endliche zu unendlichen Proportionen aufzublähen, haben wir nur die Endlichkeit aufgebläht. Deren Grenzen anzuerkennen, scheint uns unmöglich. Statt das Endliche zu transzendieren, treibt uns der unbewußte Drang zur Transzendenz nur dazu, es zu entstellen und zu zerstören. Und genau das ist der traurige Stand der Dinge; so ist es um unser gegenwärtiges Zeitalter bestellt. So ist das entstanden, was wir im Vorangegangenen dargestellt haben.

Diese unerfreuliche Situation, diese ichhafte Atmosphäre von

Schuld, drohendem Verhängnis und Verzweiflung ist nicht etwas, was ich in die anthropologischen Berichte *hinein*lese, sondern was ich aus ihnen *heraus*lese. Denn der angstvolle Aufschrei des Ego entringt sich nicht einigen Neuromantikern oder Transzendentalisten unserer Zeit, sondern der kollektiven Menschheit im zweiten und ersten vorchristlichen Jahrtausend. Es ist so, als hätten die Menschen genau gewußt, was ihnen geschah – daß der Tag des Sündenfalls gekommen war, daß das Ego sich aus seinem Schlummer im Unbewußten löste. Es ist so, als ob sie alle wußten, daß die überlieferten Berichte und Mythologien jener Zeit von psychischer Angst künden, und zwar auf eine Art und Weise, wie sie *nie zuvor* geäußert und aufgezeichnet wurde. Jenes «noch nie Dagewesene» kündigte seine Anwesenheit in der ganzen Welt an.

Wo immer ich mich hinwandte, traf ich auf Böses über Böses.
Das Elend nahm zu, Gerechtigkeit fuhr dahin,
Ich rief zu meinem Gott, aber er zeigte sich nicht;
Ich betete zu meiner Göttin, aber sie erhob nicht ihr Haupt.[26]

Das stammt vom armen Tabi-utul-Enlil in Babylonien um die Zeit von 1750 v. Chr., fünfzehnhundert Jahre vor Hiob. Und man konnte wirklich nicht behaupten, Enlil sei nicht fromm und gottergeben gewesen.

Zu beten, war meine tägliche Übung, Opfern mein Gesetz,
Der Tag der Verehrung der Götter, der Freude meines Herzens,
Der Tag der Ergebenheit an die Göttin,
Die mir mehr als alle Reichtümer bedeutet.

Enlil war aus irgendeinem Grund zu wach, zu selbstbewußt, zu verwundbar und sich des Dilemmas der Sterblichkeit zu bewußt, als daß er das alles einfach auf irgendeine mythische Gottgestalt abschieben konnte. Keine magischen und mythischen Beschützer stehen ihm zur Seite. Schlicht und einfach Angst – das ist Enlils Schicksal. Und er, gesegnet sei der arme Mann, er weiß es.

Der Mensch, der gestern noch lebte, ist heute tot;
Im Handumdrehen muß man um ihn trauern,
Urplötzlich ist er vernichtet;
Heute noch singt und spielt er;
Einen Augenblick später wehklagt er wie ein Trauernder.[70]

Vor dieser Periode existiert nichts Vergleichbares in der Literatur oder
in sonstigen Aufzeichnungen. Nun aber, im zweiten und ersten vorchristlichen Jahrtausend, gibt es eine wahre Explosion von Berichten
voller Kummer, Zweifel und Trauer:

> Siehe, mein Name ist verhaßt
>> Siehe, mehr als der Gestank der Vögel
>> An Sommertagen, wenn der Himmel glüht.
> Zu wem kann ich heute sprechen?
>> Meine Brüder sind böse;
>> Den Sanftmütigen gibt es nicht mehr.
>> Mit Elend bin ich beladen.
>> Verruchtheit sucht das Land heim;
>> Es nimmt kein Ende.
> Der Tod liegt heute vor mir:
>> Wie das Heim, nach dem ein Mensch sich sehnt,
>> Nach Jahren verbracht in Gefangenschaft.[70]

«In der gesamten Literatur vor diesen Texten gibt es keine Spur einer
derartigen Betroffenheit.»[215]

Das Ego bedeutete tatsächlich ein monumentales Wachstum des
Bewußtseins, das daher auch einen monumentalen Preis forderte. Einen Preis, den man, wie die Literatur jener Zeit uns zeigt, furchtbar
nennen muß, angsterregend und niederschmetternd. Campbell
schreibt in diesem Zusammenhang: «Schließlich, nach allen diesen
Mythen über Unsterblichkeit und Könige, die kamen und gingen wie
der Mond . . . nach den hohen und heiligen Märchen von der Schöpfung aus dem Nichts, nach magischer Verbalisierung, Masturbation,
Geschlechtsverkehr zwischen göttlichen Wesen, den frühen Streichen,
die die Götter einander und ihren Geschöpfen spielten, von gewaltigen Überschwemmungen, Mißgeburten und was sonst noch – nach
alledem nahm etwas, das zuvor nicht einmal als Stichwort auf der Liste
der behandelten Themen aufgetaucht war, nämlich das moralische
Problem des Leidens, seinen Platz auf der Mitte der Bühne ein – wo es
seither geblieben ist.»[70]

Campbell nennt diesen kritischen Punkt «*die Große Umkehr*», da es
die Zeit war, die *erste* übrigens, «in der viele Menschen im Abendland
wie im Orient sich nach Befreiung von etwas sehnten, was sie als einen
untragbaren Zustand der Sünde, der Vertriebenheit und der Verblendung empfanden».[70] Sieht man sich Abbildung 1 an, dann ist «die

große Umkehr» genau der Punkt oben auf dem Kreis, an dem der auswärtige in den inwärtigen Pfad umschlägt. Im Grunde ist das der Punkt, an dem wir uns heute befinden, auf dem höchsten Punkt der Kurve der Entfremdung, in der Halbzeit der Evolution. Denn dieser Punkt der «Großen Umkehr» ist der, «auf dem wir seither geblieben sind», notiert Campbell.

Das Ego markiert also den äußersten Punkt der Verwundbarkeit, die Hälfte des Weges zwischen dem Eden des Unbewußten und dem HIMMEL des Überbewußten. (Hier und in den folgenden Kapiteln verwende ich den Ausdruck HIMMEL in seinem rein transzendenten und überbewußten Sinn, angesiedelt auf den Ebenen 6–8, und nicht als den ichhaften Himmel der Ebene 4.) Und daher können wir die ichhafte Periode die Zeit der Großen Umkehr nennen, oder, wie die Theologen es von Alters her getan haben, den Sündenfall des Menschen. Denn, um die nüchterne Bemerkung von L. L. Whyte zu wiederholen: «Jetzt, wenn überhaupt, findet der Sündenfall des Menschen statt.»

Aber was ist geschehen? Was genau hat sich ereignet? Haben die Götter den Menschen im Stich gelassen? Hat die Menschheit einfach einen kollektiven Nervenzusammenbruch erlitten? Was es auch gewesen sein mag – auf jeden Fall kennzeichnete es nichts weniger als, in Whytes Worten, «eine tiefgreifende Transformation der menschlichen Natur zu jener Zeit».

Natürlich gibt es auf dieses komplexe Problem keine einfache Antwort. Stattdessen möchte ich kurz vier wichtige Faktoren aufzeigen, die fast gleichzeitig zu dem Gefühl des «Gefallenseins» beigetragen haben.

Erstens war (und ist) die ichhafte Struktur als in hohem Maße bewußte und selbstreflexive Wesenheit *zwangsläufig* für natürliche Schuld und Existenzangst offen. Whyte formulierte das so: «Dies war die Hinwendung der menschlichen Aufmerksamkeit auf einen neuen Bereich, nämlich auf die geistigen Prozesse, die im Menschen selbst ablaufen. Der auf die Außenwelt eingestellte Heide wurde sich seiner moralischen Konflikte, seiner selbst und seiner Trennung von der Natur bewußt. Die Erkenntnis der Konflikte führte zur Selbsterkenntnis und zum Schuldgefühl.»[426] Dies war nicht eine *neurotische* Schuld, keine Schuld, die sich vermeiden ließ, oder eine, deren Existenz eine fehlerhafte Wahrnehmung oder eine Störung durch den Schatten signalisierte. Es war vielmehr das einfache, natürliche Ergebnis des Entstehens des Selbstbewußtseins. Wie Neumann sagte: «Mit dem

Auftauchen des Ich [Ego] ist die Paradiesessituation aufgehoben. Die Aktion des Ich wird als Schuld, und zwar als Urschuld und Sündenfall empfunden ... Das Ego meint, die Ichwerdung als Schuld zu erkennen, das Leiden, die Krankheit und den Tod als Strafe.»[311]

Zweitens, als sei dies alles noch nicht schlimm genug, gab es die Möglichkeit, dieser natürlichen Schuld die überschüssige Schuld neurotischer Störungen hinzuzufügen – die überschüssige Schuld, die sich aus der Überschußverdrängung von seiten des väterlichen Superego ergibt. So kann beispielsweise überschüssige begriffliche Aggression vom Superego gebunden und auf das Ichsystem zurückprojiziert werden, mit Ergebnissen, die zwischen neurotischer Schuld über Angstkomplexe bis zur Phobie reichen.[126, 328, 429] Das ist jedoch nur ein Beispiel für den zweiten Faktor, zu dem im allgemeinen alles gehört, «was schiefgehen kann» – alle im vorhergehenden Kapitel beschriebenen Austauschstörungen. Kommen diese zu den natürlichen Ängsten der ichhaften Struktur hinzu, dann wird das Unbehagen verdoppelt.

Der dritte Faktor ist in mancher Hinsicht der bedeutsamste. Als die Individuen aus ihrer Welt magischer und mythischer Götter und Göttinnen erwachten – den einfachen exoterischen, naturhaften und infantilen Vorstellungen mütterlichen und väterlichen Schutzes –, da fühlten sie *bewußt* wie nie zuvor ihre *tatsächliche Entfremdung* von der wahren Gottheit und wahren GEIST. Der Durchschnittsmensch der magischen und mythischen Zeit war dem GEIST sogar noch ferner als das Ego es ist; infolge seiner Unwissenheit und seines Schlummers wurde er seiner tatsächlichen Entfremdung aber nicht deutlich gewahr.*

Als diese mythischen Individuen jedoch zu wahrhaft einzelnen und selbstbewußten Wesen erwachten, mußten sie einerseits den Verlust ihrer infantil-mythischen Beschützer in Kauf nehmen und andererseits

---

* Er befand sich auf einer niederen Ebene der Großen Kette, weiter entfernt von der oberen Grenze der Evolution (Ebene 7), die eine bewußte Verwirklichung des GEISTES beinhaltet, obwohl er natürlich – wie alle Dinge – immer schon im GEIST (Ebene 8) verwurzelt war. Deshalb unterscheiden wir zwischen dem GEIST als allerhöchster evolutionärer Ebene (Dharmakaya) und dem GEIST als Urgrund aller evolutionären Ebenen (Svabhavikakaya). Nur mit diesem Urparadoxon – ZIEL *und* URGRUND – kann man die unbestreitbare Tatsache beschreiben, daß alle Individuen an sich schon erleuchtet sind, daß sie jedoch durch meditative Stadien evolvieren und fortschreiten müssen, um diese Tatsache zu erkennen. GEIST ist sowohl die höchste Stufe der Leiter als auch die Leiter selbst.

Abb. 17 Ixion. Etruskischer Bronzespiegel aus dem 4. Jahrhundert v. Chr.
«In der Periode des Pythagoras in Griechenland (etwa 582–500 v. Chr.) und
des Buddha in Indien (563–483 v. Chr.) kam es zur . . . Großen Umkehr. Das
Leben erwies sich nun als feuriger Strudel von Verblendung, Begierden, Ge-
walttätigkeit und Tod, eine brennende Wildnis . . . In der Lehre Buddhas wurde das Bild des sich drehenden Speichenrades zum Zeichen einerseits des
steten Kreisens von Kummer und Sorge und andererseits der Befreiung durch
die sonnengleiche Lehre von der Erleuchtung. In der klassischen Antike erschien dieses Rad zur gleichen Zeit als Emblem für die Niederlage und das
Leid des Lebens.»[72] Ixion, der von Zeus an ein flammendes Speichenrad
gebunden wurde, ist einfach die ichhafte Struktur, und das Rad selbst ist der
Kreislauf des Samsara. Die Botschaft des Buddha lautet:

Du leidest an dir selbst, niemand sonst nötigt dich,
Niemand sonst bindet dich an Leben und Tod;
Du drehst dich auf dem Rad und klammerst dich an seine Speichen
Des Leides, seine Felge aus Tränen, seine Nabe des Nichts.

ihre tatsächliche Entfremdung von Gott erkennen. Sie verloren nicht ein echtes Gottesbewußtsein, wie Romantiker und Theologen es gerne darstellen, sondern ihre Einbettung in einfache mythische Vorstellungen von elterlichem Schutz. Dennoch ahnten sie mehr als zuvor ihre Trennung vom GEIST, und diese doppelte Trennung muß in den empfindsameren und intelligenteren Seelen der damaligen Epoche, etwa dem armen Enlil oder später bei Hiob, eine Quelle akuter Seelenqual gewesen sein.

Aber nicht alle Egos sind einfühlsam und intelligent. Beim vierten Faktor, der zum Sündenfall beigetragen hat, tritt der Starrsinn des Ego in den Vordergrund. Die große und dauerhafte Leistung des heldenhaften Ego war seine Fähigkeit, den Angriffen des Uroboros, des Typhon, der Großen Mutter, von Magie und Mythos zu widerstehen. Diese Angriffe drohten das Bewußtsein aufzulösen und bargen die Gefahr der Rückkehr zu chthonischer Dunkelheit und zum Unbewußten. Doch verleitete gerade diese Stärke das heldenhafte Ego zu der irrigen, ja illusorischen Annahme, es sei völlig unabhängig und selbstgenügsam.

Dieser Irrtum war nur möglich, weil das Ego nicht nur die unteren Bewußtseinsebenen, aus denen es hervorgegangen war, verdrängte (oder mit aller Gewalt vor ihnen die Augen verschloß), sondern auch die höheren Bereiche, die doch seine Bestimmung sein sollten. Das Ego hielt das Unbewußte und das Überbewußte von sich fern. Daraus entwickelte sich unsere typisch abendländische Grundhaltung: kühl, rational, abstrakt, isoliert, verbissen überindividualistisch, unbeweglich, den eigenen Emotionen abhold, voller Mißtrauen gegen Gott. Dieses Ego baute auf der Verdrängung der für seine Existenz notwendigen ERDE und der Leugnung des tatsächlichen HIMMELS auf. Und mit diesem doppelt verteidigten Bewußtsein machte sich das neue Ich mit seiner Vision von Kosmozentrizität daran, die abendländische Welt neu zu gestalten.

Man könnte natürlich einwenden, dieses neue heldenhafte Ego sollte eigentlich *nicht* von dem Gefühl beeindruckt sein, der Mensch sei in einen Sündenfall verstrickt. Es müßte eher mit dem wiegenden Gang eines Western-Helden à la John Wayne inmitten schlichter Sterblicher einherstolzieren und dabei Selbstvertrauen, Optimismus und sogar Fröhlichkeit ausstrahlen, nach der Devise: der Mensch (das rationale Ego) vermag alles! In gewisser Hinsicht trifft dieser Einwand zu; außerdem hat das Ego ja wirklich seine Funktion als eine notwendige Phase der Evolution. Und während es in dieser Phase ist, spielt es mehr oder weniger gekonnt die Rolle des jugendlichen Western-Helden, der davon überzeugt ist, alles zu vermögen, und der die Welt herumschubst, um das zu beweisen.

Bleibt diese Haltung jedoch bis ins Erwachsenenalter bestehen, vor allem bis ins spätere, dann wird sie schließlich zu einer Quelle von Zynismus, Skepsis, Zweifel und Verzweiflung. Genau so, wie es mehr Dinge zwischen Himmel und Erde gibt, als unsere Schulweisheit sich träumen läßt, gibt es mehr Ebenen des Bewußtseins zwischen Himmel und Erde, als unser Ego sich träumen läßt. In dem Maße, in dem das Bewußtsein seine natürliche Fortentwicklung über das Ego hinaus nicht fortsetzt, in dem Maße, in dem das Ego gegen dieses Loslassen *ankämpft*, in dem Maße beraubt es sich selbst höherer Weisheit, höherer Erfüllung, höherer Identität. Und an deren Stelle treten nur zu leicht Bitterkeit, Zerrissenheit, Bedauern und Verzweiflung. Und das geschieht auch der von diesem Ego geschaffenen Zivilisation!

Dieser vierte Faktor ist im Grunde der griechische Begriff der *Hybris*, ist der «Hochmut, der vor dem Fall kommt»; und diese ichhafte Hybris war sicherlich ein Teil der Atmosphäre, in der der Sündenfall des Menschen stattfand.

Zusammenfassung: Der Sündenfall

Die Große Umkehr oder der «Sündenfall des Menschen» war als *historisches* Ereignis hauptsächlich das Erwachen selbstbewußten Wissens und Erkennens, das neben vielem anderen richtig offenbarte, daß der Mensch schon längst und von Anfang an dem wahren GEIST und dem echten Atman entfremdet war. Es war kein tatsächlicher Fall aus dem spirituellen Himmel (7/8), sondern eine Aufwärtsbewegung weg von der Erde (1–3), eine Bewegung in der Erkenntnis, daß der Mensch (und *alle* Dinge) *bereits gefallen war* oder sich anscheinend von der QUELLE und dem GEIST getrennt hatte (was bedeutet, daß er sich noch nicht *bewußt* im wirklichen HIMMEL oder Atman-Bewußtsein befand). Zu diesem echten Erwachen (Faktor 3) gesellte sich natürliches Schuldgefühl (Faktor 1), neurotisches Schuldgefühl (Faktor 2) und schuldhafter Hochmut (Faktor 4) – die sich alle wie ein Alptraum aus Furcht und Schrecken überschlugen.

Welche Art von Mythos wurde nun für diese Atmosphäre schwersten Unrechts entscheidend, wenn nicht allesbestimmend? Meines Erachtens ist der archetypische Mythos der ichhaften Periode der des

Königs Etana, der über den Stadtstaat Kish herrschte. Er enthält alle vier oben aufgeführten Faktoren in konzentrierter Form. Die Geschichte ist schnell berichtet: Der gute König Etana macht sich auf dem Rücken des Sonnenadlers daran, zum echten Himmel aufzusteigen (Ebenen 6–8), um dort ewige Erlösung zu finden. Die beiden steigen höher und höher (evolvieren), vorbei an den unteren Himmeln (der alten Götter und Göttinnen) in Richtung auf den höchsten Gipfel (Atman). Plötzlich gerät Etana in Panik und ruft dem Adler zu: «Halt ein, mein Freund, steige nicht höher!» Daraufhin beginnen Etana und der Adler zu fallen. «Zwei Stunden lang fielen sie; und noch zwei Stunden . . .» Das schwer leserliche Dokument, das gegen Ende nur in Bruchstücken erhalten ist, schließt mit den Worten:

> Ein drittes Mal zwei Stunden . . .
> Fiel der Adler . . .
> Er zerschmetterte auf der Erde . . .

Die letzten verstümmelten Zeilen berichten von der Trauer der Witwe des Königs.[70]

Der Fall des Königs Etana symbolisiert den Sündenfall des Menschen. Der wirkliche Himmel konnte noch nicht erreicht werden, und doch war die Menschheit seiner Existenz gewahr. Die (scheinbare) Kluft zwischen der Menschheit und dem wahren Gott wird auf schmerzliche Weise bewußt. Die Einbettung in die Welt der alten Götter und Göttinnen (die unteren Himmel) bringt keine Hilfe; der notwendige Aufstieg, die Solarisierung, erzeugt selbstbewußte Panik, Furcht und Schuldgefühle. Die Geschichte endet mit dem Schicksal aller Egos, ihrer Zerschmetterung. Und rundum in der ganzen Welt warteten, genau in dieser Periode, die alleingelassenen Menschen – jeder ein König Etana – in stummer und verwirrter Verzweiflung. Sie waren sich des drohenden Geschicks bewußt und verbrachten ihre Zeit damit, es zu leugnen.

Unsere abendländische Welt verharrt noch immer in dieser Situation.

Fünfter Teil

Wo stehen wir heute

17. Die Erbsünde

Meines Erachtens gibt es nur einen einzigen Weg, auf dem die wissenschaftliche Evolutionstheorie einer wahrhaft religiösen oder spirituellen Weltanschauung die Hand reichen kann. Er beruht auf der Erkenntnis, daß es nicht einen großen Sündenfall des Menschen gegeben hat, sondern zwei.

Der naturwissenschaftliche Sündenfall

Der Sündenfall, auf den wir uns bisher konzentriert haben, war das aus einer Reihe kleiner Sündenfälle zusammengesetzte Herausfallen aus dem archaischen Zustand uroborischen und paradiesischen Eingebettetseins, in dem Umwelt, Körper und Bewußtsein noch weitgehend undifferenziert waren. Und dieser Fall hat tatsächlich stattgefunden. Er begann im typhonischen Zeitalter, verstärkte sich in der mythischen Zeit und kam in der modernen ichhaften Ära voll zur Geltung. Die Menschheit hatte sich endlich aus ihrem Schlummer im Unbewußten gelöst und war zu selbstreflexiver und isolierter Bewußtheit erwacht. Das war ein wirklich evolutionärer Fortschritt, wurde jedoch als *Sündenfall* erfahren, weil es zwangsläufig ein Mehr an Schuldgefühl, Verwundbarkeit sowie Wissen um Sterblichkeit und Endlichkeit bewirkte. Es war *nicht* der Sturz aus irgendeinem vorangehenden *höheren* Zustand; es war nicht ein Fall aus einem trans-personalen HIMMEL, sondern ein Herausfallen aus dem präpersonalen Bereich, dem Bereich der Erde, der Natur, des Instinkts, der Gefühle und der Unbewußtheit.

Außerdem führte dieser Fall (aus dem unbewußten Eden) nicht zur

tatsächlichen *Schöpfung*, zur Erschaffung von Sterblichkeit und Endlichkeit (wie es viele romantische Mythen und Gelehrte behaupten).
Er bewirkte vielmehr das bewußte *Erwachen* zu einer Welt, die bereits
sterblich und endlich war. Es war nicht die Erbsünde an sich, es war
nur das erste Begreifen der Erbsünde. Genaugenommen waren nämlich Adam und Eva im prä-personalen Zustand bereits von der Gottheit getrennt – nur erkannten sie das nicht. Die Menschen waren in
der uroborisch-typhonischen Zeit bereits endlich und sterblich; sie
wurden geboren, litten und starben, befanden sich bereits in der Welt
von Maya, Sünde und Trennung, nahmen diese Tatsache nur nicht
bewußt zur Kenntnis. Sie verschliefen das Leben wie die Lilien auf
dem Felde, was nicht zeitlose Ewigkeit bedeutet, sondern einfach Nai-
vität. Und doch wurden sie in dieser «paradiesischen» Unwissenheit
geplagt, gequält und wieder in den Kreislauf geboren, ohne daß sie
ihre tatsächlichen Lebensbedingungen, ihr tatsächliches Samsara von
Geburt, Tod, Trennung und Sünde zur Kenntnis nahmen oder dazu
überhaupt imstande waren.

Das Essen vom Baum der Erkenntnis war als solches nicht die
Erbsünde. Es bedeutete den Erwerb von Selbstbewußtsein und wahrer mentaler Reflexion, und mit diesem evolutionären Wissen mußten
die Menschen *dann* ihre ursprüngliche Entfremdung zur Kenntnis
nehmen. Sie wurden weiterhin geboren, litten und starben wie zuvor –
nur daß sie es *jetzt* wußten und von nun an diese neue und schwere
Bürde tragen mußten. Beim Essen vom Baum der Erkenntnis wurden
die Menschen sich nicht nur ihres sterblichen und endlichen Zustandes
bewußt, sie erkannten auch, daß sie das Unbewußte des Garten Eden
verlassen und das Leben voller selbstbewußter Verantwortung beginnen mußten (auf dem Weg zum Überbewußten und der Rückkehr
zum Einen.) Sie wurden nicht aus dem Garten Eden vertrieben; sie
wurden erwachsen und verließen ihn freiwillig. (Übrigens sollten wir
Eva für diese mutige Tat danken, statt sie zu schelten.)

Es ist ein weitverbreiteter Glaube, der Mensch sei, geschichtlich
gesehen, aus einem höheren Zustand gefallen, da der Garten Eden
transpersonale Glückseligkeit gewesen sei. Das stimmt einfach nicht.
Die einzig mögliche Definition des transpersonalen Himmels ist ein
Zustand, in dem *alle* Seelen bewußt zum Ganzen, zum Atman, zum
Buddha-Wesen erwacht und erleuchtet sind. Ich habe nicht den geringsten Hinweis darauf gefunden, daß ein solcher Himmel jemals auf
Erden in ferner Vergangenheit existiert hätte. Selbst Joseph Campbell, der wie manche andere spirituelle Wissenschaftler das «Goldene

Zeitalter» der Spiritualität ins Bronzezeitalter zu verlegen scheint (oder ganz allgemein in eine vergangene historische Epoche), würde nicht behaupten, daß es der Himmel ist, in dem *alle* Seelen *vollkommen* erleuchtet sind, aus dem der Mensch gefallen ist und von dem die esoterische Mythologie berichtet. Die Menschheit ist, historisch gesehen, nicht aus einem Himmel nach unten gefallen, sondern im Gegenteil *nach oben*, nämlich heraus aus dem Uroboros und dem Unbewußten und hinein ins Selbstbewußtsein und die damit verbundenen Leiden und Schuldgefühle.

Die wissenschaftliche Evolutionslehre stützt diese Anschauung, wenn auch der Naturwissenschaftler sie etwas anders ausdrücken würde. Er würde wie Carl Sagan feststellen, der Sündenfall sei eingetreten, als der Mensch aus dem Zustand des unbewußten oder halbbewußten Affen in den des ichhaften Menschenwesens überwechselte, das dann über sein eigenes Geschick nachdenken und sich darüber Sorgen machen konnte – daher die Vorstellung von Sündenfall. Obgleich diese strikt naturwissenschaftliche Darstellung mit allerlei logischen Problemen befrachtet ist (so kann beispielsweise die Evolution durch «natürliche Auslese» keinesfalls die Evolution als solche erklären; sie beruht entweder darauf, daß sie das Höhere aus dem Niederen oder etwas ganz und gar Nebulösem ableitet), stimmt sie doch mit unserer Darstellung – hinsichtlich dessen, *was* geschehen ist, überein. Sie kann aber nicht sagen, *warum* es geschehen ist. Da wir in diesem Kapitel von zwei verschiedenen Sündenfällen sprechen, möchte ich den, der sich vor etwa 4000 Jahren in ichhafter Zeit herauskristallisierte, den «naturwissenschaftlichen Sündenfall» nennen, da er sich in wesentlicher Übereinstimmung mit dem «Was» der wissenschaftlichen Sicht der Evolutionslehre befindet.

Involution und Evolution

Wie steht es denn nun um den «theologischen Sündenfall» aus einem wahren HIMMEL? Gibt es tatsächlich eine «Erbsünde»? Ist dieser Sündenfall jemals geschehen und was bedeutet er?

Meiner Ansicht nach läßt sich der Erbsünde nur dann ein Sinn geben (und damit dem theologischen Sündenfall), wenn man die exoterische Religion völlig beiseite läßt und ausschließlich den Erkenntnissen der esoterischen Religion folgt: also der christlichen Mystik (Gnostik), dem Vedanta-Hinduismus, dem Mahayana-Buddhismus und so fort, ebenso den östlichen und abendländischen Philosophen, die mystische oder transzendente Wahrheiten klar erkannt haben. Folgen wir ihnen, dann wird nicht nur Erbsünde und Entfremdung, sondern auch die Natur der Evolution selbst transparent.

Die gesamte Esoterik bekennt sich zu der Ansicht, die Wirklichkeit sei hierarchisch aufgebaut oder aus aufeinanderfolgenden, immer höheren Ebenen der Wirklichkeit zusammengesetzt (genauer müßte man sagen, aus Ebenen abnehmender Illusion*), die von der untersten materiellen Ebene bis zur höchsten spirituellen Einsicht reichen.[375] Das ist die Große Kette des Seins, die in Abbildung 1 in geraffter Form dargestellt ist.

Nach dieser Kosmologie/Psychologie geht das Höchste Brahman/ Atman von Zeit zu Zeit «verloren» (nur so zum Spaß, als göttliches Spiel [Lila]), indem es sich so weit nach außen projiziert wie möglich.[419] Auf der Ebene 7/8 beginnend, als GEIST an sich, bewegt sich der GEIST nach außen (und nach «unten»), um mittels Kenosis** die Ebene 6 zu erschaffen, die subtilen Bereiche. Dann bewegt er sich wieder nach außen, um Ebene 5 zu schaffen, dann 4 und so weiter, bis

---

* Wir sagen «Ebenen abnehmender Illusion» statt «Ebenen zunehmender Wirklichkeit», weil *alle* Ebenen an sich letztlich nichts als Illusion sind, da es zu allen Zeiten *nur* Geist gibt. Dennoch soll die Feststellung, alle Ebenen seien *letztlich* illusorisch, nicht heißen, sie seien *gleichermaßen* illusorisch; gerade diese Tatsache gibt uns die Hierarchie der Ebenen 1–7, die wir laienhaft «Ebenen der Wirklichkeit» oder «Ebenen zunehmender Wirklichkeit» nennen. Die Hierarchie der Ebenen ist jedoch eine Tatsache, die bisher von der Mehrheit der Philosophen, Physiker und Psychologen des «New Age» völlig übersehen wird. In der Annahme, *alle* Phänomene seien nichts als Schatten, versäumen sie es völlig, die *relativen* Unterschiede zwischen den *Arten* von Schatten zu begreifen.

** «Kenosis» ist ein christlicher Begriff, der so etwas wie «Selbstentleerung» bedeutet. Der GEIST schafft die Welt, indem er sich in die Welt und als die Welt entleert, ohne dabei jedoch irgendwie aufzuhören, ganz und völlig er selbst zu bleiben. Schöpfung nimmt dem GEIST nichts noch ist die Schöpfung vom GEIST getrennt, noch braucht GEIST die Schöpfung. Schöpfung fügt GEIST nichts hinzu, noch nimmt sie ihm etwas; der GEIST ist vor der Schöpfung, ist aber nicht von ihr verschieden. Diese Anschauung unterscheidet sich vom Pantheismus, Monismus und Monotheismus – es ist eine Lehre des «Nicht-Dualismus» (Advaita). Der Pantheismus behauptet, die Schöpfung sei notwendig (er verwechselt die Summe aller Schatten mit dem LICHT jenseits aller Schatten); der Monismus spricht der Schöpfung relative Wirklichkeit ab; der Monotheismus behauptet, Gott sei von der Schöpfung radikal getrennt – alle sind auf subtile Weise dualistisch. Kenosis ist letzten Endes genau die Lehre von der Maya.

alle Ebenen als Manifestationen, als Ausdruck oder kenotische Objektivierungen des Höchsten Geistes, des GEISTES an sich erschaffen sind.[436]

Während der GEIST so handelt, indem er dieses große Spiel in Gang setzt, «vergißt» er sich selbst vorübergehend und «verliert» sich in die niederen Ebenen.[411] Da der GEIST sich nach und nach auf jeder abwärts führenden Stufe mehr «vergißt», besteht jede Ebene aus nach und nach *abnehmendem* Bewußtsein.[441] Auf diese Weise steigt die Große Kette abwärts vom Überbewußtsein über das einfache Bewußtsein zum Unbewußten.[11] Da jede nächste Ebene *weniger* Bewußtsein hat als die vorherige, kann die jeweilige Ebene ihre Vorgängerin nicht bewußt erfassen oder voll *erinnern*.[120] Das heißt, jede Ebene *vergißt* ihre höhere(n) Ebene(n). Das Hervortreten jeder Ebene läuft also auf eine *Amnesie* oder ein Vergessen der höheren Vorgängerin hinaus – man könnte sogar sagen, sie werde *durch* Amnesie ihrer Vorgängerin geschaffen – und die ganze Kette beruht letztlich auf dem Vergessen *des* GEISTES *durch* den GEIST.

Da jede Ebene durch das Vergessen der vorangegangenen geschaffen wird und letzten Endes alle Ebenen durch ein Vergessen des GEISTES, haben *alle* Ebenen (6–1) *von vorneherein* ihre Quelle, ihr Sosein, ihren Ursprung und ihre Bestimmung vergessen – alle leben bereits in (scheinbarer und illusorischer) Trennung von der Gottheit, leben in Entfremdung, Sünde, Leiden. Sogar die Höchste Seele selbst (Ebene 6) ist entfremdet, gefallen, sündig – eben *weil* sie ihre Existenz von Anfang an dem Vergessen des GEISTES (7/8) verdankt. Und natürlich gilt das um so mehr für die unteren Ebenen (5–1).[64]

Diese «Abwärts»bewegung, bei der der GEIST sich spielerisch in aufeinanderfolgende tiefere Ebenen verliert und vergißt, nennt man *Involution*.[419, 436] Was Involution genauer ist, damit werden wir uns gleich beschäftigen. Für den Augenblick brauchen wir nur festzuhalten, daß in der Involution jede Ebene 1. eine stufenweise «Entfernung» von der Gottheit ist; 2. eine stufenweise Abnahme der Bewußtheit; 3. ein stufenweises Vergessen oder Amnesie; 4. ein stufenweises Hinabsteigen des GEISTES; 5. eine stufenweise Zunahme der Entfremdung, Trennung, Zerstückelung und Fragmentierung; 6. eine sukzessive Objektivierung, Projektion und Dualisierung.

Es muß jedoch eiligst hinzugefügt werden, daß dies letzten Endes nur ein illusorisches Wegbewegen ist, ein illusorischer Fall, weil jede Bewegung *nichts als* ein Spiel des GEISTES ist.[63] Jede Ebene ist nur eine illusorische Trennung vom GEIST, weil jede Ebene in Wirklichkeit eine Trennung des GEISTES vom GEIST durch den GEIST ist. Die *Wirklichkeit* jeder Ebene ist nur GEIST. Die Agonie jeder Ebene besteht darin, daß sie vom GEIST getrennt zu sein *scheint*. GEIST ist auf jeder Ebene nicht *verloren*, sondern nur *vergessen*; er ist verdunkelt, aber nicht zerstört, verborgen, aber nicht zurückgelassen. Das ist das große Versteckspiel, bei dem der GEIST sich selbst versteckt und sucht.[210]

Dennoch erscheint jede Ebene, weil sie den GEIST vergessen hat, isoliert, entfremdet, getrennt, begrenzt, fragmentiert. Wichtig ist, daß beim Voranschreiten der Involution nicht nur der GEIST, sondern *jede höhere Ebene* vergessen wird. In gewissem Sinne werden sie alle unbewußt gemacht. So sind am Ende der Involution *alle* höheren Ebenen unbewußt. Die einzige Ebene, die bewußt bleibt, oder die einzige, die tatsächlich auf manifeste Weise existiert, ist die der Materie, der physischen Natur, Ebene 1.

So werden also alle höheren Ebenen bis zum GEIST einschließlich unbewußt gemacht. Und die Summe dieser höheren, aber unbewußten Strukturen ist der «Unbewußte Urgrund». Im Unbewußten Urgrund, dem «Ursprung», existieren alle höheren Strukturen in *potentieller* Form, bereit, sich in der Wirklichkeit zu entfalten oder zur Bewußtheit zu erwachen. Involution ist also das *Einfalten* der höheren Strukturen in jeweils niedere, während Evolution das sukzessive *Entfalten* dieses eingefalteten Potentials in die Aktualität ist.

Sobald die Involution abgeschlossen ist, kann also die Evolution beginnen. Da Involution das Einfalten des Höheren in das Niedere war, ist Evolution das Entfalten des Höheren aus dem Niederen. «Aus» ist jedoch das falsche Wort: Es ist ja nicht so, daß das Höhere tatsächlich *aus* dem Niederen kommt, so wie eine Wirkung aus ihrer Ursache. Das Niedere kann niemals das Höhere erzeugen. Vielmehr kommt das Höhere aus dem URSPRUNG, wo es bereits als Potential existiert. Jedoch nimmt das Höhere, wenn es entsteht, seinen Weg *durch* das Niedere. Das muß es tun, weil das Niedere bereits existiert und das Höhere erst im Durchgang durch das Niedere Existenz erlangt.

Wenn beispielsweise körperliches Leben (Ebene 2) entsteht, dann entsteht es aus dem URSPRUNG, aber *mittels* Materie (Ebene 1); der Geist entsteht aus dem URSPRUNG *durch* den Körper, und so weiter. Jede höhere Ebene entsteht aus dem Unbewußten Urgrund auf dem Weg über die niedere Ebene. Der umfassende Zyklus von Involution und Evolution ist in Abbildung 18 dargestellt. Die rechte Seite stellt die Involution dar, die linke die Evolution, das sukzessive Entfalten

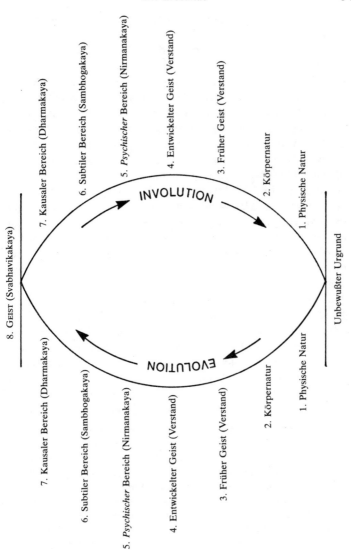

Abb. 18 Involution und Evolution

dieser Strukturen in der umgekehrten Ordnung, in der sie eingefaltet wurden.

Sehen wir uns den wissenschaftlich erfaßten Ablauf der Evolution bis zum heutigen Tage etwas genauer an, dann können wir nicht umhin, von der Genauigkeit der Großen Kette des Seins beeindruckt zu sein: Bis heute paßt alles vollkommen aneinander. Soweit die Naturwissenschaft uns darüber Auskunft geben kann, begann die Anordnung des Evolutionsbaumes mit einfacher Materie, dem physischen Universum (Ebene 1), das vor etwa 15 Milliarden Jahren entstand.* Vor dieser Zeit, so sagen die Astrophysiker, war das materielle Universum nicht vorhanden. In der Tat sagen viele Astronomen, selbst die Atheisten und Agnostiker unter ihnen, diese Daten seien mehr oder weniger mit den verschiedenen Schöpfungsmythen vereinbar (etwa der Genesis, dem Shintoismus usw.). Meiner Ansicht nach ist der Urknall einfach die explosive äußere Grenze der Involution, der Punkt, an dem die Materie aus ihren höheren Dimensionen, letzten Endes aus dem GEIST, in die Existenz hinausgeschleudert wurde.

Auf jeden Fall organisierte sich das physische Universum nach Milliarden von Jahren so, daß einfache Lebensformen durch es hindurch entstehen konnten. Das war der Beginn der pranischen oder körperlichen Ebene (Ebene 2), von der die detaillierteren der esoterischen Systeme sagen, sie bestehe aus drei Unterebenen: a) pflanzliche oder Ebene einfacher sensorischer Eindrücke («protoplasmische Reizbarkeit»); b) niedere animalische oder Wahrnehmungsebene; c) höhere animalische oder Gefühlsebene. Und diese

---

* Neueste Forschungsergebnisse verlegen den Urknall auf eine Zeit vor sieben bis neun Milliarden Jahren, was es noch schwieriger macht, in der Evolutionstheorie mit statistischen Wahrscheinlichkeiten zu argumentieren. Die Naturwissenschaftler nahmen zunächst an, die Evolution habe einen praktisch unbegrenzten Zeitraum zur Verfügung gehabt, so daß sich das Entstehen höherer Lebensformen und des Menschen leicht mit statistischen Wahrscheinlichkeiten erklären lasse. Diese unbegrenzte Zeit wurde schon durch die starken Beweise für eine Grenze von fünfzehn Milliarden Jahren drastisch reduziert, was die Wahrscheinlichkeitsrechnung ernsthaft in Schwierigkeiten (nach Ansicht mancher Wissenschaftler zu Fall) brachte. Wird diese Grenze nun halbiert, dann bricht das statistische Argument vollständig zusammen, da die Wissenschaft dann nicht imstande ist, das *Wie*, geschweige denn das *Warum* der Evolution zu erklären. Offensichtlich gibt es eine «Antriebskraft» hinter der Evolution, die jenseits aller statistischen Wahrscheinlichkeit ist, und diese Kraft ist das Atman-Telos. (*telos* = griech. für «letztes Ziel»)

drei Unterebenen haben sich tatsächlich in dieser Reihenfolge entfaltet, wobei jede einen entsprechenden Fortschritt im Bewußtsein darstellte.

Das mühsame Ringen der Körper/Prana-Ebene(n) gestattete dann schließlich das Entstehen des frühen Geistes (Ebene 3). Diese Ebene trat in ihrer einfachsten Form als Vorstellungsbilder «versuchsweise» schon in einigen Primaten auf, kam aber erst in den magischen Vorstellungsbildern des *Homo sapiens* der typhonischen Periode zum Durchbruch (völlig körpergebunden, weshalb wir den Typhon auch ganz allgemein zur Ebene 2 rechnen) und erreichte ihren Höhepunkt als verbale Mentalität während der Ära der Gruppenzugehörigkeit (die wir deshalb allgemein als Ebene 3 behandeln). Ebene 4, entwickelter Geist, entstand mit dem Aufstieg des Helden-Ego, dem ersten Geist, der vom Körper wahrhaft unabhängig war. Und an diesem Punkt tritt die Evolution heute auf der Stelle, auf halbem Weg zwischen Materie und Gott.

Sehen wir uns den evolutionären Prozeß an, selbst den gegenwärtigen, dann fällt es nicht schwer, sein hervorstechendstes Merkmal zu erkennen: sein *holistisches* Wachstum. In der Tat hat vor mehr als fünfzig Jahren ein bemerkenswerter, aber wenig bekannter Philosoph namens Jan Smuts ein Buch mit dem Titel *Holism and Evolution* veröffentlicht, in dem er ganz eindeutig auf diese Tatsache hinweist. Überall in der Evolution, sagt Smuts, finden wir eine Aufeinanderfolge von Ganzheiten höherer Ordnung: Jedes Ganze wird Teil eines Ganzen auf höherer Ebene, und so verläuft das während des gesamten evolutionären Prozesses. Ich will mich hier nicht weiter darüber auslassen, doch scheint es mir völlig klar, daß «natürliche Auslese» als solche diesen Prozeß nicht erklären kann. Natürliche Auslese kann bestenfalls das Überleben gegenwärtiger Ganzheiten erklären, aber nicht ihre Transzendenz zu Ganzheiten auf höherer Ebene. Dem durchschnittlichen Biologen mag das schockierend klingen; doch ist die Schlußfolgerung jener Wissenschaftler, deren spezifisches Arbeitsgebiet die Theorie wissenschaftlichen Erkennens ist, ganz eindeutig: «Darwins Theorie . . . steht dicht vor dem Zusammenbruch . . . Er steht dicht davor, beiseitegeschoben zu werden. Aber vielleicht wird das aus Hochachtung gegenüber dem ehrenwerten alten Herrn, der komfortabel in der Westminster Abbey dicht neben Isaac Newton ruht, so diskret und sanft wie möglich geschehen, mit einem Minimum von Publizität.»[375] Um es kurz zu fassen: Die orthodoxe wissenschaftliche Evolutionstheorie scheint korrekt hinsichtlich des *Was* der Evolution, ist jedoch zutiefst reduktionistisch und/oder widersprüchlich in bezug auf das *Wie* (und *Warum*) der Evolution.

Sehen wir jedoch in der Evolution die Umkehr der Involution, dann wird der ganze Prozeß verständlich. Wo die Involution mit sukzessiver Trennung und Zerstückelung arbeitet, schreitet die Evolution als Umkehrung mit sukzessiven Vereinigungen zu Ganzheiten höherer Ordnung voran. Wo in der Involution sukzessives Vergessen (Amnesie) wirksam wird, arbeitet die Evolution mit sukzessivem Erinnern (Anamnese, Platos «Wiedererinnern», das Zikr der Sufis, Smara der Hindus, das «Wiedererinnern» bei Buddha, und so weiter). Durch dieses Wiedererinnern werden die vergessenen, «abgetrennten» Teile wieder zu einer höheren Einheit zusammengefügt.[431] Die Evolution ist holistisch, weil «evolvieren» einfach bedeutet, das zusammenzufügen, was vorher auseinandergebracht wurde, das zu vereinen, was getrennt war, das wieder einzusammeln, was verstreut war. Evolution ist das Wiederzusammensetzen dessen, was während der Involution getrennt und entfremdet wurde, und zwar sukzessiv zu immer höheren Einheiten. Das geht so weiter bis es *nur* EINSSEIN gibt und *alles* als GEIST vom GEIST erinnert und zusammengefügt ist.

Und nun zur «Antriebskraft» der Evolution, die so beharrlich Ganzheiten *höherer* Ordnung erzeugt hat – eine Kraft, die mit natürlicher Auslese nicht erklärt werden kann. Sie ist einfach Atman-Telos selbst, wie viele Denker von Aristoteles[112] über Hegel[193] bis Aurobindo[12] nachdrücklich hervorgehoben haben. Evolution ist nicht ein statistischer Zufall, sie ist ein mühsames Ringen um Annäherung an den GEIST. Sie ist nicht von blindem Zufall angetrieben – so tröstlich diese Vorstellung für jene sein mag, die jeder über der gefühllosen Materie stehenden Ebene die Realität absprechen –, sondern angetrieben vom GEIST selbst. *Darum* schreitet die Evolution ständig voran, *darum* tut sie es in einem Tempo, das alle statistischen Wahrscheinlichkeiten weit hinter sich läßt. Diese «ewige» Sicht der Evolution *(Philosophia perennis)* vermag, was der Darwinismus nicht tun kann: Sie gibt nicht nur Auskunft über das *Was* der Evolution, sondern auch über das *Warum*.

Dem *Was* der menschlichen Evolution war der größte Teil dieses Buches gewidmet, der Darstellung des «Aufstieges» des heutigen Menschen (mentales Ego) durch die uroborische und typhonische Ebene und weiter zur Ebene der verbalen Gruppenzugehörigkeit, auf deren Grundlage sich schließlich das selbstreflexive mentale Ego, die bislang höchste Form des *Durchschnitts*bewußtseins, entwickelte. Der wesentliche Punkt hierbei ist, daß die Evolution des Menschen in einer *Entwicklung*, einem *Wachstum* seines *Bewußtseins* besteht. Dieselbe «Kraft», die aus Amöben Menschen machte, machte in diesem Prozeß Erwachsene aus Kleinkindern und Zivilisationen aus Barbarei. Wir wollen die inzwischen gewonnenen Erkenntnisse nun in einer kurzen Rekapitulation auf die Beantwortung der Fragen anwenden, wie und warum das geschehen ist.

Erinnern wir uns daran, daß wir im ersten Teil des Buches zwischen «Veränderung» *(translation)* und «Verwandlung» *(transformation)* unterschieden haben, wobei Veränderung innerhalb einer gegebenen Bewußtseinsebene wirkt, Verwandlung/Transformation aber zu einem Wechsel der Ebene insgesamt führt. Es stellt sich also die Frage, warum und wie hat Veränderung auf jeder evolutionären Ebene der Transformation Platz gemacht?

Über einen Hinweis verfügen wir bereits: Wir haben festgestellt, daß die Veränderung auf einer bestimmten Ebene im allgemeinen so lange fortgeführt wird, wie der Eros auf dieser Ebene stärker ist als Thanatos. Man kann es auch so ausdrücken: Solange der *Tod* des Ichempfindens dieser Ebene nicht akzeptiert wird, hängt das Bewußtsein in dieser Ebene fest. Und weil das auf dieser Ebene festgehaltene Ich *ausschließlich* mit ihr identifiziert wird, *verteidigt* es diese Ebene gegen den Tod, gegen Transzendenz, gegen Transformation. Es verstärkt seine besondere Ebene mit dem Versuch, alle nur denkbaren Arten von Unsterblichkeitsprojekten für sie in Gang zu bringen, sie kosmozentrisch, allbedeutend, ewig andauernd und unsterblich erscheinen zu lassen.

Wenn aber die verschiedenen Atman-Projekte, wie wir gesehen haben, durch eine echte Atman-Intuition angetrieben werden, warum läßt dann das Ichempfinden nicht von seiner gegenwärtigen Ebene ab und akzeptiert seinen Tod, um damit zur nächsthöheren Bewußtseinsebene und schließlich zur wahren, spirituellen Ewigkeit, der zeitlosen Vollkommenheit des absoluten EINSSEINS (Atman) aufsteigen zu können? Die Antwort lautet, daß das Niedere als eine *Ersatzbefriedigung* für das Höhere und letztlich für Atman selbst geschaffen wird (durch Involution, und zwar von Augenblick zu Augenblick aufs neue).[436] Das Ich läßt das Niedere nicht los, um das Höhere zu finden, weil es glaubt, das Niedere *sei* bereits das Höhere. Bis diese Ersatzbefriedigung keine Befriedigung mehr bietet, *zieht* das Ich das Niedere dem Höheren *vor*. In dem Buch *A Course in Miracles* heißt es: «Wer würde das Leiden [das Niedere] wählen, wenn er nicht glaubte, das brächte ihm etwas, und zwar etwas von Wert? Er muß meinen, es sei ein kleiner Preis, den er für etwas viel Wertvolleres zahle. Denn das Leiden [das Niedere] annehmen, heißt eine Wahl treffen, sich dafür entscheiden. Es ist die Entscheidung für die Schwäche [das Niedere] in der irrigen Annahme, es sei Stärke [das Höhere].»[3] Auf keine andere Weise könnte die Seele das Höhere zugunsten des Niederen aufgeben; auf keine andere Weise könnte die Seele auch nur *wollen*, ihr ursprüngliches Einssein mit dem GEIST aufzugeben.

Die Sache ist die, daß während der Involution jede einzelne Ebene nicht nur durch Vergessen des GEISTES, sondern als *Ersatz* für ihn geschaffen wird. Und deshalb identifiziert sich während der Evolution bei der Entstehung jeder Ebene das Bewußtsein ausschließlich mit dieser Ersatzbefriedigung, bis es diese durch und durch genossen hat und ihrer müde geworden ist; bis der Eros dieser Ebene seine Anziehungskraft verloren hat; bis seine Wünsche und Begierden aufhören, zu verlocken und zu motivieren. Erst an diesem Punkt wird der Tod dieser Ebene akzeptiert; Thanatos ist jetzt stärker als Eros; die Veränderung ist erschöpft und die Umwandlung/Transformation zur nächsthöheren Struktur beginnt.*

Sobald das Ich die neue und höhere Ebene erreicht hat, verbarrikadiert es sich in dieser neuen Ersatzbefriedigung. Der Kampf Leben gegen Tod verlagert sich auf diese neue Ebene, die man dann unsterblich, gottähnlich, kosmozentrisch und so weiter erscheinen läßt. Das ganze Atman-Projekt verlagert sich auf die neue Ebene. Da das Ich (noch) nicht den Tod dieser Ebene akzeptieren kann, macht es sich daran, Transzendenz auf eine Weise zu suchen, die sie in Wahrheit verhindert und die nur Ersatzbefriedigungen zuläßt. Das Ich wendet die Atman-Intuition auf *diese* Ebene an, und so beginnt das Drama wieder von vorne.

---

* Das typische Beispiel hierfür ist die Person, die von übermächtigem Verlangen nach Geld, Erfolg, Ruhm, Wissen usw. besessen ist – bis sie schließlich all das erlangt hat. Jetzt endlich erkennt sie, daß dies eigentlich nicht das ist, was sie gewollt hat, eine Erkenntnis, die oft ziemlich verheerend sein kann («vom Erfolg erschlagen»). Versteht der betreffende Mensch das, und akzeptiert er den Tod seiner alten Wünsche, dann ist er offen für das Streben nach der nächsthöheren Ersatzbefriedigung, bis dann wieder das alte Spiel beginnt, er sie unbefriedigend findet, deren Tod akzeptiert, und so weiter. Die Ebenen der verschiedenen Ersatzbefriedigungen sind natürlich die Große Kette des Seins, in der Anordnung: Materie/Nahrung/Geld, Sexualität, Macht, Zugehörigkeit zu einer Gemeinschaft, begriffliches Wissen, Selbstachtung, Selbstverwirklichung, subtile Transzendenz, höchste Erleuchtung.

Es beginnt aber auf einer höheren Ebene. Durch Akzeptieren des Todes der niederen Ebene konnte das Ich sich von ihr *differenzieren*, sie transzendieren und dadurch zu einem Ich höherer Ordnung evolvieren. Es hat nun ein größeres Maß an Einheit verwirklicht, ist bewußter, näher beim Atman, näher der RÜCKKEHR. Mit dem Akzeptieren des Todes eines niederen Fragments erinnert sich das Ich einer Ganzheit höherer Ordnung. Und so läuft die Evolution ab: mehr und mehr Erinnern, mehr und mehr vereinen, mehr und mehr transzendieren, für mehr und mehr sterben. Und wenn dann schließlich alle Trennungen wieder rückgängig gemacht sind, dann ist das Ergebnis endgültige GANZHEIT: Wenn alle Tage gestorben sind, bleibt nur Gott. Auf diese Weise macht das Atman-Projekt mehr und mehr dem Atman Platz, bis es nur noch Atman gibt, und die Seele fest verankert steht in jener QUELLE und jenem SOSEIN, die das Alpha und Omega ihrer langen Reise durch die Zeit war.

Die Erbsünde und der theologische Sündenfall

Diese Ansicht über Involution und Evolution hat durchaus ihr festes Fundament in der Ewigen Philosophie. Nachfolgend nur je ein Beispiel aus dem Osten und dem Abendland. Schelling, der große Philosoph des deutschen Idealismus, sagt in einem oft zitierten Satz, die Geschichte sei ein im Geist Gottes verfaßtes Epos in zwei Hauptteilen. Der erste beschreibe die Entfernung der Menschheit von ihrem Mittelpunkt [dem GEIST] bis zum Punkt der extremsten Entfremdung von diesem Mittelpunkt [die Bewegung der Involution]; der zweite Teil beschreibt die Rückkehr [Evolution]. Der erste Teil sei die *Ilias*, der zweite die *Odyssee* der Geschichte. Die erste Bewegung sei zentrifugal [d. h. nach außen gerichtet, verstreuend, trennend, kenotisch, zerstückelnd]. Im zweiten Teil sei die Bewegung zentripetal [nach innen gerichtet, einsammelnd, wiedervereinend, wieder zusammenfügend].*[99] Ananda Coomaraswamy, ein Repräsentant der östlichen Anschauung, stellte fest: «Das Leben oder die Leben des Menschen

---

* Schelling neigte dazu, das ursprüngliche transpersonale Zentrum als ein historisches Faktum auf Erden anzusehen: den alten uroborischen Garten Eden. Er dachte daher, das Ego sei der Höhepunkt der Entfremdung vom Geist, während es tatsächlich nur der Höhepunkt der existentiellen Verwundbarkeit auf halbem Wege zurück zum Geist ist. Sieht man von dieser Einzelheit ab, ist seine abstrakte These vollkommen legitim.

kann/können als eine zweiseitige Kurve angesehen werden – ein aufsteigender Bogen von Zeiterleben, der sich so weit hinzieht, wie der individuelle ‹Wille zum Leben› andauert [Eros auf der Flucht vor Thanatos]. Die nach außen gerichtete Bewegung dieser Kurve *(Pravritti Marga)* ist durch Selbstbehauptung charakterisiert [oder Trennung]. Die nach innen gerichtete Bewegung *(Nivritti Marga)* wird durch wachsende Selbstverwirklichung charakterisiert [mit «Selbst» meint der Hindu Atman]. Der nach außen führende Pfad ist die Religion der Zeit; die Religion derjenigen, die zurückkehren, ist die Religion der Ewigkeit.»[436]

Für dieses esoterische Verständnis ist die Erbsünde *nicht* etwas, was das separate Ichempfinden *tut*. Das separate Ichempfinden selbst – auf welcher Ebene (1–6) und welcher Kurve (Involution oder Evolution) auch immer – *ist* die Erbsünde. Es ist nicht so, als habe das separate Ich die freie Wahl, zu sündigen oder nicht; vielmehr ist die Struktur des separaten Ich als solche Sünde. Denn Sünde ist einfach *Trennung*, und die Erbsünde ist einfach die ursprüngliche Trennung – die ursprüngliche Bewegung der Seele weg von der Gottheit, eine Bewegung, die in der Involution in Gang kommt, und die dann durch die unaufhörliche Reaktivierung des separaten Ichempfindens und die Identifizierung mit ihm von Augenblick zu Augenblick immer wieder erneuert wird.[430] Und das führt uns zum theologischen Sündenfall.

In besonderer Weise ist die Schöpfung selbst ein Sündenfall, der theologische Sündenfall, weil sie die illusorische Trennung aller Dinge vom Geist markiert. Schon Schelling schrieb, der Ursprung der Welt sei in einem Abfallen [Involution] von Gott zu suchen. Die Schöpfung sei also ein Fall in dem Sinne, als sie eine zentrifugale Bewegung darstelle. Die absolute Identität [Geist] werde auf der Ebene der Phänomene differenziert oder zersplittert, wenn auch nicht in sich selbst [d. h. der Geist zersplittert nur scheinbar oder «phänomenal»].[99] Daher war im historischen Eden die Erbsünde oder die ursprüngliche Trennung *nicht* abwesend. Männer und Frauen lebten bereits in einer Welt der Multiplizität, der Trennung, der Endlichkeit und der Sterblichkeit. Der theologische Sündenfall hatte schon Milliarden Jahre vor dem Auftreten der Menschheit stattgefunden. Was in Eden fehlte, war die Bewußtheit der Erbsünde, nicht die Erbsünde selbst.

Nun sind aber doch einige Korrekturen erforderlich. Die Schöpfung an sich ist nicht eine unausrottbare Ursache der Sünde. Sie ist für die Erbsünde notwendig, aber nicht ausreichend, was besagt, daß sie nicht *absolut* an die Sünde gebunden ist. Es kann keine Sünde geben ohne

Schöpfung, jedoch eine Schöpfung ohne Sünde. Es ist auch keineswegs notwendig, daß das Universum verschwindet, damit der Mensch erleuchtet werden kann. Das Universum ist keine Krankheit. Die Schöpfung ist nicht ein Fall in dem Sinne, daß sie Erleuchtung *verhindert*, wie einige Sekten es behaupten. Wir nennen sie nur deshalb den «theologischen Sündenfall», weil sie die anfängliche illusorische Trennung aller Dinge von Gott markiert. Was die Rückkehr zu Gott *verhindert*, ist nicht Gottes Schöpfung als solche, sondern das Nichtwissen der Menschheit darum, daß es *nur* Gott gibt. Die Schöpfung prädisponiert alle Ebenen, die QUELLE zu vergessen – es ist jedoch dieses Vergessen und nicht die Existenz der Ebenen an sich, was die RÜCK-KEHR verhindert. In gewissem Sinne hat Gott den Fall in Gang gesetzt; der Mensch aber verewigt ihn.

Rückkehr zur QUELLE bedeutet also nicht zwangsläufig die Zerstörung und Vernichtung der unteren Ebenen. Man muß sie nur transzendieren, aufhören, sich *ausschließlich* mit ihnen zu identifizieren. Jede höhere Ebene muß jede niedere transzendieren und zugleich in ihre Synthese und Einheit höherer Ordnung integrieren. «Aufheben heißt zugleich negieren und bewahren», schrieb Hegel.[193] Als zum Beispiel im Verlauf der Evolution der Geist entstand, hat er den Körper transzendiert, aber nicht vernichtet. Der Geist mußte den Körper vielmehr in sein Ich höherer Ordnung einbeziehen und integrieren. Das nicht zu tun, ist nicht Transzendenz, sondern Verdrängung des Niederen (Neurose). In einer wahren und unbehinderten Evolution nehmen wir alle niederen Ebenen mit uns, aus Liebe und Mitgefühl, so daß schließlich *alle Ebenen* mit der QUELLE wiedervereinigt sind. Alles negieren heißt alles bewahren; alles transzendieren heißt alles einbeziehen. Wir müssen mit dem ganzen Körper zu Gott gehen, sonst verfallen wir der Dissoziation, Verdrängung, Fragmentierung. Höchste Transzendenz ist also *nicht* höchstes Auslöschen aller Ebenen der Schöpfung, von 1 bis 6, sondern ihre schließliche Einbeziehung in den GEIST. Die endgültige Transzendenz ist die endgültige Umarmung.*

* Für mich liegt die Schönheit des Zwillingsbegriffs von Evolution und vielschichtiger Individualität in folgendem: Meine heutige Existenz – obwohl sie nicht auf niedere Ebenen reduzierbar ist oder von ihnen abgeleitet werden kann – hängt dennoch von den niederen Ebenen ab und beruht auf ihnen, den Ebenen, deren früheres Ringen und deren Erfolge den Weg für mein Entstehen geebnet haben. Dafür bin ich ihnen dankbar. Sie sind aber auch mir dankbar, denn in meiner eigenen vielschichtigen Individualität sind die Minerale, die Pflanzen und das Animalische Teil eines höheren mentalen Bewußtseins – etwas, was sie aus sich

Daher kann also bei der Höchsten Erleuchtung oder Rückkehr zum GEIST die geschaffene Welt weiterbestehen; nur daß sie den GEIST nicht mehr verdunkelt, sondern ihm dient. Alle Ebenen bleiben bestehen als *Ausdrucksformen* des Atman, nicht als Ersatz für Atman. Die Erbsünde – der theologische Sündenfall – ist also nicht so sehr bloße Trennung oder Schöpfung, sondern Trennung, die die QUELLE vergessen hat, Schöpfung anstelle von Atman. Es ist nicht die Vielfalt, sondern die von der Einheit abgespaltene Vielfalt. Erbsünde ist nicht *an sich* die Existenz von Zeit, Raum, Tod und Schuld, sondern die Existenz von Zeit ohne Ewigkeit, von Raum ohne Unendlichkeit, von Tod ohne Opfer, von Schuld ohne Erlösung. *Das* ist Sünde, die Erbsünde, Sünde ohne sichtbare Erlösung, und *das* meinen wir, wenn wir sagen, die Schöpfung sei ein Sündenfall gewesen, der theologische Sündenfall, die *scheinbare* Trennung aller Dinge von der Gottheit.

Der theologische Sündenfall hat sich also ereignet und ereignet sich noch in diesem Moment: Alle Dinge fielen aus ihrem «Himmlischen Zustand»; alle Wesenheiten fielen aus ihrer Vereinigung mit dem GEIST. Und der Mensch hat Anteil an diesem Zustand der Erbsünde oder der ursprünglichen Entfremdung vom GEIST, und zwar in dem Maße, in dem er es versäumt, die QUELLE bewußt für sich in Anspruch zu nehmen und aus ihr zu leben.

Der Zusammenhang zwischen den beiden Sündenfällen

Zwei bedeutsame Ereignisse sind durchaus zutreffend als «Fall» oder Sündenfall beschrieben worden – der naturwissenschaftliche und der theologische Sündenfall. Wir setzen sie auf folgende Weise miteinander in Beziehung: Vor etwa 15 Milliarden (oder 7 bis 9 Milliarden) Jahren trat der materielle Kosmos – der die am meisten entfremdete Form von GEIST darstellt – mit dem Urknall explosionsartig in alleinige Existenz. Dieser Urknall war in Wirklichkeit das dröhnende Geläch-

selbst niemals verwirklichen konnten. Und schließlich ist es in der vielschichtigen Individualität des vollkommen Erleuchteten *allen* niederen Ebenen gestattet, an der absoluten Erleuchtung teilzuhaben und sich im Glanze des GEISTES zu baden. Das Mineral als Mineral, die Pflanze als Pflanze und das Tier als Tier könnten niemals erleuchtet sein – der Bodhisattva jedoch nimmt alle Manifestationen mit sich ins Paradies, und das Gelöbnis des Bodhisattva lautet, niemals Erleuchtung zu akzeptieren, ehe nicht *alle Dinge* am GEIST teilhaben. Meines Erachtens gibt es keine edlere Haltung als diese.

ter Gottes, der sich freiwillig zum millionsten Mal verlor. Es war dies die äußerste Grenze der Involution, der Höhepunkt des theologischen Sündenfalls – die illusorische Trennung aller Dinge von der Gottheit. Von diesem Augenblick an begann die Evolution zurück zum GEIST, eine Evolution, die im tatsächlichen Ablauf der Vorgeschichte und Geschichte nacheinander Ebenen höherer Ordnung hervorbrachte – Minerale, Pflanzen, niedere Tiere, Primaten, den Menschen. *Alle* jedoch befanden sich noch im Zustand der Erbsünde, der scheinbaren Trennung vom GEIST.

Nach einem guten Dutzend Milliarden Jahren des Ringens und der Ersatzprodukte schuf die Evolution um das zweite vorchristliche Jahrtausend die ersten völlig ichhaften Wesen, die aus eben diesem Grund zu ihrer Verwundbarkeit, Trennung, Entfremdung und Sterblichkeit erwachten. Sie haben das alles nicht geschaffen, sondern wurden sich all dessen nur bewußt. Das war der *naturwissenschaftliche* Sündenfall, die «Große Umkehr», die endgültige Herauslösung aus Eden.

Diese Periode war für die Menschheit doppelt schmerzlich. Denn die Menschen wurden sich nicht nur des naturwissenschaftlichen Falls bewußt – kein unschuldiger Schlummer mehr in der unbewußten Natur –, sie waren sich auch des theologischen Sündenfalls bewußt – abgeschnitten von GEIST und Gottheit. Der Mensch hatte sich endlich als über sich selbst nachdenkendes Wesen «aus dem Affen herausentwickelt». Als ein grausamer Scherz ereigneten sich der naturwissenschaftliche Sündenfall und das erste Bewußtwerden des theologischen Sündenfalls etwa zur gleichen Zeit.

Aus genau diesem Grunde neigten Theologen und Philosophen dazu, die beiden Sündenfälle zu verwechseln. Sie verwechselten das ursprüngliche Begreifen der Erbsünde mit der Erbsünde selbst und damit auch den naturwissenschaftlichen mit dem theologischen Sündenfall. Da der naturwissenschaftliche Fall ein historisches Herauslösen nach «oben» aus dem Unbewußten von Eden war, der theologische jedoch eine Bewegung aus dem Überbewußten des Himmels nach «unten», verleitete die Verwechslung zu der Vorstellung, die Menschheit habe sich in der Frühgeschichte der Erde in einer Art von *überbewußtem* Eden befunden. Was fast alle Theologen geglaubt haben, ist ein perfekter Widerspruch in sich. Sie meinten, in der tatsächlichen historischen Vergangenheit habe es das Goldene Zeitalter eines Himmels auf Erden gegeben, die Existenz von Wesen im Zustand völliger Erleuchtung, ein Zustand, aus dem die Menschheit dann «gefallen» ist – obwohl doch in Wahrheit das, was den Menschen zeitlich voranging, Affen waren.

Als die moderne Naturwissenschaft die unbestreitbare Tatsache entdeckte, daß das «überbewußte Eden» oder das *historische* «transpersonale» Paradies in Wirklichkeit die unschuldige Unwissenheit unbewußter Natur und prä-personaler Stupidität war, wurden alle Religionen, die auf der Verwechslung beider Sündenfälle und dem irrtümlichen Glauben an ein «überbewußtes Eden» beruhten, durch die überwältigenden wissenschaftlichen Beweise gewissermaßen am Boden zerstört. Sie entschuldigen sich heute noch für diese Verwechslung, ohne sie im Grunde wirklich zu verstehen. Sie bekämpfen immer noch die Naturwissenschaft, bestreiten weiterhin Tatsachen und bringen mit jeder heftigen Verlautbarung ihre Autorität und Glaubwürdigkeit noch mehr in Mißkredit. So ist die abendländische Theologie, die die ursprüngliche Verwechslung selbst nicht begreift, so sehr in die Defensive getrieben worden, daß sie es zu einer *absoluten Glaubenssache* gemacht hat, an allen möglichen historischen Unsinn zu glauben, etwa an einen überbewußten Garten Eden, und zwar gerade *«weil* sie absurd sind». (Siehe Tertullians Bemerkung: «Es ist gewiß, weil es unmöglich ist», die gewöhnlich zitiert wird «Ich glaube es, weil es absurd ist».) Kein Wunder, daß die Naturwissenschaft nur ein Jahrhundert benötigte, um dieses Glaubenssystem logisch zu demontieren – weil es tatsächlich absurd ist. Die Theologen versuchten und versuchen noch eine «Letzte Wahrheit» zu verteidigen – der Mensch fiel von Gott ab. Infolge der Verwechslung der beiden Sündenfälle waren sie jedoch gezwungen, sich auf *historische* Beweise zu berufen, die gar nicht existieren und deshalb niemals zum Vorschein kamen. Schließlich zogen sie sich in einer trotzigen Glaubenshaltung auf die Verteidigungslinie absurder Positionen zurück.

Dabei haben die Theologen in einem Sinne sogar recht: Gehen wir nämlich weit genug zurück über die Früh- und Vorgeschichte hinaus bis vor den Urknall, dann ist die Menschheit (und alle Dinge) tatsächlich aus dem HIMMEL gefallen – mit der Erbsünde oder *Involution*, die auch jetzt von Augenblick zu Augenblick als psychischer Zustand der Unwissenheit wiedergeschaffen wird. (Die Hindus und Buddhisten nennen das *Avidya* oder Nichterkennen des GEISTES, ein Zustand, der durch *Jnana* oder Gnosis überwunden wird, durch «Erkennen des HÖCHSTEN und der Ursprünglichen Identität».) *Gleichzeitig*, und hier haben die Naturwissenschaftler recht, entstand die Menschheit auf dem Weg *über* die, jedoch nicht *aus* den Affen. Beide Anschauungen sind richtig und miteinander vereinbar. Die Vereinigung von Naturwissenschaft und Religion ist die Vereinigung von Evolution und Involution.

Vergleiche

Mit dieser Gesamtschau stehe ich nicht allein. Sri Aurobindo, ein großer Weiser des modernen Indien, hat gerade über diesen Punkt geschrieben – Brahman verliert sich in der Involution und evolviert dann zurück, von der Materie zum Prana, zum Geist/Verstand (bei Aurobindo «das Mentale»), zur Seele («das Übermentale»), zum GEIST («das Supermentale»), zum Atman. Er sieht das als kosmologisches und zugleich psychologisches Geschehen.[10, 11] Aurobindo ist einer der wenigen genialen Vollmystiker in Ost und West, die die Möglichkeit und den Willen gehabt haben, die anthropologischen und archäologischen Aufzeichnungen zu studieren, die von der modernen Wissenschaft zusammengetragen wurden. Er kam zu der Erkenntnis, diese Aufzeichnungen seien nicht nur mit seiner Schau vereinbar, sondern unterstützen sie sogar. Aurobindos Anschauungen werden von anderen modernen indischen Denkern geteilt, etwa von Radhakrishnan[335], Chaudhuri[84], Gopi Krishna[165] und anderen.

Auf christlicher Seite nenne ich Teilhard de Chardin, den brillanten Paläontologen, Biologen und Theologen, der nicht nur an die Evolution glaubte, sondern sie als ein Fortschreiten der Lebensformen vom Niedersten zum Höchsten ansah, womit sie zwangsläufig in dem kulminieren muß, was er den Omega-Punkt nannte, in dem alle Seelen zum Gottbewußtsein wiedererwachen.[395, 396]

Doch noch vor Teilhard de Chardin und zweifellos bedeutender als er ist das überragende Genie Georg Wilhelm Friedrich Hegel. Er hat in mancher Hinsicht die Erkenntnisse seiner beiden intellektuellen Vorgänger Fichte und Schelling weitergeführt. Mit Hegel jedoch erreichte der idealistische Genius im Abendland seinen Höhepunkt. Natürlich gab es andere, die erleuchteter waren als er, und wieder andere von gleichem oder größerem intellektuellem Status, doch hat niemand so wie Hegel transzendente Erkenntnis mit mentalem Genius kombiniert. Obwohl ich ihn in diesem Buch nicht oft erwähnt habe, fällt sein Schatten auf jede Seite.

Ich will hier nicht versuchen, Hegels Ansichten zusammenzufassen. Auch nur die einfachste annehmbare Zusammenfassung würde ein ganzes Buch beanspruchen. Daher werde ich nur einige der Thesen Hegels erwähnen, die unmittelbare Bedeutung für unsere Erörterung haben. Insbesondere ist festzuhalten, daß das Absolute für Hegel GEIST war. «Das Absolute ist Geist [GEIST]: das ist die höchste Definition des Absoluten. Diese Definition zu finden und ihren Inhalt zu verstehen war, wie man sagen kann, das letzte Motiv aller Kultur und Philosophie. Alle Religionen und Wissenschaften haben sich bemüht, diesen Punkt zu erreichen.» Und an anderer Stelle: «Das Absolute ist nicht einfach das Eine. Es ist das Eine, aber es ist auch die Vielen. Es ist die Einheit-in-der-Vielheit . . . [Aber] Das Sein, das Absolute, die unendliche Totalität, ist nicht nur eine Ansammlung endlicher Dinge, sondern *ein* unendliches LEBEN, *ein* sich selbst verwirklichender GEIST.»

Dieses Absolute ist auch nicht nur statisches Sein. Es ist auch in einen Prozeß des Werdens verwickelt. Das Absolute ist «der Prozeß des eigenen Werdens, der Kreis, der sein Ziel [Atman] als seinen Zweck postuliert und sein Ziel als seinen Anfang hat. Er wird nur durch seine *Entwicklung* und durch sein *Ziel* konkret oder Wirklichkeit.» Für Hegel war diese *Entwicklung* die Geschichte (Evolution), gleichzeitig eine Bewegung *des* GEISTES und *zum* GEIST hin beziehungsweise zur Verwirklichung des GEISTES in konkreten Einzelheiten. Geschichte wird also von einem spirituellen Telos (unser Atman-Telos) angetrieben, mit dem «Endziel» eines Zustandes «absoluter Erkenntnis», in dem der «Geist sich selbst in Form von Geist erkennt». Dieses Endziel der Geschichte ist «die Rückkehr des Geistes zu sich selbst auf höherer Ebene, einer Ebene, auf der Subjektivität und Objektivität in einem unendlichen Akt vereinigt sind».

Diese historische Entwicklung der Verwirklichung des GEISTES durch den GEIST erfolgt laut Hegel in drei Hauptstufen (die genau unseren Bereichen des Unbewußten, Ichbewußten und Überbewußten entsprechen). Die erste Stufe ist das «Bewußtsein», das bei Hegel Körperbewußtsein oder die Sinneswahrnehmung einer äußeren Welt ohne mentale Reflexion oder Ichbewußtsein ist. Sie entspricht unserem unbewußten Bereich (uroborisch und typhonisch). Die zweite Stufe ist das «Selbstbewußtsein» – Ichbewußtheit und mentale Reflexion –, unser Bereich des Ego-Bewußtseins. Während dieser Periode des Selbstbewußtseins kommt es laut Hegel zum «unglücklichen Bewußtsein», zum «gespaltenen Bewußtsein» und zum «selbstentfremdeten Bewußtsein», und zwar wegen der dem Selbstbewußtsein inhärenten Belastungen. Das ist unser «gefallenes ichhaftes Bewußtsein», der wissenschaftliche Sündenfall, dessen Entstehungsgeschichte wir verfolgt haben. Hegels dritte Stufe ist die der «Vernunft» oder des transzendenten Wissens, «die Synthese von Objektivität und Subjektivität», der GEIST, der den GEIST als GEIST erkennt – das, was für uns das Überbewußte ist.

Die Geschichte ist also für Hegel der Prozeß der Selbstverwirklichung des GEISTES, der in drei Hauptphasen abläuft. Er beginnt mit der «Natur», dem untersten Bereich, die ein «Abfall von der Idee» (GEIST) ist. Hegel spricht von der Natur als einem *Abfall*, und zwar auf eine Weise, die unserem theologischen oder involutionären Sündenfall ziemlich ähnlich ist. Natur wird aber nicht dem GEIST gegenübergestellt, existiert auch nicht neben dem GEIST. Einen Gedanken Schellings aufgreifend, sagt auch Hegel, die Natur sei trotz ihres Abfalls in Wirklichkeit nur «schlummernder Geist», oder «Gott in seinem Anderssein». Genauer gesagt ist Natur «selbstentfremdeter Geist». In der zweiten Phase erwacht dieser GEIST im Menschen als Selbstbewußtsein und kehrt dann in der dritten Phase durch den Menschen als absolutes Erkennen zu sich selbst zurück, wobei diese absolute Erkenntnis auch die höchste Erkenntnis des Menschen ist. Diese absolute Erkenntnis ergibt sich dann, «wenn ich mir nicht nur meiner selbst als endliches Individuum bewußt bin, das in Beziehungen zu anderen endlichen Personen und Dingen steht, sondern auch des Absoluten als der höchsten und alles umfassenden Wirklichkeit. Mein Erkennen, sollte ich es erreichen, der Natur als der objektiven Manifestation des Absoluten und des Absoluten als einer Rückkehr zu sich selbst – und zwar als Subjektivität in Form von Geist, die durch das spirituelle Leben des Menschen in der Geschichte existiert – ist ein Augenblick absoluten Bewußtseins, das heißt im Selbsterkennen des Seins oder des Absoluten.»

Und nun kommen wir zu einem Punkt, in dem Hegels Genie das seiner Vorgänger in Ost und West übertroffen hat: Obwohl jedes Entwicklungsstadium seine Vorgänger transzendiert und überholt, schiebt es sie nicht beiseite oder macht sie überflüssig. Alle früheren Bruchstücke und niederen Ebenen, alle vorangegangenen Stufen, werden von den nachfolgenden höheren Stufen aufgenommen und bewahrt. Jedes höhere Stadium *negiert* alle früheren oder geht über sie hinaus, aber sie *bewahrt* sie auch oder integriert sie, «so daß sie nicht ausgelöscht, sondern erfüllt werden». «Das letzte [Stadium] ist das Ergebnis aller früheren: Nichts ist verloren, alle Prinzipien sind bewahrt.»

Laut Hegel ist das so, weil jedes Entwicklungsstadium – jedes Stadium der Überwindung der Entfremdung vom GEIST – durch einen dialektischen Prozeß zustande kommt, bei dem aus These und Antithese die Synthese wird oder aus der Negation und der Negation der Negation die höhere Lösung. Diese Dialektik wurde erstmals von Fichte extensiv benutzt; sie erreicht aber in Hegel ihren Höhepunkt, obwohl dieser im Gegensatz zu Fichte selten die Begriffe These, Antithese und Synthese benutzt. In meiner Terminologie würde das so aussehen: Jede Ebene tritt als These in Erscheinung, ein Sein mit Eros, das zunächst einmal alle Veränderungen dominiert und daher alles *negiert*, was außerhalb seines geistigen Fassungsvermögens liegt oder es gefährdet. Dieses Eros-Wesen trifft bald auf sein Gegenstück, die Antithese («seinen Widerspruch» wie Hegel sagt). Das ist eine *Negation* seiner ursprünglichen Negation, oder eine Negation seiner ursprünglichen Unausgeglichenheit und Parteilichkeit. Diese Negation, diese Antithese oder dieser Widerspruch zum Eros ist Thanatos. Und da Thanatos den Eros negiert, negiert er auch die ursprüngliche Negation des Eros, so daß sowohl Eros als auch Thanatos dieser Ebene in einer durch Transformation geschaffenen Synthese höherer Ordnung zusammengeführt werden, auf einer höheren, umfassenderen Ebene. Diese neue Ebene wird dann zur neuen These; sie entwickelt einen neuen Eros, der dann einem neuen Thanatos gegenübertritt, der die Negation negiert und so weiter, die ganze Evolution hindurch. Das Ergebnis von alledem: Jede Ebene wird auf einer höheren negiert, aber bewahrt, bis alle Stadien ihrer Voreingenommenheiten und Unausgeglichenheiten entkleidet sind und nur noch Alldurchdringendes Leben bleibt, frei von Widersprüchen, frei von Negation, frei von Entfremdung.

Schließlich, und lassen Sie mich darauf mit besonderem Nachdruck hinweisen, war wahre Philosophie für Hegel die bewußte Rekonstruktion der Entwicklungslogik oder der Stufen/Ebenen, über die der GEIST zum GEIST zurückkehrt. «Aufgabe der Philosophie ist es, das Leben des Absoluten zu rekonstruieren. Sie muß daher systematisch die dynamische Struktur, den teleologischen Prozeß oder die Bewegung der kosmischen Vernunft herausstellen, in der Natur [Unbewußtes] und in der Sphäre des menschlichen Geistes [Ichbewußtsein], die im Selbsterkennen des Absoluten [Überbewußtes] ihren Höhepunkt findet.»*

---

* Meine einzigen Vorbehalte gegenüber Hegel: 1. Er scheint nicht die Subtilitäten und Komplexitäten der höheren Bereiche des Überbewußten zu verstehen. Was

Nach diesem kurzen Blick auf den Genius Hegels möchte ich mich nunmehr Nikolas Berdjajew zuwenden, dem überragenden christlichen Mystiker Rußlands. Vielleicht können die Worte eines Bruders in Christo die Emotionen der modernen Christen besänftigen, die sich verpflichtet sehen, Eden als einen wirklichen Himmel zu begreifen. Seine Erörterung des Sündenfalls beginnt er folgendermaßen: «Das Paradies war ein Leben voller Unschuld; aber war es auch die Fülle des Lebens? Wurden dort alle Möglichkeiten verwirklicht? Die biblische Geschichte ist von exoterischer Art. Sie gibt Ereignisse in der spirituellen Welt durch Symbole wieder, doch kommt es entscheidend auf eine tiefere Interpretation dieser Symbole an.» Berdjajew kommt dann zum Kern des historischen Eden und des Paradieses: «Im Paradies wurde dem Menschen nicht alles enthüllt; und Unwissenheit war die Vorbedingung des Lebens in ihm. Es war der Bereich des Unbewußten.» Dann fährt er fort:

Die Freiheit des Menschen war noch nicht entfaltet, hatte sich noch nicht selbst ausgedrückt ... Der Mensch verwarf die Unschuld von Eden und entschied sich für den Schmerz und die Tragödie kosmischen Lebens, um seine Bestimmung bis in die tiefsten Tiefen zu erforschen. Das war die Geburt des Bewußtseins mit seiner schmerzlichen Spaltung [der Ego-Bereich]. Indem der Mensch aus der Harmonie des Paradieses ausbrach, begann er zu unterscheiden und zu werten, er aß die Frucht vom Baum der Erkenntnis und fand sich plötzlich diesseits von Gut und Böse. Das Verbot war eine Warnung, daß die Früchte des Baumes der Erkenntnis bitter und tödlich seien. Erkenntnis wurde aus Freiheit geboren, aus den dunklen Niederungen des Irrationalen. Der Mensch zog Tod und die Bitterkeit des Unterscheidens dem unschuldigen und glücklichen Leben der Unwissenheit vor.[30]

er einfach «Geist» (GEIST) nennt, besteht in Wirklichkeit aus mehreren Ebenen (5, 6, 7, 8). Das verführt ihn 2. dazu, «Vernunft» auf eine ziemlich übergreifende Weise zu verwenden. Für ihn war «Vernunft» höheres Bewußtsein, logisch nicht an Kants *a priori* Kategorien gebunden, doch die Natur von Gnosis oder Jnana hat er nicht klar und endgültig erfaßt. 3. Seine Vorliebe für die Zahl Drei hindert ihn an der Einsicht, daß viele der von ihm meisterhaft erklärten Entwicklungsdynamiken in Wirklichkeit über alle möglichen Ebenen und Stufen wirken, die nicht alle einer dreifachen Unterteilung folgen.

Die Menschen hätten für immer und ewig von den Früchten des Baumes des Lebens essen und ewig das Leben unbewußter vegetativer Seligkeit führen können, sagt Berdjajew. «Das Paradies ist der unbewußte Zustand der Natur, das Reich des Instinkts. Dort gibt es keine Spaltung zwischen Subjekt und Objekt, kein Nachdenken, keinen schmerzlichen Konflikt zwischen dem Bewußten und dem Unbewußten.»[3] Das ist der uroborische Zustand, Punkt für Punkt.

Berdjajew ist sich also des Wesens des naturwissenschaftlichen Sündenfalls genau bewußt – der Entstehung des persönlichen Bewußtseins aus dem präpersonalen, instinktmäßigen, uroborischen Eden und *nicht* aus einem transpersonalen Himmel. Daher konnte er auch sagen, was kein Theologe hätte sagen können: «Der Mythos vom Sündenfall erniedrigt den Menschen nicht, sondern hebt ihn in wundervolle Höhen ... *Der Mythos vom Sündenfall ist ein Mythos von der Größe des Menschen.*» Natürlich! Denn der naturwissenschaftliche Sündenfall kennzeichnet das Hervortreten des Ego aus dem Unbewußten, eine Leistung von heroischer Größe. Sie wurde jedoch als «Fall» erfahren, «weil schon allein die Existenz des [ichhaften] Bewußtseins Begrenzungen und Unterscheidungen enthält, die Schmerzen verursachen. In unserem Äon, unserer gefallenen Welt, verursacht Bewußtsein immer Schmerzen.»[30]

Will er uns deshalb etwa überreden, nach Eden zurückzukehren? Beileibe nicht, denn «die Welt schreitet fort von einer ursprünglichen Abwesenheit der Unterscheidung von Gut und Böse [unbewußtes Nichtwissen] zu einer scharfen Unterscheidung zwischen beiden [ichbewußtes Erfassen] und dann, bereichert durch diese Erfahrung, zu einem Zustand, in dem nicht mehr unterschieden wird [überbewußte Transzendenz]». Ich versichere dem Leser, daß ich das «Unbewußte» und das «Überbewußte» nicht in Berdjajews Gedanken hineinlese. Er selbst hat genau diese Worte benutzt:

Nach dem Sündenfall brauchte der Mensch [Ich-]Bewußtsein, um sich vor dem gähnenden Abgrund [der Verschlingenden Mutter] unter sich zu retten. Aber [Ich-]Bewußtsein schließt den Menschen auch vom Überbewußtsein, von der göttlichen Wirklichkeit aus und verhindert intuitive Kontemplation Gottes. Bei dem Versuch, zum Überbewußten durchzustoßen, zum Abgrund über sich [der Leere], fällt der Mensch oft ins Unbewußte, in den Abgrund unter sich. In unserer sündigen Welt bedeutet Bewußtsein ... Aufgespaltensein,

Schmerz und Leiden ... Ein unglückliches Bewußtsein kann nur durch Überbewußtsein überwunden werden.[30]

Was die drei Hauptstufen anbelangt – 1. den präpersonalen und unbewußten Zustand, 2. den personalen und ichbewußten Zustand, und 3. den transpersonalen und überbewußten Zustand –, hat Berdjajew eine perfekte Formulierung gefunden: «In der Entwicklung des Geistes gibt es drei Stadien: Erstens das ursprüngliche paradiesische, das vorbewußte, das noch keine Erfahrung mit Denken und Freiheit gemacht hat; zweitens Abspaltung, Reflexion, Wertschätzung, Freiheit der Wahl; und drittens das überbewußte Ganzsein und Vollständigsein, das nach Freiheit, Reflexion und Wertschätzung kommt ... Sowohl am Anfang wie am Ende grenzt Ethik an einen Bereich, der jenseits von Gut und Böse liegt: Das Leben im Paradies [prä-ethisch] und das Leben im Königreich Gottes [transethisch], den vorbewußten und den überbewußten Zustand. Nur das ‹unglückliche› Bewußtsein mit seinem Aufgespaltensein, seiner Reflexion, mit Schmerz und Leiden befindet sich ‹diesseits› von Gut und Böse.»

Wir können diesen Teil mit einer Schlußfolgerung von Aurobindo abschließen, da er genau dieselben Gefühle zum Ausdruck bringt:

Denn tatsächlich sehen wir das Universum mit einem *Unbewußten* [Zustand] beginnen, das sich ganz offen zum Ausdruck bringt [jedoch mit minimaler oder «äußerlicher Bewußtheit»]. Im [Ich-] *Bewußten* wird das Ego zum äußerlichen Punkt, an dem die Bewußtheit der Einheit entstehen kann. Doch wendet es seine Wahrnehmung der Einheit auf die Form und Oberflächenaktion an [die fälschliche Anwendung der Einheits-Intuition auf die Oberflächenform ist genau das Atman-Projekt], und – da es ihm nicht gelingt, sich Rechenschaft über das abzulegen, was dahinter im Gange ist – es versäumt, ebenso zu erkennen, daß es nicht nur eins mit sich selbst ist, sondern auch eins mit anderen. Diese Eingrenzung des universalen «Ich» [Atman] in das gespaltene Ego-Gefühl konstituiert unsere vollständige individualisierte Persönlichkeit.Transzendiert das Ego aber das persönliche Bewußtsein, dann wird es von dem überwältigt, was für uns das *Überbewußte* ist, und beginnt es einzubeziehen. Es wird der kosmischen Einheit gewahr und findet ins Transzendente Selbst [Atman] Eingang.[335]

Es ist das notwendige, aber tragische Erwachen des unglücklichen Bewußtseins – des gespaltenen Ego-Gefühls –, das wir in diesem Buch zurückverfolgt haben.

Wir sehen also, daß es in Wirklichkeit zwei Sündenfälle gegeben hat: den naturwissenschaftlichen Fall heraus aus Eden, heraus aus der uroborischen und der typhonischen Zeit, und den vorhergegangenen und paradoxerweise auch gegenwärtigen theologischen Fall heraus aus dem überbewußten Himmel. Und wir sehen, daß wir den ersten Fall erleiden mußten, um den zweiten wieder umkehren zu können. Wir mußten über den unbewußten Affen hinaus evolvieren, um das Überbewußte wiederzuentdecken. Da das so ist, können wir alle uns ein Herz fassen; denn jetzt scheint es gewiß, daß Sie und ich aus dem Garten Eden herausgefallen sind, damit wir alle in den HIMMEL zurückkehren können.

18. Vor uns: die Zukunft

Im ganzen Verlauf dieses Buches habe ich eine Methode benutzt, die meines Wissens nie zuvor ausdrücklich befolgt worden ist. Ich bin nämlich gleich *zwei* parallelen Strängen der Evolution nachgegangen – der Evolution des *durchschnittlichen* Bewußtseins und der des jeweils *am höchsten entwickelten* Bewußtseins. Dabei haben wir – im großen und ganzen – folgendes gesehen: Als die durchschnittliche Bewußtseinsform die typhonische Ebene erreichte, erreichte die höher entwickelte – in einigen hochentwickelten einzelnen Menschen oder Schamanen – die Ebene 5, den Nirmanakaya. Als die Durchschnittsform die Stufe mythischer Gruppenzugehörigkeit erreichte, erreichte die höher entwickelte – in einigen wenigen Heiligen – die Ebene 6, den Sambhogakaya. Und als der Durchschnitt die mental-ichhafte Ebene gewann, erreichten die höher Entwickelten – einige wenige vollkommen Erleuchtete – die Ebene 7/8, den Dharmakaya/Svabhavikakaya.*

Diese fortgeschrittenen Stadien der Evolution – die Ebenen 5 bis 8 – sind keineswegs nur von historischem Interesse. Wenn nämlich unsere Hypothese auch nur generell richtig ist, dann verbleiben diese fortgeschrittenen Ebenen weiterhin als das *gegenwärtige und höhere*

---

* Eine genauere Darstellung dieser parallelen Entwicklung, die noch eine weitere Hauptstufe (die zentaurische) zwischen der mental-ichhaften und der *psychischen* berücksichtigt und dementsprechend die Ebenen 7 und 8 nicht, wie hier zumeist, der Einfachheit halber zusammenfaßt, findet sich in *The Atman Project*. Dort zeige ich, daß der Durchschnittsebene des mentalen Ego die am höchsten entwickelte Ebene des Dharmakaya (hier 7) und der Durchschnittsebene des zentaurischen Bewußtseins die höchstentwickelte des Svabhavikakaya (hier 8) entspricht.

Potential jedes Menschen, der sich darum bemüht, sich über das mental-ichhafte Stadium hinaus zu entwickeln und zu transformieren. Ich behaupte, daß die Tiefenstrukturen aller höheren Ebenen im Unbewußten Urgrund vorhanden sind, wo sie darauf warten, sich in jedem Individuum zu entfalten, das danach strebt, genau so wie sie sich hierarchisch bei den einstigen transzendenten Helden entfaltet haben.

Diese Umwandlung zu höheren und überbewußten Ebenen erfolgt auf dieselbe Weise, wie es bei allen vergangenen Transformationen geschah: Das Ich muß den *Tod* seiner gegenwärtigen Ebene akzeptieren, muß sich von dieser Ebene *differenzieren* und sie dadurch zur nächsthöheren Stufe transzendieren. In unserer gegenwärtigen historischen Situation bedeutet dies, daß der Mensch seine mental-ichhafte Struktur sterben lassen, sich von ihr differenzieren und sie transzendieren muß.

Das ist kurz gesagt genau das, was Meditation bewirken soll: den mental-ichhaften *Veränderungen* Einhalt gebieten, damit die *Transformation* zu den überbewußten Bereichen beginnen kann.[436] Ich habe an anderer Stelle bereits erwähnt, daß auch bei den heutigen Meditierenden Fortschritte gemäß der in diesem Buch zugrunde gelegten Stufenfolge der Bewußtseinsebenen erzielt werden. Das heißt: Eine erfolgreiche und vollständige Meditation mündet zunächst ein in den *psychischen* Bereich der Intuition (5), dann in die subtilen Bereiche archetypischen Einsseins, des Lichtes und der Glückseligkeit (6), dann in die kausalen Bereiche der nichtmanifesten Versunkenheit (Samadhi) und durchdringender Erleuchtung (Prajna/Gnosis, Ebene 7) und schließlich in den allerhöchsten Bereich der vollkommenen Auflösung des separaten Ichempfindens in *jeder* Form, hoch oder niedrig, geheiligt oder profan, und der gleichzeitigen Auferstehung des Allesdurchdringenden Lebens oder GEISTES (der vor dem Ich, Geist, Seele und Welt da war, sie aber alle in einem nichtdualistischen und unverstellten Bewußtsein umfaßt, Ebene 8).[11, 48, 59, 64, 67, 164, 226, 275, 436]

Was ich hier sagen will, ist, daß an der Meditation überhaupt nichts Okkultes oder Spukhaftes, geschweige denn psychisch Krankhaftes ist. Meditation ist einfach das, was ein Individuum im gegenwärtigen Stadium des Durchschnittsbewußtseins tun muß, wenn es sich über dieses Stadium hinaus entwickeln will. Es ist eine einfache und natürliche Fortsetzung evolutionärer Transzendenz: So wie der Körper die Materie transzendierte und der Geist den Körper, so transzendiert die Seele bei der Meditation den Geist, und dann transzendiert der GEIST die Seele.

Wenn wir alle die Evolution der Menschheit fördern und nicht nur die Früchte des Ringens der Menschheit in der Vergangenheit ernten wollen, wenn wir zur Evolution beitragen und nicht nur die Rosinen aus ihr herauspicken wollen, wenn wir an der Überwindung unserer Selbstentfremdung vom GEIST mitwirken und sie nicht einfach verewigen wollen, dann wird Meditation oder eine ähnliche wirklich kontemplative Praxis zu einem absoluten ethischen Imperativ, zu einem neuen kategorischen Imperativ. Tun wir weniger als das, dann wird unser Leben zwar nicht unbedingt zu einem bösartigen Treiben, aber doch zu einem Zustand, in dem wir einfach die Bewußtseinsebene genießen, die die Helden der Vergangenheit für uns erkämpft haben. Wir leisten selbst keinen Beitrag, wir pflanzen nur unsere Mittelmäßigkeit fort.

Ist unsere Gesamthypothese richtig, dann ist das, was wir in den verschiedenen Stufen heutiger Meditation erkennen, dasselbe, was wir in den Stufen der historischen Evolution der jeweils am höchsten entwickelten Bewußtseinsträger beobachteten: das Entfalten der höheren Ebenen der Großen Kette des Seins. Und deshalb sehen wir darin auch die wahrscheinlichen *künftigen Stufen* der Evolution der durchschnittlichen Bewußtseinsform, des Bewußtseins als ganzem. Vereinfacht ausgedrückt: Wir sehen die Zukunft der Menschheit. Ein flüchtiger Blick auf Abb. 1 zeigt uns, daß das heutige Durchschnittsbewußtsein die mental-ichhafte Ebene 4 erreicht hat, und daß die nächste große Stufe durchschnittlichen Bewußtseins die Ebene 5 ist, der Nirmanakaya. Das aber bedeutet, daß nunmehr das *Durchschnittsbewußtsein*, und nicht nur einige herausragende Helden, damit beginnen kann, sich die Bereiche des Nirmanakaya zu erschließen.*An diesem allgemeinen Punkt der Geschichte hat die exoterische Kurve begonnen, die esoterische einzuholen und in sie einzumünden. Das Ich-Bewußtsein steht vor dem Übergang ins Überbewußtsein. Das Durchschnittsindividuum in seiner großen Mehrheit kann jetzt *beginnen*, ein transzendenter Held zu werden.

Das ist natürlich das letzte, was orthodoxe Anthropologen und Psychologen erwarten würden, weil sie bei einem Rückblick auf die Stufen der Evolution der Menschheit zu der Schlußfolgerung kommen, die «religiösen» Stadien lägen längst hinter uns. Sie verweisen darauf,

---

* Genauer gesagt, die Durchschnittsindividuen, die heute zentaurisch sind [siehe Fußnote S. 365], können sich jetzt psychische Ebenen erschließen. Das ist jedoch ein technischer Punkt, der nicht vom allgemeinen Argument ablenken soll.

was Auguste Comte und andere vor ihm gesagt haben, nämlich daß die Menschheit von der Magie zum Mythos und von da aus zur Wissenschaft übergegangen sei (Comtes «Gesetz der Drei»), so daß allein die absolut rationale und mentale Wissenschaft die Hoffnung der zukünftigen Evolution trägt.

Zu dieser Schlußfolgerung gelangen sie jedoch, indem sie sich *nur* auf die einzelnen Stadien der Evolution des Durchschnittsbewußtseins konzentrieren. In einigen Aspekten stimme ich mit ihrer Analyse absolut überein. Das Durchschnittsbewußtsein hat sich ja tatsächlich vom Magischen (Typhonischen) zum Mythischen (Gruppenzugehörigkeit) und schließlich zur Wissenschaft (Ego) nach oben gekämpft. Jedoch weist eine Vielfalt von Beweisen aus der historischen Evolution wie aus dem Studium der heutigen Meditation auf das Faktum hin, daß jenseits des Stadiums *ichhafter Wissenschaft* das der *psychischen* Intuition liegt (Ebene 5), gefolgt von subtilem Gewahrsein (6), dann kausaler Einsicht (7) und schließlich Allerhöchster Identität (8). Wissenschaftliche Anthropologen leugnen das, indem sie das Magische (2) mit dem *Psychischen* (5) und Mythos (3) mit subtilem Archetyp (6) verwechseln. Wenn dann irgendwo charakteristische Aspekte echten *psychischen* und subtilen Bewußtseins auftauchen, behaupten sie naiv, das seien Rückfälle in Magie und Mythos. Die Verwirrung wird noch dadurch genährt, daß die ersten wahren *psychisch* Begabten in der magischen und die ersten wahren Heiligen in der mythischen Ära auftauchen. Indem sie das alles in einen Topf werfen, behaupten diese Leute, die Anthropologie beweise, daß wir uns inzwischen «über das ganze religiöse Brimborium» hinausentwickelt hätten.

Es stimmt: Wir haben uns über die Magie, *nicht* aber über das *Psychische* hinaus entwickelt, haben den Mythos, nicht aber den subtilen Archetyp hinter uns gelassen. Aufgrund der simplen Verwechslung dieser Bereiche neigen die orthodoxen Gelehrten jedoch nicht nur dazu, einige wichtige Daten der *vergangenen* Evolution zu mißdeuten, sondern auch das Wesentliche der möglichen *künftigen* Evolution nicht zu erkennen. Mit dieser Verwechslung nehmen sie sich jede Möglichkeit, höhere Evolutionsstufen zu erkennen, die über ihre eigene Ebene mental-ichhafter Rationalität hinausgehen.

Würden diese Anthropologen/Naturwissenschaftler/Soziologen sich die Mühe machen, die anthropologischen und historischen Befunde noch einmal zu überprüfen, und zwar unter Differenzierung zwischen der durchschnittlichen und der jeweils höchsten Bewußtseinsform, dann würden ihnen völlig andere Schlußfolgerungen möglich sein. Sie sollten einmal unterscheiden lernen zwischen betrügerischer Magie, die in der typhonischen Ära wucherte, und der echten schamanischen Einsicht, die in jener Periode wie eine ganz besonders früh gesprossene Blüte selten war. Sie sollten differenzieren lernen zwischen dem biologischen und mythischen Vorstellungsbild der MUT-TER, wie es in der Zeit der Gruppenzugehörigkeit vorherrschte, und dem echten Erkennen von Mahamaya, Shakti und der Großen Göttin, die die wahrhaft hochentwickelten Heiligen dieser Epoche intuitiv erfaßten. Sie müßten auch unterscheiden lernen zwischen dem kulturellen paternalen Vaterbild, das vom durchschnittlichen Ego während des Patriarchats verehrt wurde, und dem wahren SCHÖPFER, der QUEL-LE, dem HIMMLISCHEN VATER des Dharmakaya, den die am höchsten entwickelten Erleuchteten jener Epoche entdeckten. Sie sollten aufhören, die Durchschnittsform und die jeweils am höchsten entwickelte Bewußtseinsform durcheinanderzubringen – und *dann* sollten sie einen Blick auf die Geschichte werfen.

Dieselbe Kritik muß man auch an den romantischen Transzendentalisten üben, wenn auch im umgekehrten Sinne. Auch sie bringen beide Bewußtseinsformen durcheinander und nutzen dann diese Konfusion, um zu behaupten, die vergangenen Epochen wären so etwas wie das «Goldene Zeitalter» gewesen, das dann zerstört wurde. Sie verwechseln Magie und *Psychisches*, Mythos und subtilen Archetyp, jedoch in entgegengesetzter Richtung: Sie behaupten, die Evolution über das Magische hinaus habe einen Verlust an *psychischem* Bewußtsein gebracht und die Evolution über das mythische Bronze-Zeitalter hinaus einen Verlust an subtiler archetypischer Verklärung. Sie schirmen sich gegen den Aufstieg mental-ichhafter Naturwissenschaft ab und verdammen das gegenwärtige Zeitalter mit anklägerischen Verleumdungen, wobei sie ebenso wie ihre naturwissenschaftlichen Gegner nicht in der Lage sind, die damit verbundenen Subtilitäten zu begreifen. Sie sollten sich die vorliegenden Befunde und Aufzeichnungen deutlicher ansehen und dabei unterscheiden zwischen den wirklich höherentwickelten transzendentalen Helden von gestern und der Durchschnittsform eindeutig primitiven und nicht-evolvierten Aberglaubens, der die archaische Geschichte vollständig beherrschte. Und dann sollten sie sich ihren echten Enthusiasmus für morgen aufsparen, wo die realen Möglichkeiten ihrer transzendenten Visionen liegen sowie die wahre Hoffnung auf Rückkehr zum GEIST.

In dieser Hinsicht gibt es eine wachsende und sich immer mehr

Gehör verschaffende Gruppe von Individuen, die der Ansicht sind, wir befänden uns an der Schwelle eines «Neuen Zeitalters» des Bewußtseins. In gewissem Sinne teile ich ihren Enthusiasmus, in einem anderen Sinne jedoch muß ich Einwände erheben. Zugegeben, meine Hypothese besagt, daß die Zukunft der Menschheit – sollte sie überhaupt noch eine haben – die Evolution des Durchschnittsbewußtseins bis zur Ebene 5 vorantreiben wird oder zum Beginn des Überbewußten (eventuell sogar darüber hinaus bis zu den Ebenen 6, 7, 8). Das wäre an sich ein Anlaß zur Freude, aber: 1. hat eine überwiegende Mehrheit der Menschen bis heute noch nicht eine stabile rational-ichhafte Ebene erreicht. Diese Mehrheit ist noch in uroborischen, typhonischen, magischen und mythischen Wünschen befangen und weigert sich ganz allgemein, andere personale Ich anzuerkennen oder zu respektieren. Man kann aber das Transpersonale nicht erreichen, wenn man nicht zuvor das Personale verwirklicht hat. 2. Sind nationale Regierungen, die in der gegenwärtigen und wohl auch der zukünftigen Geschichte eine unverhältnismäßig große Rolle spielen, heute mit wenigen Ausnahmen Organisationen eines nur kärglich rational überformten Typhonismus, sind völlig von animalischem Selbsterhaltungstrieb bestimmt und daher durchaus gewillt, die ganze Welt in einen atomaren Holocaust zu stürzen, nur um die eigene kosmozentrische Befähigung unter Beweis zu stellen. 3. Leiden in den Vereinigten Staaten von Amerika und in Westeuropa, wo das Neue Zeitalter am lautesten verkündet wird, eine beträchtliche Mehrheit der Individuen unter dem Streß, daß es diesen Zivilisationen nicht gelingt, wirklich rationale und ichhafte Strukturen hervorzubringen und zu bewahren. Deshalb ist bei diesen Individuen gegenwärtig eine *rückläufige Entwicklung* in Richtung auf präpersonale, kultische, narzißtische Zielsetzungen zu verzeichnen, wie Christopher Lasch sehr klar herausgestellt hat.[246] Oft behaupten jedoch diejenigen, die diesen Kult des Narzißmus betreiben, mit dieser Rückwendung würden in Wirklichkeit transpersonale Ziele verfolgt, zumindest aber «humanistische» Freiheit. Die «New-Age»-Bewegung ist daher meines Erachtens eine seltsame Mischung einer Handvoll wahrhaft transpersonaler Seelen mit Massen von präpersonalen Süchtigen.

Das kündigte sich schon in der «Beat-Generation» der sechziger Jahre an, als eine beachtliche Zahl sonst hochintellektueller Leute, die nicht in der Lage waren, innerhalb einer eindeutig von Streß geplagten und ziellos dahintreibenden Kultur rationale und ichhafte Verantwortung zu übernehmen, damit begann, typhonische, narzißtische und regressive Befreiung von der Ego-Ebene zu befürworten, während sie intellektuell behauptete, trans-ichhaften Zen spontaner Freiheit zu verwirklichen. Als die kulturelle Malaise sich immer weiter ausbreitete, begannen andere Leute diese Beatnik-Haltung zu übernehmen, wandten sich narzißtisch sich selbst zu, verdammten die Kultur als solche, predigten marxistische Dogmen (Religion ist nicht immer «Opium des Volkes», wie Marx dachte, doch trifft es zu, daß «Marxismus Opium für die Intellektuellen» wurde, wie ein französischer Kritiker es formulierte) und zogen sich auf im allgemeinen prä-ichhafte Stellungen zurück.

Selbst wenn alles das nicht zuträfe, würde die Menschheit als ganzes durchaus nicht vor einer tiefgreifenden kollektiven Rückkehr zum GEIST oder einem neuen Zeitalter stehen. Dennoch reden die Enthusiasten des «Neuen Zeitalters» so, als würde nun innerhalb eines Jahrzehnts das Höchste Bewußtsein, der wahre GEIST über uns kommen. Doch wir haben schreckliche fünfzehn Milliarden Jahre gebraucht, und zwar nur für die erste Hälfte der Rückkehr, und ich bezweifle, daß die zweite Hälfte bis morgen nachmittag zu bewältigen sein wird.

Dennoch gibt es tatsächlich eine wachsende Minderheit von Individuen, die ehrlich an den höheren Bereichen des Überbewußten interessiert sind. Überall formieren sich ernsthafte Zentren für disziplinierte meditative Praxis; respektable Universitäten zeigen ehrliches Interesse für Gnostik und östliche Weisheit; transpersonale Psychologie und Meta-Psychiatrie ziehen in zunehmendem Maße fähige Wissenschaftler an. Eine Handvoll echter Gurus und wahrer spiritueller Meister macht ihren Einfluß geltend. Für mich Beweis genug, daß das Bewußtsein als ganzes jetzt zumindest *beginnt*, in die überbewußte Zukunft zu blicken. Diese Zukunft ist noch nirgendwo nahe, beginnt aber, sich zur Ebene 5 zu bewegen und sich dementsprechend für alle möglichen Arten transzendentaler Überlegungen, Kontemplation, transpersonale Theorie und dergleichen zu öffnen.

Dieses Interesse geht meistens durch zwei Stadien. Das erste ist intellektuelle Neugier und intellektuelle Auseinandersetzung, die zweite ist tatsächliche Praxis und Einsicht. Vor fünfzehn Jahren begannen Tausende von Menschen in Amerika über Zen zu lesen, sie unterhielten sich über Taoismus, schwatzten über Vedanta. Dieses erste Stadium ist eine Art «Eintrittskarte», die in etwa besagt «Es ist erlaubt, über diese Dinge nachzudenken; sie sind weder pathologisch noch morbid, weder degeneriert noch rückschrittlich». Tatsächlich wird das Individuum infolge seiner anfänglichen Intuition des GEISTES oft, oder sogar gewöhnlich, dazu motiviert, das in mentaler Form begreifen zu wollen, was eigentlich transmental ist.

Es beginnt, den transzendenten Bereich zu erahnen. Da es sich jedoch noch auf der mentalen Ebene befindet, wird es von dieser Ahnung dazu getrieben, den Versuch zu machen, die subtilen Aussagen der Ewigen Philosophie mental zu verstehen – es liest alle entsprechenden Bücher, geht zu sämtlichen Vorträgen und besucht jedes Seminar. Es räsoniert über Zen und Physik, Buddhismus und Bergson, Hinduismus und Hegel. Ist dieses Individuum ein Professor, mag es sogar ein oder zwei Bücher über Zen und sein eigenes Fachgebiet schreiben, wobei es natürlich erstaunliche Übereinstimmungen zwischen beiden feststellt. Es müht sich ab, das Transmentale durch zwanghafte mentale Aktivitäten zu erreichen – Aktivitäten, die von seiner transmentalen Intuition angetrieben werden.

Das alles ist an sich völlig berechtigt und akzeptabel – so weit es eben reicht. Es gehört zum notwendigen Lernprozeß. Wenn sich dann das mentale «Verstehenwollen» eines Individuums irgendwann erschöpft und es feststellt, daß es immer noch nicht erleuchtet ist, kann es jetzt die zweite Etappe tatsächlichen Praktizierens in Angriff nehmen. Es gibt die mentale Veränderung auf und beginnt mit der subtilen Transformation. Und das ist mehr oder weniger bei vielen Leuten geschehen. Wir sagten vorhin, in Amerika hätten vor etwa fünfzehn Jahren Tausende von Menschen begonnen, über Zen (und ähnliches) zu reden, zu lesen und zu schreiben. Ein Kulturkritiker schrieb damals: «Es gibt auf der Welt zwei Arten von Menschen: solche, die den Zen-Gelehrten Suzuki gelesen haben, und solche, die ihn nicht gelesen haben.» Heute jedoch gibt es Tausende von Menschen, die Zen wirklich *praktizieren* (oder ähnliche meditative/kontemplative Aktivitäten). Und *das* ist der wahre, der kleine Beginn einer kollektiven Bewegung in Richtung auf die transzendenten Bereiche.

Für diejenigen, die zu einem verantwortungsbewußten stabilen Ego herangereift sind – zu einer «echten Person» – ist das nächste Wachstumsstadium der Beginn der Transpersonalen, vor allem der Ebene 5, der Ebene *psychischer* Intuition, der Beginn transzendenter Offenheit und Klarheit, der Beginn eines Gefühls von Bewußtheit, das mehr als nur Körper und Geist ist. Für zumindest ein weiteres Jahrhundert wird das bei uns noch nicht auf breiter Basis stattfinden. (Doch wird, wenn alles gut geht, das kommende Jahrhundert die Begründung zentaurischer Gesellschaften oder zumindest bedeutsamer zentaurischer Bewegungen und Enklaven erleben.) Aber bereits der Anfang dieser

Entwicklung wird die Gesellschaft und Kultur, die Regierungen, die medizinische Wissenschaft und Wirtschaftswissenschaft erheblich verändern – etwa so tief wie es beim Übergang von der Gruppenzugehörigkeit zum Ego der Fall war.

Ich möchte den Leser nicht mit ins einzelne gehenden Voraussagen langweilen, aber doch einige Allgemeinplätze zu dem anführen, was in diesem Zusammenhang wohl geschehen dürfte. Das Nirmanakaya-Zeitalter wird eine Gesellschaft von Frauen und Männern mit sich bringen, die zu einem ersten flüchtigen Blick in die Transzendenz fähig sind, was sich folgendermaßen auswirken müßte: Sie werden beginnen, ihr gemeinsames Menschsein und ihre Brüderschaft/Schwesternschaft besser zu verstehen; sie werden die ihnen durch die natürlichen körperlichen Unterschiede von Hautfarbe und Geschlecht mitgegebenen Rollen transzendieren; ihre mental-*psychische* Klarheit wird wachsen; sie werden Entscheidungen sowohl auf der Basis von Intuition wie von Rationalität treffen; sie werden in jeder einzelnen Seele, ja, in der ganzen Schöpfung dasselbe BEWUSSTSEIN sehen und dementsprechend handeln; sie werden herausfinden, daß das mental-*psychische* Bewußtsein die Körperphysiologie beeinflussen und umwandeln kann, und die medizinischen Theorien entsprechend anpassen; Männer und Frauen werden durch höhere Werte motiviert sein, was ihre wirtschaftlichen Bedürfnisse und die Wirtschaftstheorie drastisch verändern wird; sie werden psychisches Wachstum als evolutionäre Transzendenz begreifen und Methoden und Institutionen entwikkeln, die nicht nur Gefühlskrankheiten heilen, sondern das Bewußtseinswachstum fördern; Erziehung wird als eine Disziplin zum Erreichen von Transzendenz betrachtet werden – vom Körper zum Geist zur Seele –, weshalb man die Erziehungstheorie und die ihr dienenden Institutionen reformieren wird, mit besonderer Betonung der hierarchischen Entwicklung; man wird in der Technologie ein geeignetes Hilfsmittel zur Transzendenz und nicht einen Ersatz dafür sehen; Massenmedien und drahtlose Telekommunikation sowie neuartige Verbindungen zwischen Mensch und Computer werden als Vehikel eines vereinigenden Bewußtseins genutzt werden.

Das Weltall wird nicht nur als lebloses Ding «da draußen» gelten, sondern auch als Projektion der inneren oder psychischen Räume, und wird entsprechend erkundet werden; der Mensch wird geeignete Technologien benutzen, um die Austauschvorgänge auf der materiellen Ebene von chronischer Unterdrückung zu befreien; Sexualität wird nicht nur ein Spiel mit dem Fortpflanzungs- und Geschlechtstrieb sein, sondern die Ausgangsbasis für Kundalini-Sublimierung zum Eintritt in *psychische* Sphären – was zu einer entsprechenden Anpassung der Ehepraktiken führen wird; die Menschheit wird kulturelle/nationale Unterschiede als absolut akzeptabel und wünschenswert ansehen, diese Unterschiede jedoch vor dem Hintergrund eines universalen und gemeinsamen Bewußtseins sehen und daher radikalen Isolationismus oder Imperialismus als verbrecherisch betrachten. Die Menschheit wird ferner alle Menschen als eins im GEIST ansehen, allerdings nur *potentiell* eins im GEIST, und daher jedem Individuum Anreize geben, diesen GEIST hierarchisch zu aktualisieren, wodurch sinnlose und unverdiente «Ansprüche» begrenzt werden; sie wird die transzendente Einheit der Dharmakaya-Religionen erkennen und daher alle echten religiösen Präferenzen respektieren, sektiererische Behauptungen, über den «einzig richtigen Weg» zu verfügen, aber verurteilen; der Mensch wird erkennen, daß Politiker, wenn sie alle Aspekte des Lebens verwalten wollen, auch ihr Verständnis für und ihre Beherrschung aller Aspekte des Lebens demonstrieren müssen – vom Körper zur Seele zum GEIST (erweist sich das als unmöglich, wird die Rolle der Politik auf das Management niederer Austauschebenen beschränkt werden, und es wird sich ein neuer Typ von «Parapolitikern» herausbilden, wie sich heute schon «Paramediziner» herausbilden).

Kurz gesagt, es wird eine echte Weisheits-Kultur zu entstehen *beginnen*. Diese neue Kultur wird 1. den Körper in angemessener Weise benutzen, sowohl in Hinsicht auf die Ernährung (Uroboros) wie auf die Sexualität (Typhon), also frei von Verdrängung/Unterdrückung einerseits und von Besessenheit und Zwängen zu übermäßiger Befriedigung andererseits; sie wird 2. den Geist der Gruppenzugehörigkeit im Sinne uneingeschränkter Kommunikation, frei von Beherrschung und Propaganda nutzen; sie wird 3. das Ego in angemessener Weise für den Austausch von auf Gegenseitigkeit beruhender Selbsteinschätzung nutzen; und sie wird 4. die *psychische* Ebene in der richtigen Weise nutzen – nicht als Selbstzweck, sondern als *Verbindung* zu einem höheren Bewußtsein – und so erkennen, daß jeder Mensch letzten Endes ein gleichwertiges Glied des mystischen Körpers von Christus/Krishna/Buddha ist. Wird dieses Stadium in der rechten Weise gelebt, wird es den Weg vorbereiten für die Ebene 6 des Sambhogakaya. Das ist natürlich noch in so weiter Ferne, daß ich darüber nicht einmal spekulieren möchte.

Worauf es mir ankommt ist, daß heute schon eine beachtliche Minderheit von Individuen die Transformation in transpersonale Bereiche *beginnt.* Mit Hilfe wirklicher kontemplativer Praktiken beginnen sie, sich auf Ebene 5 zuzubewegen. Natürlich werden einige von ihnen diesen Weg bis zur Transformation in Ebene 6 oder sogar 7/8 fortsetzen. Die echten Gurus und Meister haben dies schon getan. Das sind alles recht optimistische Nachrichten. Natürlich erscheint es orthodoxen Sozialkritikern, als würden diese echten evolutionären Seelen, die sich zum transpersonalen Bereich hinbewegen, in die präpersonalen Bereiche *zurückfallen.* Da sowohl das Prä-Ichhafte und das Trans-Ichhafte auf ihre besondere Weise «nicht-ichhaft» sind, *erscheinen* sie dem nichtgeschulten Auge ähnlich oder gar identisch. Sie jedoch auf diese Weise durcheinanderzubringen wäre dasselbe, als würde man den Kindergarten und die höhere Schule miteinander verwechseln, nur weil beide «keine Volksschule» sind – oder als würde man Amöben, die prä-reptilienhaft sind, mit Menschen verwechseln, die transreptilienhaft sind, nur weil beide keine Reptilien sind.

Ich argumentiere hier gleichermaßen gegen Sozialkritiker und Anthropologen. Auch die aus der «New-Age»-Richtung kommenden Kritiker neigen oft dazu, prä-ichhaft und trans-ichhaft durcheinanderzubringen. Das bringt sie dann dazu, sich nicht nur für wahre transpersonale Bemühungen einzusetzen, was bewunderswert ist, sondern auch für äußerst grobe prä-ichhafte Bewegungen, was absolut verheerend ist.* Und orthodoxe Kritiker wie Christopher Lasch und Peter

* In seinem Buch *Mensch und Erde auf dem Weg zur Einheit* ist zum Beispiel Theodore Roszak (verständlicherweise) so sehr darauf aus, eine Transformation über das heutige Ego hinaus zu sehen, daß er seine ganze kritische Haltung über Bord wirft und die ichhafte Gesellschaft als solche verdammt. Das bringt ihn dazu, alle Bewegungen zu befürworten, die irgendwie anti-ichhaft sind, und das umfaßt, wie Sie sich denken können, nicht nur trans-ichhafte Mysik, sondern auch prä-ichhafte Zügellosigkeit, Regression, Narzißmus, Schwärmerei und die Neigung zu Trivialitäten. Er macht sich nicht die Mühe, zwischen trans-ichhaft und prä-ichhaft zu differenzieren und behauptet, jeder Bruch mit der ichhaften Gesellschaft sei ein Teil des «Neuen Zeitalters», während in Wahrheit zumindest die Hälfte dessen, was er befürwortet, dunkles Mittelalter ist.

Auf ähnliche Weise befürworten viele Kritiker aus dem «New-Age»-Bereich regressive Tendenzen, da sie zwar begreifen, daß die höheren Bereiche außerhalb der Vernunft liegen, sie sich aber nicht die Mühe machen, prärationale Impulse von transrationaler Bewußtheit zu unterscheiden. In der Tat lassen einige von ihnen die Transzendenz ganz weg und befürworten bloße typhonische Gefühle, einfach weil sie nichtrational sind. Für mich ist es eine große persönliche Enttäuschung, zu sehen, daß so viele «humanistische» Therapien, die mit der vielversprechenden Erkenntnis begannen, daß die Bewußtheit sich nunmehr über den

Martin tragen zu dieser Konfusion bei, aber im umgekehrten Sinn: Nachdem sie zunächst einmal ausgezeichnete Analysen der heute weit verbreiteten prä-ichhaften Neigungen zu narzißtischer Selbstversenkung präsentieren, ruinieren sie dann ihre gesamte Argumentation, indem sie transpersonale Bemühungen mit präpersonalen Zielsetzungen in einen Topf werfen. Wir sollten erkennen, daß beide Parteien «zur Hälfte» recht haben, und ihre Halbwahrheiten in einer umfassenderen Weltsicht zusammenfügen.

Wenn ich mich auch durch die Morgenröte des «Neuen Zeitalters» ermutigt fühle, so möchte ich doch mit einer nüchternen Bewertung schließen. Wir befinden uns nirgendwo nahe dem Goldenen Zeitalter. Am gegenwärtigen Punkt der Geschichte würde eine radikale, durchdringende und die Welt erschütternde Transformation schon darin bestehen, wenn jedermann zu einem *wahrhaftig* reifen, rationalen und verantwortungsbewußten *Ego* evolvieren würde, einem Ego, das imstande wäre, frei am offenen Austausch gegenseitiger Achtung teilzunehmen. *Dort* ist heute die «vorderste Front» der Geschichte, *damit* würden wir ein *wirkliches* «Neues Zeitalter» erleben. Wir sind dem Stadium «jenseits der Vernunft» noch nirgendwo nahe, einfach weil wir der universalen Verwirklichung der Vernunft noch nirgendwo nahe sind.

Das größte Verdienst, das Transpersonalisten und Humanisten sich heute erwerben könnten, bestünde darin, sich für eine ehrliche Vereinnahmung der einfachen Vernunft selbst einzusetzen, und die Vernunft nicht schon transzendieren zu wollen. Transpersonalismus heißt zwar, das Ego und die Vernunft *negieren*, aber er muß sie auch *bewahren*. Und diese Bewahrung fehlt uns ganz offensichtlich, nicht nur in der Welt insgesamt, sondern auch in den Werken der Mehrheit der modernen Transpersonalisten, was zugegebenermaßen für die Welt insgesamt nicht sehr ins Gewicht fällt, aber doch äußerst bedauerlich ist. Denn diese Transpersonalisten attackieren das Ego und die Ver-

Verstand hinaus bewegen sollte, zu diesem Zweck den Marsch nach rückwärts angetreten haben, zu ausschließlich typhonischem Verhalten: *nichts als* Körperbewußtsein, *nur* Gefühle, *nichts als* «Sensory Awareness» usw. Diese sind, für sich genommen, in Wahrheit Übungen in Richtung Subhumanität, während diejenigen, die sie betreiben, den Nerv haben, das «Erhöhung des Bewußtseins» zu nennen. Es ist eine Sache, wieder mit dem Typhon Kontakt aufzunehmen und ihn so in den Geist zu integrieren, daß man beide transzendieren kann; und es ist eine andere, wieder mit dem Typhon Kontakt aufzunehmen und dabei zu verweilen.

nunft, ohne sie zu bewahren, und damit spielen ihre Werke, so gut sie auch gemeint sein mögen, den jetzt überall in der Welt wuchernden prä-rationalen Kräften in die Hand. Sie sind für das Wüten dieser Kräfte zwar nicht verantwortlich, tun aber auch nichts, um ihnen Einhalt zu gebieten. Und diese prä-rationalen, prä-ichhaften Kräfte sind es, die die Entscheidung über die künftige Geschichte in der Hand haben.

Sollte daher der Holocaust uns alle verschlingen, dann wird das nicht beweisen, um das Worte von Jack Crittenden zu zitieren, «daß die Vernunft versagt hat, sondern hauptsächlich, daß sie noch nicht voll und ganz ausprobiert wurde».

19. Gesellschaftstheorie von morgen: humanistisch-marxistisches, konservatives oder mystisches Denken?

In diesem Buch habe ich die These aufgestellt, der Kern einer wirklich vereinigten kritischen Sozialtheorie ließe sich am besten auf eine ins einzelne gehende multidisziplinäre Analyse der Entwicklungslogik und der *hierarchischen Austauschebenen* aufbauen, aus denen sich das vielschichtige Individuum zusammensetzt. Das müßte als Minimum folgendes einbeziehen: 1. Die physisch-uroborische Ebene materiellen Austauschs, deren Paradigma Nahrungsaufnahme und -entnahme aus der natürlichen Umwelt ist; die dazugehörige Sphäre ist die der Handarbeit (oder technologischen Arbeit); ihr archetypischer Analytiker ist Karl Marx. 2. Die emotional-typhonische Ebene pranischen Austauschs, deren Paradigma Atem und Sexualität ist; ihre Sphäre ist gefühlsbasierter Verkehr – vom reinen Gefühl über Sex bis zum Machtgefühl –, ihr archetypischer Analytiker ist Sigmund Freud. 3. Die auf verbaler Gruppenzugehörigkeit beruhende Ebene symbolischen Austauschs, deren Paradigma das Gespräch (Sprache), deren Sphäre Kommunikation (und der Beginn der «Praxis»), und deren archetypischer Analytiker Sokrates ist. 4. Die mental-ichhafte Ebene des Austauschs von auf Gegenseitigkeit beruhender Selbstachtung, deren Paradigma Ichbewußtsein oder Selbstreflexion ist; ihre Sphäre ist die gegenseitiger persönlicher Anerkennung und Wertschätzung (der Höhepunkt der «Praxis»), und ihr archetypischer Analytiker ist Hegel (in seinen Schriften über die Beziehungen zwischen Herr und Sklave). 5. Die *psychische* Ebene intuitiven Austauschs, deren Paradigma Siddhi (oder *psychische* Intuition in ihrem weitesten Sinne) ist; ihre Sphäre ist schamanische Kundalini und ihr archetypischer Analytiker Patañjali. 6. Die subtile Ebene des GOTT/LICHT-Austausches, deren Paradigma Transzendenz zum Heiligen und Offenbarung ist (Nada);

ihre Sphäre ist subtiler HIMMEL (Brahma-Loka), ihr archetypischer Analytiker Kirpal Singh. (7/8) Die kausale Ebene allerhöchsten Austausches, deren Paradigma völlige Versenkung ins Ungeschaffene und als das Ungeschaffene (Samadhi) ist; ihre Sphäre ist die LEERE/GOTTHEIT und ihr archetypischer Analytiker Buddha/Krishna/Christus.

Ursprünglich hatte ich beabsichtigt, in diesem Schlußkapitel solch eine umfassende Theorie in einer mehr ins einzelne gehenden Darstellung zu präsentieren, wobei ich mich vor allem auf die Arbeiten der Frankfurter Schule stützen wollte, die – vor allem durch Habermas – für die Ebenen 1 bis 4 schon das Fundament gelegt hat. Dann aber wurde mir klar, daß dies ein allzu detaillierter Abschluß für ein Buch gewesen wäre, das ansonsten versucht hat, nur allgemeine Zusammenhänge und erste Annäherungen aufzuzeigen. Mir schien es deshalb angemessener, die Diskussion hier auf die drei grundlegenden «Kategorien» zu konzentrieren, in denen das Bewußtsein selbst existieren kann, nämlich das Subjektive, das Objektive und das Nicht-Dualistische (oder Atman selbst). Diese drei Kategorien umspannen die gesamte Große Kette des Seins, weshalb die wesentlichen Thesen durch Bezugnahme auf diese drei Kategorien viel einfacher dargestellt werden können. Die Menschen ganz allgemein haben Zugang zu drei grundlegenden «Welten» – der subjektiven, der objektiven und der nicht-dualistischen Welt des Atman –, und was wir untersuchen wollen, sind die Arten von Gesellschaftstheorien, die innerhalb dieser drei Kategorien entstanden sind. Darüber hinaus soll die Frage gestellt werden, wie sie in einem umfassenderen Rahmen zu einer Synthese zusammengebracht werden können.

Zu Beginn dieses Versuches möchte ich einfach feststellen, daß die kritischen Theoretiker der Gesellschafts- und der politischen Wissenschaft immer wieder vor dem zentralen Problem gestanden haben: *Warum sind Männer und Frauen unfrei?* Die Antworten, die im Abendland darauf gegeben werden, fallen ungefähr in zwei Kategorien. Die einen suchen die Ursache der Unfreiheit in *objektiven*, die anderen in *subjektiven* Kräften. Die Antworten der ersten Kategorie kamen etwa von Rousseau, und es folgten weitere bis zu Karl Marx und anderen Sozialreformern; sie alle bilden heute die Basis dessen, was man locker als «liberale» Weltanschauung bezeichnet. Dazu gehören alle Formen humanistischer Psychologie und Philosophie. Deren Grundanschauung ist: Der Mensch wird seinem Wesen nach frei geboren und ist von Natur aus gut und liebesfähig. Er wird jedoch in eine gesellschaftliche und politische Welt, eine «objektive» Welt hineingeboren, die ihrerseits soziale Ungleichheit, Unterdrückung und bösen Willen lehrt und verewigt. Wenn auch die Menschen unterschiedlich mit Talenten, Intelligenz und Initiative ausgestattet sind, so besteht doch eine so unerhört unfaire Verteilung des Reichtums, daß diese nicht allein auf subjektive Unterschiede zurückgeführt werden kann. Vielmehr muß man dafür einen objektiven politischen Überbau verantwortlich machen, der es einigen begünstigten Individuen gestattet, die Arglosen auszubeuten und zu unterdrücken.

Um ein abgedroschenes Beispiel zu geben: John D. Rockefeller kann eine Million Male mehr Geld machen als ein durchschnittlicher Arbeiter verdient. Und dennoch arbeitet er nicht eine Million Male härter, ist nicht millionenfach intelligenter, anständiger oder mutiger. Mit anderen Worten: Etwas *anderes* als John D. (etwas für ihn «Objektives») ist für einen großen Teil seines Erfolges verantwortlich, und dieses «andere» ist ein Umfeld, in dem wirtschaftliche Ausbeutung erlaubt oder sogar ermutigt wird. Auf keine andere Weise, so heißt es in dieser Theorie, läßt sich die Tatsache erklären, daß zum Beispiel in den Vereinigten Staaten etwa zehn Prozent der Einwohner über sechzig Prozent des nationalen Reichtums besitzen. Diese zehn Prozent mögen wie John D. helle Köpfe, intelligent und voller Initiative sein, doch sind sie nicht um *so viel* mehr mit diesen Gaben ausgestattet als ihre Mitbürger. Vielmehr kann eine kleine Gruppe infolge eines gegebenen Überbaus wirtschaftlicher und politischer Ausbeutung aus der Arbeitsleistung anderer einen unverhältnismäßig großen Anteil am nationalen Wohlstand abzweigen. Da der Umfang des nationalen Wohlstands begrenzt ist, müssen alle anderen sich mit viel weniger günstigen Bedingungen abfinden. *Das* ist nach Ansicht dieser Theorie der Grund, warum die Menschen unfrei sind – sie werden unterdrückt, ausgebeutet und mit Füßen getreten. Etwas in der objektiven, äußeren Welt zwingt den Subjekten Unfreiheit auf. Dieses Argument läuft wie ein roter Faden durch die humanistische Psychologie und Philosophie: Die Menschen sind *wirtschaftlich unfrei, weil sie unterdrückt, psychologisch unfrei, weil sie geistig eingeschränkt werden.* Das ist die eine Seite der im Abendland gegebenen Antworten.

Da nach dieser Meinung die objektive Welt die Unfreiheit verschuldet, muß sie zwecks Verbesserung der Lage erheblich geändert werden. Wie diese Gruppe die Lösung des Problems Unfreiheit sieht, ist klar: Aufhebung der Unterdrückung durch Umverteilung des Wohlstandes; Aufhebung der Verdrängung durch Vermittlung mentaler Gesundheit an alle; Abschaffung der ausbeuterischen politischen und wirtschaftlichen Strukturen, damit alle freien Zugang zum Überfluß der Natur haben. Diese politische Methode umfaßt das ganze Spektrum von den reinen Marxisten über die Sozialisten und die Liberalen bis zu den Demokraten. Im psychologischen Bereich müßte die repressive Familie abgeschafft werden mit all ihren überlieferten Erziehungsmethoden und traumatischen Erfahrungen, die durch repressive Kindererziehung entstehen. Man sollte Liebe, Freundlichkeit und Mitleid lehren, um auf diese Weise die dem Menschen eingeborene subjektive Güte ans Licht zu holen. Das ist die psychologische Methode, die heute groß in Mode ist, von Marcuse über die humanistische Psychologie bis zu den «Encounter Groups», von Horney, über Maslow, Fromm und wie sie alle heißen bis zur Permissivitäts-Bewegung. Für die beiden Flügel dieser Gruppe, den politischen und den psychologischen, entsteht alles Böse aus der Unterdrückung des ursprünglich vorhandenen oder angeborenen Guten: *Übel ist das verdrängte Gute.* Mit anderen Worten: Übel ist ein *objektives* Verdrehen des *subjektiven* Guten.

Die zweite Gruppe beginnt bei Hobbes und Burke und verläuft von da über Leute wie Freud und die traditionellen Ethnologen bis zu den politischen Konservativen. Diese behaupten, der Mensch sei nicht so sehr wegen objektiver gesellschaftlicher Institutionen unfrei, sondern wegen etwas, das von Anbeginn zur *Natur des Menschen* gehöre. Das *Subjekt* trage dafür vor allem die Verantwortung, nicht das Objekt. Psychologisch wird diese Anschauung am besten von der mit «niederen Instinkten» arbeitenden Denkschule von Männern wie Darwin, Lorenz und Freud repräsentiert. Sie behaupten ganz allgemein, der Mensch werde, um Freuds besondere Ausdrucksweise zu übernehmen, mit drei und nur diesen drei Begierden geboren: nach Inzest, Kannibalismus und Mord. Das sei der subjektive Kern der Menschheit. Diese subjektive Natur und nicht irgendeine objektive Erziehung bilde das Fundament von Unfreiheit, Grausamkeit, Bosheit und Ungleichheit. Aus dieser eigenartigen Sicht ist das beste, was die Gesellschaft und die Familie tun können, sehr früh mit dem Auftragen des Lacks zu beginnen. Man soll Schicht für Schicht von Kontrolle, Gesetz und Ordnung auftragen, dem Menschen Rationalität und allerlei Beschränkungen aufpfropfen, alles das in der Hoffnung, aus geborenen Killern gesellschaftliche Konformisten zu machen. Während für die erstgenannte Gruppe das Böse verdrängtes Gutes ist, faßt die zweite Gruppe das Gute als verdrängtes Böses auf. Für die erste ist das Böse ein objektives Verdrehen subjektiven Gutseins; für die zweite ist das

Gute eine objektive Beherrschung des subjektiven Bösen. Der
Mensch wird nach dieser letzteren Meinung als bösartiges Wesen geboren, und das Gute, das man aus ihm herausholen kann, erhält man
nur durch Unterdrückung des Tiers im Menschen. Gelingt diese Verdrängung nicht, dann ist der Teufel los.

Im politischen Bereich ist diese Gruppe der Ansicht, Ungleichheit
und soziale Ungerechtigkeit seien absolut unvermeidlich. Dies sei so
aus positiven Gründen (den Menschen seien unterschiedliche Fähigkeiten angeboren, und man könne entweder Gleichheit oder gleiche
Chancen haben, niemals aber beides) und auch aus negativen (den
Menschen sind auch böse Potentiale eingeboren). Edmund Burke
würde in diesem Zusammenhang sagen, eine Revolution, die zu einer
unterschiedlichen objektiven Gesellschaftsstruktur führe, wäre nutz-
los, weil sie weiterhin die grundlegende subjektive menschliche Natur
intakt ließe. Und tatsächlich könnte es sogar schlimmer werden. Denn
wenn der Staat und eine restriktive politische Maschinerie ein Teil der
notwendigen Tünche sind, mit der man Tollheit und Anarchie über-
malt, dann bringt eine Revolution nicht Befreiung, sondern den kollektiven Nervenzusammenbruch. Sind objektive Institutionen relativ
fair, relativ demokratisch und relativ human, dann sollte man nicht
daran rühren – das ist die politische Philosophie des Konservativis-
mus. So wie orthodoxe Psychiater und Psychoanalytiker die humanistischen Encounter-Gruppen überhaupt nicht billigen (denn wenn Individuen kollektiv «ihre Masken vom Gesicht nehmen» und immer
tiefere Schichten ihres subjektiven Ich zur Schau stellen, dann kommt
ihrer Meinung nach am Ende nur eine Gruppe irrationaler Killer zum
Vorschein), so mögen Konservative nicht irgendwelches progressives
und liberales Herummanipulieren an gesellschaftlichen Institutionen,
da sehr viel dafür spräche, daß dabei nur noch Schlimmeres heraus-
komme (Standardbeispiel: die Französische Revolution unter dem
Banner der «Aufklärung»).

Für die erste Gruppe, die wir die humanistischen Marxisten nennen
wollen, sind die Menschen unfrei, weil das Subjekt, das «wahre Ich»,
von objektiven Faktoren verdrängt und unterdrückt wird. Für die
zweite Gruppe, die wir die freudianischen Konservativen nennen wollen, sind die Menschen unfrei, weil das «wahre Ich» verdrängt und
unterdrückt werden *muß*: Das *Subjekt* hat an allem Schuld.

Nun tritt unsere dritte Gruppe auf den Plan, die der Mystiker. Wer
sich, wie ich es tue, zu dieser Gruppe zählt, ist der Ansicht, der
Mensch sei vor allem deshalb unfrei, weil es den Glauben an die

Existenz eines «wahren Ich» gibt. Unfreiheit, Leiden und Ungleichheit entstehen demnach nicht, weil das Objekt dem Subjekt irgend etwas antut oder umgekehrt, sondern allein schon wegen des ursprünglichen Dualismus zwischen Subjekt und Objekt. Wir sollen demnach das Ich weder verdrängen noch unterdrücken, sondern es unterminieren, es transzendieren, es durchschauen.

Diese drei Kategorien psychologisch/politischer Philosophie sind es, deren Verschmelzung wir anstreben. Bemerkenswert ist, daß sich diese Theorien meines Erachtens nicht gegenseitig widersprechen, sondern komplementär sind. Lassen Sie uns das einmal näher anschauen.

Zunächst einmal trifft nicht zu, was die Humanisten/Marxisten uns glauben machen wollen: daß ein Ich ohne Verdrängung oder Unterdrückung existieren kann. Das «freie Ich» ist ein formaler und logischer Widerspruch und hat nicht mehr Bedeutung und Wirklichkeit als die Quadratur des Kreises. Ein «freies Ich» und ein «quadratischer Kreis» existieren nur als Worte, nicht als Wirklichkeit. Wo es ein Anderes gibt, da gibt es auch Furcht; wo es ein Ich gibt, da gibt es Angst – das ist eine buddhistische und auch in den Upanischaden zu findende absolute Wahrheit. In der Politik wird sich das marxistische Argument von selbst erledigen: Eine Revolution nach der anderen wird das Ich in Angst, Schmerz und in Ketten belassen – ganz einfach weil sie das *Ich* nicht beseitigen wird. Zwar trifft es zu, daß eine faire Verteilung der Gaben der Natur viel Gutes tun kann (und bereits getan hat), doch bleiben die fundamentalen Probleme davon unberührt, weil die Struktur der Bewußtheit selbst unverändert bleibt. Das gilt auch für die humanistische Psychologie und Psychotherapie: Auch da wird der Elan schließlich verkümmern. Nach allen Encounters, Urschreien, dem Herauskehren der Eingeweide und nach aller Katharsis bleibt das Ich immer noch das Ich, und die Angst kommt immer wieder.

Es scheint also, als hätten die freudianischen Konservativen das letzte Wort; daß Unfreiheit und Ungleichheit in den Menschen selbst liegen, nicht in menschlichen Institutionen. Damit haben sie aber nur *zur Hälfte* Recht. Denn Unfreiheit, Aggression und Ängste sind nicht charakteristisch für die *Natur* des Menschen, sondern für das menschliche *separate Ich*. Nicht die Instinkte ruinieren den Menschen, sondern sein psychischer Appetit, der seinerseits ein Produkt seines Eingegrenztseins ist, nicht seiner Biologie. Die *Grenze* zwischen dem Ich und dem Anderen verursacht Furcht, die *Grenze* zwischen dem Vergangenen und der Zukunft verursacht Ängste, die *Grenze* zwischen Subjekt und Objekt verursacht Begierden. Während die Biologie nicht zerstört werden kann, lassen Grenzen sich transzendieren. Es sind die exklusiven Grenzen in der Bewußtheit und für die Bewußtheit, die die ursprüngliche Unfreiheit begründen, und nicht spezifische Aktionen innerhalb dieser Grenzen oder über sie hinaus. Solange die Seele sich vom All abgrenzt, wird sie gleichzeitig Angst und Verlangen, Thanatos und Eros, Schrecken und Durst verspüren. Die Grenze zwischen dem Ich und dem Anderen ist der Schrecken des Lebens; die Grenze zwischen Sein und Nicht-Sein der Schrecken des Sterbens. Solange die Menschen Sklaven ihrer Grenzen sind, werden sie in Kämpfe verwickelt sein; jeder Militärexperte wird bestätigen, daß dort, wo es eine Grenze gibt, ein Krieg möglich ist. Das Ziel der Mystik ist es, die Menschen aus ihren Kämpfen zu befreien, indem sie sie von ihren Grenzen befreit – *weder* das Subjekt *noch* das Objekt zu manipulieren, sondern beide in nichtdualistischem Bewußtsein zu transzendieren.* Die Entdeckung des Höchsten Ganzen ist das einzige Gegenmittel gegen Unfreiheit und die einzige medizinische Verordnung, die die Mystiker anbieten.

Also hat der Buddha – oder später Christus oder Padmasambhava oder Rumi oder Eckhart oder Ramana Maharshi oder wen man sonst als mystisches Vorbild nehmen will – recht, weshalb wir ihn zum Fundament der von uns angestrebten Verschmelzung machen. Potentiell sind die Menschen vollkommen frei, weil sie Subjekt und Objekt tran-

---

* Zugleich läßt der Mystiker die Reformen nicht außer acht, die auf den niederen Ebenen möglich sind. Der Mystiker transzendiert die niederen Ebenen, *bezieht sie aber auch ein*, und kein echter Mystiker würde jemals Erleuchtung für sich selbst suchen und dabei Reformen vernachlässigen, die auf den niederen Austauschebenen durchgeführt werden können und müssen. In der Tat ist dies der Unterschied zwischen dem Arhat, der bei seinem Streben nach der eigenen Erleuchtung andere vernachlässigt, und dem Bodhisattva, der so lange auf eigene Erleuchtung verzichtet, bis allen anderen ebenfalls die Erleuchtung erfahrbar gemacht werden kann. Der Bodhisattva läßt sich nicht zu der Illusion verleiten, das separate Ich könne es sich durch irgendwelche isolierten Aktivitäten oder Reformen in den subjektiven oder objektiven Bereichen für immer bequem machen. Die mystische Lösung ist eine Endlösung, nicht eine Zwischenlösung. Obwohl der Mystiker jedoch absolute Befreiung anstrebt, wird er niemals die als Zwischenschritte erzielbaren relativen Befreiungen zurückweisen. Und das ist das Schöne am Bodhisattva-Ideal. Während es Subjekt und Objekt transzendiert, vernachlässigt es beide nicht, bezieht beides in sich ein und findet darin eine vollendete Einheit.

szendieren und in ein unverstelltes Einheitsbewußtsein durchbrechen können, das vor allen Welten existiert, aber kein Anderes ist. Die letzte Lösung für das Problem der Unfreiheit ist also weder humanistischer Marxismus noch freudianischer Konservatismus, sondern buddhistisches d. h. allgemein «mystisches» Erwachen, Erlösung, Satori, Moksha, Wu, Metanoia.

Und nun zum zweiten Kapitel unserer angestrebten Verschmelzung. Sobald eine Grenze zwischen Subjekt und Objekt, dem Ich und dem Anderen, dem Organismus und der Umwelt errichtet ist, ist das Ichempfinden von innen her unfrei und von innen her imstande, aus einem Gefühl reiner Panik (wegen seiner Sterblichkeit und Verwundbarkeit) gegenüber sich selbst und anderen bösartig zu sein. Das ist für menschliche Bewußtheit nicht *natürlich*, aber *normal*, weil alle «Normalen» ein separates Ichempfinden besitzen. Und für das Ichempfinden sind Verdrängung und Unterdrückung *zwingend*. Das Ich muß sich nicht nur selbst verdrängen und jedes Bewußtsein von Verwundbarkeit und Sterblichkeit ausschalten, es muß in seinem Trieb nach separater Selbsterhaltung auch andere mehr oder weniger unterdrükken. Hier treten die freudianischen Konservativen auf den Plan. Denn greift man nicht nach der buddhistischen Lösung, muß es die freudianische sein: Das Ichempfinden (nicht die ganze menschliche Natur, sondern nur die des Ichempfindens) ist von innen her böse und unfrei, weshalb Verdrängung und Unterdrückung unvermeidlich und bis zu einem gewissen Maße sogar wünschenswert sind.

Aber nur bis zu einem gewissen Ausmaß, und hier kommen die humanistischen Marxisten ins Spiel. Solange es nämlich separate Ich gibt, sind Verdrängung und Unterdrückung unvermeidlich und notwendig, überschüssige Verdrängung und überschüssige Unterdrückung jedoch nicht. Die Trennungslinie zwischen Verdrängung und überschüssiger Verdrängung ist natürlich sehr schwer auszumachen, und niemand wird je die richtige Formel finden, wo diese Linie zu ziehen sei. Aber wir verfügen immerhin noch über ein zusätzliches Verständnis, das uns die Entscheidung erleichtern kann, da wir wissen, daß die Menschen nicht von Natur aus oder instinktiv böse sind, sondern daß Bösartigkeit für sie nur ein *Ersatz* ist. Die Verdrängung des eigenen Buddha-Wesens schafft Böses, und dieses Böse muß dann verdrängt werden, um «sozial Gutes» zu schaffen. Da Böses von Natur aus Ersatz ist, können wir zumindest die Art des Ersatzes objektiv auswählen, solange jemand noch nicht fähig ist, zu wahrer Transzendenz durchzubrechen. Wären die Menschen vom Instinkt her böse, dann bestünde keine Hoffnung.

Ist Bösartigkeit für sie aber nur ein Ersatz, dann haben wir zwei Möglichkeiten zur Auswahl: ihnen tatsächliche Transzendenz oder hilfreiche Formen des Ersatzes anzubieten.

So sonderbar es zunächst klingen mag, aber eine *einigermaßen* annehmbare und mitfühlende Gesellschaft muß nicht unbedingt massive Verwirklichung von Atman bieten (das wäre eine utopische Gesellschaft oder Sangha); sie muß vielmehr die einzelnen Atman-Projekte so arrangieren, daß sie sich gegenseitig überlappen und stützen. Geschieht das, dann kommt der Gewinn aus dem individuellen Atman-Projekt der Gemeinschaft insgesamt zugute. Ein Beispiel: In manchen typhonischen Jagdgemeinschaften konnte man ein großer Held sein und damit sein Atman-Projekt mit Glanz und Gloria ausspielen, wenn man mehr Wild erlegte als die anderen – *und dann alles verschenkte*. Je größer das Atman-Projekt, desto größer der Nutzen für die Allgemeinheit. Diese Art von Arrangement bildet den Kern dessen, was die Ethnologin Ruth Benedict synergetische Gesellschaften nennt – und das waren genau die Gesellschaftsformen, die sie am edelsten, «liebenswertesten» und segensreichsten fand. Hilfreich synchronisierte Illusionen sind zumindest keine tödlichen. Wenn wir also schon kein Atman anbieten können, dann sollten wir zumindest sorgsam die Strukturen unserer Ersatzbefriedigungen anschauen und überlegen, ob man sie nicht humaner und synergetischer anordnen kann.

Wenn wir nun zu den drei Ausgangsfragen dieses Buches zurückkehren, dann werden wir feststellen, daß sie von Anfang an darauf abgestellt waren, genau diese drei Grundkategorien – nicht-dualistisch, subjektiv und objektiv (Atman plus die beiden Seiten des Atman-Projekts) – sowie die drei grundlegenden Gesellschaftstheorien abzudecken, die von diesen Kategorien befruchtet wurden – die mystische, die konservative und die marxistisch/humanistische. Die Frage Nummer eins – «Welche Wege zu wirklicher Transzendenz stehen uns offen?» – bezieht sich auf die mystische Position, auf die Transzendenz von Subjekt und Objekt. Die Frage Nummer zwei – «Wenn Transzendenz nicht gelingt, welche Ersatzbefriedigungen werden dann angeboten?» – bezieht sich auf die freudianisch-konservative Position, auf alle sich daraus ergebenden Wünsche, Haßbezeugungen und Ängste, die als Ergebnis des eingeengten Ichempfindens einfach entstehen *müssen* (weil sie der Struktur des separaten Ich inhärent sind und nicht von objektiven gesellschaftlichen Institutionen aufgezwungen werden). Die Frage Nummer drei – «Welchen Preis müssen unsere Mitmenschen für diese Ersatzbefriedigungen zahlen?» – bezieht sich auf die humanistisch-marxistische Position, auf die Tatsache, daß zwar eine gewisse Unterdrückung/Verdrängung unvermeidlich ist, überschüssige Verdrängung/Unterdrückung jedoch nicht.

Sie bezieht sich auf die Tatsache, daß die objektiven Kosten des Atman-Projekts erschreckend sein können; denn wenn Menschen zu Objekten des negativen Atman-Projekts werden, dann werden diese Menschen zu Opfern: ausgebeutet, unterdrückt, geknechtet, versklavt, hingeschlachtet. Das Studium der Arten von Ausbeutung ist das Studium der verschiedenen Arten negativer Atman-Projekte. Wird die Ausbeutung verringert, dann verringert man auch die Atman-Projekte selbst oder ändert sie. Das ist zumindest theoretisch möglich, weil das Atman-Projekt nicht vom Instinkt bestimmt oder eingeboren, sondern Ersatz ist.

Die subjektive Unfreiheit und die objektive Ausbeutung sind Abfallprodukte des Atman-Projekts, Ergebnisse der Suche nach dem Atman in Ersatzformen, des Sich-Abstrampelns in der Welt der Zeit auf der Suche nach Zeitlosigkeit. Statt die Welt *zu sein*, versucht das Individuum, die Welt in Besitz zu nehmen und zu beherrschen – und statt das Selbst (Atman) zu sein, beschützt es nur sein Ich. Das ist etwas, was auch Schopenhauer uns sagen wollte, denn seine ganze Philosophie konzentriert sich darauf, zu zeigen, daß jedes einzelne Individuum tatsächlich die ganze Welt *ist* und «sich deshalb mit nichts weniger zufrieden gibt als damit, die ganze Welt als Objekt zu besitzen, etwas, das niemandem möglich ist, weil jedermann es gerne so hätte». *Dort* liegt die letzte Ursache für Elend und Unfreiheit! Von einem unersättlichen Appetit angetrieben, haben die Menschen im Laufe der Geschichte sich gegenseitig überrannt im vergeblichen Versuch, das All zu besitzen und zu *haben*, wobei sie sich gegenseitig unbeschreibliche Unmenschlichkeiten und Grausamkeiten zugefügt haben, die – und das ist die Ironie der Geschichte – sämtlich von einem unbewußten Gott geschaffen wurden.

Andererseits könnte man tatsächlich, wie Schopenhauer erklärt hat, durch Auslöschen des *individuellen* Willens zum Leben (Eros) in den früheren Zustand jenseits von Subjekt und Objekt zurückfallen und auf diese Weise das All selbst *sein*. Für Schopenhauer und für uns gibt es also einen Ausweg aus der Misere des Atman-Projekts, einen Ausweg aus dem mörderischen Zwang, «die ganze Welt als Objekt zu besitzen». Er bestünde darin, Atman selbst wiederzuentdecken, eine Höchste Identität mit dem und als das ganze Weltgeschehen auferstehen zu lassen. Schopenhauer selbst hat unter Benutzung von Sanskritbegriffen erklärt, daß man das nur durch Prajña erreichen könne, oder durch transzendentes Erkennen von Shunyata, des nahtlosen Gewands des Universums, das nichts anderes ist als Atman, das eigene Wahre-Selbst, der Dharmakaya.

Wir würden zur selben Schlußfolgerung kommen, wenn wir uns der Gedanken von Rank, Brown und Becker bedienten – daß nämlich Böses und Angst das Ergebnis des Versuchs sei, den Tod durch Fetischisierung von Unsterblichkeitssymbolen radikal zu leugnen, «daß die Menschen wahrhaft traurige Kreaturen sind, weil sie den Tod bewußt gemacht haben». Bei ihrem Versuch, Tod und Sterblichkeit zu leugnen, hätten sie im Laufe der Geschichte mehr Böses, Zerstörung und mehr Ängste in die Welt gebracht, als der Teufel persönlich verkörpern könne. Doch ist Unsterblichkeitsstreben nur ein Unterprojekt des Atman-Projekts, der Ersatz der angestrebten zeitlosen Transzendenz durch immerwährende Zeitlichkeit sowie ein wildes und panikartiges Ausschlagen nach allen Seiten, gegenüber allen Hindernissen – menschlichen oder materiellen –, die die eigenen Unsterblichkeitsaussichten zu gefährden scheinen.

Wir würden jedoch dieses nur zur Hälfte gültige Argument mit dem Zusatz beenden müssen, daß es nichtsdestoweniger *absolut* wahr ist, daß es, wie es der Sufi Inayat Kahn formuliert hat, «so etwas wie Sterblichkeit überhaupt nicht gibt, außer als Illusion und als Eindruck dieser Illusion, den der Mensch sein Leben lang als ständige Angst in sich trägt». Mit anderen Worten: Das Ichempfinden ist letztlich illusorisch, es ist ein einfaches Produkt der Begrenzungen, weshalb der Tod letzten Endes ebenfalls eine komplexe Illusion ist (ein wesentlicher Punkt, den die Existentialisten übersehen haben). Wenn das Ichempfinden stirbt, ist das, was sich auflöst, nicht ein wirkliches Sein, sondern eine bloße Grenze, eine Grenze, die niemals real, die stets eingebildet war. Hat sich ein Individuum aber erst einmal die Illusion des Ich und seiner Grenzen geschaffen, dann fürchtet es nichts mehr als dessen Auflösung, strebt nach symbolischer Unsterblichkeit und Kosmozentrizität. Dieses Streben wird durch das Atman-Projekt motiviert; ihm folgt dann unvermeidlich und gnadenlos die von Rank und Becker und der ganzen existentialistischen Bewegung beschriebene, von Schrecken strotzende Logik. Die Existentialisten haben zwar tatsächlich der Menschheit die Diagnose gestellt – Krankheit zum Tode, Furcht und Zittern –, doch sind sie nicht bis zur letzten Prognose vorgedrungen, die im Sanskrit nichts anderes ist als das weiter oben schon genannte Prajña *(prognosis)*.

Aber auch hier gibt es einen Ausweg. Wenn die Menschen auch unglückliche Kreaturen sind, weil sie den Tod bewußt gemacht haben, so können sie doch noch einen Schritt weiter gehen und durch Transzendenz des Ich auch den Tod transzendieren. Sich vom Unbewußten zum Ich-Bewußtsein zu bewegen, das hieß, den Tod bewußt zu machen; sich vom Ich-Bewußtsein zum Überbewußtsein zu bewegen, heißt, den Tod ungültig zu machen.

Bibliographie

1 Allport, G.: *Pattern and Growth in Personality*, New York 1961, (dt. *Werden der Persönlichkeit*).
2 Angyal, A.: *Neurosis and Treatment: A Holistic Theory*, New York 1965.
3 Anonymous: *A Course in Miracles*, 3 Bde., New York 1977.
4 Aquinas, T.: *Summa Theologiae*, 2 Bde., Garden City, N.Y., 1969, (dt. Thomas von Aquin: *Summa theologiae*).
5 Arieti, S.: *Interpretation of Schizophrenia*, New York 1955.
6 –: *The Intrapsychic Self*, New York 1967.
7 –: *Creativity: The Magic Synthesis*, New York 1976.
8 Arlow, J., und Brenner, C.: *Psychoanalytic Concepts and the Structural Theory*, New York 1964, (dt. *Grundbegriffe der Psychoanalyse*).
9 Assagioli, R.: *Psychosynthesis*, New York 1965, (dt. *Handbuch der Psychosynthese*).
10 Aurobindo, Sri: *The Life Divine*, Pondicherry, o. J., (dt. *Das göttliche Leben*, 3 Bde.).
11 –: *The Synthesis of Yoga*, Pondicherry, o. J., (dt. *Die Synthese des Yoga*).
12 –: *The Essential Aurobindo*, New York 1973.
13 Ausubel, D.: *Ego Development and the Personality Disorders*, New York 1952, (dt. *Das Jugendalter*).
14 Avalon, A.: *The Serpent Power*, New York 1974, (dt. *Die Schlangenkraft*).
15 Baba Ram Dass: *Be here now*, San Cristobal, N. M., 1971.
16 Bachofen, J.: *Das Mutterrecht*, 2 Bde., Basel 1948.
17 Bak.: «The Phallic Woman: The Ubiquitous Fantasy in Perversions», in: *Psychoanalytic Study of the Child*, 1968.
18 Bakan, D.: *The Duality of Human Existence*, Chicago 1966, (dt. *Der Mensch im Zwiespalt*).
19 Baldwin, J.: *Thought and things*, New York 1975.
20 Bandura, A.: *Social learning theory*, Englewood Cliffs, N.Y., 1975, (dt. *Sozial-kognitive Lerntheorie*).
21 Barfield, O.: «The Rediscovery of Meaning», in: *Adventures of the Mind*, Saturday Evening Post, Bd. 1, New York 1961.
22 Barringer, H., et al., (Hrsg.): *Social Change on Developing Areas*, Cambridge, Mass., 1965.

23 Bateson, G.: *Steps to an Ecology of Mind*, New York 1972, (dt. *Ökologie des Geistes*).
24 Battista, J.: «The Holographic Model, Holistic Paradigm, Information Theory and Consciousness», in: *Re-Vision*, 1978.
25 Becker, E.: *The Denial of Death*, New York 1973, (dt. *Dynamik des Todes*).
26 –: *Escape from Evil*, New York 1975.
27 Bell, D.: *The Coming of Post-Industrial Society*, New York 1973, (dt. *Die Zukunft der westlichen Welt*).
28 Benedict, R.: *Patterns of Culture*, Boston 1934.
29 Benoit, H.: *The Supreme Doctrine*, New York 1955.
30 Berdjajew, N.: *The Destiny of Man*, New York 1960.
31 Berger, P.: *Invitation to Sociology*, Garden City 1963.
32 Berger, P., und Luckmann, T.: *The Social Construction of Reality*, Garden City 1972. (dt. *Die gesellschaftliche Konstruktion der Wirklichkeit*).
33 Bergson, H.: *Introduction to Metaphysics*, New York 1949, (dt. *Die beiden Quellen der Moral und der Religion*).
34 –: *Time and Free Will*, New York 1960.
35 Berne, E.: *Games People Play*, New York 1967, (dt. *Spiele der Erwachsenen*).
36 –: *What Do You Say After You Say Hello?*, New York 1974, (dt. *Was sagen Sie, wenn Sie Guten Tag gesagt haben?*).
37 Bernstein, R.: *The Restructuring of Social and Political Theory*, New York 1976, (dt. *Restrukturierung der Gesellschaftstheorie*).
38 Bertalanffy, L. von: «The Mind-Body Problem: A New View», in: *Psychosomatic Medicine*, Bd. 26, 1964.
39 Bessy, M.: *Magic and the Supernatural*, London 1972.
40 Bharati, A.: *The Tantric Tradition*, Garden City 1965, (dt.: *Die Tantra-Tradition*).
41 Binswanger, L.: *Being-in-the-World*, New York 1963, (dt. *Grundformen und Erkenntnisse menschlichen Daseins*).
42 Bishop, C.: «The Beginnings of Civilisation in Eastern Asia», Anhang zu *IAOS* No. 4, 1939.
43 Blake, W.: *The Portable Blake*, Kazin, A. (Hrsg.), New York 1971.
44 Blakney, R. B., (Übers.): *Meister Eckhart*, New York 1941.
45 Blanck, G., und Blanck, R.: *Ego Psychology: Theory and Practice*, New York 1974, (dt. *Angewandte Ich-Psychologie*).
46 Blofeld, J.: *Zen-Teaching of Huang Po*, New York 1958, (dt. Huang Po: *Der Geist des Zen*).
47 –: *Zen-Teaching of Huai Hai*, London 1969.
48 –: *The Tantric Mysticism of Tibet*, New York 1970.
49 Bloom, C.: *Language Development*, Cambridge, Mass., 1970.
50 Blos, P.: «The Genealogy of the Ego Ideal», in: *Psychoanalytic Study of the Child*, Bd. 29, 1974.

51 Blum, G.: *Psychoanalytic Theories of Personality*, New York 1953.
52 Blyth, R.: *Zen and Zen Classics*, Bde. 1–5, Tokyo 1960–70.
53 Boehme, J.: *Six Theosophic Points*, Ann Arbor 1970.
54 Boss, M.: *Meaning and Content of Sexual Perversions*, zitiert in Becker, 25., (dt. *Sinn und Gehalt der sexuellen Perversion*).
55 –: *Psychoanalysis and Daseinsanalysis*, New York 1963, (dt. *Psychoanalyse und Daseinsanalytik*).
56 Bower, T.: *Development in Infancy*, San Francisco 1974, (dt. *Die Wahrnehmungswelt des Kindes*).
57 Brace, C.: *The Stages of Human Evolution*, Englewood Cliffs 1967.
58 Broughton, J.: «The Development of Natural Epistemology in Adolescence and Adulthood», unveröffentl. Dissertation, Harvard 1975.
59 Brown, D.: «A Model for the Levels of Concentrative Meditation», in: *International Journal of Clinical and Experimental Hypnosis*, Bd. 25, 1977.
60 Brown, G.: *Laws of Form*, New York 1972.
61 Brown, N. O.: *Life Against Death*, Middletown, Conn., 1959.
62 –: *Love's Body*, New York 1966.
63 Bubba (Da) Free John: *The Paradox of Instruction*, San Francisco 1977.
64 –: *The Enlightenment of the Whole Body*, San Francisco 1978.
65 Buber, M.: *I and Thou*, New York 1958, (dt. *Das dialogische Prinzip*).
66 Bucke, M.: *Cosmic Consciousness*, New York 1923, (dt. *Die Erfahrung des kosmischen Bewußtseins*).
67 Buddhagosa: *The Path of Purity*, The Pali Text Society, 1923.
68 Burke, K.: «The Rhetoric of Hitler's Battle», in: *The Philosophy of Literary Form*, New York 1957.
Campbell, J.: *The Masks of God:*
69 Bd. 1 *Primitive Mythology*, New York 1959.
70 Bd. 2 *Oriental Mythology*, New York 1962.
71 Bd. 3 *Occidental Mythology*, New York 1964.
72 Bd. 4 *Creative Mythology*, New York 1968.
73 Canetti, E.: *Of Fear and Freedom*, New York 1950.
74 –: *Crowds and Power*, London 1962, (dt. *Masse und Macht*).
75 Cassirer, E.: *An Essay on Man*, New Haven 1944.
76 –: *The Philosophy of Symbolic Forms*, New Haven 1944, (dt. *Philosophie der symbolischen Formen*, 3 Bde.).
77 –: *Individual and Cosmos*, New York 1963, (dt. *Individuum und Kosmos*).
78 Castaneda, C.: *Journey to Ixtlan*, New York 1972, (dt. *Die Reise nach Ixtlan*).
79 Chang, G.: *Hundred Thousand Songs of Milarepa*, New York 1970.
80 –: *Practice of Zen*, New York 1970, (dt. *Die Praxis des Zen*).
81 –: *The Buddhist Teaching of Totality*, Philadelphia 1971.
82 –: *Teachings of Tibetan Yoga*, Secaucus, N. H., 1974.
83 Chaudhuri, H.: *Philosophy of Meditation*, New York 1965.
84 –: *The Evolution of Integral Consciousness*, New York 1977.
85 Childe, C.: *Social Evolution*, London 1951, (dt. *Soziale Evolution*).

86 –: *Man Makes Himself*, New York 1957, (dt. *Gesellschaft und Erkenntnis*).

87 Chomsky, N.: *Syntactic Structures*, The Hague 1957, (dt. *Aspekte der Syntaxtheorie*).

88 –: *Language and Mind*, New York 1972, (dt.: *Sprache und Geist*).

89 Clark, G.: *Archaeology and Society*, London 1957.

90 –: *The Stone Age Hunters*, London 1967.

91 –, und Piggott, S.: *Prehistoric Societies*, New York 1965.

92 Clark, K.: *Civilisation*, New York 1969, (dt. *Glorie des Abendlandes*).

93 Conze, E.: *Buddhist Meditation*, New York 1956.

94 –: *Buddhist Wisdom Books*, London 1970.

95 Cooley, C.: *Human Nature and the Social Order*, New York 1902.

96 Coomaraswamy, A.: *Hinduism and Buddhism*, New York 1943.

97 –: *Time and Eternity*, Ascona 1947.

98 Coon, C.: *The Origin of Races*, New York 1962.

99 Copleston, F.: *A History of Philosophy*, Garden City, N.Y., 1965, (dt. *Geschichte der Philosophie*).

100 Curwen, E., und Hatt, G.: *Plough and Pasture*, New York 1961.

101 Daly, M.: *Beyond God the Father*, Boston 1973, (dt. *Jenseits von Gottvater, Sohn und Co.*).

102 Dasgupta, S.: *An Introduction to Tantric Buddhism*, Berkeley 1974.

103 Davidson, J.: «The Physiology of Meditation and Mystical States of Consciousness», in: *Perspectives Biology Medicine*, Spring 1976.

104 Dean, S. (Hrsg.): *Psychiatry and Mysticism*, Chicago 1975.

105 Deutsche, E.: *Advaita Vedanta*, Honolulu 1969.

106 Di Leo, J.: *Child Development*, New York 1977.

107 Duncan, H.: *Communication and Social Order*, New York 1962.

108 –: *Symbols in Society*, New York 1968.

109 Durkheim, E.: *The Division of Labor in Society*, Glencoe 1968, (dt. *Über die Teilung der sozialen Arbeit*).

110 Edgerton, F. (Übers.): *The Bhagavad Gita*, New York 1964.

111 Edinger, E.: *Ego and Archetype*, Baltimore 1973, (dt. *Das Ich und der Archetyp*).

112 Edwards, P.: *The Encyclopedia of Philosophy*, 8 Bde., New York 1967.

113 Ehrmann, J. (Hrsg.): *Structuralism*, New York 1970.

114 Ekeh, P.: *Social Exchange Theory*, Cambridge, Mass., 1970.

115 Eliade, M.: *The Myth of Eternal Return*, New York 1954, (dt. *Der Mythos der ewigen Wiederkehr*).

116 –: *Cosmos and History*, New York 1959.

117 –: *Shamanism*, New York 1964, (dt. *Schamanismus und archaische Ekstasetechnik*).

118 Eliot, C.: *Hinduism and Buddhism*, 3 Bde., New York 1968.

119 Erikson, E.: *Gandhi's Truth*, New York 1969, (dt. *Gandhis Wahrheit*).

120 Evans-Wentz, W.: *The Tibetan Book of the Dead*, London 1968, (dt. *Das tibetanische Totenbuch*).

121 –: *The Tibetan Book of the Great Liberation*, London 1968, (dt. *Der geheime Pfad der großen Befreiung*).

122 –: *Tibetan yoga and secret doctrines*, London 1971, (dt. *Yoga und Geheimlehren Tibets*).

123 Fadiman, J., und Frager, R.: *Personality and Personal Growth*, New York 1976.

124 Fairbairn, W.: *An Object-Relations Theory of the Personality*, New York 1976.

125 Federn, P.: *Ego Psychology and the Psychoses*, New York 1952, (dt. *Ichpsychologie und die Psychosen*).

126 Fenichel, O.: *The Psychoanalytic Theory of Neurosis*, New York 1945, (dt. *Psychoanalytische Neurosenlehre*).

127 Ferenczi, S.: «Stages in the Development of the Sense of Reality», in: *Sex and Psychoanalysis*, Boston 1956.

128 Festinger, L.: *The Theory of Cognitive Dissonance*, New York 1957, (dt. *Theorie der kognitiven Distanz*).

129 Feuerstein, G.: *Introduction to the Bhagavad Gita*, London 1974.

130 –: *Textbook of Yoga*, London 1975.

131 Findlay, J.: *Hegel*, London 1958.

132 Fingarette, H.: *The Self in Transformation*, New York 1963.

133 Foulkes, D.: *A Grammar of Dreams*, New York 1978, (dt. *Psychologie des Schlafs*).

134 Frankfort, H.: *Ancient Egyptian Religion*, New York 1948.

135 –: *The Birth of Civilisation in the Near East*, Bloomington 1951.

136 Frazer, J.: *The New Golden Bough*, New York 1959, (dt. *Der goldene Zweig*).

137 Freilich, M. (Hrsg.): *The Meaning of Culture*, Lexington 1972.

138 Fremantle, A.: *The Protestant Mystics*, New York 1965, (dt. *Zeitalter des Glaubens*).

139 Freud, A.: *The Ego and the Mechanisms of Defense*, New York 1946.
Freud, S.: *The Standard Edition of the Complete Psychological Works of Sigmund Freud* (SE), 24 Bde., London 1954–1964.

140 –: *The Interpretation of Dreams*, SE, Bde. 4 und 5, (dt. *Die Traumdeutung, Über den Traum*).

141 –: *Three Essays on the Theory of Sexuality*, SE, Bd. 7, (dt. *Drei Abhandlungen zur Sexualtheorie*).

142 –: *Totem and Taboo*, SE, Bd. 13, (dt. *Totem und Tabu*).

143 –: «*On Narcissism*», SE, Bd. 14, (dt. *Über den Narzißmus*).

144 –: *Beyond the Pleasure Principle*, SE, Bd. 18, (dt. *Jenseits des Lustprinzips*).

145 –: *The Ego and the Id*, SE, Bd. 19, (dt. *Das Ich und das Es*).

146 –: *Civilisation and Its Discontents*, SE, Bd. 20, (dt. *Das Unbehagen in der Kultur*).

396   *Bibliographie*

147 –: *New Introductory Lectures*, SE, Bd. 22, (dt. *Neue Folge der Vorlesungen zur Einführung in die Psychoanalyse*).

148 –: *An Outline of Psychoanalysis*, SE, Bd. 23, (dt. *Abriß der Psychoanalyse*).

149 –: *Moses and Monotheism*, New York 1939, (dt. *Der Mann Moses und die monotheistische Religion*).

150 –: *A General Introduction to Psychoanalysis*, New York 1971, (dt. *Vorlesungen zur Einführung in die Psychoanalyse*).

151 Frey-Rohn, L.: *From Freud to Jung*, New York 1974.

152 Fried, M.: *The Evolution of Political Society*, New York 1967.

153 Frobenius, L.: *Monumenta Africana*, Weimar 1939, 6 Bde.

154 Fromm, E., Suzuki, D. T., und DeMartino, R.: *Zen Buddhism and Psychoanalysis*, New York 1970, (dt. *Zen Buddhismus und Psychoanalyse*).

155 Fung Yu-lan: *A History of Chinese Philosophy*, 2 Bde., Princeton 1952.

156 Gadamer, H.: *Philosophical Hermeneutics*, Berkeley 1976, (dt. *Philosophische Hermeneutik*).

157 Gardner, H.: *The Quest for Mind*, New York 1972.

158 Gebser, J.: *Ursprung und Gegenwart*, Stuttgart 1966.

159 –: «Foundations of the aperspective world», in: *Main currents*, Bd. 29, 1972.

160 Geertz, C.: *The Interpretation of Cultures*, New York 1973.

161 Gimbutas, M.: «Culture Change in Europe at the Start of the Second Millennium B. C.», *Selected papers of the Fifth Intern. Congress of Anthropological and Ethnological Sciences*, Philadelphia 1960.

162 Globus, G., et al. (Hrsg.): *Consciousness and the Brain*, New York 1976.

163 Goffman, E.: *The Presentation of Self in Everyday Life*, Garden City 1959, (dt. *Das Individuum im öffentlichen Austausch*).

164 Goleman, D.: *The Varieties of the Meditative Experience*, New York 1977.

165 Gopi Krishna: *The Dawn of a New Science*, New Delhi 1978.

166 –: *Yoga, A Vision of Its Future*, New Delhi 1978, (dt. *Die verborgene Kammer des Bewußtseins*).

167 Govinda, L. A.: *Foundation of Tibetan Mysticism*, New York 1973, (dt. *Grundlagen tibetischer Mystik*).

168 Gowan, J.: *Trance, Art, and Creativity*, Northridge, Calif., 1975.

169 Graves, R.: *The Greek Myths*, Baltimore 1975.

170 Green, E., und Green, A.: *Beyond Biofeedback*, New York 1977.

171 Greenson, R.: *The Technique and Practice of Psychoanalysis*, New York 1976, (dt. *Technik und Praxis der Psychoanalyse*).

172 Grof, S.: *Realms of the Human Unconscious*, New York 1975, (dt. *Topographie des Unbewußten*).

173 Group for the Advancement of Psychiatry: *Mysticism: Spiritual Quest or Psychic Disorder?* New York 1976.

174 Guenon, R.: *Man and His Becoming According to the Vedanta*, London 1945.

175 Guenther, H.: *Buddhist Philosophy in Theory and Practice*, Baltimore 1971.

176 –: *Philosophy and Psychology in the Abhidharma*, Berkeley 1974.

177 Habermas, J.: *Knowledge and Human Interest*, Boston 1971, (dt. *Erkenntnis und Interesse*).

178 –: *Theory and Practice*, Boston 1973, (dt. *Theorie und Praxis*).

179 –: *Legitimation Crisis*, Boston 1975, (dt. *Legitimationsprobleme im Spätkapitalismus*).

180 Hakeda, Y. (Übers.): *The Awakening of Faith*, New York 1967.

187 Hall, R. «The Psycho-Philosophy of History», *Main Currents*, 1972.

182 Hallowell, A.: «Bear Ceremonialism in the Northern Hemisphere», in: *American Anthropologist*, 1926.

183 Hammond, N.: *A History of Greece to 322 B. C.*, Oxford 1959.

184 Harrington, A.: *The Immortalist*, New York 1969.

185 Harris, W., und Levey, J. (Hrsg.): *The New Columbia Encyclopedia*, New York 1975.

186 Harrison, J.: *Prolegomena to the Study of Greek Religion*, London 1922.

187 –: *Themis: A Study of the Social Origins of Greek Religion*, London 1927.

188 Hartmann, H.: *Ego Psychology and the Problem of Adaptation*, New York 1958, (dt. *Ich-Psychologie und Anpassungsproblem*).

189 Hartshorne, C.: *The Logic of Perfection*, La Salle 1973.

190 Haviland, W.: *Anthropology*, New York 1974.

191 Hawkes, J.: *Prehistory*, New York 1965.

192 Hegel, G.: *Science of Logic*, 2 Bde., London 1929, (dt. *Wissenschaft der Logik*, 2 Bde.).

193 –: *The Phenomenology of Mind* (dt. *Phänomenologie des Geistes*).

194 –: *Philosophy of Right*, Oxford 1952, (dt. *Grundlinien der Philosophie des Rechts*).

195 –: *Encyclopedia of Philosophy*, New York 1959, (dt. *Enzyklopädie der philosophischen Wissenschaften*).

196 Heidegger, M.: *Being and Time*, New York 1962, (dt. *Sein und Zeit*).

197 Herskovits, M.: *Economic Anthropology*, New York 1952.

198 Hixon, L.: *Coming Home*, Garden City, N.Y., 1978.

199 Hocart, A.: *The Progress of Man*, London 1933.

200 –: *Social Origins*, London 1954.

201 –: *Kingship*, London 1969.

202 –: *Kings and Councillors*, Chicago 1970.

203 Hook, S.: *Marx and the Marxists*, Princeton 1955.

204 Horkheimer, M.: *Critical Theory*, New York 1972, (dt. *Traditionelle und kritische Theorie*).

205 –, und Adorno, T.: *Dialectic of Enlightenment*, New York 1972, (dt. *Dialektik der Aufklärung*).

206 Howlett, D.: *The Essenes and Christianity*, New York 1957.

207 Huizinga, J.: *Homo ludens*, Boston 1960.

398   *Bibliographie*

208 Hume, R. (Übers.): *The Thirteen Principal Upanishads*, London 1974.
209 Husserl, E.: *Ideas*, New York 1931, (dt. *Ideen zu einer reinen Phänomenologie...*).
210 Huxley, A.: *The Perennial Philosophy*, New York 1970, (dt. *Die ewige Philosophie*).
211 Jacobson, E.: *The Self and Object World*, New York 1964, (dt. *Das Selbst und die Welt der Objekte*).
212 James, W.: *The Principles of Psychology*, New York 1950.
213 –: *Varieties of Religious Experience*, New York 1961, (dt. *Die Vielfalt religiöser Erfahrung*).
214 Jantsch, E., und Waddington, C. (Hrsg.): *Evolution and Consciousness*, Reading, Mass., 1976.
215 Jaynes, J.: *The Origin of Consciousness in the Breakdown of the Bicameral Mind*, Boston 1976.
216 John of the Cross: *The Dark Night of the Soul*, Garden City, N.Y., 1959, (dt. Johannes vom Kreuz: *Die dunkle Nacht*).
217 –: *The Ascent of Mount Carmel*, Garden City, N.Y., 1958, (dt. *Aufstieg zum Berge Karmel*).
218 Johnson, F.: «Radiocarbon Dating», *Memoirs of the Society for American Archaeology*, 1951.
219 Jonas, H.: *The Gnostic Religion*, Boston 1963, (dt. *Gnosis und spätantiker Geist*).
220 Jung, C. G.: *The Collected Works of C. G. Jung* (CW), Bollingen Series XX, Princeton 1953–1971, (dt. *Gesammelte Werke*).
221 –: *Symbols of Transformation*, CW, Bd. 5, (dt. *Symbole der Wandlung*).
222 –: *The Structure and Dynamics of the Psyche*, CW, Bd. 18, (dt. *Die Welt der Psyche*).
223 Kadloubovsky, E., und Palmer, G. (Übers.): *Writings from the «Philokalia» on Prayer of the Heart*, London 1954.
224 Kahn, H.: *The Soul Whence and Whither*, New York, 1977.
225 Kaplan, L.: *Oneness and Separateness*, New York 1978.
226 Kapleau, P.: *The Three Pillars of Zen*, Boston 1965, (dt. *Die drei Pfeiler des Zen*).
227 Kenyon, K.: *Archaeology in the Holy Land*, New York 1960, (dt. *Archäologie im Heiligen Land*).
228 Kerenyi, C.: *Gods of the Greeks*, London 1951, (dt. *Die Mythologie der Griechen*).
229 Kierkegaard, S.: *The Concept of Dread*, Princeton 1944, (dt. *Furcht und Zittern*).
230 –: *Fear and Trembling and the Sickness Unto Death*, New York 1954, (dt. *Die Krankheit zum Tode*).
231 Klausner, J.: *The Messianic Idea in Israel*, London 1956.
232 Klein, G.: *Psychoanalytic Theory: And Exploration of Essentials*, New York 1976.

233 Klein, M.: *The Psychoanalysis of Children*, New York 1975, (dt. *Psychoanalyse des Kindes*).

234 –: *New Directions in Psychoanalysis*, London 1971, (dt. *Das Seelenleben des Kleinkindes u. a. Beiträge*).

235 Kluckhohn, C., und Murray, H.: *Personality: In Nature, Society, and Culture*, New York 1965.

236 Kohlberg, L.: «Development of moral character and moral ideolgy», in: *Review of Child Development Research*, Bd. 1, 1964.

237 –: «From Is to Ought», in: *Cognitive Development and Epistemology*, New York 1971.

238 Kramer, S.: *Sumerian Mythology*, Philadelphia 1944.

239 Krishnamurti, J.: *The first and last freedom*, Wheaton 1954, (dt. *Schöpferische Freiheit*).

240 –: *Commentaries on living*, Wheaton 1968.

241 Kuhn, T.: *The Structure of Scientific Revolutions*, Chicago 1962, (dt. *Die Struktur wissenschaftlicher Revolutionen*).

242 La Barre, W.: *The Human Animal*, Chicago 1954.

243 Lacan, J.: *Language of the Self*, Baltimore 1968, (dt. *Das Ich in der Theorie Freuds . . .*).

244 –: «The insistence of the letter in the unconscious», in: Ehrmann: 113.

245 Laing, R. D.: *The Divided Self*, Baltimore 1965, (dt. *Das geteilte Selbst*).

246 Lasch, C.: *The Culture of Narcissism*, New York 1979, (dt. *Das Zeitalter des Narzißmus*).

247 Layard, J.: *Stone Men of Malekula*, London 1942.

248 Lea, H.: *A History of the Inquisition of the Middle Ages*, New York 1955.

249 Leakey, L.: «New Links in the Chain of Human Evolution: Three Major New Discoveries from the Olduvai Gorge, Tanganyika», in: *Illustrated London News*, 1961.

250 Legge, J.: *The Texts of Taoism*, New York 1959.

251 Lenski, G.: *Power and Privilege*, New York 1966, (dt. *Macht und Privileg*).

252 –: *Human Societies*, New York 1970.

253 Leonard, G.: *The Transformation*, New York 1973.

254 Lévi-Strauss, C.: *Structural Anthropology*, New York 1963, (dt. *Strukturale Anthropologie*).

255 –: *The Savage Mind*, London 1966, (dt. *Das wilde Denken*).

256 –: *Myth and Meaning*. New York 1979, (dt. *Mythos und Bedeutung*).

257 Lévy-Bruhl, L.: *How Natives Think*, New York 1926.

258 Li Chi: *The Beginnings of Chinese Civilisation*, Seattle 1957.

259 Lifton, R.: *Revolutionary Immortality*, New York 1968.

260 Lilly, J.: *The Center of the Cyclone*, New York 1972, (dt. *Das Zentrum des Zyklon*).

261 Linton, R.: *The Study of Man*, New York 1936, (dt. *Mensch, Kultur, Gesellschaft*).

262 Loevinger, J.: *Ego Development*, San Francisco 1976.

400   *Bibliographie*

263 Loewald, H.: «The Super-Ego and the Ego-Ideal», in: *International Journal of Psychoanalysis*, 1962.
264 –: *Psychoanalysis and the History of the Individual*, New Haven 1978.
265 Lonergan, B.: *Insight, A Study of Human Understanding*, New York 1970.
266 Longchenpa: *Kindly Bent To Ease Us*, Emeryville 1975, 2 Bde.
267 Lorenz, K.: *On Aggression*, New York 1966, (dt. *Das sogenannte Böse. Zur Naturgeschichte der Aggression*).
268 Lowen, A.: *The Betrayal of the Body*, New York 1967, (dt. *Verrat am Körper*).
269 –: *Depression and the Body*, Baltimore 1973, (dt. *Depression*).
270 Luk, C.: *Ch'an and Zen Teaching*, London 1960–62, 3 Bde.
272 –: *The Secrets of Chinese Meditation*, New York 1971.
273 –: *Practical Buddhism*, London 1972.
274 Maddi, S.: *Personality Theories*, Homewood 1968.
275 Maezumi, T., und Glassmann, B. T. (Hrsg.): *Zen Writing Series*, 5 Bde., Los Angeles 1976–78.
276 Mahrer, A.: *Experiencing*, New York 1978.
277 Malinowski, B.: *Crime and Custom in Savage Society*, London 1926.
278 –: *Sex and Repression in Savage Society*, London 1927, (dt. *Geschlecht und Verdrängung in primitiven Gesellschaften*).
279 Mallowan, M.: *Twentyfive Years of Mesopotamian Discovery*, London 1956.
280 Marcel, G.: *Philosophy of Existence*, New York 1949.
281 Marcuse, H.: *Eros and Civilisation*, Boston 1955, (dt. *Triebstruktur und Gesellschaft*).
282 –: «Love Mystified: A Critique of Norman O. Brown», in: *Commentary*, Februar 1967.
283 Marx, K.: *Selected Writings on Sociology and Social Philosophy*, London 1956, (dt. *Ausgewählte Werke* in 6 Bänden).
284 –: Writings of the Young Marx, Garden City, N.Y., 1967, (dt. *Die Frühschriften*).
285 Maslow, A.: *Toward a Psychology of Being*, New York 1968, (dt. *Psychologie des Seins*).
286 –: *The Farther Reaches of Human Nature*, New York 1971.
287 Masters, R., und Houston, J.: *The Varieties of Psychedelic Experience*, New York 1967.
288 Matsunaga, A.: *The Buddhist Philosophy of Assimilation*, Tokio 1969.
289 Mauss, M.: *The Gift*, Glencoe, Ill., 1954, (dt.: *Die Gabe*).
290 May, R.: *Love and Will*, New York 1969.
291 –, (Hrsg.): *Existential Psychology*, New York 1969.
292 McCarthy, T.: *The Critical Theory of Jürgen Habermas*, Cambridge, Mass., 1978.
293 Mead, G.: *Mind, Self, and Society*, Chicago 1934, (dt. *Geist, Identität und Gesellschaft*).

294 Mead, G. R.: *Apollonius of Tyana*, New Hyde Park, N.Y., 1966.

295 Meek, T.: *Hebrew Origins*, New York 1960.

296 Mercer, A.: *The Pyramid Texts*, New York 1960.

297 Metzner, R.: *Maps of Consciousness*, New York 1971.

298 Mickunas, A.: «Civilisations as Structures of Consciousness», in: *Main Currents*, Bd. 29, 1973.

299 Miel, J.: «Jacques Lacan and the Structure of Consciousness», in: Ehrmann: 113.

300 Millett, K.: *Sexual Politics*, Garden City, N.Y., 1970, (dt. *Sexus und Herrschaft*).

301 Mishra, A.: *Yoga Sutras*, Garden City, N.Y., 1973.

302 Mitchell, E.: *Psychic Exploration*, New York 1971.

303 Mosca, G.: *The Ruling Class*, NewYork 1939.

304 Muktananda: *The Play Of Consciousness*, Camp Meeker 1974.

305 Mumford, L.: *The Myth of the Machine: Technics and Human Development*, New York 1966, (dt. *Mythos der Maschine*).

306 Mure, G.: *An Introduction to Hegel*, Oxford 1940.

307 Murti, T.: *The Central Philosophy of Buddhism*, London 1960.

308 Muses, C., und Young, A. (Hrsg.): *Consciousness and Reality*, New York 1974.

309 Naranjo, C., und Ornstein, R.: *On the Psychology of Meditation*, New York 1973, (dt. *Psychologie der Meditation*).

310 Needham, J.: Science and Civilisation in China, Bd. 2, London 1956.

311 Neumann, E.: *The Origins and History of Consciousness*, Princeton 1973, (dt. *Ursprungsgeschichte des Bewußtseins*).

312 Nikhilananda, S.: *The Gospel of Sri Ramakrishna*, New York 1973, (dt. Ramakrishna: *Das Vermächtnis*).

313 Nishida, K.: *Intelligibility and the Philosophy of Nothingness*, Honolulu 1958.

314 Northrop, F.: *The Meeting of East and West*, New York 1968.

315 Nyanaponika Thera: *The Heart of Buddhist Meditation*, London 1972.

316 Ogilvy, J.: *Many Dimensional Man*, New York 1977.

317 Oppenheim, A.: *Ancient Mesopotamia*, Chicago 1964.

318 Ornstein, R.: *The Psychology of Consciousness*, San Francisco 1972, (dt. *Die Psychologie des Bewußtseins*).

319 Ouspensky, P. D.: *In Search of the Miraculous*, New York 1949, (dt. *Auf der Suche nach dem Wunderbaren*).

320 –: *The fourth way*, New York, o. J.

321 Pagels, E.: «The Gnostic Gospel's Revelations», in: *New York Review of Books*, Bd. 26, 1979.

322 Palmer, L.: *Mycenaeans and Minoans*, New York 1962.

323 Palmer, R.: *Hermeneutics*, Evanston, Ill., 1951.

324 Parsons, T.: *The Social System*, Glencoe, Ill., 1951, (dt. *Zur Theorie sozialer Systeme*).

402   *Bibliographie*

325 –: *Societies: evolutionary and comparative perspectives*, Englewood Cliffs, N.Y., 1966, (dt. *Gesellschaften*).

326 Pelletier, K.: *Toward a Science of Consciousness*, New York 1978.

327 Penfield, W.: *The Mystery of Mind*, Princeton 1978.

328 Perls, F., Hefferline, R., und Goodman, P.: *Gestalt Therapy*, (dt. *Gestalttherapie*).

329 Piaget, J.: *The Essential Piaget*, Gruber, H., und Voneche, J. (Hrsg.), New York 1977.

330 Piggott, S.: *Prehistoric India*, Baltimore 1950.

331 Pope, K., und Singer, J.: *The Stream of Consciousness*, New York 1978.

332 Price, A. F., und Wong Mou-lam (Übers.): *The Diamond Sutra and the Sutra of Hui-Neng,* Berkeley 1969.

333 Price, R., und Savage, C.: «Mystical states and the concept of regression», in: *Psychedelic Review*, 1966.

334 Radcliffe-Brown, A.: *The Andaman Islanders*, London 1933.

335 Radhakrishnan, S., und Moore, C.: *A Source Book in Indian Philosophy*, Princeton 1957.

336 Radin, P.: *The World of Primitive Man*, New York 1960,

337 Ramana Maharshi, Sri: *Talks with Sri Ramana Maharshi*, 3 Bde., Tiruvannamalai 1972, (dt.: *Gespräche*).

338 –: *The Collected Works of Sri Ramana Maharshi*, London 1959.

339 Rank, O.: *Beyond Psychology*, New York 1958.

340 –: *Psychology and the Soul*, New York 1961.

341 Reich, C.: *The Greening of America*, New York 1970.

342 Reich, W.: *The Function of the Orgasm*, New York 1942, (dt. *Die Entdeckung des Orgons I. Die Funktion des Orgasmus*).

343 –: *Character Analysis*, New York 1949, (dt. *Charakteranalyse*).

344 Restak, R.: *The Brain: The Last Frontier*, Garden City, N.Y., 1979. (dt. *Geist, Gehirn und Psyche*).

345 Rieker, H.: *The Yoga of Light*, San Francisco 1974.

346 Riesman, D.: *The Lonely Crowd*, Garden City, N.Y., 1954. (dt. *Die einsame Masse*).

347 Ring, K.: «A transpersonal view of consciousness», in: *Journal of Transpersonal Psychology*, Bd. 6, 1974.

348 Ritchie, W.: *Recent Discoveries Suggesting and Early Woodland Burial Cult in the Northeast*, Albany, New York State Museum, 1950.

349 Roberts, T.: «Beyond Self-Actualization», in: *Re-Vision*, 1978.

350 Robinson, J. (Hrsg.): *The Nag Hammadi Library*, New York 1979.

351 Robinson, P.: *The Freudian Left*, New York 1969.

352 Roheim, G.: *Gates of the Dream*, New York 1945, (dt. *Panik der Götter*).

353 –: *Magic and schizophrenia*, New York 1955.

354 –: *Psychoanalysis and Anthropology,* New York 1969, (dt. *Psychoanalyse und Anthropologie*).

355 Rossi, I. (Hrsg.): *The Unconscious in Culture*, New York 1974.

356 Roszak, T.: *There the Wasteland Ends*, Garden City, N.Y., 1978.

357 –: *Person/Planet*, Garden City, N.Y., 1978, (dt. *Mensch und Erde auf dem Weg zur Einheit*).

358 Rousseau, J.: *The First and Second Discourses*, New York 1964, (dt. *Politische Schriften* 1 und 2).

359 Ruesch, J., und Bateson, G.: *Communication*, New York 1968.

360 Sagan, C.: *The Dragons of Eden*, New York 1977, (dt. *Die Drachen von Eden*).

361 Sahukar, M.: *Sai Baba: The Saint of Shirdi*, San Francisco 1977.

362 Saraswati, S.: *Tantra of Kundalini Yoga*, India, 1973.

363 Sartre, J.: *Existential Psychoanalysis*, Chicago 1966.

364 Schafer, R.: *A New Language for Psychoanalysis*, New Haven 1976.

365 Schaya, L.: *The Universal Meaning of the Kabalah*, Baltimore 1973.

366 Schilder, P.: *The Image and Appearance of the Human Body*, New York 1950.

367 Schuon, F.: *Logic and Transcendence*, New York, 1975.

368 –: *The Transcendent Unity of Religions*, New York 1975, (dt. *Von der inneren Einheit der Religionen*).

369 Schutz, A.: *The Phenomenology of the Social World*, Evanston, Ill., 1967.

370 –, und Luckmann, T.: *The Structures of the Life-World*, Evanston, Ill., 1973.

371 sGam.Po.Pa: *Jewel Ornament of Liberation*, Guenther, H. (Übers.), London 1970.

372 Silverman, J.: «When Schizophrenia Helps», in: *Psychology Today*, Sept. 1970.

373 Singh, K.: *Surat Shabd Yoga*, Berkeley 1975.

374 Sivananda: *Kundalini Yoga*, Indien, Divine Life Society, 1971 (dt. Kundalini-Yoga).

375 Smith, H.: *Forgotten Truth*, New York 1976.

376 Smith, M.: «Perspectives on selfhood», in: *American Psychologist*, Bd. 33, 1972.

377 Smuts, J.: *Holism and Evolution*, New York 1926.

378 Soll, I.: *An Introduction to Hegel's Metaphysics*, Chicago 1969.

379 Sorokin, P.: *Social and Cultural Dynamics*, New York 1962, 3 Bde.

380 Spengler, O.: *The Decline of the West*, New York 1939, (dt. *Der Untergang des Abendlandes*).

381 Stace, W.: *The Philosophy of Hegel*, New York 1955.

382 Stiskin, N.: *Looking-Glass God*, Brookline, Mass., 1972.

383 Straus, A. (Hrsg.): *George Herbert Mead on Social Psychology*, Chicago 1964.

384 Sullivan, H. S.: *The Interpersonal Theory of Psychiatry*, Chicago, 1964, (dt. *Die interpersonale Theorie der Psychiatrie*).

385 Suzuki, D. T.: *Manual of Zen Buddhism*, New York 1960, (dt. *Die große Befreiung*).

386 –: *Studies in the Lankavatara Sutra*, London 1968.

387 *Essays in Zen Buddhism*, New York 1960.

388 Taimini, I.: *The Science of Yoga*, Wheaton, Ill., 1975. (dt. *Die Wissenschaft des Yoga*).

389 Takakusu, J.: *The Essential of Buddhist Philosophy*, Honolulu 1956.

390 Tart, C. (Hrsg.): *Transpersonal Psychologies*, New York 1975, (dt.: *Transpersonale Psychologie*).

391 Tarthang Tulku: *Sacred Art of Tibet*, Berkeley 1972.

392 Tattwananda, S. (Übers.): *The Quintessence of Vedanta of Acharya Sankara*, Calcutta 1970.

393 Taylor, C.: *The Explanation of Behavior*, New York 1964.

394 –: «Interpretation and the sciences of man», in: *The Review of metaphysics*, Bd. 25, 1975 (dt. *Erklärung und Interpretation in den Wissenschaften vom Menschen*).

395 Teilhard de Chardin, P.: *The Future of Man*, New York 1964, (dt. *Die Zukunft des Menschen*, Ges. Werke Bd. 5).

396 –: *The Phenomenon of Man*, New York 1964, (dt. *Das Auftreten des Menschen*).

397 Thompson, W. I.: *At the Edge of History*, New York 1971, (dt. *Am Tor der Zukunft*).

398 –: *Passages About Earth*, New York 1974.

399 –: *Darkness and Scattered Light*, New York 1978.

400 Trungpa, C.: *The Myth of Freedom*, Berkeley 1976, (dt. *Das Märchen von der Freiheit*).

401 Ullman, M.: «Psi and Psychiatry», in: Mitchell, 302.

402 Vaillant, G.: *The Aztecs of Mexico*, Baltimore 1950.

403 Van de Castle, R.: «Anthropology and psychic research», in: Mitchell, 302.

404 Van Dussen, W.: *The Natural Depth in Man*, New York 1972.

405 Vann, G.: *The Paradise Tree*, New York 1959.

406 Vaughan, F.: *Awakening Intuition*, Garden City, N.Y., 1979.

407 von Hagen: *The Ancient Sun Kingdoms of the Americas*, Cleveland 1961.

408 Walsh, R., und Shapiro, D. (Hrsg.): *Beyond Health and Normality*, New York 1978.

409 –, und Vaughan, F. (Hrsg.): *Beyond Ego*, Los Angeles 1980.

410 Watts, A.: *The Way of Zen*, New York 1957, (dt. *Zen-Buddhismus*).

411 –: *The Supreme Identity*, New York 1972.

412 Weber, M.: *The Theory of Social and Economic Organization*, Glencoe, Ill., 1947, (dt. *Wirtschaft und Gesellschaft*).

413 –, und Wrong, D. (Hrsg.): *Englewood Cliffs*, N.J., 1970.

414 Welwood, J.: *The Meeting of the Ways*, New York 1979.

415 Wendt, H.: *In Search of Adam*, Boston 1956, (dt. *Ich suchte Adam*).

417 Werner, H.: *Comparative Psychology of Mental Development*, New York 1957.

418 Wescott, R.: *The Divine Animal*, New York 1969.

418 West, J.: *Serpent in the Sky*, New York 1979.
419 White, J. (Hrsg.): *Kundalini, Evolution, and Enlightenment*, Garden City, N.Y., 1979.
420 –, und Krippner, S. (Hrsg.): *Future Science*, Garden City, N.Y., 1977.
421 White, L.: *The Science of Culture*, New York 1949.
422 Whitehead, A.: *Modes of Thought*, New York 1966.
423 –: *Adventures of Ideas*, New York 1967, (dt. *Abenteuer der Ideen*).
424 –: *Science and the Modern World*, New York 1967.
425 Whorf, B.: *Language, Thought and Reality*, Cambridge 1956, (dt.: *Sprache, Denken, Wirklichkeit*).
426 Whyte, L. L.: *The Next Development in Man*, New York 1950, (dt. *Die nächste Stufe der Menschheit*).
427 Wilber, K.: «Psychologia Perennis», in: *Journal of Transpersonal Psychology*, Bd. 7, 1975.
428 –: «The Ultimate State of Consciousness», in: *Journal of Altered States of Consciousness*, Bd. 2, 1975–76.
429 –: *The Spectrum of Consciousness*, Wheaton, Ill., 1977.
430 –: «Microgeny», in: *Re-Vision*, Bd. 1, 1978.
431 –: «Where It Was, I Shall Become» in: Walsh: 408.
432 –: «A Development View of Consciousness», in: *Journal of Transpersonal Psychology*, Bd. 11, 1979.
433 –: «Eye to eye», in: *Re-Vision*, Bd. 2, 1979.
434 –: *No Boundary*, Los Angeles 1979.
435 –: «Physics, Mysticism, and the New Holographic Paradigm: A Critical Appraisal», in: *Re-Vision*, Bd. 2, 1979.
436 –: *The Atman project*, Wheaton, Ill., 1980.
437 Wilden, A.: *System and Structure*, London 1972.
438 Woolley, L.: *The Beginnings of Civilization*, New York 1965.
439 Woods, J.: *The Yoga System of Patanjali*, Delhi 1972.
440 Yampolsky, P., (Übers.): *The Zen Master Hakuin*, New York 1971.
441 Yogeshwaranand, Saraswati: *Science of Soul*, Indien, 1972.
442 Young, J. Z.: *Programs of the Brain*, Oxford 1978.
443 Zilboorg, G.: «Fear of death», in: *Psychoanalytic Quarterly*, Bd. 12, 1943.
444 Zimmer, H.: *Philosophies of India*, London 1969, (dt. *Philosophie und Religion Indiens*).

Personenregister

Sachregister